수소관계법령해설

저자 채충근, 허영택, 지덕림, 오청하, 김용규, 배성준, 노경민

(주)미래기준연구소
Mirae EHS-Code Research Institute

머리말

2021년 2월 5일 세계 최초로 우리나라에서 수소법이 시행되었다.

수소법은「수소경제 육성 및 수소 안전관리에 관한 법률」의 공식 약칭이다. 이 수소법의 제정 목적을 한마디로 요약하면 "수소경제의 이행 촉진"이다. 이 법은 수소경제 육성 및 수소 안전관리의 추진체계, 지원정책, 기반조성 및 안전관리 등 크게 4가지 요소로 구성되어 있다. 추진체계에 관한 내용으로는 수소경제위원회의 구성·운영, 3대 전담기관(진흥·유통·안전)의 지정 및 기본계획의 수립 등이 있고, 지원정책에 관한 내용으로는 수소전문기업의 확인 · 육성 · 지원, 수소경제 지원(인력양성, 표준화, 기술개발, 국제협력 등) 및 통계조사 등이 있다. 기반조성에 관한 내용으로는 수소충전소 · 연료전지 설치요청, 수소특화단지 지정 및 시범사업(시제품·실증 등) 발굴 · 지원 등이 있고, 안전관리에 관한 조항으로는 수소용품(연료전지, 수전해설비, 수소추출기) 및 수소연료사용시설 등의 안전관리에 관한 규정이 있다. 그 밖에도 이 법에서 규정하는 사항으로는 수소의 유통질서 확립을 위한 수소가격 보고 · 공개, 금지행위, 보험가입 및 권한의 위임·위탁 등이 있다.

이 책을 집필한 첫 번째 목적은 위에서 기술한 수소법의 내용을 쉽게 파악할 수 있도록 하는 것이다. 이를 위하여 법 · 시행령 · 시행규칙의 내용뿐만 아니라 KGS코드(이 법 시행규칙에 근거하여 제정 · 시행되고 있는 기술기준)의 내용까지 빠짐없이 요약 · 정리하여 수록하였다. 두 번째 목적은 수소의 안전관리에 관한 규제를 총정리하여 쉽게 이해할 수 있도록 하는 것이다. 수소의 안전관리에 관한 규제는 수소법뿐만 아니라「고압가스 안전관리법령(이하 "고압가스법령"이라 함)」및「산업안전보건법령(이하 "산안법령"이라 함)」등에도 규정되어 있다. 이 책에서는 이 고압가스법령과 산안법령의 내용도 요약 · 정리하여 쉽게 파악할 수 있도록 수록하였다.

이 책에서 중점적으로 다루는 내용은 수소 관계 법령이다. 1장에서는 수소 관계 법령을 이해하는데 기초가 되는 수소 개론을 다루었다. 수소의 물성 · 수소 관련 정책 · 수소경제 · 수소와 환경문제 · 수소의 유통 · 수소의 안전 · 수소 관련 법제도 등에 관해 개괄적으로 기술하였다. 2장에서는 수소법령의 내용을 다루었다. 법률 조문별로 법 · 시행령 · 시행규칙 내용을 하나의 표로 일목요연하게 정리하였다. 3장에서는 고압가스법령을 다루었다. 기본적으로 저압의 수소는 수소법에서 규제하고 고압(액화가스는 0.2 메가파스칼, 압축가스는 1 메가파스칼 이상)의 수소는 고압가스법에서 규제한다는 원칙이 적용되고 있지만 수소용품은 고압이라도 수소법에서 규제하고 수소제조시설은 저압이라도 고압가스법에서 규제하는 등 예외도 많아 법령 문장만으로는 규제내용을 정확하게 파악하는 것이 쉽지 않다. 4장에서는 산안법령을 다루었다. 수소는 위험성이 높은 폭발성 가스이기 때문에 산안법령 중 상당히 많은 조항의 적용대상이 된다. 이 장에서는 안전보건교육 및 유해·위험 방지 조치 등에 관한 조항을 다루었다. 5장은 이 책 독자의 편의를 고려하여 규제대상자별로 규제내용을 정리하여 설명하였다. 이 장에서는 수소의 제조·충전자, 수소의 저장·사용자, 수소의 운송자 등이 알아야 할 규제내용을 총괄·정리하였다.

이 책은 우선 수소를 직접 취급하는 사업자나 개인에게 도움을 줄 수 있다고 믿는다. 수소를 제조·저장·충전·운반 및 사용하는 사업자는 물론 관련된 분야의 연구·개발을 수행하는 전문가들에게 일독을 권하고 싶다. 이 책을 통하여 수소 취급의 각 공정별 규제 내용을 파악할 수 있고, 각종 지원정책들에 관한 제도도 확인할 수 있을 것이다.

사실상 우리 연구소 전 직원이 힘을 합쳐 이 책을 발간하였다. 노경민 과장이 수소개론 분야를 집필하고 오청하 과장과 허영택 소장이 수소법령 분야를 집필하였다. 지덕림 소장이 고압가스법령 분야를 집필하고 김용규 차장은 산안법령 분야를, 배성준 차장은 시설별 규제 법령 총정리 분야를 집필하였다. 저자에 이름을 올리지는 못했지만 임하늘 과장, 한신탁 과장, 이동현 과장이 KGS코드 내용 정리를 도와주었고, 박종범 대리, 김주향 대리, 한혜수 대리, 정희수 연구원, 박계준 연구원, 나서연 연구원, 박보영 연구원은 편집을 도와주었다. 채승빈 차장은 이 책의 발간과 보급의 책임을 맡았다. 모든 분들께 감사드린다.

2022년 7월 18일

대표저자 채충근

Contents

Contents

Contents

Contents

3. 고압가스안전관리법령

Contents

4. 산업안전보건법령

5. 수소 시설별 규제 법령 총정리

Contents

6. 기술기준상세내용(KGS Code)

Contents

01 수소개론

1.1. 수소의 물성

1.1.1. 수소의 일반물성

수소는 주기율표 상 존재하는 모든 원소 중 가장 단순한 구조를 가지면서 가장 가벼운 원소로 원자량이 1.00782519이다. 무색, 무취, 무미의 가연성 물질로 독성이 없고 표준조건[1]에서 기체상태로 존재하며 공기 밀도의 약 1/14로 가장 가벼운 기체이다.

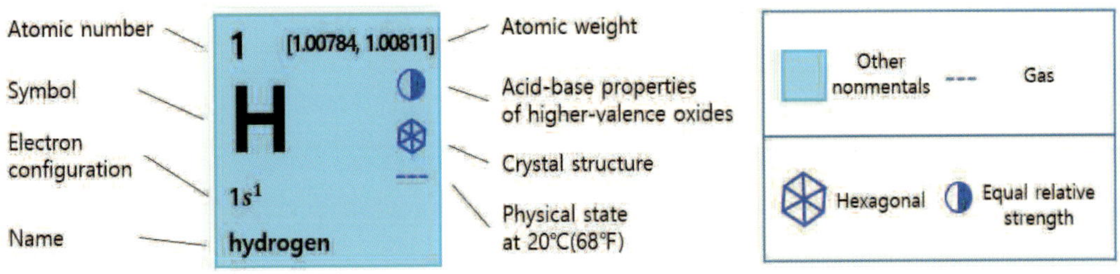

【그림 1.1.1】 수소 원소 특성

수소의 동위원소는 경수소(Protium/1H), 중수소(Deuterium/2H) 및 삼중수소(Tritium/3H)로 각각의 원자량은 약 1.008, 2.014 및 3.016이다. 수소의 동위원소간에는 중성자수 차이만 있으므로 화학적 성질은 거의 동일하나 원자량차이에 따른 원자진동에너지, 분자운동속도, 확산속도 및 반응속도 등의 변화로 인해 물리적 성질에는 차이가 발생한다.

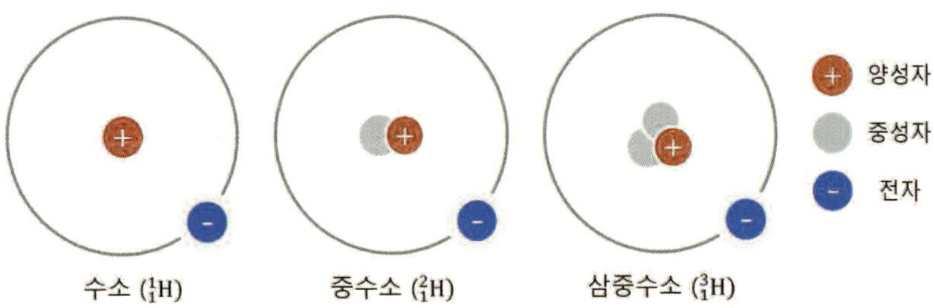

【그림 1.1.2】 수소 동위원소 간 원자구조 차이 및 자연상태에서 구성 비율

수소분자는 2개의 원자핵 회전(Spin)방향에 따라 2종류로 존재하고 핵회전이 평행인 수소분자를 오쏘(Ortho)수소, 반대방향인 수소 분자를 파라(Para)수소라 한다. 물리적 또는 열화학적 성질은 회전방향에 따라 달라지지만, 화학적 성질에는 변화가 없다.

상온의 평형상태에서 수소는 75%의 오쏘수소, 25%의 파라수소 혼합물로 존재한다. 이 평형조성은 절대온도에 따라서 변화하는데, 끓는점 -253.15 ℃(20 K)이하에서는

1) 표준조건이란 대기온도 및 대기압 조건을 말한다.

99.8%의 파라수소만으로 존재하나 온도가 올라가면 파라수소가 오쏘수소로 변환되어 −23.15 ℃(200 K) 이상에서는 3:1의 오쏘 대 파라수소의 평형조성이 되어 변하지 않는다.

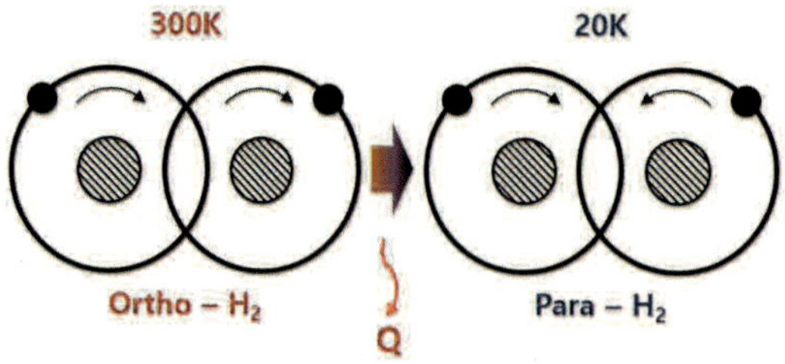

온도	Para H_2 비율	온도	Para H_2 비율
-253.1℃	99.82%	-153.1℃	32.87%
-223.1℃	76.89%	0℃	25.13%
-193.1℃	48.39%	200℃	25.00%

【그림 1.1.3】 오쏘수소 및 파라수소 간 분자구조 차이

1.1.2. 기체수소의 물성

기체수소의 밀도는 0 ℃, 1기압에서 0.08989 g/L 이고, 공기에 대한 비중은 0.0695로 수소는 기체중에서 최소의 가스밀도와 최대의 확산속도를 갖는다. 기체수소의 밀도는 절대온도에서 거의 반비례하여 변화하지만, 압력에서는 반드시 비례하여 변화하지는 않으며 100 bar 이상의 고압에서는 압력에 의한 변화율은 비교적 작다.

기체수소의 정압비열은 1기압, 20 ℃ 조건에서 14.89 J/g·K로서 공기의 약 14배 메탄의 6.7배로 꽤 크고 같은 조건에서의 비열비(C_P/C_V)는 이상기체와 거의 같다. 기체수소의 열전도도는 공기에 비해 7배 정도로 모든 기체 중에서 가장 크다.

기체수소 열전도도는 온도 및 압력변화에 따라 변화하고 약 100 K 이하의 저온에서는 압력에 대한 열전도도의 의존성이 커진다. 오쏘수소와 파라수소 간에 열전도 차이는 기체수소의 오쏘 대 파라의 비율을 계산하는데 활용되고 있다. 앞서 설명한 기체수소의 대표적인 물성값을 파라수소 및 보통수소에 대해 정리한 값은 <표 1.1.1>과 같다.

【표 1.1.1】 기체수소의 물성

성질	식 및 단위	p-H_2	n-H_2[2)]
0 ℃에서의 밀도.	mol/cm^3	54.59	44.60
0 ℃에서의 압축계수	Z=PV/RT	1.0005	1.00042
0 ℃에서의 정압비열 (C_P)	J/mol·K	30.35	28.59
0 ℃에서의 정용비열 (C_V)	J/mol·K	21.87	20.30
0 ℃에서의 엔탈피	J/mol	7656.5	7749.2

0 ℃에서의 내부에너지	J/mol	5384.5	5477.1
0 ℃에서의 엔트로피	J/mol · K	127.77	139.59
0 ℃에서의 열전도도,	mW (cm · K)	1.826	1.739
300 K에서의 등온압축률	$K = 1/V(\partial V/\partial T)_P \cdot MPa^{-1}$	-9.86	-9.86
연소열 (총발열량)	KJ/g		141.86
공기중의 폭발범위	vol %		4.0 – 75.0
공기중의 폭굉범위	vol %		18.3 – 59.0
자연발화온도	K		858
가열공기 jet에 의한 착화온도	K		858
공기중의 화염온도	K		943
공기중의 NTP에서의 확산계수	cm^3/s		0.61
한계산소농도(N_2 희석제)	%		5.0 %
폭발에너지	g TNT/g 수소		~24

출처 : 한국에너지기술연구소, "수소의 안전대책 및 물성에 관한 연구보고서", 1992

1.1.3. 액체수소의 물성

액체수소(LH2)는 비점이 -252.77 ℃인 무색의 액체로 질량당 142 kJ/g의 고에너지 밀도를 가지고 있다. 상온의 기체수소에 비해 865배의 저장밀도를 가져 대용량 수소 저장에 유리하며(기체수소: 0.3 g/L, 액체수소: 70.8 g/L), 고압으로 저장되는 수소가스(350 bar)에 비해 2.8배의 높은 에너지 함량을 보유하고 있다.

수소를 액화하기 위해서는 임계온도 32.976 K(-240.174 ℃)까지 수소를 냉각하여 임계압력인 12.795 기압까지 가압하는 등의 조건이 필요하다. 열평형상태에 있는 보통의 기체수소는 오쏘수소를 많이 포함하고 있으며, 분자 회전에너지가 높은 오쏘수소가 보다 낮은 회전에너지를 가지는 파라수소로 전환되는 경우에는 많은 열이 발생한다.

이 전환열은 온도에 크게 의존하며, 50 K 이하에서는 1.062 KJ/mol에 이르는데 이에 비해 액체수소의 기화열은 0.898 KJ/mol 이므로 액체수소 저장중에 전환열에 상당하는 만큼의 열량이 소비된다. 예를 들어 기체수소를 90 %의 액체수소(파라)로 전환시킬 때 발생하는 열량은 액체수소의 64 %를 증발 · 기화시킬 수 있다. 이와 같은 증발손

2) 상온 또는 그 이상의 온도에서는 핵스핀에 의한 상태의 통계적 무게에 비례하여 오르토와 파라의 비가 3 : 1이 되는데 이것을 표준수소라고 한다.

실율을 피하고 전환속도를 빠르게 하기 위하여 실제로는 여러 가지 촉매를 이용하여 오쏘수소를 파라수소로 전환한 후 냉각·액화하는 방식으로 수소를 액화하고 있다.

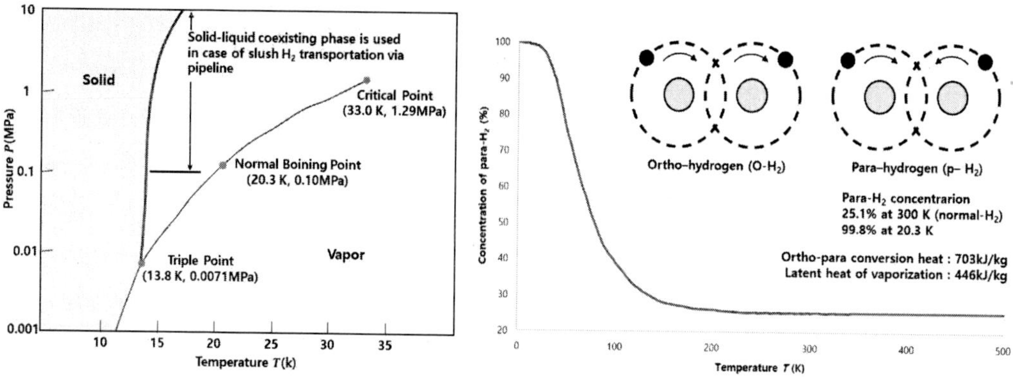

【그림 1.1.4】 파라수소의 PV 선도 및 평형상태에서의 파라수소 비율

이상과 같이 수소의 임계온도는 32.976 K(-240.174 ℃), 비점은 20.268 K로 헬륨 다음으로 비점 및 임계온도가 낮아 액화하기 어려운 기체이다. 액체수소의 비점 임계점 및 삼중점에서의 성질과 액체수소의 대표적인 물성값을 파라수소 및 보통수소에 대해 정리한 값은 <표 1.1.2>와 같다.

【표 1.1.2】 비점, 임계점 및 삼중점에서 수소성질 및 액체수소의 물성

분 류	비 점	임 계 점	삼 중 점
온 도	20.268 K	32.976 K	13.803 K
압 력	-	12.928 bar	0.074 bar
밀 도	70.779 kg/m^3(액체) 1.3378 kg/m^3(기체)	31.426 kg/m^3	83.48 kg/m^3(고체) 77.019 kg/m^3(액체) 0.1256 kg/m^3(기체)

성질	식 및 단위	p-H_2	n-H_2**
비점에서의 밀도	mol/cm^3	0.03511	0.03520
비점에서의 압축계수 (Z)	-	0.01712	0.01698
비점에서의 정압비열 (C_P)	J/mol·K	19.53	19.70
비점에서의 정용비열 (C_V)	J/mol·K	11.57	11.60
비점에서의 엔탈피	J/mol	-516-6	548.3
비점에서의 내부에너지	J/mol	-519.5	545.7

비점에서의 엔트로피	J/mol	16.08	34.92
비점에서의 열전도도	mW/(cm・k)	1.00	1.00
비점에서의 등온압축률	MPa^{-1}	-0.0199	-0.0199
대기압하의 비점	K	20.268	20.380
임계온도	K	32.976	33.18
임계압력	atm	12.759	12.978
임계용적	cm^3/mol	64.144	66.949
비점에서의 기화열	J/mol	898.3	899.1

출처 : 한국에너지기술연구소, "수소의 안전대책 및 물성에 관한 연구보고서", 1992

1.2. 수소 관련 정책

1.2.1. 국내 수소정책

(1) 수소경제 활성화 로드맵 ('18.08)

2018년 8월 정부는 '혁신성장전략투자방향'에서 수소경제를 3대 전략투자 분야 중 하나로 선정하고 '수소경제추진위원회'를 구성한데 이어 2019년 1월에 2040년까지의 수소경제 활성화를 위한 큰 정책 방향성과 목표 및 추진전력 등을 담은 '수소경제 활성화 로드맵'을 마련하였다. 수소경제 활성화 로드맵의 주요 내용은 <표 1.2.1>과 같다.

【표 1.2.1】 수소경제 활성화 로드맵 주요내용

<table>
<tr><td rowspan="5">수소 모빌리티</td><td rowspan="4">수소차</td><td>수소승용차</td><td>('18) 1.8천대 → ('22) 8.1만대(내수 6.5만대)
→ ('40) 620만대(내수 290만대)
o 2025년까지 年 10만대의 상업적 양산체계를 구축</td></tr>
<tr><td>수소버스</td><td>('19) 35대 → ('22) 2,000대 → ('40) 4만대</td></tr>
<tr><td>수소택시</td><td>('19) 시범사업 → ('21) 주요 대도시 보급 → ('40) 8만대</td></tr>
<tr><td>수소트럭</td><td>('20) 개발·실증 → ('21) 공공부문 보급 → ('40) 3만대</td></tr>
<tr><td colspan="2">수소충전소</td><td>('18) 14개소 → ('22) 310개소 → ('40) 1,200개소</td></tr>
<tr><td rowspan="2">에너지</td><td colspan="2">발전용 연료전지</td><td>('18) 307.6MW → ('22) 1.5GW(내수 1GW)
→ ('40) 15GW(내수 8GW)
o 중장기적으로 설치비 65%, 발전단가 50% 수준 하락</td></tr>
<tr><td colspan="2">가정·건물용 연료전지</td><td>('18) 5MW → ('22) 50MW → ('40) 2.1GW(94만 가구)</td></tr>
<tr><td>수소생산</td><td colspan="3">공 급 량 : ('18) 13만톤/年 → ('22) 47만톤/年 → ('40) 526만톤/年
수소가격 : ('18) - → ('22) 6000원/kg → ('40) 3000원/kg
공급방식 : 초기 Grey수소(부생・추출수소) → 성숙기 Green수소(수전해・해외수입수소)</td></tr>
<tr><td>수소 저장・운송</td><td colspan="3">안정적이고 경제성 있는 수소유통체계 확립
o 고압기체, 액체, 액상, 고체 등 저장방식 다양화·효율화
o 수소 수요 증가에 맞춰 튜브트레일러 및 파이프라인 활용 확대</td></tr>
<tr><td>수소산업 전반</td><td colspan="3">①수소경제 안전성 확보 : 수소전주기(생산, 저장, 운송, 활용) 안전관리 체계 구축
②기술경쟁력 제고 및 핵심 인력 양성 : 기술로드맵 수립, 전문인력 양성, 표준화 수행
③수소경제 지원 법적 기반 완비 : 19년 수소법 제정
④중소·중견기업 육성을 통해 생태계 강화
⑤범부처 수소경제 활성화 추진체계 구축 : 수소경제 추진위원회 구성・운영</td></tr>
</table>

(2) 수소법 제정 ('20.01)

정부는 수소경제 이행을 효과적·지속적으로 추진하기 위하여 세계 최초로 수소경제 육성 및 수소 안전관리에 관한 법률[3](이하 '수소법'이라 한다)을 제정하였다. 수소법 제정을 통해 수전해설비 등 저압 수소용품 및 수소연료사용시설에 대한 안전확보 및 수소산업 기반조성을 위한 법적근거가 마련되었다.

(3) 제1차 수소경제 이행 기본계획 ('21.11)

산업통상자원부는 정부가 제시한 '수소선도국가 비전('21.10)' 실현과 '2050 탄소중립 시나리오('21.10)' 달성을 위해 핵심인 청정수소 경제 확산 · 가속화 달성을 위해 '수소법 제5조(기본계획의 수립)'에 근거, 수소경제 이행의 효과적 추진을 위한 최초의 "법정 기본계획"을 수립하여 제시하였다. 해당 기본계획의 비전 · 목표, 4대 전략 · 15대 과제와 그에 대한 상세 추진전략 및 기대효과는 <그림1.2.1>, <그림1.2.2>와 같다.

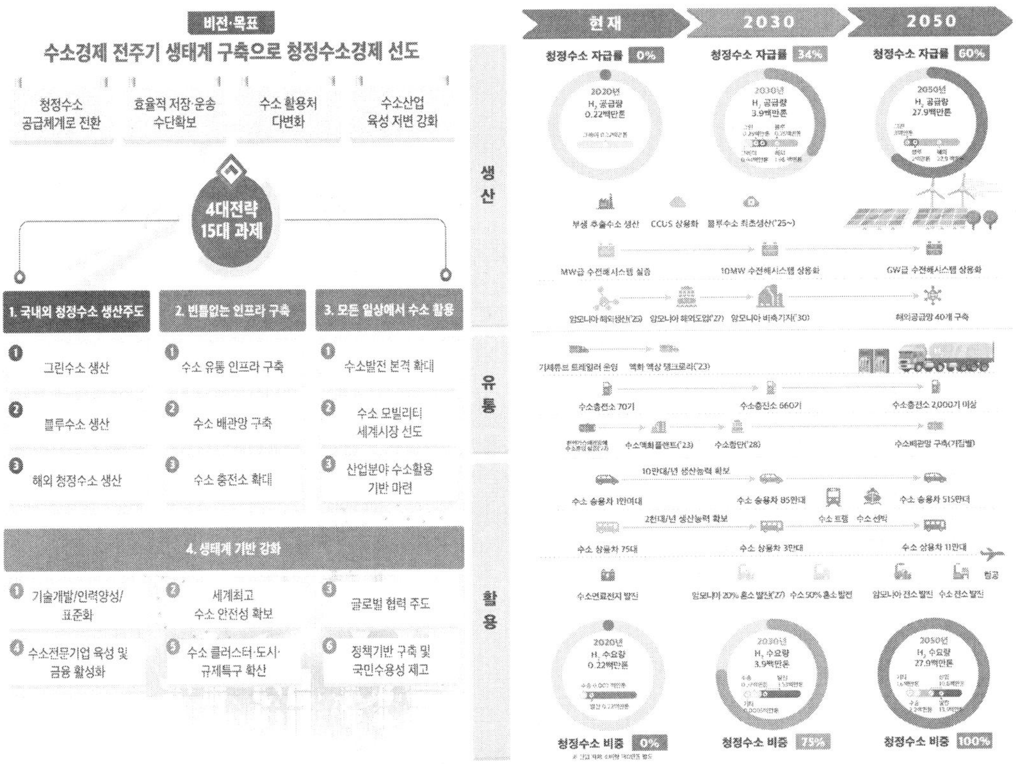

【그림 1.2.1】 수소경제 비전 · 목표 이행 추진전략

출처 : 관계부처 합동, 제1차 수소경제 이행 기본계획(요약), '21.11.26

3)수소경제 육성 및 수소 안전관리에 관한 법률https://www.law.go.kr/LSW/lsInfoP.do?efYd=20220205&lsiSeq=213891#0000

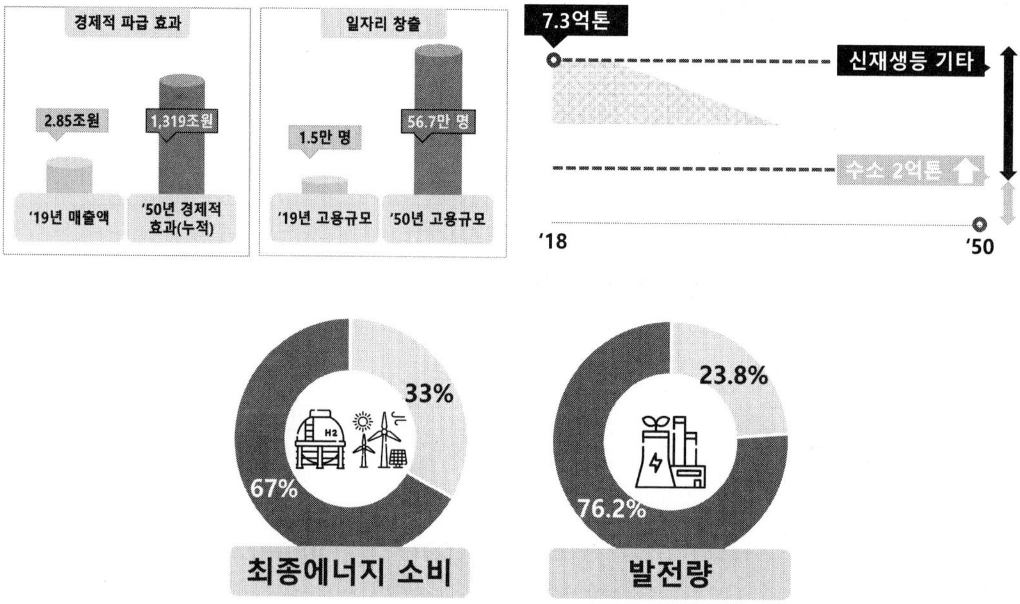

【그림 1.2.2】 수소경제 기대효과
출처 : 관계부처 합동, 제1차 수소경제 이행 기본계획(요약), '21.11.26

(4) 수소법 안전분야 시행 ('22.02)

수소법 중 안전관리 분야가 '22.02.05부터 시행됨에 따라, 수소용품을 제조하려는 사업자는 제조허가・등록제도 및 안전검사를 실시해야 한다. 산업부와 한국가스안전공사는 법 시행에 앞서 제조허가・등록제도 및 안전검사 시행이 원활히 이루어질 수 있도록 국내 수소용품 제조사를 포함한 산・학・연 전문가위원회를 구성하여 <표 1.2.2>과 같은 총 6종의 안전기준[4](일명 KGS 코드)을 제·개정하였다.

【표 1.2.2】 수소법에 따른 수소용품 및 수소연료사용시설에 대한 안전기준

구분	대분류	안전(검사)기준
수소용품	연료전지	① KGS AH371 2021 고정형 연료전지 제조의 시설·기술·검사 기준 ② KGS AH372 2021 이동형 연료전지(지게차용) 제조의 시설·기술·검사 기준 ③ KGS AH373 2022 이동형 연료전지(드론용) 제조의 시설·기술·검사 기준
	수전해설비	④ KGS AH271 2021 수전해설비 제조의 시설·기술·검사 기준
	수소추출설비	⑤ KGS AH171 2021 수소추출설비 제조의 시설·기술·검사 기준
수소연료사용시설		⑥ KGS FU671 2021 수소연료사용시설의 시설·기술·검사 기준

4)수소법에 따른 안전기준은 안전공사 가스기술기준정보시스템에서 확인할 수 있다. https://cyber.kgs.or.kr/kgscode.Index.do

(5) 수소 전주기 안전관리 종합계획 수립 추진 ('22.06)

산업부는 청정수소, 액화수소 및 도시가스 수소혼입 등 수소 신기술의 안전한 활용을 위해 적기에 안전기준을 마련하고, 현실과 맞지 않은 낡은 규제를 합리화하기 위해 22년 11월까지 '수소 전주기 안전관리 종합계획'의 수립을 목표로 하고 있다.

이를 위해 산·학·연 전문가가 참여하는 '수소 안전관리 정책위원회'를 구성하여 수소 신기술 개발 및 도입에 따라 필요한 안전기준을 발굴하는 한편 국민, 기업, 지자체 및 유관기관의 현장 의견도 수렴을 통해 개선이 필요한 규제도 발굴할 예정이다.

1.2.2. 국외 수소정책

탄소중립 목표 달성을 위해 세계 각국의 수소경제에 대한 관심은 증가하고 있지만, 기술성숙도 및 수소 생산・공급 환경의 차이로 인해 국가별 수소 전략이 상이한 상황이다. 전세계 70여개국이 수소전략을 준비하고 있지만 정책협의・공론화 등을 거치고 있는 중이고, 독일・일본・칠레・한국 등 12개 국가만 미래 수소전략을 공표하였다.('21.7 기준) 국외 각국의 수소정책에 대한 개요는 다음 <표 1.2.3>와 같다.

【표 1.2.3】 국외 수소정책 현황

국가	내용
미국	ㅇ'21.11월 초당적 인프라 투자 법안(Bipartisan Infrastructure Law, BIL) 통과로 수소분야 약 95억달러 투자 예산을 확보함. - 청정수소 허브 구축 80억달러, 수전해 프로그램 10억달러, 수소 제조 0.5억달러 투자 예상 ㅇ수소 생산 시 CO_2 발생량에 따라 세제혜택을 차등적으로 부여하는 PTC(Produc tion Tax Credit) 정책을 확대하는 BBB 법안(Build Back Better Act : 바이든 정부의 2차 인프라 법안으로 미 의회 심의 중)을 준비 중임. - 그린수소에 $3/kg, 블루수소에 $1/kg 세제혜택 시 그레이수소 대비 경쟁력 확보 기대
중국	ㅇ2019년부터 수소산업 육성 지원을 본격화 한 이후 수소차 및 수소충전소 확대, 수소생산기반 구축, 보조금 지원 등 정책을 추진해옴. ㅇ'22년 3월 국가발전개혁위원회와 국가에너지국은 '35년까지 모든 산업 영역에 수소 활용을 목표로 '수소에너지산업 중장기 발전계획'을 발표함. - **(~2025년)** 밸류체인 형성 준비기간으로 5만대의 수소차, 연간 10 ~ 20만톤의 그린/저탄소수소의 생산 체제 구축 계획 - **(~2030년)** 완벽한 밸류체인을 갖추고, 그린수소 위주의 수소 산업 체계 완성 계획 - **(~2035년)** 교통, 에너지 저장산업, 산업용 수소 등 모든 산업 영역에 수소 적용 달성
일본	ㅇ'신에너지 기본계획('14년)', '수소 기본 전략('17년)', '수소연료전지 로드맵('20년)'을 기반으로 수소산업 육성 정책을 추진 중. - 민관협력을 활용한 선제적인 국제수소 공급망 구축으로 저비용 수소 공급 체계를 마련 중.

	o(생산) 저비용 수소 조달·공급을 위해 해외자원 활용과 자국 내 그린수소 생산 역량 강화 병행 **o(저장·운송)** 액체수소 비용절감을 통해 글로벌 수소 밸류체인 구축 **o(활용)** 수소전기차 및 가정용 연료전지5) 확산을 통해 수요기반 구축
호주	o호주는 '수소 로드맵('18년)'과 '국가 수소 전략('19년)' 아래 세계 최대의 수소 생산과 수출을 위한 정책을 추진 - 대규모 수소 유통 및 수출 허브(Hydrogen Hub) 조성을 통한 수출자원화 추진
유럽	**o(독일)** 신정부 출범에 맞춰 수소 정책 강화, 수전해 용량 목표 확대(5GW&10GW), 독일 이온(E.on)은 호주 포테스큐(Fortescue)와 그린수소 공급망 구축 협약 체결 **o(영국)** '22.4월 에너지안보전략 발표, 에너지 자립을 위해 '30년 저탄소 수소 생산 목표를 5GW에서 10GW로 확대 계획 **o(프랑스)**는 프랑스 2030의 일환인 그린수소 선도국으로 도약목표 달성을 위해 수소분야 기존 72억 유로(9.6조원)에 19억 유로(2.5조원) 예산 추가 **o(아랍에미리트)** 저탄소 수소 시장의 글로벌 리더가 되기 위한 수소 리더십 로드맵을 발표하고, 수소 생산·수출을 통해 저탄소 수소 시장 점유율 25% 이상을 확보하는 것을 목표로 하고 있음.

앞서 정리된 각국의 수소관련 정책에서 확인할 수 있듯 글로벌 에너지 시장 위기에 대응하여 각국은 수소경제를 통한 에너지 자립 확대를 도모하고 있어, 에너지 전환 시대의 주도권 선점을 위한 각국의 경쟁에 뒤처지지 않기 위해서는 국내외 청정수소경제 생태계 구축에의 노력이 필요하다.

5) 가정용 연료전지 : 도시가스나 LP가스에서 추출한 수소와 공기 중의 산소를 화학반응시켜 일반 주택에서 전기와 열을 생산할 수 있는 열병합 시스템으로, 일본에서는 에너지(Energy)와 농장(Farm)을 합친 '에네팜(Ene-Farm)'으로 지칭하기도 함

1.3. 수소경제

1.3.1. 수소경제의 정의

수소경제란 탄소중심의 기존 에너지 시스템에서 탈피하여 수소를 핵심 에너지원으로 활용하여 신성장 동력을 키움으로써 국가경제, 사회전반, 국민생활 등에 근본적인 변화를 초래하고 경제성장과 친환경 에너지의 원천이 되는 경제산업구조를 말한다.

【표 1.3.1】 탄소경제와 수소경제 비교

구분	탄소경제	수소경제
에너지 패러다임	탄소자원(석유, 석탄, 가스 등) 중심	탈탄소화 수소 중심
	수입 의존(99%)	국내 생산으로 에너지 자립 기여
에너지 공급	대규모 투자가 필요한 중앙집중형 에너지 수급	소규모 투자로 가능한 분산형 에너지 수급
경쟁 양상	입지적 제약이 크고 주민 수용성이 낮음	입지적 제약이 적고 주민 수용성이 높음
	자원개발 및 에너지 확보 경쟁	기술경쟁력 확보 및 규모의 경제 경쟁
환경성	온실가스, 대기오염물질 배출	온실가스 배출이 적어 친환경적
	* CO2, NOx, SOx	부산물 = (H2O)

출처 : 수소융합얼라이언스추진단, "수소에너지·수소경제 30문30답", 2020

1.3.2. 수소경제의 필요성

수소 활용산업은 수소전기차를 중심으로 수송분야에서 에너지 분야까지 다양한 새로운 미래 신산업으로 육성이 가능하고 이같은 수소 활용산업의 육성은 수소 생산-저장·운송-활용 등의 밸류체인 전반에 걸쳐 다양한 산업과 연계되어, 상당한 부가가치 및 고용 유발효과를 거둘 수 있으므로 수소경제 육성은 반드시 필요할 것으로 판단된다.

글로벌 컨설팅 회사 맥킨지는 2050년 글로벌 에너지 수요의 18%를 수소가 담당하여 이산화탄소 배출량을 연 60억톤 가량 감축시키고, 수소 활용 분야에서 연간 2조 5,000억 달러(한화 3000조원)규모의 시장과 누적 3,000만개 이상의 일자리를 창출할 것으로 전망하고 있다.

이같이 친환경 에너지원로서 수소가 새로운 시장을 창출하고 많은 일자리를 제공해 줄 수 있다는 점에서 주요국 정부는 수소산업 육성 계획을 계속해서 발표하고 있으므로 세계적인 수소경제 육성이 지속적으로 이루어 질 것으로 예상된다. 특히 한국에서 수소경제 활성화에 주목해야 하는 핵심적인 이유는 다음 <표 1.3.2>와 같다.

【표 1.3.2】 한국의 수소경제 활성화에의 필요성

① 탄소중립 핵심수단	② 산업구조 고도화	③ 전력계통 안정화	④ 에너지안보 강화
ㅇ온실가스 미세먼지 등 유해물질 無배출 친환경 에너지	ㅇ 에너지 생산-전달-소비 전주기 활용 → 신사업 창출과 전통 산업의 재도약 기회 제공	ㅇ수소 기반 에너지 저장 및 유연 발전을 통해 재생E 변동성 저감 → 계통 유연성 확보와 안정화에 기여	ㅇ국산기술로 신규 에너지원 확보와 산업부문 화석연료 소비 대체 → 에너지 수입 의존도 경감

출처 : 산업통상자원부 보도자료

1.3.3. 수소경제 현황

대한민국 정부는 "수소경제 활성화 로드맵('19.1월)" 발표 이후 ① 세계 최초 수소법 제정, ② R&D · 인프라 · 수소차 · 충전소 · 안전 · 표준 등 6대 분야별 정책 마련, ③ 수소경제위원회 출범 등 수소경제 이행을 위한 제도적 기반을 구축하였다.

이를 바탕으로 2년 연속 수소차 · 연료전지 보급 1위 및 수소충전소 보급속도 1위 달성, 다양한 수소 모빌리티(트램, 화물 · 청소트럭, 지게차 및 드론 등) 실증 추진, 수소 신제품(수소트럭·차량용 수소연료전지시스템, 발전용 연료전지 등)으로 수소경제 성과가 가시화되고 있다.

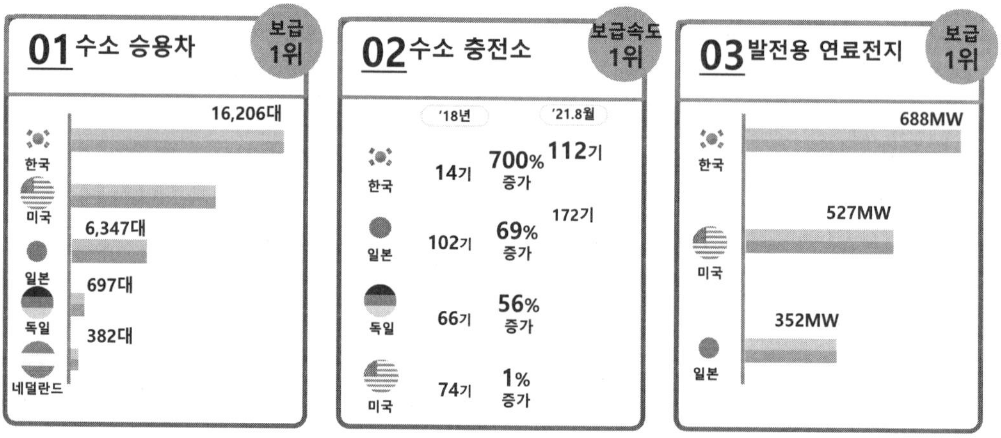

【그림 1.3.1】 한국의 수소경제 성과

출처 : 산업통상자원부, "수소경제 성과 및 수소선도국가 비전" 보도자료, '21.10.07

또한, 다수의 민간기업이 정부의 제도적 지원에 힘입어 청정수소 생산, 액화수소 생산·유통, 수소연료전지와 다양한 수소모빌리티 보급 확대 등에 2030년까지①그린·블루수소 등 생산분야 11조원, ②액화플랜트 등 저장・유통 8조원, ③발전・수소차 등 활용분야 23조원 등 약 43조원+α 규모 투자계획을 발표하였다.

맥킨지가 발표한 <한국 수소 산업 로드맵>에서는 한국의 청정에너지 사회 진입을 위해서 수소경제가 반드시 필요하다고 판단하고 있으며, 2050년에는 연간 약 70조 원의 경제효과 및 약 60만 명의 고용 창출 등의 다양한 경제적・사회적 효과를 거둘 것으로 예상하고 있다.

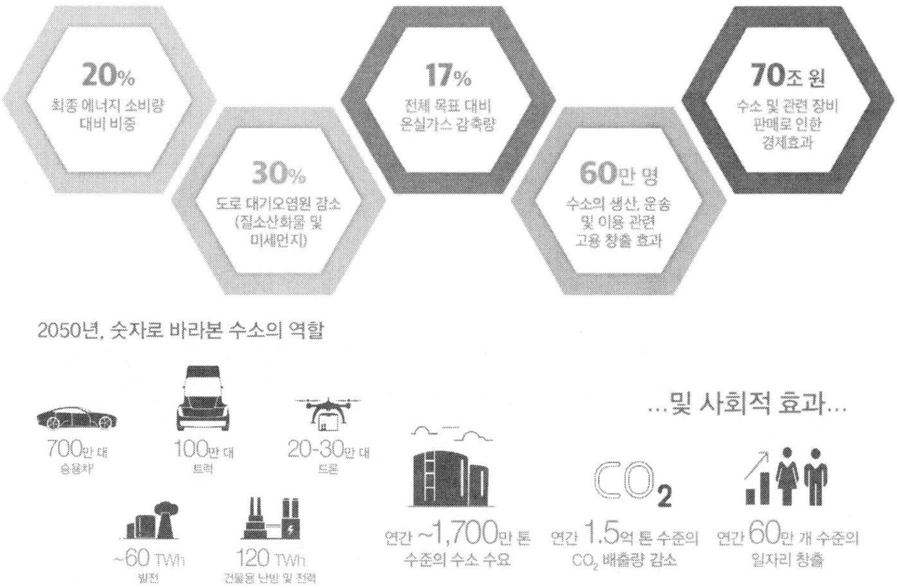

【그림 1.3.2】 2050년 한국의 수소 비전

출처 : 맥킨지, "한국 수소 산업 로드맵 보고서", 2018

1.4. 수소와 환경문제

1.4.1. 수소생산과 친환경성(브라운 · 그레이 · 블루 · 그린)

수소는 우주 질량의 75%를 차지할 정도로 흔한 원소이나, 순수한 기체 상태로 존재하지 않고 물, 메탄 등 화합물 형태로 존재하여 개질(수증기 및 플라즈마 개질, 고온열분해 등), 물 분해(물의 전기분해, 광화학적 및 열화학절 물분해 등) 등의 방법을 통해 수소에너지를 생산할 수 있다. 수소에너지는 생산 방식에 따라 다음 <표 1.4.1>과 같이 브라운 · 그레이 · 블루 · 그린 총 4가지로 분류할 수 있다.

【표 1.4.1】 수소생산방식에 따른 수소에너지 분류

<table>
<tr><td>브라운수소</td><td>
</td><td>o 브라운수소란 석탄이나 갈탄을 고온·고압에서 태워서 수소를 추출하는 수소 생산 방식
o 생산 비용이 저렴하지만 수소 생산과정에서 이산화탄소를 가장 많이 배출하는 수소 생산 방식으로 친환경적이지 못한 수소 에너지 생산 방식</td></tr>
<tr><td>그레이수소</td><td>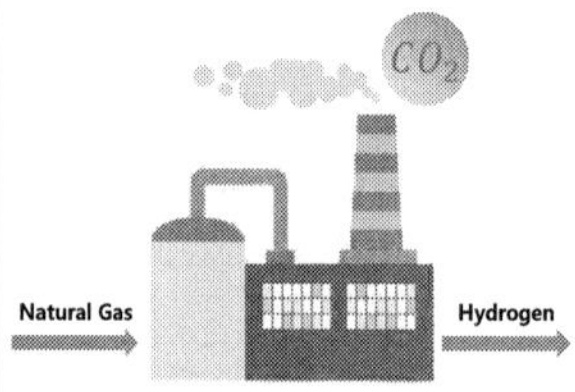
</td><td>o 현재 가장 많은 비율을 차지하는 수소생산 방식
- 개질수소(천연가스를 고온·고압의 수증기로 분해 생산)와 부질수소(석유화학 및 제철 공정의 부산물로 추출)로 분류
o 약 1 kg의 그레이수소 생산시 10 kg의 이산화탄소 배출
o 친환경적인 에너지 생산 방식은 아니지만 생산단가가 저렴하고 대량생산이 가능하다는 장점이 있다.</td></tr>
<tr><td>블루수소</td><td>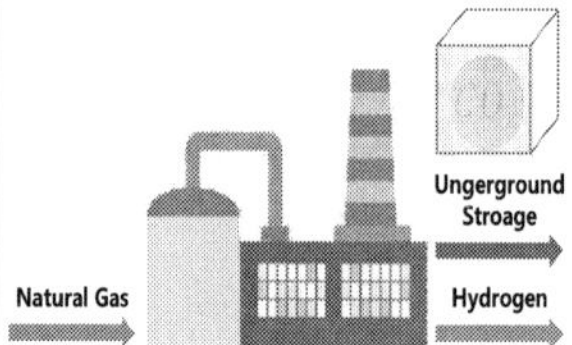
</td><td>o 그레이수소 생산 과정에서 발생한 이산화탄소를 포집 및 저장하여 탄소 배출량을 감소시킨 수소 생산 방식
o CCUS(Carbon Capture, Utilization and Storage) 기술을 이용하여 약 1kg의 수소 생산 시 4.4 kg의 이산화탄소를 배출
o 그레이수소에 비해 친환경적이고 그레이수소의 저렴한 생산단가를 유지하면서 이산화탄소를 배출하지 않기 때문에 그린수소 단계 이전의 최적의 수소에너지 생산 방법</td></tr>
<tr><td>그린수소</td><td>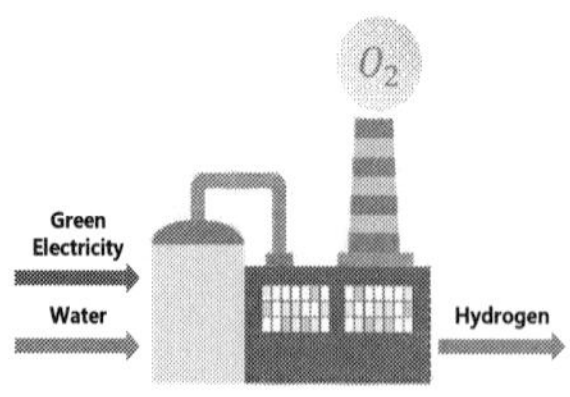
</td><td>o 태양광, 풍력 등의 재생에너지 또는 원자력 에너지를 기반으로 수전해(전기화학적 반응을 이용하여 물을 수소와 산소로 분리)하는 수소 생산 방식
o 수전해 설비의 낮은 효율로 인해 그레이수소 생산단가의 2배 가격이지만 탄소배출량이 없어 궁극적으로 지향해야 할 수소 생산 방식</td></tr>
</table>

1.4.2. 수소에너지와 탄소중립

탄소중립이란 인간이 배출하는 온실가스의 양을 최대한 줄이고, 잔여 온실가스는 산림에 흡수시키거나 CCUS 기술을 통해 제거하여 실질적인 탄소 배출량을 0으로 만드는 개념이다. 현재 전 세계의 온실가스 배출량이 기하급수적으로 증가함에 따라 기후변화에 대한 국제적인 대응이 시급하므로 탄소중립이 필수적인 대안으로 자리잡고 있다.

UN에서는 세계각국에 2015년 파리 협정[6]에 따른 탄소중립 계획을 요청하였고, 협정 이후 탄소중립을 선언·지지하는 국가는 현재 전세계 134개국에 이르고 있으다. '탄소중립'은 기후위기 대응을 위한 움직임을 넘어 전 세계 경제 질서와 산업구조가 근본적으로 바뀌고 있음을 의미한다.

한국 또한 '2050 탄소중립'을 선언하면서 2020년 12월에 '2050 탄소중립 추진전략'을 마련하였다. 3+1 전략과 10대 과제를 통해 탄소중립·경제성장·삶의 질 향상 동시 달성을 목표로 하여 원자력에너지의 비중을 줄이고 태양광, 풍력 등의 신재생에너지의 비중을 늘리고자 로드맵을 제시하였다.

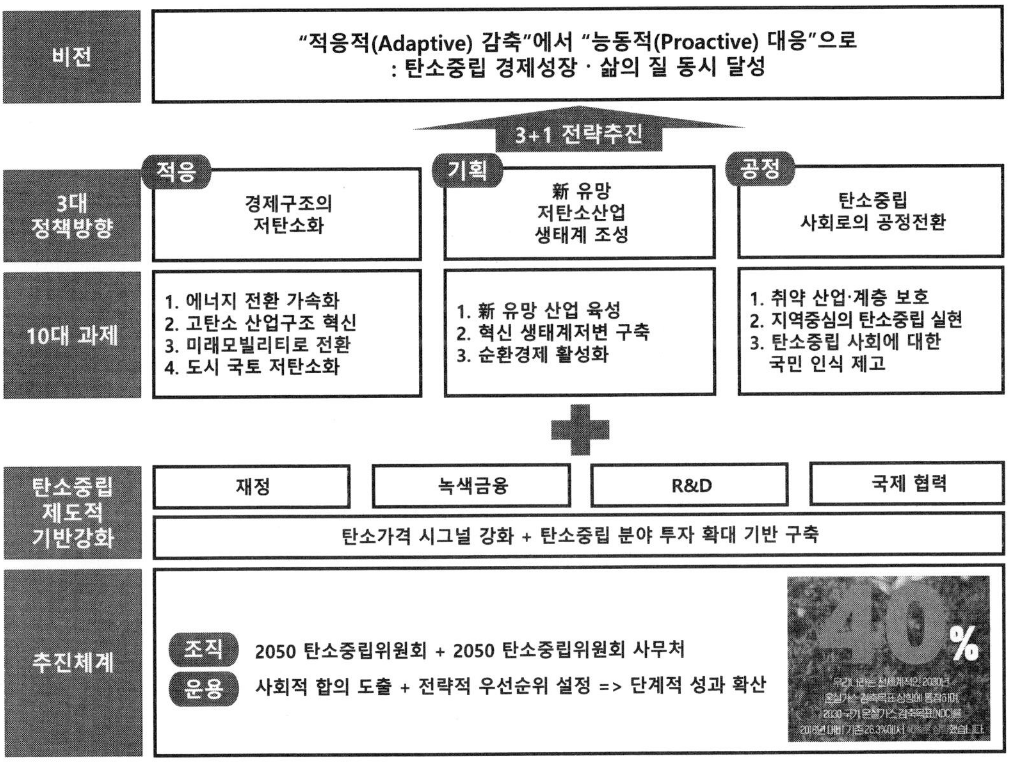

【그림 1.4.1】 우리나라의 온실가스 감축목표 상향안 및 2050 탄소중립 추진전략

---

6) 파리협정에서는 산업화 이전 대비 지구 평균온도 상승을 2 ℃보다 아래로 유지하면서 1.5 ℃ 이하로 억제하는 것을 목표로 하고있음

탄소중립을 추진함에 있어서 가장 효과적인 방법은 탄소에 기반한 에너지 시스템을 수소 중심으로 전환키는 것이다. 수소에너지가 탄소중립에의 핵심 기술로 주목받는 이유는 ①수소에너지가 가진 친환경성 ②높은 전기에너지 생산 효율 및 ③ 신재생에너지를 통해 생산된 전력의 저장 및 운반 수단으로서의 때문이다.

또한, 수소는 단순 에너지원으로서 뿐만 아니라 운송, 철강산업, 정유산업, 농업, 반도체 등 다양한 분야에 사용되므로 탄소중립에 기여하는 바가 훨씬 크다. 특히 철강산업의 경우 전체 이산화탄소배출 중 8%를 차지하는 고탄소 배출업종인데, 이를 수소를 사용하는 공법으로 변경하면 이산화탄소 배출을 대폭 줄일 수 있다. 운송분야는 글로벌 에너지의 20%를 사용하면서 이산화탄소 배출비중이 15%에 달하고 있어 향후 가장 많은 수소사용이 필요한 산업분야로 주목받고 있다.

1.5. 수소의 유통

수소산업은 수소경제의 밸류체인 전반에 걸친 산업인 만큼 수소의 생산, 공급 및 활용까지 파생되는 사업이 무궁무진하다. 수소위원회(Hydrogen Council)와 맥킨지가 최근 발간한 '수소경제 인사이트 2021'에 따르면 2030년까지 전 세계 수소 사업 투자 규모는 5000억 달러(약 576조 원)에 이를 것으로 전망하고 있다.

1.5.1. 수소의 생산

수소 생산 방식은 크게 수전해, 추출(개질), 부생수소 방식으로 나뉜다. 수전해 방식은 태양광이나 풍력 등 제생에너지에서 나온 전기로 물을 전기분해하여 수소를 생산하고, 추출(개질)방식 천연가스 등과 같은 원료를 고온·고압의 수증기와 반응시켜 수소를 생산하며, 부생수소는 석유화학 공정에서 부산물로서 발생하는 수소를 활용하여 생산한다. 각 생산방식의 원리 및 생산방식 별 특징은 <표1.5.1>과 같다.

【표 1.5.1】 수소생산방식 별 원리 및 특징

구분	원리	특징
수전해	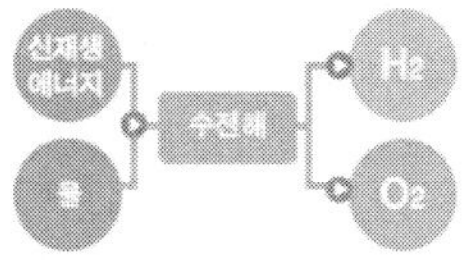	o 탄소배출 제로의 친환경적인 수소 생산방법임. o 크게 알칼리수전해, 고분자수전해 및 고체산화물 수전해 시스템의 3가지 방식으로 구분함. o 고순도 수소 생산 가능함. o 현재는 고가의 전력비용을 소모하므로 고비용임.
수소 추출 (개질)	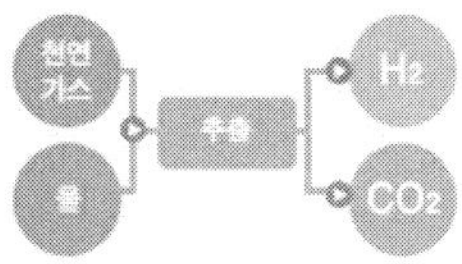	o 화석연료를 개질하여 수소를 추출하는 수소 생산방식. (최근 들어 바이오매스를 개질하여 추출하는 방식 연구되고 있음) o 크게 수증기개질(SR : Steam Reforming), 부분산화반응(Partial Oxidation), 자열개질반응(ATR : Autothermal Reforming)의 3가지 방식으로 구분됨. o 기존 에너지 활용 가능하고, 수소 생산시 CO_2가 발생하여 친환경적이지 못한 생산방식이지만 CCUS 기술을 활용하여 수소생산 시 CO_2 배출량을 줄일 수 있음.
부생수소	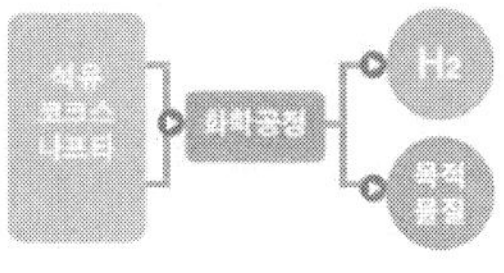	o 현재 가장 저렴한 방법으로 석유화학 공정에서 발생하는 부산물을 분리정제하여 생산함. o 기존 에너지 활용 가능하고, 수소 생산시 CO_2가 발생하여 친환경적이지 못한 생산방식이지만 CCUS 기술을 활용하여 수소생산 시 CO_2 배출량을 줄일 수 있음.

1.5.2. 수소의 공급

수소의 공급방식은 크게 세가지로 분류된다. 첫 번째는 기체수소를 압축하여 탱크에 저장하여 운송하는 기체 저장/운송 방식, 두 번째는 기체수소를 -253 ℃로 냉각하여 액화·저장하여 운송하는 액체 저장/운송 방식, 세 번째는 메탄, 암모니아(액상), MCH (메틸사이클로헥산, 액상) 등 형태로 변환 또는 금속 등에 저장하여 운송하는 화합물 저장/운송 방식이다. 각 공급방식에 따른 특징은 <표 1.5.2>와 같다.

【표 1.5.2】 수소공급방식 별 특징

구분		특징
기체	튜브트레일러	o 차량에 고정된 용기를 이용하여 고압의 기체(압축)수소를 공급받는 방식으로, 현재 국내 수소충전소에서 가장 많이 사용하고 있는 운송 방법임. o 연료 운반 및 가스 저장의 역할을 동시 수행하는 튜브트레일러는 1회 저장·운송량이 200 kg 수준으로 수소 공급원으로부터의 이송거리가 짧을 경우에 사용하기 적합함.
	파이프라인	o 고압의 기체수소를 배관망(파이프라인)을 통해 운송하는 방식으로, 수송량 및 거리 측면 그리고 최종소비자의 활용성 측면에서 이점을 가지고 있으나, 인프라 구축 비용이 막대하여 추후 수소경제가 활성화되었을 때의 주요 운송 모델로 볼 수 있음. o 액화수소는 단거리가 아닐 경우 기화손실이 커 파이프라인을 통한 운송이 적절치 않음.
액체	탱크로리	o 차량에 고정된 탱크를 이용하여 극저온 액화수소를 공급받는 방식으로, 중·대규모, 중·장거리 공급을 할 경우에 적합함. o 액화수소 운송방식은 압축수소 운송 방식에 비해 약 12배 이상의 운송효율을 지님. o 탱크로리에서 증발되는 수소의 양은 하루 0.3 %~0.6 %로 알려져 있으며, 극저온 유체의 안정적인 저장을 위하여서는 단열성능평가를 고려해야 함.
	화합물	o 수소를 유기수소화물(LOHC) 혹은 암모니아 형태로 운송하는 형태로, 상온/상압조건에서 액체상태를 유지하며 공급할 수 있어 안전하고, 액상으로 대량저장 및 운송이 가능하며 기존 운송 인프라를 그대로 활용할 수 있어 인프라 구축 비용 절감 가능함. o 특히 암모니아를 사용하여 수소를 생산하는 경우 수전해 대비 전압이 적게들고 반응속도가 빨라 경제성이 있음. 다만, 암모니아는 유독성/폭발성이 있으므로 취급에 주의가 필요하고, 수소↔ 암모니아 전환설비가 필요하다는 단점이 있음.
고체	화합물	o 수소저장합금은 수소와 가역적으로 반응하여 금속수소화물을 형성함으로써 수소를 흡수저장·방출함. o 금속수소화물의 체적당 수소의 저장밀도는 압축수소 및 액화수소보다 높아 대량저장이 가능함. o 고압 또는 극저온 상태로 저장되지 않으므로 안전성이 높음. o 수소저장합금은 고가이고 열화로 인해 저장횟수에 제한이 있어 현재 많이 활용되고 있지는 않으며 아직 연구단계임.

1.5.3. 수소의 사용

수소는 현재 에너지 분야에서 파생되는 거의 모든 분야에 활용될 수 있다. 그 활용 분야로는 자동차(승용차, 버스, 택시, 트럭), 건설기계, 트램·기차 및 UAM(Urban Air Mobility)등과 같은 수소 모빌리티, 수소연료전지를 통한 분산형발전과 열병합발전, 기존의 천연가스연료를 수소로 대체한 수소가스터빈 및 수소엔진발전 등이 있다. 수소 활용에 따른 구분은 <표 1.5.3>과 같고 활용분야 별 연료전지 적용 구분은 <그림 1.5.1>과 같다.

【표 1.5.3】 수소 활용에 따른 분류 및 특징

① 수소 모빌리티에 활용	
수소 승용차, 버스, 택시, 트럭 및 건설기계	ㅇ**수소차의 특징 :** 무공해, 긴 주행거리, 한번충전 후 600 km 주행, 짧은 충전시간 (5분) ㅇ**수소 건설기계 :** 기존 건설기계 대비 탄소배출을 저감, 실내 작업시 작업환경을 개선, 전기식 건설기계 대비 짧은 충전시간 및 긴 사용시간
수소 트램 및 기차	ㅇ수소탱크 및 수소연료전지가 설치된 트램을 위한 전용충전설비 구축 ㅇ자체 전력 생산으로 외부 전력공급 인프라 구축 없이 장거리 주행 가능
수소 선박	ㅇ수소저장설비에서 연료전지로 수소 공급하여 선박 구동에 필요한 전기생산 ㅇ수소연료전지로부터 선박용 추진용 프로펠러, 선내 냉난방, 엔진 컨트롤룸 등으로 전기 공급
수소 UAM	ㅇ리튬이온전지 대비 수소연료전지의 높은 에너지 밀도 → UAM 운항시간 및 거리 대폭 확대가능 ㅇ높은 기술난이도로 인해 상용화까지는 많은 시간이 걸릴 것으로 예상
② 수소 발전에 활용	
발전용 연료전지	ㅇ전력계통에 연결해 전력발전을 목적으로 최소 수백kW 이상의 용량을 가짐. ㅇ발전용 연료전지는 도심에 위치하는 분산전원에서 대규모 전원으로 활용이 가능함. ㅇPAFC, MCFC 및 SOFC 3가지 타입의 연료전지가 활용됨.
가정·건물용 연료전지	ㅇ아파트, 빌딩, 오피스텔 등과 같은 건축물에 설치해 건물에 설치됨. ㅇ우리나라 기준 건물용 연료전지로는 10 kW급 이하, 가정용 연료전지로는 1 kW급 이하의 연료전지를 적용함. ㅇ필요한 전력량 중 기저부하를 대응하고 일정 부분의 열 부하까지 대응할 수 있는 소규모 열병합 발전기 형태의 연료전지가 활용됨. ㅇ대부분 PEMFC가 건물용 및 가정용 연료전지로 활용됨.
가스터빈	ㅇ**수소 혼소발전 :** LNG 발전소의 가스터빈 설비에 천연가스와 수소를 함께 연료로 사용하여 발전함. 이산화탄소 배출 절감 및 기존 가스터빈 개조·활용에 따른 설비 수명 증가
② 산업분야에 활용	
철강 석유화학 시멘트	ㅇ**철강 :** 수소환원제철 + 전기로 / 그린철강 ㅇ**석유화학 :** 그린납사, 수소화 공정 -> 그린화학제품 (항공유, 플라스틱, 섬유) ㅇ**시멘트 :** 수소 소성로 -> 그린 시멘트

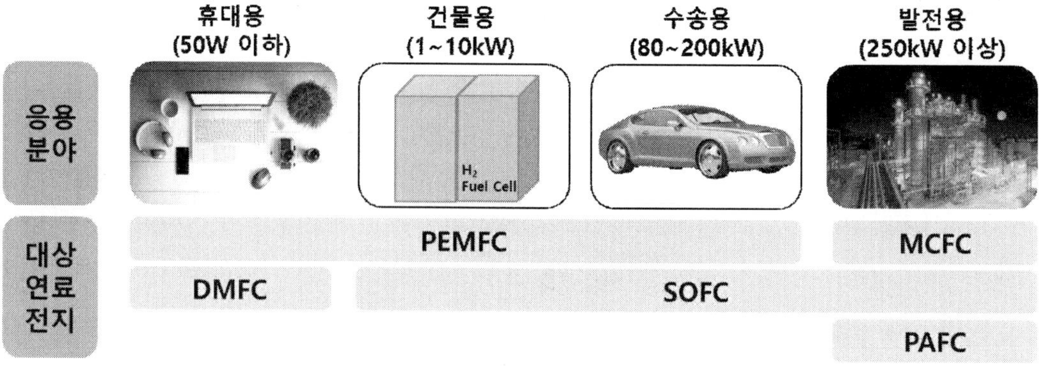

- DMFC : Direct Methanol Fuel Cell, 직접메탄올 연료전지
- PEMFC : Proton Exchange Membrane(Polymer Electrolyte Membrane) Fuel Cell, 이온교환막 또는 고문자 전해질 연료전지
- SOFC : Solid Oxide Fuel Cell, 고체 산화물 연료전지
- PAFC : Phosphoric Acid Fuel Cell, 인산형 연료전지
- MCFC : Molten Carbonate Fuel Cell, 용융 탄산염 연료전지

【그림 1.5.1】 수소 활용분야 별 연료전지 적용 구분

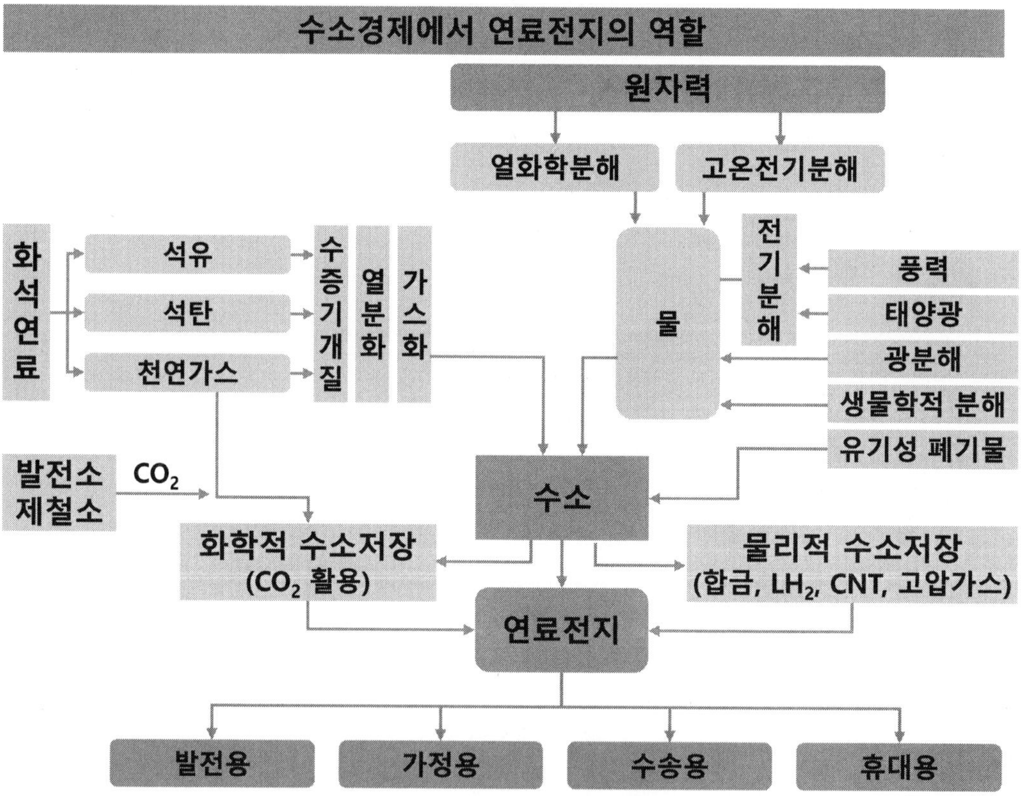

【그림 1.5.2】 수소경제에서 연료전지의 역할

출처 : 삼정KPMG경제연구원, "연료전지 시장의 현재와 미래", 2019

1.6. 수소의 안전

1.6.1. 기체수소의 위험성

수소는 낮은 폭발하한계, 최소점화에너지 및 빠른 확산성 등의 물질특성을 가지고 있어 수소가 누출되는 경우 화재·폭발 가능성이 높다. 특히 기체수소는 350 bar에서 700 bar의 초고압으로 압축하여 활용하게 되고, 이로인해 가스 누출시 고압으로 인한 대형 사고가 발생할 수 있으므로 기체수소 활용시 다음과 같은 위험성을 충분히 고려해야 한다.

(1) 낮은 점화에너지 및 빠른 화염속도

수소의 최소점화에너지는 101.3 kPa에서 0.017 mJ로 일반적인 탄화수소의 최소점화에너지인 0.24 mJ 보다 매우 낮은 값을 가지므로 사람의 정전기와 같은 작은 에너지만으로도 점화할 가능성이 있다.

수소는 매우 가벼운 기체이므로 공기중에서 연소되는 경우 열에너지보다 물질의 확산이 약 3배 빨리 진행된다. 따라서 화염면으로 유입되는 화학에너지가 전도를 통해서 손실되는 열에너지보다 크기 때문에 연소가 진행될 경우 초과 엔탈피 현상에 의해 화염을 소염시키기 매우 어렵다.

(2) 넓은 폭발범위

수소는 공기 및 산소 이외에 염소 및 질소산화물 등과도 적당한 온도, 압력하에서 가연사성 혼합물을 형성한다. 대기압 및 대기온도 조건에서 폭발하한계(LEL, Lower Explosion Limit)는 4%, 폭발상한계(UEL, Upper Explosion Limit)는 75%로 넓은 폭발범위를 가지므로 밀폐된 공간에서 수소가 누출되는 경우 폭발 위험성이 매우 높다.

(3) 수소침식 및 수소취성

수소분자는 금속과 접촉하여 원자상 또는 이온상태의 작은 입자로 변환되고 변환된 입자는 금속내부로 쉽게 침입하게 되며 이는 금속의 물리적, 화학적 성질에 영향을 준다. 금속 내부로 침투한 수소는 강도 및 연성과 같은 금속의 기계적 성질을 현저히 저하시킨다.

고온·고압의 수소분위기에 금속이 장시간 노출되는 경우 금속 내부로 수소가 침입·확산하여 금속 내부 고용탄소 및 탄화물 등과 반응하여 메탄가스를 생성하고 이로 인해 금속내부 균열이나 팽창이 발생하는 수소 침식을 초래한다.

1.6.2. 액화수소의 위험성

기체수소는 에너지밀도 측면에서 단점이 많으므로 수소경제의 활성화를 위해 중장기적으로 대량의 수소 수요를 만족시키기 위해서는 액화수소 생산·운송·활용의 필요성이 커질 것이다. 이에 세계 주요국들이 액화수소의 안전성을 확보하기 위한 방안들을 마련하고자 연구중에 있다.

액화수소는 이미 산업분야에서 안전하게 사용되고 있지만 이를 주요 에너지원으로서 활용코자 한다면 충전시설 구축이 필요하다. 이같은 충전시설은 도심지에 위치하고, 일반인 출입이 가능하며, 충전시설로 액화수소 운송 시 도심지를 통과하므로 산업분야에서 사용되는 것보다 훨씬 더 높은 수준의 안전성과 장비 및 절차의 신뢰성이 요구되므로 액화수소 활용을 위해서는 다음과 같은 위험성을 충분히 고려하여야 한다.

(1) 저온의 위험성

액화수소의 극저온 특성으로 인하여 열팽창 및 수축에 기인한 설비 파손의 위험이 있고, 초저온 BOG[7]와 비 단열 설비 접촉에 의한 냉화상 위험성이 존재하며, 액화수소가 누출되는 경우 누출된 액화수소는 급속하게 증발되지만, 누출초기 극저온 온도로 인해 공기보다 무거운 가스처럼 낮은 곳에 체류하게 되어 화재 및 폭발의 위험성이 증가한다.

열팽창 및 수축으로 인한 설비의 파손을 막기 위해 완벽한 신축흡수 설계를 실시해야 하고, 극저온의 액화수소가 흐르는 설비 및 배관에는 단열 조치를 하며, BOG 누출 확률이 높은 구간에 경계표지를 설치는 등 액화수소의 극저온 특성에 의한 사고예방을 위한 안전조치가 반드시 필요하다.

끓는점이 −253 ℃인 액화수소 특성으로 인해 용기, 배관 및 계기류 등 제작 시 극저온 조건 및 수소취성에 견딜 수 있도록 낮은 열전도도, 높은 단열특성, 높은 전기절연성 및 높은 기계적 강도를 가진 복합소재를 사용하는 것이 바람직하지만 아직 연구단계로 현재 액화수소 용기에는 내수소취성이 뛰어난 스테인리스강 및 강도대비 가벼운 알루미늄 합금강을 주로 사용한다.

(2) 보일오프(Boil-off)의 위험성

액화수소의 낮은 증발잠열과 비점으로 인해 열손실을 방지하기 위해 액화수소 설비에 단열조치를 하지만 열손실 0%의 단열성능 확보는 불가능하므로, BOG 발생은 불가피하다. 열손실로 인해 액화수소가 기화하는 경우 그 부피가 845배로 팽창하여 닫힌계의

7) BOG(Boil off Gas) : 저온의 액체가 저장탱크 내부에 저장되는 경우 탱크 내부와 외부간의 온도차이로 인해 저온의 액체가 자연적으로 증발 및 기화하여 기체상태로 된 것.

압력이 0.101Mpa에서 172Mpa로 증가하게 되므로 큰 폭발이 일어날 수 있다.

BOG 발생으로 인한 사고를 예방하기 위해 안전밸브를 액화수소 저장설비에 설치해야 한다. 저장설비 내부 과압 발생으로 인해 안전밸브에서 저온의 수소가스가 방출되는 경우 과압으로 인한 위험은 해소되지만, 저온의 수소가스가 방출 초기 확산되지 않고 낮은곳에 축적되어 폭발분위기를 형성하여 화재 및 폭발의 위험성이 증가한다.

(3) 응축의 위험성

헬륨을 제외하고 수소의 비점보다 높은 비점을 가진 대부분의 가스들은 액화수소 온도에서 응축 및 고형화되므로 액화수소 설비와 배관의 이음매 체결부를 통해 외부기체가 유입되는 경우 배관, 오리피스 및 밸브 등이 응축물에 의해 폐쇄될 위험성이 있다.

이같은 외부기체 유입으로 인한 응축물 생성을 방지하기 위해 용기 및 용기보관실 내 양압을 유지한다거나 불활성기체(비점이 수소보다 높은 경우만 해당)로 설비 치환작업을 하는 경우 외기온도 조건하에서 기체수소로 설비를 치환한 후 불활성기체로 치환하여 외부기체의 응축을 방지하는 것이 필요하다.

(4) 산소축적의 위험성

액화수소의 극저온 온도와 공기가 만나는 경우 산소가 질소보다 먼저 응축된다.응고 초기에 고농도의 산소 응고 물질이 생성되어 산소농도가 50%까지 도달할 수 있으며, 이 응고 물질이 기화하는 경우 더 높은 산소농도를 형성하여 폭발 위험성이 증가한다.

위와 같은 산소축적의 위험성은 ① 비단열된 설비 및 배관과 외기의 접촉, ② 유출된 액화수소가 형성한 액체풀과 외기의 접촉 및 ③ 수소 액화 시스템 내부로 외기 유입 등과 같은 경우에 발생할 수 있다.

고산소농도를 가진 공기는 감소된 점화에너지를 가져 가연성 물질 연소속도가 증가하고, 폭핑 가능성 또한 증가시키므로 액화수소 취급시설의 경우 산소축적의 위험성을 예방하는 조치를 취해야 한다.

(5) 누출가스의 폭발 위험성

액화수소의 압력은 압축수소와 비교하여 굉장히 낮기 때문에 누출가스의 폭발 위험성에 있어서 상대적으로 안전하다고 할 수 있다.

하지만 액화수소가 누출되는 경우 누출된 액화수소는 극저온의 풀(Pool)을 형성하고 풀에서 증발된 기체수소가 공기중으로 확산되고, 증기운을 형성하게 된다. 이때 확산거리, 제트화염에 따른 복사열수준, 지연점화에 따른 폭풍과압 및 인명·재산피해 예측을 위해 액화수소의 거동을 예측가능한 확산모델이 개발되어 있으나 해당 확산모델 입증을 위한 실험데이터가 부족한 상황이다.

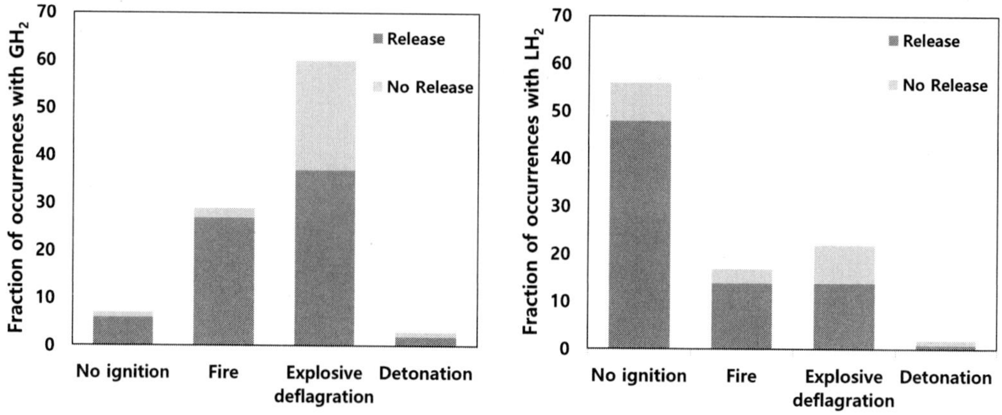

【그림 1.6.1】 기체수소(GH2) 및 액화수소(LH2)의 사고유형 통계

출처 : Karl Verfondern, "Safety Considerations on Liquid Hydrogen", 2008.

1.6.3. 수소의 안전관리

현재 수소 관련 규제샌드박스에 의한 규제특례 사업자는 사업 추진전 안전관리 방안을 수립하고 가스안전공사의 검토를 거쳐 산업부의 승인을 받고 이를 준수토록 실증특례 부대조건에 명시되어 있다. 이에 가스안전공사에서는, 22년 1월 11일 수소 관련 규제특례 사업자가 수소 관련 규제특례시설 안전관리계획(안)을 마련하여 가스안전공사의 검토를 거쳐 산업부 승인을 받도록 그 방법 및 절차를 안내하였다. 안전관리계획(안)의 신청 및 검토절차는 <표 1.6.1>과 같고, 제출서류 세부사항은 <표 1.6.2>와 같으며 보다 상세한 내용은 가스안전공사의 수소안전정책처를 통해 확인할 수 있다.

[표 1.6.1] 안전관리계획(안) 신청 및 검토절차

검토신청	실무위원회	검토위원회	결과회신	승인신청
자체 안전관리계획 검토 요청[공문]	실무위원회 검토 사업자 질의응답	검토위원회 회의 및 수정·보완 요청	검토결과 회신 (공문)	자체 안전관리계획 승인 요청[공문]
사업자 → 공사	공사/사업자	공사/사업자	공사→사업자	사업자→ 산업부

출처 : 가스안전공사 수소신산업안전부, 수소 관련 규제특례시설 안전관리계획 제출 안내, '22.1.11,

【표 1.6.2】 안전관리계획(안) 제출서류 세부사항

제출서류 구분	세부사항
자체 추가안전기준 설명자료	ㅇ공사가 제시한 액화수소 전주기 추가안전기준 27종 중 실증사업에 해당하는 기준을 모두 준수하고, 사업자 검토의견 및 자체 실시 안전성평가 결과를 반영하여 자체 추가안전기준 마련해야 함. - 사업자가 작성한 추가안전기준은 작성근거 등을 첨부하여 제출
안전관리방안	ㅇ공사에서 배포하는 안전관리규정 표준모델[8]을 준용하여 작성하고, 공사제시 추가안전기준 및 사업자 도출 자체 추가안전기준을 모두 포함하여 점검할 수 있도록 안전점검표 등을 수정하여 제출 필요함. ㅇ표준모델 대비 수정된 사항 표기 후 제출 필요함.
안전성평가 결과 개선 권고사항에 대한 조치내역	ㅇ자체 실시한 안전성평가 결과 개선권고 사항에 대하여, 설계·자체 추가안전기준 또는 안전관리방안에 반영해야 하고, 안전성평가 결과 개선권고 사항에 대한 반영여부 및 세부내용 확인을 위해 공사가 제시한 양식을 참조하여 작성 후 제출해야 함.
자체 안전관리위원회 운영 내역	ㅇ자체 안전관리위원회 운영내역, 안전성평가 결과 및 안전관리계획(안) 작성에 대한 안전관리위원회 검증결과를 안전관리계획(안) 제출 시 첨부해야함.
기타 제출 자료	ㅇ규제특례 확인서, 특례사업 개요 및 주요 사업내용, 안전성평가 결과서 (HAZOP, QRA 등), P&ID, 공정설명서, 도면 및 주요설비 목록(주요제원 포함)

출처 : 가스안전공사 수소신산업안전부, 수소 관련 규제특례시설 안전관리계획 제출 안내, '22.1.11,

8) kgs.or.kr(가스안전공사 홈페이지) 정보공개-가스법규정보-안전관리규정

1.7. 수소 관련 법제도

1.7.1. 국내 수소 관련 법제도

국내 수소 관련 법령으로는 「수소경제 육성 및 수소안전관리에 관한 법률」(이하 "수소법"이라 한다), 「고압가스안전관리법」(이하 "고법"이라 한다) 및 「산업안전보건법」(이하 "산안법"이라 한다) 등이 있으며 수소법에서는 수소경제 이행 촉진을 위한 기반 조성 및 수소산업의 체계적 육성을 도모하고 수소의 안전관리에 관한 사항을 규정 있고 고법에서는 수소법에서 규정하고 있지 않은 가스안전에 관한 기본적인 사항을 규정하고 있으며 산안법에서는 위험성평가를 수행하도록 규정하고 있다.

(1) 수소경제 육성 및 수소 안전관리에 관한 법률

현행 수소법 중 안전관리분야는 1년의 유예기간을 거쳐 '22.2.5.일부터 시행되고 있으며, 고법, 도시가스사업법 및 액화석유가스의 안전관리 및 사업법에 해당하지 않는 수소연료공급시설, 수소연료사용시설 및 수소용품을 대상으로 적용하고, 수소용품 제조사업의 경우 안전관리대상으로 허가를 받도록 규정하고 있다.

【표 1.7.1】 수소법 적용대상에 따른 법적 규제내용 요약

수소법 적용대상 분류	법적 규제 내용
수소연료공급시설	ㅇ **수소법 제20조(수소 수급계획의 제출)** : 수소연료공급시설을 운영하기 위해서는 수소 수급계획을 제출해야 함.
수소연료사용시설	ㅇ **수소법 제47조(수소연료사용시설의 검사)** : 수소연료사용시설을 설치하여 사용하기 위해서는 시행규칙 제44조에 따른 별표5에서 규정하는 시설기준과 기술기준에 맞도록 수소연료사용시설을 갖추어야 함. 시설 완공 시 완성검사를 받아 합격한 후에 시설을 사용할 수 있고 시행령 제50조에 따라 일정 기간마다 정기검사를 받아야 하며 완성검사 및 정기검사의 기준, 대상, 절차 및 방법에 대해서는 시행령 제45조에서 규정하고 있음.
수소용품 제조	ㅇ **수소법 제36조(수소용품 제조사업 허가)** : ① **수소용품을 제조하려는 자**는 그 사업소마다 **시행규칙 제22조에서 정하는 바에 따라 허가를 받아야 함.** ③ **제1항에 따라 허가를 받은** 수소용품 제조사업자"는 **시행규칙 제26조에서 정하는 시설기준과 기술기준을 준수**해야 함.

(2) 고압가스 안전관리법

현행 고법에서 규정하는 고압가스의 정의 범주에 일반적으로 활용되는 조건의 기체수소 및 액화수소가 모두 포함되므로 수소 관련 제품시설 및 운반 등에 관한 규제는 고법에서 규정하고 있다.

【표 1.7.2】 고법에 따른 고압가스의 종류 및 범위 규정

고법에 따른 고압가스 종류 및 범위 규정	ㅇ**고법 시행령 제2조1항 : 상용(常用)의 온도에서 압력**(게이지압력을 말한다. 이하 같다)**이 1메가파스칼 이상이 되는 압축가스**로서 실제로 그 압력이 1메가파스칼 이상이 되는 것 또는 섭씨 35도의 온도에서 압력이 1메가파스칼 이상이 되는 압축가스(아세틸렌가스는 제외한다) ㅇ**고법 시행령 제2조3항 : 상용의 온도에서 압력이 0.2메가파스칼 이상이 되는 액화가스**로서 실제로 그 압력이 0.2메가파스칼 이상이 되는 것 또는 **압력이 0.2메가파스칼이 되는 경우의 온도가 섭씨 35도 이하인 액화가스**

고법에 따른 규제 범주에 포함되는 수소관련 시설을 구축하거나 제품을 제조하려는 사업자는 제조·충전·저장 및 사용에 대한 고압가스 시설 및 용기등의 고압가스 제품에 대한 일반기준을 규정하고 있는 고법 시행규칙 별표와 KGS코드에서 규정하고 있는 각 시설 및 제품 별 상세기준을 만족해야 한다.

(3) 산업안전보건법

현행 산안법 제36조에서는 사업주는 위험성평가[9]를 통하여 ① 업무로 인한 유해·위험 요인을 찾아내어 ② 위험성의 크기가 허용 가능한 범위인지를 평가 하고, ③ 그 결과에 따른 조치를 수행하며, ④ 필요한 경우에는 추가적인 조치를 하도록 규정하고 있다. 위험성평가의 방법, 절차 및 시기, 그 밖에 필요한 사항은 고용노동부고시 제2020-53호(사업장 위험성평가에 관한 지침)에서 규정하고 있다.

(4)「화학물질관리법」 및「화학물질의 등록 및 평가 등에 관한 법률」

「화학물질관리법」(이하 “화관법”이라 한다)에서는 화학물질을 유독물질, 허가물질, 제한물질, 금지물질 등으로 구분하고 있으므로 구분 결과에 따라 법령에서 정하는 제조·수입·사용 허가 등을 받아야 하나 수소는 당해 법령에서 규정하는 규제대상 물질에 포함되지 않는다.

「화학물질의 등록 및 평가 등에 관한 법률」(이하 “화평법”이라 한다)은 기존화학물질을 연간 1톤 이상 생산하는 경우에는 제조 행위 전에 환경부장관에게 등록하도록 규정하고 있으나 법에서 규정하는 기존화학물질인 수소는 등록 또는 면제대상에 포함된다.

9) “위험성평가”란 유해·위험요인을 파악하고 해당 유해·위험요인에 의한 부상 또는 질병의 발생 가능성(빈도)과 중대성(강도)을 추정·결정하고 감소대책을 수립하여 실행하는 일련의 과정임.

1.7.2. 국외 수소 관련 법제도

(1) 영국 및 유럽

영국에서는 법률(Legislation) 및 규칙(Regulation)의 실행 지원을 위해 규칙실행지침(Regulations guidance notes) 및 승인규정(ACOP – Approved Codes of Practice)이 마련되어 있다. 영국 및 유럽 내에서 코드(Code)는 법과 연결되어 있지 않은 지침(guideline)을 의미하고, 수소에 관한 코드 및 규격을 제정하였거나 제정하고 있는 국제표준기구와 무역협회가 다수 존재한다.

【표 1.7.3】 영국 및 유럽내 기관 별 수소관련 표준 규정내용

기관 구분	수소 관련 표준 규정내용
ISO (International Standardisation Organization)	ㅇ국제표준기구 ISO의 기술위원회인 TC 197(1990년 설립)은 WG(Working Group)을 구성, 각 WG별 수소의 생산, 저장, 운송, 측정 및 사용을 위한 시스템 및 장치에 관한 표준개발을 수행하고 있음.
CEN(Central European Norm) CENLEC(European Committee for Electrotechnical Standardization)	ㅇDSEAR(Dangerous Substances and Explosive Atmospheres Regulations)에서는 가연성분위기 존재 가능성에 따라 가연성 가스 또는 액체가 존재하는 작업장의 위험장소를 식별하고 구분하도록 규정하고 있음. ㅇBS EN 60079-10-1(Explosive atmospheres – Part 10-1: Classification of areas – Explosive gas atmospheres) 및 BS EN 1127-1(Explosive atmospheres. Explosion prevention and protection)에서는 위험장소 구분에 대한 지침을 제공함.
EIGA (European Industrial Gases Association)	ㅇ유럽산업가스협회(EIGA)에서는 DOC 06/02/E58을 통해 액체수소의 안전한 저장·취급 및 유통에 대한 지침을 제공하고 IGC Doc 75/07/E를 통하여 안전거리 결정에 대한 지침 등을 제공하고 있음.
CGA (Compressed Gas Association)	ㅇ미국 압축 가스 협회(CGA)는 수소를 포함한 산업용 가스의 제조, 저장, 운송, 유통 및 사용에 있어 안전을 확보하기 위해 필요한 기술 정보, 표준 및 권장 사항 등을 제공하고 있음.

(2) 미국

미국 NREL(National Renewable Energy Laboratory)에서는 수소관련 법규 코드 및 표준 사이체계 및 우선순위에 대하여 규정하고 있다. 가장 우선되는 1단계 규정은 건물 및 화재에 관한 법규이고, 2단계 규정은 수소 기술에 관련한 NFPA 2 등과 같은 코드이며 마지막으로 3단계 규정에 해당하는 장비와 같은 구성요소들에 관한 코드 및 표준들로 CGA, ASME 등과 같은 기준들이 포함된다. NREL에서 규정하고 있는 수소 관련 기준체계와 변천과정은 <그림1.7.1>과 같다.

	2014	2013	2012	2011	2010	2009	2008	2007	2006	2005
Fire and building codes	California references NFPA 2 in CFC		IFC references NFPA 2							IFC Chapter 22 Hydrogen Fueling
Hydrogen -specific codes Example : NFPA 2	Draft 2nd ed. NFPA 2 developed	NFPA 55 published with clarified setback tables	NFPA 52 authority added to NFPA 2		NFPA 2 1st ed.	NFPA 2 draft	Task Group Bulk Hydrogen	Task Group Bulk Hydrogen	NFPA 2 first committee meeting	NFPA 52 2006 ed. w/hydrogen fueling
Component standards And equipment design Codes Example : CGA G-5, or ASME B31.12	SAE J2601 revision complete	SAE J2579 reissue	CGA H-10 issued	SAE J2719 issued		CSA H series of drafts issued	ASME B31.12 issued	CSA HGV 4		UL2267

【그림 1.7.1】 수소 기준체계와 변천과정

미국의 가연성 가스 안전에 관한 법규 및 코드 중에서도 미국의 NFPA(National Fire Protection Association)는 화재와 그밖의 위험요인들의 영향을 최소화하기 위한 표준들을 개발하고 있으며 그 표준들은 많은 유럽 및 미주 법령의 기초로서 채용되고 있어 공신력이 있다. 특히 NFPA에서는 'NFPA 2 - Hydrogen Technology Code'를 제정하여 기체수소 및 액체수소의 생산, 설치, 저장, 이송, 사용 및 충전 등의 안전확보를 위한 안전기준을 규정하고 있다.

【표 1.7.4】 NFPA 2에서 규정하고 있는 핵심내용

Chapter 1 ~ 5 생략	Annex A ~ C 생략
Chapter 6 **General Hydrogen Requirements**	Annex D **Physical Properties of Hydrogen**
Chapter 7 **Gaseous Hydrogen**	Annex E **Determination of Separation Distances for Bulk Gaseous Hydrogen Systems**
Chapter 8 **Liquefied Hydrogen**	Annex F 생략
Chapter 9 Explosion Protection	Annex G **OSHA Requrements for Hydrogen Systems**
Chapter 10 **GH2 Vehicle Fueling Facilities**	Annex H ~ K 생략
Chapter 11 **LH2 Fueling Facilities**	Annex L Hydrogen Explosion Control
Chapter 12 **Hydrogen Fuel Cell Power Systems**	Annex M Hydrogen Detection Systems
Chapter 13 **Hydrogen Generation Systems**	Annex N Informational References
Chapter 14 ~18 생략	

(3) 일본

일본 산업·의료가스협회에서는 수소 표준 정비 사업을 통하여 수소관련 법규 코드와 표준 체계 및 우선 순위에 대하여 규정하고 각종 참고자료를 통하여 수소 기술 및 배관재료 선택 등 관련된 핵심 요구사항을 제공하고 있다.

일본 고압가스 보안협회에서는 일반고압가스보안규칙(一般高圧ガス保安規則), 일반규칙 기능성기준(一般則の機能性基準), 특정설비검사규칙(特定設備検査規則) 및 특정규칙 기능성기준(特定則の機能性基準)을 통해 가연성 가스 시설 및 제품에 관한 안전기준을 규정하고 있고 그중 일부 수소에 관련된 안전기준이 존재한다.

02 수소경제 육성 및 수소 안전관리에 관한 법령

2.1. 법령 개요

이 법은 수소경제(수소가 주요한 에너지원으로 사용되는 경제) 이행 촉진을 위한 기반을 조성하고, 수소산업을 체계적·효율적으로 육성하며, 수소용품 및 수소사용시설 등의 안전을 관리하기 위한 목적으로 2020년 2월 4일 의원 입법에 의해 제정・공포되었다.

이 법에서는 산업통상자원부장관은 수소경제 이행을 효과적으로 추진하기 위한 기본계획을 수립(제5조)하도록 하고 있고, 수소산업의 체계적 육성을 위하여 국무총리 소속으로 수소경제위원회를 설치(제6조)하도록 하고 있다. 정부는 수소경제 이행 촉진을 위하여 필요한 경우 수소전문기업에 대하여 행정적·재정적 지원을 할 수 있도록 하고 있고, 수소사업과 관련한 기술개발, 전문인력 양성 및 국제협력 등에 드는 비용을 보조 또는 융자(제9조 및 10조)할 수 있도록 하고 있다. 수소전문투자회사를 「자본시장과 금융투자업에 관한 법률」에 따른 투자회사로 보고, 수소전문투자회사는 자본금의 100분의 50을 초과하는 범위에서 규정 비율 이상의 금액을 수소전문기업에 투자(제13조부터 제15조까지) 할 수 있도록 하고 있다.

산업통상자원부장관은 경제자유구역, 고속국도에 설치하는 휴게시설, 산업단지 등의 운영자에게 수소연료공급시설 설치계획서의 제출을 요청할 수 있도록 하고 있고, 수소생산시설 및 수소연료공급시설의 운영자는 수소의 원활한 수급과 가격안정화를 위하여 수소의 생산 또는 수급 계획을 제출(제19조 및 제20조)하도록 하고 있으며, 국가와 지방자치단체, 공공기관 및 지방공기업 등의 기관에게 연료전지 설치계획서의 제출을 요청(제21조)할 수 있도록 하고 있다. 수소경제 이행을 촉진하기 위하여 수소특화단지를 지정하여 자금 및 설비 제공 등 필요한 지원을 할 수 있도록 하고 있고, 수소사업 관련 서비스 보급의 활성화 등의 시범사업(제22조 및 제24조)도 할 수 있도록 하고 있다.

연료전지의 개발과 보급을 촉진하기 위하여 연료전지에 사용되는 천연가스의 가격안정성을 확보하기 위한 노력(제25조)을 하도록 하고 있고, 수소산업 전문기술인력의 양성, 수소관련 제품 등 표준화, 국제협력과 해외시장 진출 지원, 수소산업 관련 기술개발 촉진, 사회적 공감대 형성, 종합정보관리시스템 구축·운영 등 수소산업 기반을 조성(제26조부터 제32조까지) 등도 하도록 하고 있다.

수소산업의 체계적 육성 및 수소의 안전관리를 위하여 관련 기관 등을 각각 수소산업진흥전담기관, 수소유통전담기관, 수소안전전담기관으로 지정(제33조부터 제35조까지)할 수 있도록 하고 있고, 수소용품 및 수소연료사용시설의 안전관리를 위하여 제조사업 허가, 제조등록, 안전관리규정, 안전관리자, 수소용품 검사, 안전교육, 수소연료사용시설의 검사 등 수소의 안전관리에 관한 사항도 규정(제36조부터 제49조까지)하고 있다. 그 밖에 이 법에서는 수소판매가격의 보고·공개, 보험가입, 자료제출 및 검사, 청문, 수수료, 권한의 위임·위탁, 공무원 의제 등 보칙 사항을 규정(제50조부터 제57조까지)하고 있다.

【표 2.1.1】 이 법의 규정항목 및 규제내용

규정항목	적용대상	내용
제1조 목적		
제2조 정의		
제3조 국가·지방자치단체 및 사업자의 책무	지자체	• 육성 및 안전관리 시책 수립 추진
제4조 다른 법률과의 관계		• 가스 관계법과의 관계
제5조 수소경제 이행 기본계획의 수립	산업부장관	• 소수경제 이행 기본계획 수립·변경
제6조 수소경제위원회		• 구성 및 심의대상
제7조 수소경제 이행 촉진을 위한 재원의 확충	정부	• 기본계획 추진을 위한 재원 마련
제8조 수소경제 이행 관계 법령의 개선 권고 등	중앙행정기관의 장	• 법령 개선 의견·권고 이행
제9조 수소전문기업에 대한 지원	중앙행정기관의 장	• 수소전문기업 지원 협조 및 자료제출 • 수소전문기업 지원여부 결정 및 통보
제10조 보조·융자	수소전문기업	• 수소사업계획서 제출
	관계 중앙행정기관의 장	• 수소사업계획서 평가
제11조 수소전문기업의 확인	산업부장관	• 수소전문기업 확인서 발급
제12조 수소전문기업 확인의 취소	산업부장관	• 거짓 또는 부정한 방법에 의한 수소전문기업 확인의 취소
제13조 수소전문투자회사	수소전문투자회사	• 자본시장법 준용 등
제14조 수소전문투자회사의 등록에 관한 협의	금융위원회	• 수소전문투자회사 등록에 관한 협의 • 수소전문투자회사 등록신청서 검토 및 통지 • 집합투자기구등록부 기재
	수소전문투자회사로 등록하려는 자	• 수소전문투자회사 등록신청서 제출
제15조 자산운용의 방법	수소전문투자회사	• 자산 투자 및 자금 차입 비율 준수
제16조 수소전문기업 등에 대한 기금의 투자		• 투자의 주체 및 대상 등
제17조 조세 및 부담금의 감면		• 감면 대상 및 내용
제18조 국유재산·공유재산의 대부·사용 등		• 허용 범위 등
제19조 수소연료공급시설 설치 등	수소연료공급시설 운영자	• 수소연료공급시설 설치계획서 제출 및 변경
제20조 수소 수급계획의 제출	수소생산시설 및 수소연료공급시설 운영자	• 수소 생산계획 및 수급계획 제출
제21조 연료전지 설치 등	산업부장관의 요청을 받은 기관	• 연료전지 설치계획서 제출 및 변경
제22조 수소특화단지의 지정 등	수소특화단지로 지정받으려는 자	• 수소특화단지 지정신청서 제출
제23조 수소특화단지의 지정 해제	산업부장관	• 수소특화단지 지정 해제 심의 및 고시·통보
제24조 시범사업의 실시	산업부장관 및	• 시범사업 계획 수립 및 실시 공고

	중앙행정기관의 장	
제25조 수소발전용 천연가스 요금체계 수립	산업부장관	• 수소발전용 천연가스 가격안정성 확보
제25조의2 청정수소의 인증 등	산업부장관	• 거짓 또는 부정한 방법에 의한 청정수소 인증의 취소
제25조의3 청정수소 생산량 등의 신고	생산 · 수입 · 판매자	• 생산 · 수입 · 판매량 및 구매자 정보 신고
제25조의4 청정수소인증기관의 지정 등	청정수소인증기관	• 인증 및 점검 기록 작성 · 보관
	산업부장관	• 거짓 또는 부정한 방법에 의한 청정수소 인증기관 지정의 취소
제25조의5 청정수소의 판매 · 사용 의무 등	판매 · 사용의무자	• 판매 · 사용 실적 보고
제25조의6 수소발전량 구매 · 공급 등	중앙행정기관의 장 등	• 산업부장관 요청 자료 제출
제25조의7 입찰시장 관리기관의 지정 등	입찰시장 관리기관	• 운영규칙 제정
	산업부장관	• 거짓 또는 부정한 방법에 의한 입찰시장 관리기관 지정의 취소
제25조의8 과징금	판매 · 사용의무자	• 판매 · 사용의무 이행 • 의무 이행 부족분에 대한 과징금 납부
제26조 전문인력의 양성		• 사업의 범위 및 예산 등
제27조 수소관련 제품 등 표준화		• 사업의 범위 및 방법 등
제28조 수소산업 관련 통계의 작성	산업부장관	• 매년 통계 작성사항 조사 실시
제29조 국제협력과 해외시장 진출 지원 등		• 사업의 범위 및 방법 등
제30조 수소산업 관련 기술개발의 촉진		• 추진 사항의 범위 및 방법 등
제31조 사회적 공감대 형성		• 추진 시책의 범위 등
제32조 종합정보관리시스템의 구축 · 운영		• 구축 범위 및 운영 방법 등
제33조 수소산업진흥전담기관의 지정 등	산업부장관	• 지정 및 지정취소 사실 공고 • 진흥전담기관 지정서 발급 • 거짓 또는 부정한 방법에 의한 진흥전담기관 지정의 취소
	진흥전담기관	• 운영계획서 제출 • 사업추진실적서 · 결산서 제출 • 경영상황 및 운영 관련 자료 제출 • 수입사업계획서 제출 • 수입사업실적서 · 결산서 제출
제34조 수소유통전담기관의 지정 등	산업부장관	• 지정 및 지정취소 사실 공고 • 진흥전담기관 지정서 발급 • 거짓 또는 부정한 방법에 의한 유통전담기관 지정의 취소
	진흥전담기관	• 운영계획서 제출 • 사업추진실적서 · 결산서 제출 • 경영상황 및 운영 관련 자료 제출
제35조 수소안전전담기관의 지정 등	산업부장관	• 지정 및 지정취소 사실 공고 • 진흥전담기관 지정서 발급 • 거짓 또는 부정한 방법에 의한 안전전담기관 지정의 취소

	진흥전담기관	• 운영계획서 제출 • 사업추진실적서·결산서 제출 • 경영상황 및 운영 관련 자료 제출 • 수입사업계획서 제출 • 수입사업실적서·결산서 제출
제36조 수소용품 제조사업 허가	수소용품제조사업자	• 제조사업 허가 및 변경허가 • 시설기준 및 기술기준 준수
제37조 결격사유		
제38조 외국수소용품의 제조등록 등	외국수소용품제조자	• 재조 등록, 재등록 및 변경 신고
제39조 사업 개시 등의 신고	수소용품제조사업자	• 사업 개시·폐업·중단·재개 신고
제40조 사업자의 지위 승계	사업자 지위 승계자	• 수소용품 제조사업자의 지위 승계 신고
제41조 안전관리규정	수소용품제조사업자	• 안전관리규정 제출 및 변경 명령 이행 • 안전관리규정 준수 및 이행기록 작성·보존
제42조 안전관리자	수소용품제조사업자	• 안전관리자 선임 및 신고
제43조 수소용품 제조시설의 완성검사	수소용품제조사업자	• 설치·변경공사 완공 시 완성검사 수검
제44조 수소용품의 수입 및 검사	수소용품 제조자·수입자	• 수소용품 판매·사용 전 검사 수검
	산업부장관	• 검사 합격 수소용품 각인·표시
제45조 수소용품의 안전성 확보	수소용품 제조자·수입자	• 수소용품 용도 등 표시
제46조 안전교육	수소용품 제조사업 안전관리 업무 수행자	• 안전교육 이수
	수소용품제조사업자	• 교육대상자 교육 이수 조치
제47조 수소연료사용시설의 검사	수소연료사용시설 설치·사용자	• 시설기준 및 기술기준 준수 • 정기검사 수검
제48조 상세기준	가스기술기준위원회	• 산업부장관 승인 득 및 공고
	산업부장관	• 상세기준 승인사실 공고
제49조 허가 및 등록의 취소	시장·군수·구청장	• 거짓 또는 부정한 방법에 의한 수소용품 제조사업 허가의 취소 • 사업 미개시 및 1년 이상 중단 사업자의 허가 취소 • 결격사유 해당자 허가 취소
	산업부장관	• 거짓 또는 부정한 방법에 의한 외국수소용품 제조자 등록의 취소
제50조 수소판매가격의 보고·공개 및 표시	수소판매사업자	• 수소판매가격 보고서 제출 • 가격표시판 설치
제51조 보험가입	수소용품제조사업자 및 수소용품수입자	• 보험가입
제52조 금지행위	산업부장관	• 유통질서 저해행위 고시에 관한 협의
제53조 자료제출 및 검사 등	수소전문기업등	• 업무에 관한 보고 또는 자료 제출
제54조 청문	산업부장관	• 확인, 인증 및 지정 취소에 관한 청문
제55조 수수료 등		
제56조 권한의 위임·위탁		
제57조 벌칙 적용에서 공무원 의제		

2.2. 총칙의 규정내용

2.2.1. 목적에 관한 규정내용(제1조)

이 법은 수소가 주요한 에너지원으로 사용되는 수소경제 이행 촉진을 위한 기반을 조성하고, 수소 산업의 체계적·효율적 육성을 도모하며, 수소용품 및 수소사용시설 등의 안전관리를 위하여 필요한 사항을 정함으로써 국민경제의 발전을 촉진하고 공공의 안전확보에 이바지하는 것을 목적으로 하고 있다.

2.2.2. 정의에 관한 규정내용(제2조)

용어의 의미는 일반적으로 사전에 설명된 내용대로 사용되거나 사회통념에 의하여 정하여지는 것이지만 하나의 용어가 여러 뜻으로 쓰이는 경우에는 그 법령에서 어떤 의미로 그 용어를 사용하는가를 명확히 해 둠으로써 법령 해석과 적용 상의 혼란을 막을 수 있다. 이와 같이 정의규정은 법령 해석상의 논란을 예방하고, 집행과정에서 발생할 수 있는 분쟁을 방지할 뿐 아니라, 여러 조문에서 자주 사용되는 용어를 미리 하나의 조문에서 설명하여 둠으로써 법령문을 간결하게 표현할 수 있게 된다. 정의 규정은 그 법령의 전체에 그 효력을 미친다. 이 법에서 사용하는 용어의 정의는 다음 표와 같다.

【표 2.2.1】 정의에 관한 규정내용

<table>
<tr><th>규정항목
(관련조항)</th><th>규정내용
(관련조항, 벌칙)</th></tr>
<tr><td>1. 수소경제
(수법2--1)</td><td>수소의 생산·활용이 국가, 사회 및 국민생활 전반에 근본적 변화를 선도하여 새로운 경제성장을 견인하고 수소를 주요한 에너지원으로 사용하는 경제산업구조</td></tr>
<tr><td>2. 수소산업
(수법2--2)</td><td>수소의 생산·저장·운송·충전·판매 및 연료전지, 수소가스터빈 등 수소를 활용하는 장비와 이에 사용되는 제품·부품·소재 및 장비의 제조 등 수소와 관련한 산업</td></tr>
<tr><td>3. 수소전문기업
(수법2--3)</td><td>수소산업과 관련된 사업을 영위하는 기업으로서 다음의 어느 하나에 해당하는 기업
①총매출액 중 수소사업 관련 매출액 비중이 다음 기준에 해당하는 기업 (수령2-1)
<table>
<tr><th>매출액</th><th>수소사업 관련 매출액 비중</th></tr>
<tr><td>1,000억원 이상</td><td>10% 이상</td></tr>
<tr><td>300억원 이상 1,000억원 미만</td><td>20% 이상</td></tr>
<tr><td>100억원 이상 300억원 미만</td><td>30% 이상</td></tr>
<tr><td>50억원 이상 100억원 미만</td><td>40% 이상</td></tr>
</table></td></tr>
</table>

20억원 이상 50억원 미만	50% 이상

②총매출액 대비 **수소사업 관련 연구개발 등에 대한 투자금액 비중**이 다음 기준에 해당하는 기업 (수령2-2)

매출액	수소사업 관련 연구개발 투자금액 비중
1,000억원 이상	3% 이상
300억원 이상 1,000억원 미만	5% 이상
100억원 이상 300억원 미만	7% 이상
50억원 이상 100억원 미만	10% 이상
20억원 이상 50억원 미만	15% 이상

용어	정의
4. 수소전문투자 회사 (수법2--4)	「수소법」 제15조의 자산운용 방법에 따라 **자본금의 51% 이상을 수소전문기업에 투자**하여 그 **수익을 주주에게 배분**하는 것을 목적으로 설립된 회사
5. 수소특화단지 (수법2--5)	수소사업자와 그 지원시설을 유치하여 집적화를 추진하고, **수소전기차 및 연료전지 등의 개발·보급을 지원**하기 위하여 산업부장관에 의해 지정된 지역
6. 연료전지 (수법2--6)	「신에너지 및 재생에너지 개발·이용·보급 촉진법」 제2조제1호에 따른 신에너지의 하나로서 **수소와 산소의 전기화학적 반응을 통하여 전기와 열을 생산하는 설비와 그 부대설비**
7. 수소연료공급 시설 (수법2--7)	수송·건물·발전 등의 용도로 사용되는 연료전지, 수소가스터빈 등 **수소를 활용하는 장비에 수소를 공급하는 시설**로 다음의 자동차·설비 등에 설치된 연료전지에 수소를 공급하는 시설 (수칙2-1) ①「자동차관리법」 제2조제1호에 따른 자동차 ②「건설기계관리법」 제2조제1항제1호에 따른 건설기계 ③「농업기계화 촉진법」 제2조제1호에 따른 농업기계 ④「군수품관리법」 제2조에 따른 군수품인 차량 ⑤궤도 또는 공중선에 의하여 운행되는 차량 ⑥「선박법」 제1조의2제1항에 따른 선박 ⑦「드론 활용의 촉진 및 기반조성에 관한 법률」 제2조제1항제1호에 따른 드론 ⑧「항공안전법」 제2조에 따른 항공기, 경량항공기 및 초경량비행장치
7의2. 청정수소 (수법2--7의2)	생산·수입 등의 과정에서 배출되는 이산화탄소량 등의 **인증기준에 따라 산업부장관의 인증을 받은 수소 또는 수소화합물** ①**무탄소수소** : 수소의 생산·수입 등의 과정에서 「기후위기 대응을 위한 탄소중립·녹색성장 기본법」 제2조제5호에 따른 온실가스(이하 "온실가스"라 한다)를 배출하지 아니하는 수소 ②**저탄소수소** : 수소의 생산·수입 등의 과정에서 온실가스를 대통령령으로 정하는 기준 이하로 배출하는 수소 ③**저탄소수소화합물** : 수소의 운송 등을 위하여 생산된 수소화합물로서 생산·수입 등의 과정에서 온실가스를 대통령령으로 정하는 기준 이하로 배출하는 수소화합물
7의3. 수소발전 (수법2--7의3)	수소 또는 수소화합물을 연료로 전기 또는 전기와 열을 생산하는 것
7의4. 수소발전사업자 (수법2--7의4)	「전기사업법」 제2조제4호에 따른 발전사업자 또는 제19호에 따른 자가용전기설비를 설치한 자로서 수소발전을 하는 사업자

<table>
<tr>
<td>8. 수소용품
(수법2--8)</td>
<td>연료전지와 수소관련 용품으로서 산업부령으로 정하는 용품
①연료전지(「자동차관리법」에 따른 자동차에 장착되는 것은 제외)로서 다음 어느 하나에 해당하는 것
가. 연료소비량이 232.6 ㎾ 이하인 고정형 설비와 그 부대설비
나. 이동형 설비와 그 부대설비
②수전해설비
③수소추출설비</td>
</tr>
<tr>
<td>9. 수소연료사용 시설 (수법2--9)</td>
<td>연료전지, 수소가스터빈 등을 설치하여 전기 또는 열을 사용하기 위한 시설로서 산업부령으로 정하는 시설 (「전기사업법」에 따른 발전사업자가 가동·건설 중인 발전소 내의 시설(연료전지의 앞부분에 설치된 가스차단밸브 이후의 시설)은 제외함)
①연료전지를 고정 설치하고 타인으로부터 배관으로 수소를 공급받아 사용하는 경우 그 연료전지 사용자가 소유·점유하고 있는 토지의 경계에서 연료전지까지 이르는 시설
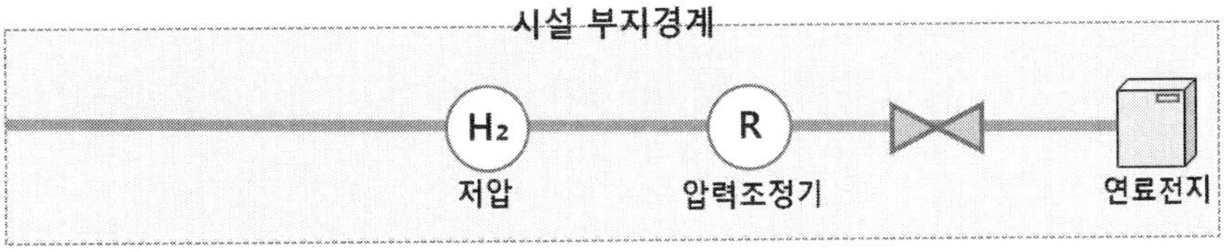

②연료전지를 고정 설치하고 연료전지 사용자가 설치한 수소제조설비 또는 수소저장설비로부터 수소를 공급받아 수소를 사용하는 경우 수소제조설비 또는 수소저장설비에서 연료전지까지 이르는 시설
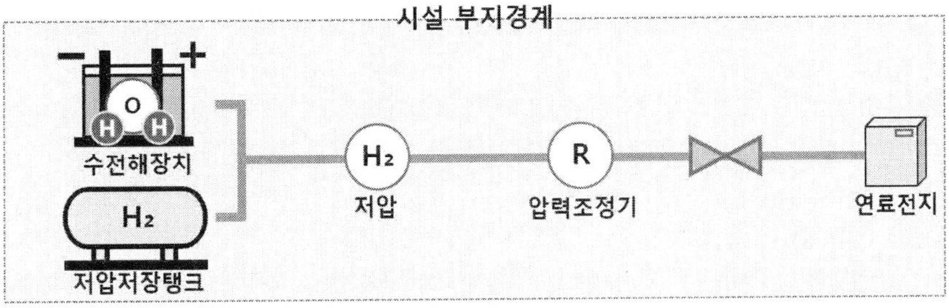

③배관으로 수소를 공급하기 위한 시설로서 수소제조설비 또는 수소저장설비로부터 연료전지 사용자가 소유 또는 점유하고 있는 토지의 경계까지 이르는 시설
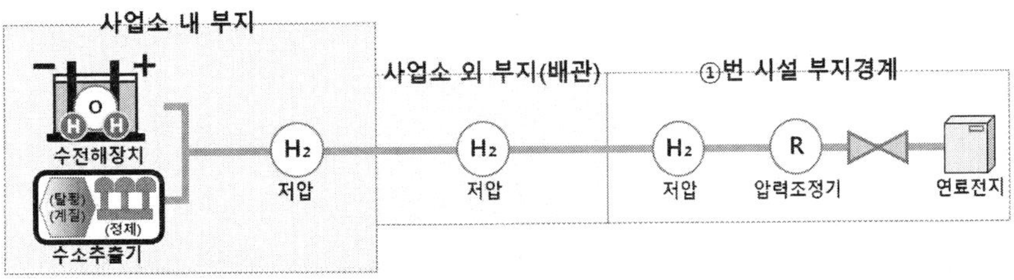
</td>
</tr>
<tr>
<td>10. 수소가스터빈
(수법2--10)</td>
<td>수소 또는 수소를 포함하는 연료를 연소하여 발생하는 열에너지를 운동에너지로 전환하는 원동기</td>
</tr>
<tr>
<td>11. 수소제조설비
(수칙2-1-1)</td>
<td>수소를 제조하기 위한 다음의 설비
①수전해설비 : 물을 전기분해하여 수소를 제조하는 설비</td>
</tr>
</table>

	②수소추출설비 : 도시가스 또는 액화석유가스 등으로부터 수소를 추출하여 제조하는 설비
12. 수소저장설비 (수칙2-1-2)	수소를 충전·저장하기 위하여 지상 또는 지하에 고정 설치하는 저장탱크(수소의 품질을 균질화하기 위한 설비 포함)
13. 수소가스설비 (수칙2-1-3)	수소제조설비, 수소저장설비 및 연료전지와 이들 설비를 연결하는 배관 및 그 부속설비 중 수소가 통하는 설비

[비고]
1. 「수소경제 육성 및 수소 안전관리에 관한 법률」 : 법률 제18889호, 2022. 6. 10. 개정
2. 「수소경제 육성 및 수소 안전관리에 관한 법률 시행령」 : 대통령령 제31433호, 2021. 2. 5. 제정
3. 「수소경제 육성 및 수소 안전관리에 관한 법률 시행규칙」 : 산업통상자원부령 제409호, 2021. 2. 5. 제정

2.2.3. 국가·지방자치단체 및 사업자의 책무에 관한 규정내용(제3조)

국가·지방자치단체 및 사업자의 책무에 관한 조항은 국가·지방자체단체가 수소산업 육성, 청정수소 개발·생산·보급 및 수소의 안전관리에 필요한 시책을 수립하고 추진하도록 규정하고 있으며, 수소사업자가 수소산업 발전에 필요한 기술개발·사업화 촉진과 수소의 환경친화적인 생산·저장·운송·이용을 위한 노력을 하도록 규정하고 있다.

2.2.4. 다른 법률과의 관계에 관한 규정내용(제4조)

다른 법률과의 관계에 관한 조항은 「고압가스 안전관리법」, 「도시가스사업법」 및 「액화석유가스의 안전관리 및 사업법」에서 수소사업 및 수소의 안전관리에 관한 사항을 규정하는 경우에는 해당 법령을 우선 적용하도록 규정하고 있으나, 연료전지의 제조 및 검사에 관한 사항은 「액화석유가스의 안전관리 및 사업법」에서 규정한 사항이 있는 경우에도 이 법에서 규정한 사항을 우선 적용하도록 규정하고 있다.

2.3. 수소경제 이행 촉진을 위한 추진 체계에 관한 규정내용

2.3.1. 수소경제 이행 기본계획의 수립에 관한 규정내용(제5조)

수소경제 이행 기본계획의 수립에 관한 조항은 수소경제 이행을 효과적으로 추진하기 위하여 산업부통상자원부장관이 수소경제 이행 기본계획을 수립하고, 사회적·경제적 여건 변화 등을 고려하여 기본계획을 변경하도록 규정하고 있다. 또한, 기본계획을 수립·변경하는 경우에는 관계 중앙행정기관의 장과 협의 후 수소경제위원회의 심의를 거치도록 규정하고 있다. 산업부장관은 기본계획 수립을 위하여 필요한 경우에 관계 중앙행정기관의 장, 지방자치단체의 장 및 관련 단체·기관의 장에게 자료의 제출을 요청할 수 있으며, 특별한 사유가 없는 경우 이를 요청받은 관계 중앙행정기관의 장, 지방자치단체의 장 또는 관련 단체·기관의 장은 자료를 제출하여야 한다. 기본계획에는 정책 방향, 제도, 기반 조성, 재원 조달, 안전 관리, 인력 양성, 국제 협력 등 수소경제 이행을 효과적으로 추진하기 위한 사항들이 포함되어야 한다.

【표 2.3.1】 수소경제 이행 기본계획 수립에 관한 규정내용

규정항목 (관련조항)	규정내용 (관련조항, 벌칙)
1. 수립·변경 (수법5)	o **수립·변경주체** : 산업통상자원부장관 (수법5-1) o **포함사항** : ①정책 기본방향 ②제도 수립·정비 ③기반조성 ④재원조달 계획 ⑤수소 생산시설 및 수소연료공급시설 설치계획 ⑥수소 수급계획 ⑦청정수소 개발·생산·보급 촉진 ⑧산업부문 탄소중립 실현 ⑨수소의 안전한 활용 ⑩경제·사회·기술 변화 및 전망 ⑪사회적 수용성 제고방안 ⑫수소경제 전문인력 양성방안 ⑬수소생산·저장·운송·활용 연구 및 개발 ⑭국제협력 방안 (수법5-2, 수칙3) o **공고의무** : 산업부장관은 기본계획 수립·변경 내용을 인터넷 홈페이지에 공고하여야 함 (수령3-2) o **자료제출** : 산업부장관은 필요한 경우 관계 중앙행정기관의 장, 지방자치단체의 장 및 관련 단체·기관의 장에게 자료 제출을 요청할 수 있음 (수법5-4) o **협조의무** : 자료 제출을 요청받은 단체·기관의 장은 특별한 사유가 없는 경우 요청에 따라야 함 (수법5-4)
2. 협의요청 (수령3-1)	o **요청대상** : 관계 중앙행정기관의 장 o **회신기한** : 협의를 요청받은 날로부터 20일 이내
3. 심의 (수법5-3)	o **심의주체** : 수소경제위원회 o **제외사항** : ①총사업비의 20% 범위 내 변경 ②1년 범위 내 총사업기간 변경 ③타 법령 또는 타 법령에 따른 기본계획 변경 중 기본방향에 영향을 미치지 않는 사항 ④정책 기본방향 변경을 수반하지 않는 범위 내 사업 시행방법 변경 ⑤단순 착오, 오기, 누락 또는 오류 수정 (수령3-2)

2.3.2. 수소경제위원회에 관한 규정내용(제6조)

수소경제위원회에 관한 조항은 수소경제 이행 및 수소의 안전관리를 위하여 수소경제위원회, 수소경제실무위원회 및 수소경제실무추진단을 구성하여 운영할 수 있도록 규정하고 있으며, 공정한 심의·의결을 통한 원활한 업무 수행을 위하여 위원의 제척·기피·회피·해촉에 관한 사항을 규정하고 있다. 수소경제위원회는 수소경제 이행 기본계획의 수립·시행, 기본계획 추진 실적의 점검·평가, 수소경제 이행을 위한 정책 조정 및 관련 법령 개선 등의 협력·지원 업무를 수행하여야 하며, 이를 위하여 국무총리, 중앙 행정기관의 장, 수소산업 육성을 위한 산·학·연 전문가들로 구성하여야 한다. 수소경제위원회가 수소경제 이행 기본계획 수립 및 추진 실적을 점검·평가하고, 평가 결과를 산업부장관에게 통보하면, 산업부장관은 통보받은 결과에 따라 개선 계획을 수립하여야 수소경제위원회에 제출하여야 한다.

【표 2.3.2】 수소경제위원회에 관한 규정내용

규정항목 (관련조항)	규정내용 (관련조항, 벌칙)
1. 위원회 구성 **(수법6, 수령6)**	**< 위원회 >** ㅇ**위원장** : 국무총리 (수법6-2) ㅇ**간사위원** : 산업부장관 (수법6-3) ㅇ**위원** : ①기획재정부장관 ②과학기술정보통신부장관 ③행정안전부장관 ④산업통상자원부장관 ⑤환경부장관 ⑥국토교통부장관 ⑦해양수산부장관 ⑧중소벤처기업부장관 ⑨수소산업 육성의 전문성 및 경험을 갖춘 산·학·연 종사자 중 국무총리가 위촉하는 자 (수법6-2, 수령6-1) ㅇ**인원** : 위원장 1명을 포함한 20명 이내의 위원 (수법6-2) **< 실무위원회 >** ㅇ**실무위원장** : 산업부차관 중 산업부장관이 지명하는 차관 (수법6-5) ㅇ**실무위원** : ①기획재정부, 과학기술정보통신부, 행정안전부, 산업통상자원부, 환경부, 국토교통부, 해양수산부, 중소벤처기업부 소속 고위공무원 중 해당 중앙행정기관의 장이 지명하는 사람 ②수소경제 육성 및 안전관리 등에 관한 학식·경험이 풍부한 사람 중 실무위원장이 위촉하는 자(수령11-2) ㅇ**인원** : 위원장 1명을 포함한 20명 이내의 위원 (수법6-5) **< 수소경제실무추진단 >** ㅇ**단장** : 산업부 소속 고위공무원단에 속하는 일반직공무원 중 산업부장관이 지명한 자(수령12-2) ㅇ**파견요청** : 추진단 운영을 위하여 필요한 경우 산업부장관은 중앙행정기관, 지방자치단체 소속 공무원 및 관련 민간기관·단체·연구소 또는 기업 임직원 등의 파견 또는 겸임을 요청할 수 있음 (수법6-7)

	o **임용** : 추진단의 업무 수행을 위하여 필요한 경우 산업부장관은 예산 범위에서 수소경제 관련 분야 전문가를 임기제공무원으로 둘 수 있음 (수령12-4)
2. 위원회 운영 **(수령6, 11, 12)**	**< 위원회 >** o **심의사항** : ①기본계획 수립·시행 및 추진실적 점검·평가 ②관계 법령 개선 권고 ③관계 중앙행정기관 및 지방자치단체의 정책 조정·협력·지원 ④국제 협력 ⑤수소산업 생태계 구축 ⑥기업 고충처리 ⑦다른 법률에 의한 위원회 심의사항 ⑧기타 위원장이 심의 필요성을 인정한 수소경제 관련 사항 (수법6-1) o **회의소집** : 위원장은 **회의 개최 7일 전까지** 일시·장소·안건을 **서면 또는 전자문서**로 알려 회의를 소집할 수 있음(단, 긴급 또는 부득이한 사유가 있는 경우 회의 개최일 전날까지 구두 또는 기타 방법으로 알릴 수 있음) (수령10-2) o **심의·의결** : 회의는 재적위원 과반수 출석으로 개의하고, 출석위원 과반수 출석으로 의결하며, 안건 심의를 위하여 필요한 경우 위원이 아닌 중앙행정기관의 장 또는 이에 상당하는 공무원 및 해당 분야 전문가를 회의에 참석하게 하여 의견을 들을 수 있음 (수령12-3, 12-4) o **수당지급** : 위원회에 출석한 위원, 관계 공무원 및 관계 전문가 등에게 예산의 범위에서 수당, 여비, 기타 필요경비를 지급할 수 있음(단, 공무원이 소관 업무와 직접 관련되어 출석하는 경우는 제외함) (수령13) o **협조요청** : 업무수행에 필요한 경우 위원회는 전문지식·경험이 있는 관계 전문가 의견을 듣거나 관계 행정기관·공공단체·기관·단체 등에 자료 제출 또는 의견 제시 등 협조를 요청할 수 있음 (수령14-1) o **자문·위탁** : 업무수행에 필요한 경우 위원회는 관계 전문가 또는 기관·단체 등에 자문하거나 조사·연구를 의뢰할 수 있음 (수령14-2) o **여론수렴** : 업무수행에 필요한 경우 위원회는 설문조사, 공청회 및 세미나 개최 등을 통하여 여론을 수렴할 수 있음 (수령14-3) **< 실무위원회 >** o **심의·조정사항** : ①위원회 상정 전 안건의 사전검토 및 조사·분석·연구 ②위원회 심의의결 사항 이행점검 등의 사후관리 및 후속조치 ③위원회 의결에 의한 실무위원회 위임사항 (수법6-4, 수령11-1) o **수당지급** : 실무위원회에 출석한 위원, 관계 공무원 및 관계 전문가 등에게 예산의 범위에서 수당, 여비, 기타 필요경비를 지급할 수 있음(단, 공무원이 소관 업무와 직접 관련되어 출석하는 경우는 제외함) (수령13) **< 수소경제실무추진단 >** o **수행업무** : ①운영회 운영 지원 ②수소경제 육성 및 수소 안전관리 정책 및 제도 입안·기획 ③법제 및 회계 운영 ④기타 산업부장관이 정하는 업무 (수령12-1)
3. 기본계획 추진 실적 점검·평가 **(수령5)**	o **제출 :** 산업부장관은 **기본계획이 종료된 다음 해의 3월 31일까지** 기본계획 추진실적 및 자체평가서를 수소경제위원회에 제출하여야 하며, 추진실적 점검·평가에 필요한 경우 전문가 자문 또는 조사·연구를 의뢰할 수 있음 (수령5-1, 5-4) o **점검·평가** : 위원회는 산업부장관이 제출한 기본계획의 추진실적 및 **자체평가서를 점검·**

	평가하고, 그 **결과를 기본계획 종료 다음 해의 5월 31일까지 산업부장관에게 통보**하여야 함 (수령5-2) ㅇ**개선** : 산업부장관은 위원회의 **점검・평가 결과를 통보받은 날부터 30일 이내**에 개선에 필요한 계획을 수립하여 위원회에 제출하여야 함 (수령5-3)
4. 위원의 제척・기피・회피・해촉 (수령7, 8)	**< 위원회 >** ㅇ**위원의 제척** : ①위원 또는 배우자 등이 해당 안건의 당사자・공동권리자・공동의무자인 경우 ②위원이 해당 안건의 당사자와 친족 등인 경우 ③위원이 해당 안건에 관한 증언・진술・자문・연구・용역・감정을 한 경우 ④위원 또는 위원이 속한 법인・단체 등이 해당 안건 당사자의 대리인 등인 경우 ⑤위원이 최근 3년 내 해당 안건 당사자의 법인・단체 등에 임원 또는 직원으로 재직한 경우 위원은 위원회의 심의・의결에서 제척됨 (수령7-1) ㅇ**위원의 기피** : 위원에게 제척사유가 있거나 공정한 심의・의결을 기대하기 어려운 경우 해당 안건 당사자는 위원회에 기피 신청을 할 수 있고, 위원회는 의결로 기피 여부를 결정할 수 있으며, 기피 신청 대상 의원은 그 의결에 참여할 수 없음 (수령7-2) ㅇ**위원의 회피** : 위원이 제척사유에 해당하는 경우에는 스스로 해당 안건 심의・의결에서 회피하여야 함 (수령7-3) ㅇ**위원의 해촉** : 위원장은 위촉위원이 ①심신장애로 직무수행이 불가한 경우 ②직무태만, 품위손상 등의 사유로 위원으로 부적한 경우 ③직무 관련 형사사건으로 기소된 경우 ④위원의 제척사유에 해당함에도 불구하고 회피하지 아니한 경우 ⑤위원 스스로 직무수행이 어렵다는 의사를 밝힌 경우에 해당 위원을 해촉할 수 있음 (수령8) **< 실무위원회 >** ㅇ**제척・기피・회피・해촉** : 실무위원회의 제척・기피・회피・해촉에 관한 사항은 위원회의 제척・기피・회피・해촉에 관한 규정을 준용함 (수령7, 8)

2.3.3. 수소경제 이행 촉진을 위한 재원의 확충에 관한 규정내용(제7조)

수소경제 이행 촉진을 위한 재원의 확충에 관한 조항은 수소경제 이행 촉진을 위하여 필요한 경우 산업부장관이 공공기관 및 정부 출자기관에 권고하여 수소경제 이행에 관한 사업을 지원하도록 규정하고 있다. 정부는 수소경제 이행 기본계획의 효과적인 추진을 위하여 필요한 재원을 지속적・안정적으로 마련하여야 하고, 민간이 수소경제 이행 관련 사업에 적극적인 투자를 할 수 있도록 필요한 위한 조치를 마련하며, 수소경제 이행의 추진 단계를 종합적으로 고려하여 투자재원을 효율적으로 집행하여야 한다.

【표 2.3.3】 수소경제 이행 촉진을 위한 재원 확충에 관한 규정내용

규정항목 (관련조항)	규정내용 (관련조항, 벌칙)
1. 수소경제 이행 촉진 재원마련 및 집행 (수법7)	o **재원마련** : 정부는 수소경제 이행 기본계획의 효과적 추진을 위한 필요 재원을 지속적·안정적으로 마련하여야 함 (수법7-1) o **사업지원** : 산업부장관은 공공기관(①한국전력공사 ②한국석유공사 ③한국광해광업공단 ④한국가스공사 ⑤대한석탄공사 ⑥정부 출자기관 중 산업부장관이 지정하는 기관) 및 정부 출자기관 중 에너지 관련 기관이 수소경제 이행에 필요한 지원을 수행하도록 권고할 수 있음 (수법7-2) o **투자촉진** : 정부는 민간이 적극적으로 수소경제 이행 관련 사업에 투자할 수 있도록 필요한 조치를 마련하여야 함 (수법7-3) o **재원집행** : 정부는 수소경제 이행의 추진단계 등을 종합적으로 고려하여 투자재원을 효율적으로 집행하여야 함 (수법7-4)

2.3.4. 수소경제 이행 관계 법령의 개선 권고 등에 관한 규정내용(제8조)

수소경제 이행 관계 법령의 개선 권고 등에 관한 조항은 수소경제 이행과 관련된 법령 개선을 위하여 산업부장관이 해당 법령을 관장하는 중앙행정기관의 장에게 의견을 개진하거나 권고할 수 있도록 규정하고 있으며, 법령 개선 의견 또는 권고를 받은 중앙행정기관의 장은 특별한 사유가 없을 경우 산업부장관의 의견 또는 권고를 존중하여 해당 법령을 개정하도록 규정하고 있다.

2.4. 수소전문기업의 육성 등에 관한 규정내용

2.4.1. 수소전문기업에 대한 지원에 관한 규정내용(제9조)

수소전문기업에 대한 지원에 관한 조항은 수소경제 이행 촉진을 위하여 필요한 경우 정부가 수소전문기업을 행정적·재정적 및 기술적으로 지원하도록 규정하고 있다. 산업부장관은 수소전문기업에 대한 지원을 위하여 관계 중앙행정기관의 장에게 소관 지원사업의 구체적인 내용을 제출하도록 할 수 있으며, 산업부장관은 수소전문기업이 필요한 지원을 신청할 수 있도록 지원사업의 내용을 통보할 수 있다. 수소전문기업이 지원사업을 신청하는 경우 중앙행정기관의 장은 신청받은 내용을 검토하여 지원 여부를 결정하고 결과를 신청 기업에 통보하여야 한다.

【표 2.4.1】 수소전문기업 지원에 관한 규정내용

규정항목 (관련조항)	규정내용 (관련조항, 벌칙)
1. 지원범위 (수법9-1)	ㅇ수소경제 이행 촉진을 위하여 필요한 경우 정부는 수소전문기업에 대하여 다음의 행정적·재정적 지원을 할 수 있음 (수법9-1, 수령17) ①수소산업 관련 기술개발 지원 및 연구·개발 성과 제공 ②고가장비 공동 사용 ③수소산업 관련 우수 기술 발굴 및 사업화 지원 ④수소특화단지 우선 입주 ⑤기술 실증시험·성능검증 지원 ⑥외국인 투자 유치 및 국제기술협력 지원 ⑦기술·인력·금융·경영 등 분야별 전문가 파견·알선 ⑧지식재산권 출원 지원 ⑨특허, 기술동향 등 기술혁신 정보 제공 ⑩국제 전시회 참가 알선 등 해외진출 지원
2. 지원절차 (수법9-2)	ㅇ**협조요청** : 산업부장관은 관계 중앙행정기관의 장에게 수소전문기업에 지원 가능한 구체적인 내용 제출을 요청할 수 있음 (수령18-1) ㅇ**협조의무** : 산업부장관이 요청하는 경우 관계 중앙행정기관의 장은 소관 지원사업의 구체적인 내용을 제출하여야 함 (수령18-2) ㅇ**통보** : 산업부장관은 관계 중앙행정기관의 장이 제출한 지원사업의 내용을 수소전문기업에 통보할 수 있음 (수령18-3) ㅇ**신청** : 수소전문기업은 산업부장관이 통보한 지원사업의 구체적인 내용 중 필요한 지원을 소관 중앙행정기관의 장에게 신청할 수 있음 (수령18-4) ㅇ**검토** : 중앙행정기관의 장은 지원 신청 받은 내용을 지체 없이 검토하여 지원 여부를 결정하고 결과를 신청인에게 알려야 함 (수령18-5)

2.4.2. 보조 · 융자에 관한 규정내용(제10조)

보조·융자에 관한 조항은 수소경제 이행을 촉진하기 위하여 필요한 경우 정부가 수소전문기업의 수소사업을 보조 또는 융자하도록 규정하고 있다. 수소사업에 대한 보조 또는 융자를 신청하고자 하는 수소전문기업은 수소사업계획서를 제출하여 관계 중앙행정기관의 장으로부터 수소사업의 적합성 및 수소경제 이행 촉진 여부를 평가받아야 하며, 수소전문기업에 대한 보조·융자의 구체적인 항목 및 지원 비율 등은 관계 중앙행정기관의 장과 기획재정부장관이 협의하여 정하여야 한다. 또한 수소전문기업을 보조 또는 융자하는 경우 관계 집행 계획 및 지급 기준을 미리 공고하여야 한다.

【표 2.4.2】 보조 · 융자에 관한 규정내용

규정항목 (관련조항)	규정내용 (관련조항, 벌칙)
1. 대상비용 (수법10-1)	o **기술 · 인력** : 수소사업의 안전성 · 경제성 · 친환경성 혁신을 위한 기술개발 및 전문인력 양성 비용 (수법10-1-1) o **국제협력** : 외국과의 국제협력 및 기술교류 관련 비용 (수법10-1-2) o **사업화** : 개발 기술의 사업화 관련 비용 및 국내외 판로 확보 관련 비용 (수령19-3-1, 19-3-2) o **자산화** : 지식재산권 출원 관련 비용 (수령19-3-3)
2. 절차 (수법10-2)	o **신청** : 보조 또는 융자를 받으려는 수소전문기업은 관계 중앙행정기관의 장에게 **수소사업계획서를 제출**하여야 하며, 보조 · 융자의 구체적인 항목 및 지원비율 등은 관계 중앙행정기관의 장과 기획재정부장관이 협의하여 정함 (수령19-1, 19-4) o **수소사업계획서** : 수소사업의 ①개요 및 특성 ②추진체계 및 추진전략 ③연도별 실행계획 ④활용 방안 및 기대효과 ⑤기타 관계 중앙행정기관의 장이 정하여 고시하는 사항들을 포함하여야 함 (수령19-1) o **평가 :** 중앙행정기관의 장은 제출받은 수소사업계획서를 평가하여, **수소사업으로서의 적합성 및 수소경제 이행의 효과적 · 효율적 촉진 여부를 판단**하여야 하며, 수소사업의 적합성 및 수소경제 이행의 촉진 등이 인정되는 경우 해당 수소전문기업의 필요 사업비용을 보조 또는 융자할 수 있음 (수령19-2) o **공고** : 비용 보조 · 융자하는 경우 관계 중앙행정기관의 장은 집행계획 및 지급기준을 인터넷 홈페이지에 미리 공고하여야 함 (수령19-5)

2.4.3. 수소전문기업의 확인에 관한 규정내용(제11조)

수소전문기업의 확인에 관한 조항은 수소전문기업에 대한 지원을 받으려는 기업의 수소전문기업 확인 신청에 관한 사항, 수소전문기업 해당 여부에 대한 산업부장관의 확인

· 조사 및 사후관리에 관한 사항, 수소전문기업 확인서의 발급 및 유효기간에 관한 사항 등을 규정하고 있다. 수소전문기업에 대한 지원을 받으려는 기업은 산업부장관에게 수소전문기업 확인신청서를 제출하여 수소전문기업 해당 여부를 확인받아야 하고, 신청한 기업이 수소전문기업에 해당하는 경우 산업부장관은 수소전문기업 확인서를 발급하여야 하며, 수소전문기업의 요건 유지 여부를 확인하기 위한 조사를 실시하는 경우 산업부장관은 조사대상자에게 조사 계획을 사전 통지하여야 한다.

【표 2.4.3】 수소전문기업 확인에 관한 규정내용

규정항목 (관련조항)	규정내용 (관련조항, 벌칙)
1. 확인신청 (수법11-1)	o **신청** : 수소전문기업에 대한 지원을 받으려는 기업은 산업부장관에게 수소전문기업 해당 여부 확인을 신청할 수 있음 (수법11-1) o **제출서류** : 수소전문기업 확인신청서 (수칙4-1) o **첨부서류** : ①수소사업 매출액 증명서류 ②공인회계사・세무사・경영지도사가 작성한 수소사업 매출액 검토의견서 ③「외감법」에 따른 감사보고서(외부감사 대상 법인) ④「상법」에 따른 재무제표(외부감사 대상 외의 기업) ⑤수소사업 관련 연구・개발 투자금액 확인서류 ⑥신청 기업의 수소사업 설명자료 ⑦기타 산업부장관이 수소전문기업 확인을 위하여 필요하다고 인정하여 고시하는 서류(수소사업 매출액 및 연구・인력개발비 검토의견서) (수칙4-1)
2. 확인 및 사후관리 (수령20)	o **확인** : 수소전문기업 확인 신청을 받은 경우 산업부장관은 「전자정부법」에 따른 행정정보 공동이용을 통하여 ①법인 등기사항증명서 ②사업자등록증 ③국세・지방세 납입증명서를 확인하여야 하며, 수소전문기업 해당 여부를 확인하기 위하여 서면조사 또는 현장조사를 실시할 수 있음 (수령20-1) o **현장조사** : 조사일 3일 전까지 조사계획(목적・일시・장소 포함)을 조사대상자에게 통지하여야 함 (수령20-1) o **업무위탁** : 산업부장관은 수소전문기업 확인을 위한 조사 업무를 수소산업진흥전담기관에 위탁할 수 있음 (수령57-1) o **사후관리** : 산업부장관은 수소전문기업으로 확인받은 기업이 **수소전문기업 요건 유지 여부를 확인하기 위하여 필요한 경우 서면조사 또는 현장조사를 실시**할 수 있음 (수령20-2)
3. 수소전문기업 확인서 (수법11-2, 수령21)	o **발급** : 수소전문기업 확인을 신청한 기업이 수소전문기업에 해당하는 경우 산업부장관은 유효기간을 정하여 수소전문기업 확인서를 발급하여야 함 (수법11-2) o **유효기간** : 확인일로부터 5년 (수령21-1) o **유효기간 연장** : 수소전문기업이 확인서 유효기간 만료 전에 유효기간 연장을 신청하는 경우 산업부장관은 **5년 범위 내에서 1회만 연장**할 수 있음 (수령21-2) o **재발급** : 수소전문기업 확인서가 분실 또는 훼손된 경우 ①사유서(확인서 분실 시) ②확인서 원본(확인서 훼손 시)을 첨부하여 수소전문기업 확인서 재발급신청서를 산업부장관에게 제출하여야 함 (수칙4-4)

2.4.4. 수소전문기업 확인의 취소에 관한 규정내용(제12조)

수소전문기업 확인의 취소에 관한 조항은 수소전문기업의 요건을 충족하지 못하게 된 기업에 대한 산업부장관의 확인 취소에 관한 사항을 규정하고 있다. 수소전문기업이 거짓 또는 부정한 방법을 통하여 확인을 받은 경우 산업부장관은 수소전문기업 확인을 취소하여야 하며(강행규정), 수소전문기업이 확인 요건을 충족하지 못하게 되거나 기업활동을 지속적으로 영위할 수 없게 된 경우 산업부장관은 수소전문기업 확인을 취소할 수 있다(임의규정). 수소전문기업 확인을 취소한 경우 산업부장관은 수소전문기업 확인서를 회수하고 취소 사실을 공고하여야 한다.

【표 2.4.4】 수소전문기업 확인 취소에 관한 규정내용

규정항목 (관련조항)	규정내용 (관련조항, 벌칙)
1. 확인 취소 (수법12)	o **강제취소** : 수소전문기업이 거짓 또는 부정한 방법으로 확인을 받은 경우 산업부장관은 수소전문기업 확인을 취소하여야 함 (수법12-1-1) o **임의취소** : 수소전문기업이 ①수소전문기업의 요건을 갖추지 아니하게 된 경우 ②부도 • 폐업 • 휴업 등으로 기업활동을 지속할 수 없다고 판단되는 경우 산업부장관은 수소전문기업 확인을 취소할 수 있음 (수법12-1-2) o **업무위탁** : 산업부장관은 수소전문기업의 확인 취소를 위한 조사 업무를 **수소산업진흥전담기관**에 위탁할 수 있음 (수령57-1) o **확인서 회수** : 수소전문기업 확인을 취소한 경우 산업부장관은 발급하였던 수소전문기업 확인서를 회수하여야 함 (수령22) o **공고** : 수소전문기업 확인을 취소한 경우 산업부장관은 취소사실을 인터넷 홈페이지에 공고하여야 함 (수령22)

2.4.5. 수소전문투자회사에 관한 규정내용(제13조)

수소전문투자회사에 관한 조항은 수소전문투자회사를 「자본시장과 금융투자업에 관한 법률」에 따른 투자회사로 보며, 「수소법」에서 특별히 정하는 경우를 제외하고는 「자본시장법」을 우선 적용하도록 규정하고 있다. 또한 「수소법」에 따른 수소전문투자회사가 아닌 자가 수소전문투자회사 또는 이와 유사한 명칭을 사용하는 경우 1천만원 이하의 과태료를 부과하도록 규정하고 있다.

2.4.6. 수소전문투자회사의 등록 협의에 관한 규정내용(제14조)

수소전문투자회사의 등록 협의에 관한 조항은 금융위원회 및 산업부장관의 협의, 등록 또는 변경등록의 요건, 등록 및 변경등록 절차에 관한 사항을 규정하고 있다. 수소전문투자회사를 등록하려는 자는 금융위원회에 등록신청서를 제출하여야 하고, 금융위원회는 등록신청 내용을 산업부장관과 협의하여야 한다. 금융위원회는 등록신청서를 검토하여 20일 이내에 등록 여부를 결정하고 신청인에게 문서로 결과를 통지하여야 하는데, 등록 거부 사유가 없는 한 등록을 거부할 수 없으며, 등록 결정 시 집합투자기구등록부에 필요사항을 기재하고 등록 내용을 공고하여야 한다.

【표 2.4.5】 수소전문투자회사 등록 협의에 관한 규정내용

규정항목 (관련조항)	규정내용 (관련조항, 벌칙)
1. 등록에 관한 협의 (수법14)	ㅇ**등록협의** : 「자본시장과 금융투자업에 관한 법률」에 따라 수소전문투자회사를 등록하는 경우 금융위원회는 등록신청 내용이 「수소법」에 따른 자산운용 방법을 준수하는지에 대하여 산업부장관과 미리 협의하여야 함 (수법14, 수령23-1) ㅇ**보완요청** : 산업부장관은 수소전문투자회사의 등록신청 내용이 「수소법」제15조에 따른 자산운용 방법을 준수하지 아니한 경우 그 내용을 변경・보완하도록 금융위원회에 요청할 수 있음 (수령23-2)
2. 등록・변경등록 요건 (자본시장법 182)	ㅇ**자격요건** : ①집합투자재산을 운영하는 집합투자업자 ②집합투자재산을 보관・관리하는 신탁업자 ③집합투자증권을 판매하는 투자매매업자・투자중개업자 ④투자회사의 업무를 위탁받은 일반사무관리회사가 업무정지기간 중에 있이 아니하여야 함 (자본시장법182-2-1) ㅇ**투자기구** : 집합투자기구가 적법하게 설정・설립되어야 함 (자본시장법182-2-2) ㅇ**투자규약** : 집합투자규약이 법령 위반 또는 투자자 이익을 침해하지 아니하여야 함 (자본시장법 182-2-3) ㅇ**자본금** : 등록 신청 당시 자본금이 1억 이상이어야 함 (자본시장법182-2-4, 자본시장령209--1)
3. 등록절차 (자본시장법182)	ㅇ**신청** : 집합투자기구를 등록하려는 경우 **금융위원회에 등록신청서를 제출**하여야 함 (자본시장법 182-3) ㅇ**등록신청서** : ①집합투자기구의 명칭 ②투자목적・방침・전략 ③권리내용 및 투자위험요소 ④운용보수, 판매수수료・보수, 기타 비용 ⑤출자금 ⑥재무 ⑦집합투자업자(발기인, 감독이사 포함) ⑧투자운용인력 ⑨집합투자재산 운용 ⑩집합투자증권 판매・환매 ⑪집합투자재산 평가 및 공시 ⑫손익분배 및 과세 ⑬신탁업자 및 일반사무관리회사 ⑭업무위탁 ⑮재판관할 ⑯손해배상책임 ⑰투자자 보호 정책 또는 내규 ⑱기타 투자자 보호에 필요한 사항을 기재하여야 함 (자본시장령211-1) ㅇ**첨부서류** : ①집합투자규약(부속서류 포함) ②법인 등기사항증명서(또는 이에 준하는 법인 설립 증명서류) ③출자금 납입 증명서류 ④업무위탁계약서(집합투자업자, 신탁업자, 일반사무관리회사, 업무수당자 등) ⑤감독이사의 이력서 및 결격요건 미해당 증빙서류 (자본시장령211-2)

	o 검토 · 통지 : 금융위원회는 **등록신청서를 검토**하여 **20일 이내에 등록여부를 결정**하고, 등록신청서 검토 결과 및 이유를 지체 없이 **신청인에게 문서로 통지**하여야 함 (자본시장법182-4) **o 보완** : 접수된 등록신청서에 흠결이 있는 경우 금융위원회는 보완을 요구할 수 있으며, 흠결의 보완기간 등은 검토기간 산정에서 제외함 (자본시장법182-4, 182-5) **o 등록** : 등록여부 결정 시 등록거부 사유가 없는 한 금융위원회는 등록을 거부할 수 없음 (자본시장법182-6) **o 등록거부** : ①등록요건 미비 ②등록신청서 허위 작성 ③등록신청서 보완요구 불이행 **o 등록결정** : 금융위원회는 등록결정 시 **집합투자기구등록부에 필요사항을 기재**하여야 함 (자본시장법182-7) **o 공고** : 금융위원회는 등록내용을 인터넷 홈페이지 등에 공고하여야 함 (자본시장법182-7)
4. 변경등록 **(자본시장법182)**	**o 변경등록의무** : 변경등록 제외사항 외의 등록사항이 변경된 경우 투자회사는 **2주 이내**에 그 내용을 금융위원회에 변경등록하여야 함 (자본시장법182-8) **o 변경등록 제외사항** : ①법령 및 시행령의 개정 또는 금융위원회 명령에 따른 등록사항 변경 ②등록사항의 단순 자구수정 ③집합투자업자, 신탁업자, 일반사무관리회사 등의 기본정보(개요 및 재무정보 등) 변경 ④기타 투자자의 투자판단에 영향을 미치지 아니하는 사항 (자본시장법182-8, 자본시장령210) **o 변경등록신청서** : 변경사유 및 변경내용을 기재하여야 함 (자본시장령211-3) **o 정정신고서** : 정정신고서를 제출한 경우 변경등록신청서를 제출한 것으로 보며, 정정신고의 효력이 발생하는 때에 변경등록된 것으로 봄 (자본시장령211-6) **o 첨부서류** : ①변경을 결의한 집합투자자총회 또는 이사회의 회의록 사본 ②집합투자규약 ③등기부등본 ④변경내용 증명서류(주요 계약서 사본 등) (자본시장령211-3) **o 검토** : 금융위원회는 변경등록 신청내용에 관한 사실 여부를 확인하고, 신청내용이 변경등록 요건을 충족하는지를 검토하여야 함 (자본시장령211-4)

2.4.7. 자산운용의 방법에 관한 규정내용(제15조)

자산운용의 방법에 관한 조항은 수소전문투자회사의 투자 및 자금조달에 관한 사항을 규정하고 있다. 수소전문투자회사는 자본금의 51% 이상을 수소전문기업에 투자하여야 하고, 수소전문기업에 투자 후 남은 자산의 50% 이상을 금융기관 예치 및 국공채 매입 등 법에서 정하는 방법에 따라 운용하여야 한다. 수소사업에 대한 투자자금이 부족하거나 운영비용 충당 자금이 부족한 경우 수소전문투자회사는 자금차입 등의 방법으로 필요자금을 조달할 수 있는데, 자금조달 금액의 합계는 자본금의 30% 이내까지만 허용한다.

【표 2.4.6】 수소전문투자회사의 자산운용 방법에 관한 규정내용

규정항목 (관련조항)	규정내용 (관련조항, 벌칙)
1. 투자 (수법15-1)	**ㅇ수소사업 투자** : 수소전문투자회사는 자본금의 51% 이상을 수소전문기업에 투자하여야 함 (수법15-1, 수령24-1) **ㅇ기타 투자** : 수소전문투자회사는 수소전문기업에 투자하고 남은 자산의 50% 이상을 ①「자본시장법」 제84조에 따른 단기대출 ②금융기관 예치 ③국공채 매입의 방법으로 운용하여야 함 (수령24-3)
2. 차입・담보제공・채무보증 (수법15-2)	**ㅇ차입 등** : ①운영비용 충당자금 부족(주주총회 승인 필요) ②수소사업 투자자금 부족의 경우 수소전문투자회사는 자금차입, 담보제공 및 채무보증을 할 수 있으며, 이 금액의 합계는 자본금의 30% 이내이어야 함 (수법15-2, 수령24-2)

2.4.8. 수소전문기업 등에 대한 기금의 투자에 관한 규정내용(제16조)

수소전문기업 등에 대한 기금의 투자에 관한 조항은 수소전문기업 또는 수소전문투자회사에 투자 가능한 기금의 범위를 규정하고 있다. 「국가재정법」에 따른 기금 설치의 근거법률 중 「수소법」에서 규정하는 기금의 범위에 해당하는 기금에 한하여 수소전문기업 및 수소전문투자회사에 대한 투자를 허용하고 있다.

【표 2.4.7】 수소전문기업 등에 대한 기금의 투자에 관한 규정내용

규정항목 (관련조항)	규정내용 (관련조항, 벌칙)
1. 자산운용방법 (수법16)	ㅇ①「국가재정법」에 규정된 법률에 따라 설치된 기금 ②설치목적이 ①에 준하는 기금을 관리하는 자는 해당 기금의 운용계획에 따라 **수소전문기업에 투자 또는 수소전문투자회사에 출자**할 수 있음 (수법16)
2. 기금의 범위 (수령25)	ㅇ수소전문기업 등에 투자 등을 할 수 있는 기금의 범위는 다음과 같음 ①「공공자금관리기금법」에 따른 공공자금관리기금 ②「과학기술기본법」에 따른 과학기술진흥기금 ③「군인연금법」에 따른 군인연금기금 ④「기술보증기금법」에 따른 기술보증기금 ⑤「사회기반시설에 대한 민간투자법」에 따른 산업기반신용보증기금 ⑥「무역보험법」에 따른 무역보험기금 ⑦「신용보증기금법」에 따른 신용보증기금 ⑧「주택도시기금법」에 따른 주택도시기금 ⑨「중소기업진흥에 관한 법률」에 따른 중소벤처기업창업 및 진흥기금 ⑩「예금자보호법」에 따른 예금보험기금 ⑪「중소기업협동조합법」에 따른 중소기업공제사업기금 (수령25-1, 25-2)

2.4.9. 조세 및 부담금의 감면에 관한 규정내용(제17조)

조세 및 부담금 감면에 관한 조항은 수소전문기업에 대한 세금 감면 및 부담금 면제에 관한 사항을 규정하고 있다. 국가 및 지방자치단체는 관련 법률에 따라 수소전문기업의 국세, 지방세 등을 감면할 수 있고, 수소산업 관련 연구・개발 등을 위한 시설에 대하여 개발부담금, 교통유발부담금 등을 면제할 수 있다.

【표 2.4.8】 수소전문기업 등에 대한 조세 및 부담금 감면에 관한 규정내용

규정항목 (관련조항)	규정내용 (관련조항, 벌칙)
1. 국세・지방세 감면 (수법17-1)	o **조세 감면** : 국가 및 지방자치단체는 수소경제 이행을 위하여 「조세특례제한법」, 「지방세특례제한법」 등의 법률에 따라 수소전문기업의 국세 및 지방세를 감면할 수 있음
2. 부담금 면제 (수법17-2)	o **부담금 면제** : 국가 및 지방자치단체는 수소산업 관련 연구・개발 등을 위한 다음의 시설 부담금을 면제할 수 있음 ①「개발이익 환수에 관한 법률」 제5조에 따른 개발부담금 ②「도시교통정비 촉진법」 제36조에 따른 교통유발부담금 ③「산지관리법」 제19조에 따른 대체산림자원조성비 ④「초지법」 제23조에 따른 대체초지조성비

2.4.10. 국유재산・공유재산의 대부・사용 등에 관한 규정내용(제18조)

국유재산・공유재산의 대부・사용 등에 관한 조항은 수소전문기업의 국유재산 및 공유재산 사용 등에 관한 내용 및 조건을 규정하고 있다. 「국유재산법」 및 「공유재산 및 물품 관리법」에 따른 국유재산 및 공유재산의 사용・수익 등은 일반경쟁 계약에 의하는 것이 원칙이나, 수소전문기업은 이러한 원칙에도 불구하고 수의계약으로 국유재산 및 공유재산을 대부・사용・수익・매각할 수 있다. 이 외의 국유재산 및 공유재산 사용 등에 관한 구체적인 내용 및 조건은 해당 법령에 따라야 한다.

【표 2.4.9】 국유재산 및 공유재산의 대부・사용 등에 관한 규정내용

규정항목 (관련조항)	규정내용 (관련조항, 벌칙)
1. 대부・사용・수익・매각 허용 (수법18-1)	o 수소경제 이행을 위하여 필요하다고 인정하는 경우 국가 및 지방자치단체는 「국유재산법」 또는 「공유재산 및 물품 관리법」에도 불구하고 **국유재산・공유재산을 수의계약으로 수소전문기업에 대부・사용・수익・매각할 수 있음**
2. 상세내용・조건 (수법18-2)	o 국유재산・공유재산의 대부・사용・수익・매각 등의 구체적인 내용 및 조건은 「국유재산법」 또는 「공유재산 및 물품 관리법」에 따름

2.5. 수소연료공급시설 설치 등에 관한 규정내용

2.5.1. 수소연료공급시설 설치 등에 관한 규정내용(제19조)

수소연료공급시설 설치 등에 관한 조항은 산업부장관의 수소연료공급시설 설치계획서 제출 요청, 시설운영자의 설치계획서 제출 및 설치계획 이행 의무에 관한 사항을 규정하고 있다. 산업부장관은 경제자유구역, 산업단지 등의 시설운영자에게 수소연료공급시설 설치계획서 제출을 요청할 수 있고, 수소경제 이행 상황 및 시설의 특징 등을 고려하여 설치계획 변경을 요청할 수 있다. 산업부장관의 요청을 받은 시설운영자는 설치장소, 시설 규모, 수소 공급방식 및 자금조달 방안 등에 관한 사항을 포함하여 설치계획서를 제출하여야 하며, 제출한 수소연료공급시설의 설치계획을 이행하여야 한다.

【표 2.5.1】 수소연료공급시설 설치 등에 관한 규정내용

규정항목 (관련조항)	규정내용 (관련조항, 벌칙)
1. 설치계획 제출 요청 (수법19-1)	ㅇ 산업부장관은 **기본계획에 따른 수소연료공급시설 보급 확대에 필요한 경우** 다음 시설 등의 운영자에게 **수소연료공급시설 설치계획서 제출을 요청**할 수 있음 (수법19-1, 수칙5) ①「경제자유구역의 지정 및 운영에 관한 특별법」 제2조제1호에 따른 경제자유구역 ②「도로법」 제10조에 따른 고속국도에 설치하는 휴게시설 ③「산업입지 및 개발에 관한 법률」 제2조에 따른 국가산업단지, 일반산업단지 및 농공단지 ④「물류시설의 개발 및 운영에 관한 법률」 제2조에 따른 물류터미널 및 물류단지 ⑤「첨단의료복합단지 육성에 관한 특별법」 제2조에 따른 첨단의료복합단지 ⑥「자유무역지역의 지정 및 운영에 관한 법률」 제2조에 따른 자유무역지역 ⑦「혁신도시 조성 및 발전에 관한 특별법」 제2조에 따른 혁신도시 ⑧「관광진흥법」 제2조에 따른 관광단지(대지면적 3천㎢ 이상) ⑨「국제과학비즈니스벨트 조성 및 지원에 관한 특별법」 제2조에 따른 국제과학비즈니스벨트 ⑩「새만금사업 추진 및 지원에 관한 특별법」 제2조에 따른 새만금사업지역 ⑪「연구개발특구의 육성에 관한 특별법」 제2조에 따른 연구개발특구 ⑫「항만법」 제2조제2호에 따른 무역항 ⑬「공항시설법」 제2조에 따른 공항 ⑭「여객자동차 운수사업법 시행규칙」 제72조에 따른 공영터미널 ⑮「화물자동차 운수사업법」 제2조에 따른 공영차고지 및 화물자동차 휴게소 ⑯「국가균형발전 특별법」 제2조에 따른 국가혁신융복합단지 ⑰「철도산업발전기본법」 제3조에 따른 철도시설 ⑱「액화석유가스의 안전관리 및 사업법 시행령」 제3조에 따른 자동차에 고정된 용기 충전사업의 허가를 받은 사업소(수출입업 등록자가 직접 운영하는 사업소만 해당) ⑲「도시가스사업법」 제3조에 따른 허가를 받은 고정식 압축도시가스 자동차 충전사업소(도시가스사업자가 직접 운영하는 사업소만 해당) ⑳「석유 및 석유대체연료 사업법」 제10조에 따라 석유판매업의 등록을 한 주유소(석유정제업

	자가 소유・운영하는 주유소만 해당) ㉑기타 수소경제 이행 촉진을 위하여 수소연료공급시설 설치가 필요한 지역・지구 등 산업부장관이 정하여 고시하는 곳
2. 설치계획서 (수령26)	o **제출의무** : 산업부장관의 요청을 받은 시설운영자는 **요청받은 날부터 30일 이내**에 ①공사계획 ②설치장소 ③규모 ④수소공급 방식 ⑤자금조달 방안 ⑥기타 수소경제 이행 촉진을 위한 필요사항이 포함된 수소연료공급시설 설치계획서를 제출하여야 함 (수법19-2, 수령26-1, 26-3) o **변경요청** : 산업부장관은 **시설 등의 특성 및 수소경제 이행 상황을 고려**하여 수소연료공급시설 설치계획서 변경을 요청할 수 있음 (수법19-2) o **이행요청** : 시설운영자가 **제출한 계획서에 따라 이행하지 아니하는 경우** 산업부장관은 기간을 정하여 이행을 요청할 수 있으며, 특별한 사유가 없으면 시설운영자는 산업부장관의 요청에 따라야 함 (수법19-3) o **조치요청** : 설치계획서 검토 내용이 **수소연료공급시설 적정화 및 수소경제 육성에 부적합한 경우** 산업부장관은 ①착공・완공계획 조정 또는 보완 ②규모 조정 ③기타 수소연료공급시설 설치에 필요한 사항을 시설운영자에게 요청할 수 있음 (수령26-4) o **자료제출** : 산업부장관은 **수소연료공급시설 설치계획서 검토에 필요한 경우** 시설운영자에게 관련자료 제출을 요청할 수 있으며, 관계 행정기관・지방자치단체・연구기관・진흥전담기관・유통전담기관・안전전담기관 등에 검토를 의뢰할 수 있음 (수령26-5, 26-6)

2.5.2. 수소 수급계획의 제출에 관한 규정내용(제20조)

수소 수급계획의 제출에 관한 조항은 수소 생산시설 및 수소연료공급시설 운영자의 수소 생산・수급계획 제출 의무에 관한 사항을 규정하고 있다. 수소 생산시설을 운영하려는 자는 수소의 생산・저장・출하 용량, 시설 운영계획 등이 포함된 수소 생산계획을 산업부장관 및 수소유통전담기관에 제출하여야 하며, 수소연료공급시설을 운영하려는 자는 수소의 충전・저장 용량, 수급방법 및 수급지역 등이 포함된 수소 수급계획을 산업부장관 및 수소유통전담기관에 제출하여야 한다.

【표 2.5.2】 수소 수급계획의 제출에 관한 규정내용

규정항목 (관련조항)	규정내용 (관련조항, 벌칙)
1. 제출대상 (수법20, 수칙6)	o **수소 생산시설 또는 수소연료공급시설을 운영하려는 자**는 수소의 원활한 수급 및 가격 안정화를 위하여 시설 설치 이전에 ①생산・저장・출하 용량(수소생산시설만 해당) ②충전・저장 용량(수소연료공급시설만 해당) ③시설의 향후 5년(시설정비를 위한 가동중지기간 포함)간의 운영계획 ④수급 방법・지역에 관한 사항이 포함된 수소 생산계획 또는 수급계획을 산업부장관 및 수소유통전담기관에 제출하여야 함 (수법20, 수칙6)

	ㅇ제출한 계획에 포함된 **시설의 용량을 변경하는 경우**에도 생산계획 또는 수급계획을 수소유통전담기관에 제출하여야 함 (수칙6)
2. 수급계획 보완 요청 (수법20)	ㅇ제출된 생산계획 및 수급계획이 **수소가격 안정화에 부적합한 경우** 산업부장관은 보완을 요청할 수 있음

2.5.3. 연료전지 설치 등에 관한 규정내용(제21조)

연료전지 설치 등에 관한 조항은 설치계획서 제출 의무, 설치계획의 변경, 자료 제출 의무 등에 관한 사항을 규정하고 있다. 산업부장관은 지방자치단체, 공공기관, 학교 및 집단에너지사업자 등에게 연료전치 설치계획서 제출을 요청할 수 있고, 연료전지 설치 환경을 고려하여 설치계획 변경을 요청할 수 있다. 설치계획 제출을 요청받은 기관은 30일 이내에 연료전지의 전력 비중, 연료공급 방식 및 자금조달 방안 등이 포함된 연료전치 설치계획서를 제출하여야 하며, 산업부장관의 설치계획 변경 요청이 있을 경우 이에 따라야 한다.

【표 2.5.3】 연료전지 설치 등에 관한 규정내용

규정항목 (관련조항)	규정내용 (관련조항, 벌칙)
1. 설치계획 제출 대상 (수법21-1)	ㅇ산업부장관은 다음의 기관에 연료전지 설치계획서 제출을 요청할 수 있음 (수법21-1, 수칙7) ①국가 및 지방자치단체 ②「공공기관의 운영에 관한 법률」에 따른 공공기관 ③「지방공기업법」에 따른 지방공기업 ④「수소법」 제19조에 따른 시설운영자 ⑤「지방교육행정기관의 행정기구와 정원기준 등에 관한 규정」 제2조에 따른 시・도 교육청 ⑥「국립대학병원 설치법」, 「국립대학치과병원 설치법」, 「서울대학교병원 설치법」 또는 「서울대학교치과병원 설치법」에 따른 병원 ⑦「초・중등교육법」 제3조에 따른 국립학교 또는 공립학교 ⑧「고등교육법」 제3조에 따른 국립학교 또는 공립학교 ⑨「방송법」 제43조에 따른 한국방송공사 ⑩「한국교육방송공사법」 제2조에 따른 한국교육방송공사 ⑪「집단에너지사업법」 제2조제3호에 따른 사업자 ⑫「공공주택 특별법」 제4조제1항에 따라 지정된 공공주택사업자
2. 설치계획서 (수령27)	ㅇ**제출의무** : 산업부장관의 요청을 받은 기관은 **요청받은 날부터 30일 이내**에 ①설치계획 ②연료전지로 충당하는 전력・열 비중 ③연료공급 방식 ④자금조달 방안 ⑤기타 수소경제 이행 촉진을 위한 필요사항이 포함된 연료전지 설치계획서를 제출하여야 함 (수법21-2, 수령27-1, 27-2)

	o **변경요청** : 산업부장관은 **연료전지 설치 기관의 연료전지 설치환경을 고려하여 발전비율을 증대하는 것이 적절한 경우** 연료전지 설치계획서 변경을 요청할 수 있으며, 특별한 사유가 없으면 요청받은 기관은 산업부장관의 요청에 따라야 함 (수법21-2) o **조치요청** : 설치계획서 검토 내용이 **수소경제 이행 촉진에 부적합한 경우** 산업부장관은 ①설치계획 조정 또는 보완 ②규모 조정 ③기타 연료전지 설치에 필요한 사항을 해당 기관에 요청할 수 있음 (수령27-3) o **자료제출** : 산업부장관은 **연료전지 설치계획서 검토에 필요한 경우** 해당 기관에 관련자료 제출을 요청할 수 있으며, 관계 행정기관 · 지방자치단체 · 연구기관 · 진흥전담기관 · 유통전담기관 · 안전전담기관 등에 검토를 의뢰할 수 있음 (수령27-4)

2.5.4. 수소특화단지의 지정 등에 관한 규정내용(제22조)

수소특화단지의 지정 등에 관한 조항은 수소특화단지 지정의 목적, 절차, 요건 및 신청자격 등에 관한 사항을 규정하고 있다. 산업부장관은 집적화를 통한 수소전기차 및 연료전지 등의 개발 · 보급을 목적으로 수소특화단지를 지정하여 자금, 설비 등을 지원할 수 있다. 수소특화단지로 지정받으려는 특별시장 · 광역시장 · 도지사 등은 수소특화단지 육성계획을 첨부하여 산업부장관에게 수소특화단지 지정신청서를 제출하여야 한다. 신청을 받은 산업부장관은 평가위원회를 구성하고 심의를 거쳐 수소특화단지를 지정하여야 하고, 신청한 시 · 도지사 등에게 지체 없이 통보하여야 하며, 수소특화단지의 지정목적, 명칭 · 위치, 시행기간 및 자금조달 방법 등을 고시하여야 한다.

【표 2.5.4】 수소특화단지의 지정 등에 관한 규정내용

규정항목 (관련조항)	규정내용 (관련조항, 벌칙)
1. 수소특화단지 **(수법22-1)**	o 산업부장관은 **수소사업자 및 지원시설**을 유치하여 **집적화**를 추진하고 **수소전기차 및 연료전지 등의 개발 · 보급을 지원**하기 위하여 수소특화단지를 지정하여 필요한 지원(자금 · 설비제공 등)을 할 수 있음
2. 지정신청 **(수법22-2)**	o 수소특화단지로 지정받으려는 자는 산업부장관에게 그 지정을 신청하여야 함 (수법22-2) o **신청대상** : 특별시장 · 광역시장 · 특별자치시장 · 도지사 또는 특별자치도지사는 산업부장관에게 수소특화단지 지정을 신청할 수 있음 (수령29-1) o **의견수렴** : 특별시장 · 광역시장 · 특별자치시장 · 도지사 또는 특별자치도지사는 수소특화단지 관할 시장 · 군수 · 구청장의 의견을 들어야 함 (수령29-1) o **지정신청서** : 수소특화단지로 지정받으려는 시 · 도지사는 수소특화단지 육성계획을 첨부하여 산업부장관에게 지정신청서를 제출하여야 함 (수령29-2)

<table>
<tr><td></td><td>o 육성계획 : ①수소특화단지 기본목표 및 중장기 발전방향 ②해당 지역 수소산업 현황 및 기반시설 현황 ③수소산업 생태계 구축에 관한 사항 ④수소특화단지 기반시설 설치에 관한 사항 ⑤수소산업의 집적, 인력 양성 및 연구기반 구축 등에 관한 사항 ⑥수소산업 육성을 위한 재원 확보 방안 ⑦기타 수소특화단지 육성에 필요한 사항을 포함하여야 함 (수령29-2)</td></tr>
<tr><td>3. 지정조건 및 요건
(수법22-3, 22-4)</td><td>o 산업부장관은 수소특화단지를 지정하는 경우 다음의 지정요건을 따라야 하고, 수소경제 이행 촉진을 위하여 필요한 조건을 붙일 수 있으나, 해당 조건은 공공의 이익증진을 위한 최소한의 것으로 한정하여 부당한 의무를 부과하지 아니하여야 함 (수법22-3, 수령28)
①수소산업 관련 사업자 간에 상호연계하여 산업 발전을 향상시키는 집적화를 이루고 있는 지역일 것
②교통・통신 등 기반시설이 갖춰져 있거나 기반시설의 설치・확충에 관한 사항이 「산업입지 및 개발에 관한 법률」 등 관계 법령에 따른 계획에 포함되어 있을 것
③수소특화단지가 있는 지역의 주요 산업과 수소산업의 연계 발전 가능성이 높을 것
④수소산업 전반에 미치는 파급효과가 높을 것
⑤기타 산업부장관이 수소특화단지의 지정을 위하여 필요하다고 인정하여 고시하는 요건을 갖출 것</td></tr>
<tr><td>4. 절차
(수령30)</td><td>o 심의 : 수소특화단지를 지정하려는 경우 산업부장관은 평가위원회를 구성하여 심의를 거쳐야 하며 수소특화단지 육성계획에 관한 검토를 하게 할 수 있음 (수령30-1, 30-2)
o 평가위원회 : 위원장(위원 중에서 호선) 1명을 포함하여 10명 이내의 위원(①관계 중앙행정기관 소속 공무원 중 해당 기관의 장이 지명한 사람 ②수소산업 관련 학식・경험이 풍부한 사람 중 산업부장관이 위촉하는 사람)으로 성별을 고려하여 구성하여야 하고, 위촉 임원의 임기는 2년으로 하며, 평가위원회 운영에 필요한 사항은 평가위원회가 정함 (수칙9)
o 고시 : 수소특화단지를 지정한 경우 산업부장관은 수소특화단지의 ①명칭・위치・면적 ②지정목적 ③사업시행기간, 재원조달방법 및 시행방법 ④지형도면 또는 지적도(「토지이용규제 기본법」 제8조제2항 및 제6항부터 제9항까지의 규정에 따른 것) ⑤지정에 관한 자료의 열람방법에 관한 사항을 관보에 고시하여야 함 (수령30-3)
o 통보 : 수소특화단지를 지정한 경우 산업부장관은 지정신청을 한 시・도지사에게 지체 없이 통보하여야 함 (수령30-3)</td></tr>
</table>

2.5.5. 수소특화단지의 지정 해제에 관한 규정내용(제23조)

수소특화단지의 지정 해제에 관한 조항은 수소특화단지 지정 해체의 절차 및 요건 등에 관한 사항을 규정하고 있다. 수소특화단지 지원 자금・설비의 목적 외 용도 사용, 지정 조건 미이행 및 지정 요건 미충족 등의 지정 해체 사유 발생 시 산업부장관은 수소특화단지의 지정을 해제할 수 있다. 수소특화단지 지정을 해제하려는 경우에는 평가위원회의 심의 및 관할 시・도지사의 의견 수렴 절차를 거쳐야하고, 수소특화단지 지정을 해제한 경우에는 해당 수소특화단지 관할 시도지사에게 지체 없이 통보하여야 하며, 지정 해제 사유 등을 고시하여야 한다.

【표 2.5.5】 수소특화단지의 지정 해제에 관한 규정내용

규정항목 (관련조항)	규정내용 (관련조항, 벌칙)
1. 지정해제 (수법23)	o 산업부장관은 다음의 경우 수소특화단지의 지정을 해제할 수 있음 ①수소특화단지 지정에 따라 지원된 자금·설비 등을 당초 목적 외 용도로 사용한 경우 ②수소특화단지 지정 조건을 이행하지 아니한 경우 ③수소특화단지 지정 요건을 갖추지 못하게 되는 경우
2. 절차 (수령31-1)	o **심의** : 수소특화단지의 지정을 해제하려는 경우 산업부장관은 평가위원회 심의를 거쳐야 함 (수령31-1) o **의견수렴** : 수소특화단지의 지정을 해제하려는 경우 산업부장관은 수소특화단지를 관할하는 시·도지사의 의견을 들어야 함 (수령31-1) o **고시** : 수소특화단지의 지정을 해제한 경우 산업부장관은 ①지정 해제되는 수소특화단지의 명칭·위치·면적 ②해당 수소특화단지의 지정일 및 해제일 ③지정해제 사유를 관보에 고시하여야 함 (수령31-2) o **통보** : 수소특화단지를 지정해제한 경우 산업부장관은 해당 수소특화단지 관할 시·도지사에게 지체 없이 통보하여야 함 (수령31-2)

2.5.6. 시범사업의 실시에 관한 규정내용(제24조)

시범사업의 실시에 관한 조항은 시범사업의 범위 및 실시 계획 등에 관한 사항을 규정하고 있다. 산업부장관 및 관계 중앙행정기관의 장은 수소 생산·운송·활용 기반 구축, 시제품 생산, 시범보급 및 수소산업 생태계 조성 등을 목적으로 일정기간 동안 제한된 지역에서 시범사업을 실시할 수 있다. 시범사업을 실시하려는 경우 산업부장관 및 관계 중앙행정기관의 장은 시범사업의 목표·전략, 추진체계, 대상 및 재원 조달 등에 관한 사항을 포함하여 시범사업계획을 수립하여야 하고, 시범사업을 실시하는 경우 내용, 기간 및 사업규모에 관한 사항을 공고하여야 한다.

【표 2.5.6】 시범사업의 실시에 관한 규정내용

규정항목 (관련조항)	규정내용 (관련조항, 벌칙)
1. 시범사업 범위 (수법24-1)	o 산업부장관 및 관계 중앙행정기관의 장은 다음의 사항을 위하여 필요한 경우 **일정기간 동안 제한된 지역에서 시범사업을 실시**할 수 있으며, 시범사업에 참여하는 자에게 필요한 지원을 할 수 있음 (수법24-2, 수령32) ①수소산업 육성·발전 ②수소사업 관련 서비스 보급 활성화

	③수소 생산・저장・운송・활용기반 구축 ④수소산업 관련 제품의 시제품 생산 ⑤수소경제 시범도시・시범지구 ⑥수소제품 시범보급 ⑦수소산업 생태계 조성 목적 시범사업 ⑧기타 수소경제 이행에 필요한 사업을 위하여 필요한 경우
2. 계획수립 (수령33-1)	ㅇ시범사업을 실시하는 경우 산업부장관 및 관계 중앙행정기관의 장은 시범사업의 ①목표・전략・추진체계 ②수소사업 관련 기술・서비스 적용 ③시행에 필요한 재원 조달 ④대상 및 실시기간 ⑤원활한 시행에 필요한 기타사항에 관한 사항이 포함된 시범사업계획을 수립하여야 함
3. 공고 (수령33-2)	ㅇ산업부장관 및 관계 중앙행정기관의 장은 시범사업을 실시할 때 시범사업의 ①지정사유 ②내용 및 기간 ③위치・범위・면적 등 사업규모에 관한 사항을 인터넷 홈페이지에 공고하여야 함

2.5.7. 수소발전용 천연가스 요금체계 수립에 관한 규정내용(제25조)

수소발전용 천연가스 요금체계 수립에 관한 조항은 수소발전용으로 사용되는 수소의 생산에 사용되는 천연가스에 대한 별도의 요금체계 수립에 관한 사항을 규정하고 있다. 산업부장관은 수소발전의 개발 및 보급을 촉진하기 위하여 「도시가스법」에 따른 도시가스사업자 공급규정에서 수소발전사업자에게 공급하는 천연가스의 요금을 별도로 정하도록 하고, 수소발전용 천연가스의 가격안정성을 확보하기 위하여 노력하여야 한다.

【표 2.5.7】 수소발전용 천연가스 요금체계 수립에 관한 규정내용

규정항목 (관련조항)	규정내용 (관련조항, 벌칙)
1. 가격안정 및 요금체계 (수법25)	ㅇ산업부장관은 수소발전의 개발 및 보급 촉진을 통한 수소경제 이행을 위하여 **수소발전에 공급하는 수소를 생산하기 위하여 사용되는 천연가스의 가격안정성 확보**를 위하여 노력하여야 함 (수법25-1) ㅇ산업부장관은 수소발전의 개발 및 보급 촉진을 위하여 「도시가스사업법」에 따른 가스도매사업자의 공급규정에서 수소발전사업자에게 공급하는 **천연가스**(수소발전에 공급하는 수소를 생산하기 위하여 사용되는 천연가스에 한함) **요금을 별도로 정하도록** 할 수 있음 (수법25-2)

[비고]
1. 제25조 2022. 6. 10. 개정
2. 제25조 2022. 12. 11. 시행

2.5.8. 청정수소의 인증 등에 관한 규정내용(제25조의2)

청정수소의 인증 등에 관한 조항은 청정수소의 등급별 인증기준, 인증표시, 지원사항 및 인증기준 점검 등에 관한 사항을 규정하고 있다. 산업부장관은 청정수소 인증기준을 충족하는 수소 및 수소화합물에 대한 등급별 청정수소 인증을 할 수 있고, 생산자 및 사용자에게 청정수소 등급에 따른 행정적·재정적 지원을 할 수 있다. 또한, 청정수소 인증기준 유지 여부를 확인하기 위한 점검을 실시하여 기준을 충족하지 못하는 경우 인증표시 사용금지명령, 개선명령 및 인증취소 등의 조치를 할 수 있으며, 이를 공고하여야 한다. 거짓 또는 부정한 방법으로 청정수소 인증을 받은 자 및 청정수소 인증기준 유지 여부의 확인을 위한 점검을 거부·방해 또는 기피한 자는 2년 이하의 징역 또는 2천만원 이하의 벌금에 처하고, 위반행위 방지를 위하여 업무에 관한 상당한 주의와 감독을 게을리하지 아니한 경우를 제외하고는 행위자 외의 법인 또는 개인 등도 2천만원 이하의 벌금에 처한다.

【표 2.5.8】 청정수소 인증 등에 관한 규정내용

규정항목 (관련조항)	규정내용 (관련조항, 벌칙)
1. 등급별 인증 (수법25의2)	o 산업부장관은 청정수소 사용 촉진을 위하여 대통령령으로 정하는 인증기준(생산·수입 등의 과정에서 배출되는 이산화탄소량 등)을 충족하는 수소 또는 수소화합물에 대하여 등급별 청정수소 인증을 할 수 있음 (수법25의2-1) o **인증기준** : 대통령령으로 정함 (수법25의2-1) o **인증표시** : 인증을 받은 청정수소는 산업부령으로 정하는 바에 따라 인증표시를 할 수 있으며, 인증을 받지 아니한 수소 또는 수소화합물에 대하여 청정수소 인증표시 또는 이와 유사한 표시를 하지 아니하여야 함 (수법25의2-3, 25의2-4)
2. 생산자·사용자 지원 (수법25의2-2)	o 산업부장관은 **청정수소 등급에 따라 차등**하여 청정수소 생산자 및 사용자에게 **행정적·재정적 지원**을 할 수 있음
3. 확인·점검 (수법25의2-7)	o 산업부장관은 **인증기준 유지 여부를 확인**하기 위하여 대통령령으로 정하는 바에 따라 점검을 실시할 수 있음
4. 인증취소 및 제재 (수법25의2-5)	o 산업부장관은 청정수소 인증을 받은 생산·자수입자가 다음에 해당하는 경우 인증취소, 인증표시 사용금지명령, 개선명령 등을 할 수 있으며(임의규정), ①에 해당하는 경우에는 인증을 취소하여야 함(강제규정) ①거짓 또는 부정한 방법으로 인증받은 경우 ②청정수소의 등급별 인증기준에 적합하지 아니하게 된 경우 ③정당한 사유 없이 인증받은 날부터 1년 이내에 청정수소 생산·수입 등의 업무를 시작하지 아니하거나 1년 이상 계속하여 업무를 수행하지 아니한 경우 ④청정수소 인증기준 유지 여부 확인을 위한 점검을 거부·방해·기피한 경우 ⑤청정수소 생산·수입·판매량 및 구매자에 대한 신고의무를 이행하지 아니한 경우

	⑥인증표시 사용금지명령 또는 개선명령을 받고도 이행하지 아니한 경우
5. 공고 (수법25의2-6)	ㅇ산업부장관은 인증취소, 인증표시 사용금지명령, 개선명령을 한 경우에는 대통령령으로 정하는 바에 따라 그 사실을 공고하여야 함
6. 벌칙 (수법59-1)	ㅇ**거짓 또는 기타 부정한 방법으로 청정수소 인증을 받은 자**는 2년 이하의 징역 또는 2천만원 이하의 벌금에 처함 (수법59-1-1) ㅇ**청정수소 인증기준 유지 여부 확인을 위한 점검을 거부·방해 또는 기피한 자**는 2년 이하의 징역 또는 2천만원 이하의 벌금에 처함 (수법59-1-2)
7. 양벌규정 (수법61)	ㅇ법인의 대표자 또는 법인·개인의 대리인, 사용인, 기타 종업원이 그 법인 또는 개인의 업무에 관하여 ①거짓 또는 기타 부정한 방법을 통하여 청정수소 인증을 받거나 ②청정수소 인증기준 유지 여부를 확인하기 위한 점검을 거부·방해하는 등의 위반행위를 하면 그 **행위자 처벌 외에 그 법인 또는 개인에게도 해당 조문의 벌금형을 과함** ㅇ법인 또는 개인이 그 위반행위를 방지하기 위하여 해당 업무에 관하여 **상당한 주의와 감독을 게을리하지 아니한 경우에는 양벌규정을 적용하지 아니함**
8. 과태료 (수법62, 수령59)	ㅇ청정수소 **인증을 받지 아니한 수소 또는 수소화합물에 대하여는 청정수소 인증표시**를 하거나 이와 **유사한 표시**를 하는 경우 1천만원 이하의 과태료를 부과함

[비고]
1. 제25조의2 2022. 6. 10. 신설
2. 제25조의2 시행일 미지정

2.5.9. 청정수소 생산량 등의 신고에 관한 규정내용(제25조의3)

청정수소 생산량 등의 신고에 관한 조항은 청정수소의 생산자, 수입자 및 판매자에게 청정수소 생산량·수입량·판매량 및 구매자 정보에 관한 신고의무를 규정하고 있다.

【표 2.5.9】 청정수소 생산량 등의 신고에 관한 규정내용

규정항목 (관련조항)	규정내용 (관련조항, 벌칙)
1. 신고의무 (수법25의3)	ㅇ청정수소를 생산·수입·판매하는 자는 대통령령으로 정하는 바에 따라 **생산량·수입량·판매량 및 구매자에 대하여** 산업부장관에게 신고하여야 함

[비고]
1. 제25조의3 2022. 6. 10. 신설
2. 제25조의3 시행일 미지정

2.5.10. 청정수소인증기관의 지정 등에 관한 규정내용(제25조의4)

청정수소인증기관의 지정 등에 관한 조항은 청정수소인증기관의 지정기준, 의무 및 경비 지원 등에 관한 사항을 규정하고 있다. 산업부장관은 청정수소 인증 및 인증기준 유지 여부 확인을 위한 점검 업무 수행을 위하여 수소사업 관련 기관·단체 등을 청정수소인증기관으로 지정할 수 있고, 인증 및 점검 업무 수행에 필요한 경비를 지원할 수 있으며, 청정수소인증기관 지정기준 부적합, 인증기준 위반, 인증업무 미수행 등의 사유에 해당하는 경우 청정수소인증기관의 지정을 취소하거나 시정을 명령할 수 있다. 거짓 또는 부정한 방법으로 청정수소인증기관 지정을 받은 자 및 청정수소인증기관으로 지정받지 않고 청정수소 인증을 한 자는 2년 이하의 징역 또는 2천만원 이하의 벌금에 처하며, 위반행위 방지를 위하여 업무에 관한 상당한 주의와 감독을 게을리하지 아니한 경우를 제외하고는 행위자 외의 법인 또는 개인 등도 2천만원 이하의 벌금에 처한다.

【표 2.5.10】 청정수소인증기관의 지정 등에 관한 규정내용

규정항목 (관련조항)	규정내용 (관련조항, 벌칙)
1. 지정 (수법25의4-1)	ㅇ산업부징관은 칭정수소 등급별 인증 및 인증기준 유지 여부 확인·점검에 관한 업무를 효율적으로 수행하기 위하여 대통령령으로 정하는 기준(인증에 필요한 시설 등)을 충족하는 수소사업 관련 기관·단체·법인을 청정수소인증기관으로 지정할 수 있음
2. 기록·보관의무 (수법25의4-2)	ㅇ청정수소인증기관은 산업부령으로 정하는 바에 따라 인증 및 점검에 관한 기록을 작성하여 보관하여야 함
3. 경비지원 (수법25의4-3)	ㅇ산업부장관은 인증 및 점검 업무를 수행하는 필요한 경비를 지원할 수 있음
4. 지정취소·제재 (수법25의4-4)	ㅇ산업부장관은 인증기관이 다음에 해당하는 경우 지정을 취소하거나 시정을 명할 수 있으며(임의규정), ①에 해당하는 경우에는 지정을 취소하여야 함(강제규정) ①거짓 또는 부정한 방법으로 지정받은 경우 ②지정기준에 적합하지 아니하게 된 경우 ③정당한 사유 없이 청정수소 인증을 하지 아니한 경우 ④인증기준을 위반하여 청정수소 인증을 한 경우 ⑤인증 및 점검 기록을 작성·보관하지 아니하거나 거짓으로 작성·보관한 경우
5. 벌칙 (수법59-1)	ㅇ**거짓 또는 기타 부정한 방법으로 청정수소인증기관 지정을 받은 자**는 2년 이하의 징역 또는 2천만원 이하의 벌금에 처함 (수법59-1-3) ㅇ**청정수소인증기관으로 지정받지 아니하고 청정수소 인증을 한 자**는 2년 이하의 징역 또는 2천만원 이하의 벌금에 처함 (수법59-1-4)
6. 양벌규정 (수법61)	ㅇ법인의 대표자 또는 법인·개인의 대리인, 사용인, 기타 종업원이 그 법인 또는 개인의 업무에 관하여 ①거짓 또는 기타 부정한 방법을 통하여 청정수소인증기관으로 지정받거나 ②청정수소인증기관으로 지정받지 아니하고 청정수소 인증을 하는 등의 위반행위를 하면 그 **행위자**

	처벌 외에 그 법인 또는 개인에게도 해당 조문의 벌금형을 과함 ㅇ법인 또는 개인이 그 위반행위를 방지하기 위하여 해당 업무에 관하여 **상당한 주의와 감독을 게을리하지 아니한 경우에는 양벌규정을 적용하지 아니함**

[비고]
1. 제25조의4 2022. 6. 10. 신설
2. 제25조의4 시행일 미지정

2.5.11. 청정수소의 판매・사용 의무 등에 관한 규정내용(제25조의5)

청정수소의 판매・사용 의무 등에 관한 조항은 청정수소 보급 촉진을 위한 판매의무 및 사용의무 적용 대상자, 판매・사용 실적 보고, 자료제출 등에 관한 사항을 규정하고 있다. 산업부장관은 수소연료공급시설 운영자 및 수소연료 사용을 통하여 온실가스 배출을 감축시킬 수 있는 사업을 영위하는 자에게 청정수소 판매・사용 의무를 부과할 수 있고, 판매 및 사용 의무 이행 여부를 확인하기 위하여 필요한 자료의 제출을 요구할 수 있다. 청정수소 판매・사용의무자는 판매실적 또는 사용실적을 산업부장관에게 보고하여야 하며, 자료 제출을 요구받은 경우 이에 따라야 한다. 청정수소 판매・사용 의무를 가진 자가 판매실적 또는 사용실적을 보고하지 않은 경우 2년 이하의 징역 또는 2천만원 이하의 벌금에 처하며, 위반행위 방지를 위하여 업무에 관한 상당한 주의와 감독을 게을리하지 아니한 경우를 제외하고는 행위자 외의 법인 또는 개인 등도 2천만원 이하의 벌금에 처한다.

【표 2.5.11】 청정수소의 판매・사용 의무 등에 관한 규정내용

규정항목 (관련조항)	규정내용 (관련조항, 벌칙)
1. 판매・사용의무자 (수법25의5-1)	ㅇ청정수소 보급 촉진을 위하여 필요한 경우 산업부장관은 대통령령으로 정하는 바에 따라 ①수소연료공급시설 운영자 ②수소를 원료 또는 연료로 사용하여 온실가스 배출을 감축할 수 있는 사업을 영위자는 자로서 대통령령으로 정하는 자에게 수소 판매량 또는 사용량의 일정 비율 이상을 청정수소로 판매・사용하게 할 수 있음 (수법25의5-1)
2. 보고의무 (수법25의5-2)	ㅇ판매・사용 의무자는 대통령령으로 정하는 바에 따라 청정수소 판매・사용 실적을 산업부장관에게 보고하여야 함 (수법25의5-2)
3. 자료제출 (수법25의5-3)	ㅇ산업부장관은 판매・사용의무 이행 여부 확인을 위하여 대통령령으로 정하는 바에 따라 판매・사용의무자에게 필요한 자료 제출을 요구할 수 있으며, 특별한 사유가 없는 경우 판매・사용의무자는 산업부장관의 요구에 따라야 함 (수법25의5-3)
4. 벌칙 (수법59-1)	ㅇ**청정수소 판매・사용 실적 보고를 하지 아니한 자**는 2년 이하의 징역 또는 2천만원 이하의 벌금에 처함 (수법59-1-5)

5. 양벌규정 (수법61)	o 법인의 대표자 또는 법인·개인의 대리인, 사용인, 기타 종업원이 그 법인 또는 개인의 업무에 관하여 청정수소 판매·사용 실적 보고 의무 미이행 등의 위반행위를 하면 그 **행위자 처벌 외에 그 법인 또는 개인에게도 해당 조문의 벌금형을 과함** o 법인 또는 개인이 그 위반행위를 방지하기 위하여 해당 업무에 관하여 **상당한 주의와 감독을 게을리하지 아니한 경우에는 양벌규정을 적용하지 아니함**

[비고]
1. 제25조의5 2022. 6. 10. 신설
2. 제25조의5 시행일 미지정

2.6. 청정수소 인증 및 수소발전량 구매・공급에 관한 규정내용

2.6.1. 수소발전량 구매・공급 등에 관한 규정내용(제25조의6조)

수소발전량 구매・공급 등에 관한 조항은 수소발전량, 전기사업자의 구매・공급, 수소발전 입찰시장 개설 등에 관한 사항을 규정하고 있다. 산업부장관은 「전기사업법」에 따른 전기사업자 중 「수소법 시행령」으로 정하는 자에게 수소발전량을 구매 또는 공급하게 할 수 있고, 수소경제 이행 기본계획, 전력수급 기본계획, 수소발전 시설 설치・가동 현황 및 온실가스 감축 목표 등을 고려하여 구매 또는 공급할 수 있는 수소발전량을 정할 수 있다. 또한, 수소발전 입찰시장을 개설하여 수소발전사업자 및 구매・공급자가 입찰시장을 통한 수소발전량 거래를 하도록 할 수 있으며, 구매・공급량 이행에 소요되는 비용을 전기사용자의 전기요금에 반영하여 회수할 수 있도록 하여야 한다.

【표 2.6.1】 수소발전량 구매・공급 등에 관한 규정내용

규정항목 (관련조항)	규정내용 (관련조항, 벌칙)
1. 구매・공급대상 (수법25의6-1)	ㅇ산업부장관은「전기사업법」 제2조제2호에 따른 전기사업자 중 대통령령으로 정하는 자에게 대통령령으로 정하는 수소발전량을 구매 또는 공급하게 할 수 있음
2. 입찰시장 (수법25의6-2)	ㅇ**시장개설** : 산업부장관은 수소경제 이행 촉진을 위하여 수소발전 입찰시장을 개설할 수 있음 (수법25의6-2) ㅇ**낙찰자** : 입찰시장에서는 대통령령으로 정하는 기준(주민수용성 등)을 충족하는 수소발전사업자 중 낙찰자를 결정함 (수법25의6-2) ㅇ**계약체결** : 수소발전사업자 및 구매・공급자는 입찰시장을 통하여 대통령령으로 정하는 방식에 따라 계약을 체결하여야 함 (수법25의6-3)
3. 수소발전량 (수법25의6-4)	ㅇ구매 또는 공급하게 할 수 있는 수소발전량은 ①수소경제 이행 기본계획 ②「전기사업법」 제25조에 따른 전력수급기본계획 ③수소발전 관련 시설 설치・가동 현황 ④「기후위기 대응을 위한 탄소중립・녹색성장 기본법」 제8조에 따른 중장기 국가 온실가스 감축 목표 ⑤기타 산업부령으로 정하는 사항을 고려하여 연도별로 대통령령으로 정함
4. 자료제출 (수법25의6-5)	ㅇ구매・공급량 결정을 위하여 필요한 경우 산업부장관은 관계 중앙행정기관의 장, 지방자치단체의 장 및 관련 단체・기관의 장에게 자료의 제출을 요청할 수 있음 ㅇ자료제출을 요청받은 단체・기관의 장 등은 특별한 사유가 없으면 이에 따라야 함
5. 이행비용회수 (수법25의6-6)	ㅇ산업부장관은 구매자 및 공급자가 구매・공급량의 이행에 소요되는 비용을 대통령령으로 정하는 바에 따라 전기사용자의 전기요금에 반영하여 회수할 수 있도록 하여야 함

[비고]
1. 제25조의6 2022. 6. 10. 신설
2. 제25조의6 2022. 12. 11. 시행

2.6.2. 입찰시장 관리기관의 지정 등에 관한 규정내용(제25조의7조)

입찰시장 관리기관의 지정 등에 관한 조항은 수소발전 입찰시장 관리기관의 지정, 운영규칙 및 지정취소 등에 관한 사항을 규정하고 있다. 산업부장관은 수소사업 또는 전력거래 관련 기관·단체·법인을 입찰시장 관리기관으로 지정할 수 있고, 관리기관이 지정기준에 부적합하게 된 경우 지정을 취소할 수 있다. 입찰시장 운영규칙을 제정·변경·폐지하는 경우 관리기관은 산업부장관의 승인을 받아야 하고, 입찰시장 거래 수수료를 재원으로 운영경비를 충당할 수 있다.

【표 2.6.2】 입찰시장 관리기관의 지정 등에 관한 규정내용

규정항목 (관련조항)	규정내용 (관련조항, 벌칙)
1. 관리기관 지정 (수법25의7-1)	○ 산업부장관은 입찰시장의 효율적 운영을 위하여 대통령령으로 정하는 기준(시설, 인력 등)을 충족하는 수소사업 또는 전력거래 관련 기관·단체·법인을 입찰시장 관리기관으로 지정할 수 있음
2. 운영규칙 (수법25의7-2)	○ 관리기관은 입찰시장 운영규칙을 제정하여 산업부장관의 승인을 받아야 함 ○ 운영규칙을 변경·폐지하는 경우(산업부령으로 정하는 경미한 사항의 변경은 제외함) 산업부장관의 승인을 받아야 함
3. 운영비용 (수법25의7-3)	○ 관리기관은 운영경비를 충당하기 위하여 입찰시장 거래 수수료를 재원으로 할 수 있으며, 수수료에 대한 구체체적인 기준은 대통령령으로 정함
4. 지정취소 (수법25의7-4)	○ 산업부장관은 관리기관이 ①거짓 또는 부정한 방법으로 지정받은 경우 ②관리기관 지정기준에 적합하지 아니하게 된 경우 지정을 취소할 수 있으며(임의규정), ①에 해당하는 경우에는 지정을 취소하여야 함(강제규정)

[비고]
1. 제25조의7 2022. 6. 10. 신설
2. 제25조의7 2022. 12. 11. 시행

2.6.3. 과징금에 관한 규정내용(제25조의8조)

과징금에 관한 조항은 수소발전량 판매·사용의무자에 대한 과징금 부과, 가산금 징수 및 과징금 등의 귀속에 관한 사항을 규정하고 있다. 산업부장관은 판매·사용의무를 이행하지 않은 판매·사용의무자에게 이행 부족분에 대한 과징금을 부과할 수 있고, 부과한 과징금을 납부하지 않은 경우 납부기간 경과일에 대한 가산금을 징수할 수 있으며, 지정기간 내에 과징금 및 가산금을 납부하지 않은 경우 국세강제징수의 예에 따라 강제징수할 수 있다.

【표 2.6.3】 과징금에 관한 규정내용

규정항목 (관련조항)	규정내용 (관련조항, 벌칙)
1. 부과 (수법25의8-1)	ㅇ판매・사용의무자가 판매・사용의무를 이행하지 아니한 경우 산업부장관은 그 부족분에 대하여 대통령령으로 정하는 바에 따라 최고등급 청정수소와 일반수소의 해당 연도 시장가격 차액의 1.5배 금액 범위에서 과징금을 부과할 수 있음
2. 가산금 (수법25의8-2)	ㅇ과징금 납부대상자가 납부기한까지 납부하지 아니한 경우 산업부장관은 납부기한의 다음 날부터 납부일 전날까지의 기간에 대하여 대통령령으로 정하는 가산금을 징수함
3. 강제징수 (수법25의8-3)	ㅇ과징금 납부대상자가 납부기한까지 납부하지 아니한 경우 산업부장관은 기간을 정하여 독촉하고, 그 지정기간 내에 과징금 및 가산금을 납부하지 아니한 때에는 국세강제징수의 예에 따라 과징금 및 가산금을 징수함
4. 귀속 (수법25의8-5)	ㅇ부과・징수한 과징금 및 가산금은 「에너지 및 자원사업 특별회계법」에 따른 에너지 및 자원사업 특별회계로 귀속됨

[비고]
1. 제25조의8 2022. 6. 10. 신설
2. 제25조의8 2022. 12. 11. 시행

2.7. 수소경제 이행을 위한 기반 조성에 관한 규정내용

2.7.1. 전문인력의 양성에 관한 규정내용(제26조)

전문인력의 양성에 관한 조항은 수소산업 전문기술인력 양성 시책에 관한 사항을 규정하고 있다. 정부는 수소산업 전문인력 양성을 위하여 기술인력 양성체제 구축, 유망분야 기술인력 양성, 수요 연계 교육과정 개설 및 전문기술인력 양성 시설·장비 확충 등의 시책을 수립 및 추진할 수 있다. 산업부장관은 관계 중앙행정기관, 정부출연 연구기관 및 단체·협회 등에 수소산업 전문기술인력 양성 관련 자료 제출을 요청할 수 있고, 양성사업을 수행에 필요한 비용을 지원할 수 있다.

【표 2.7.1】 전문인력 양성에 관한 규정내용

규정항목 (관련조항)	규정내용 (관련조항, 벌칙)
1. 양성시책 (수법26-1, 수칙10)	ㅇ정부는 수소산업 전문기술인력 양성을 위하여 다음의 시책을 수립·추진할 수 있음 ①수소경제 기반 구축에 부합하는 기술인력 양성체제 구축 ②산·학 협력 활성화를 통한 우수인력의 양성 ③수소경제 기반구축에 관한 미래 유망분야 기술인력 양성 ④수소경제 기반구축에 관한 현장 기술인력 재교육 ⑤수소산업 관련 전문기술인력 수급동향 조사 ⑥수소전문기업의 수요에 연계된 교육과정 개설 및 취업 연계사업 ⑦수소산업 관련 전문기술인력 양성에 필요한 연구시설·장비 확충 ⑧전문기술인력 교류 활성화
2. 자료요청 (수령35)	ㅇ수소산업 전문기술인력 양성에 관한 시책을 수립하려는 경우 산업부장관은 관계 중앙행정기관, 정부출연 연구기관, 단체, 협회 등에 그 목적, 용도 및 제출기한 등을 밝혀 수소산업 전문기술인력 양성에 필요한 자료제출을 요청할 수 있음
3. 비용지원 (수법26-2)	ㅇ정부는 수소산업 전문기술인력 양성 사업을 수행하는 자에게 예산 범위 내에서 해당 사업 수행에 필요한 비용의 전부 또는 일부를 지원할 수 있음

2.7.2. 수소관련 제품 등 표준화에 관한 규정내용(제27조)

수소관련 제품 등 표준화에 관한 조항은 수소산업 관련 기술, 제품 및 서비스의 표준화에 관한 사항을 규정하고 있다. 산업부장관은 수소산업 관련 기술·제품·서비스의 품질 향상 및 호환성 확보 등을 위하여 표준 개발 및 보급, 표준화 관련 적합성 평가기술 개발 및 표준화에 관한 국제협력에 필요한 사업을 추진할 수 있으며, 수소산업 관련 표준화 사업을 수행하는 자에게 비용을 지원할 수 있다.

【표 2.7.2】 수소관련 제품 등 표준화에 관한 규정내용

규정항목 (관련조항)	규정내용 (관련조항, 벌칙)
1. 표준화사업 (수법27-1)	ㅇ산업부장관은 수소산업 관련 기술·제품·서비스의 품질 향상과 호환성 확보 등을 위하여 수소산업 관련 기술·제품·서비스의 ①표준 개발 및 보급 ②국내외 표준 조사·연구·개발 ③표준화 관련 적합성 평가기술 개발·보급·확산 ④표준화에 관한 국제협력 ⑤기타 표준화에 필요한 사업을 추진할 수 있음
2. 비용지원 (수법27-2)	ㅇ산업부장관은 **수소산업 관련 기술·제품·서비스의 표준화와 관련된 사업을 수행하는 자**에게 예산 범위 내에서 해 당 사업 수행에 필요한 비용의 전부 또는 일부를 지원할 수 있음

2.7.3. 수소산업 관련 통계의 작성에 관한 규정내용(제28조)

수소산업 관련 통계의 작성에 관한 조항은 수소산업 육성을 위한 통계의 작성 범위 및 수행기관 등에 관한 사항을 규정하고 있다. 산업부장관은 수소 수급현황, 수소연료 공급시설 현황, 수소산업 관련 사업체 현황 및 국내외 수소산업 동향 등에 관한 통계 작성을 위하여 매년 조사를 실시하여야 한다. 「통계법」 등에 따른 통계작성지정기관 및 수소산업진흥전담기관 등이 수소산업 관련 통계 작성 및 관리 업무를 수행하게 할 수 있으며, 필요한 비용을 지원할 수 있다.

【표 2.7.3】 수소산업 관련 통계의 작성에 관한 규정내용

규정항목 (관련조항)	규정내용 (관련조항, 벌칙)
1. 통계작성 (수법28-1)	ㅇ산업부장관은 수소산업 육성을 위하여 수소산업 관련 통계를 작성하여 관리할 수 있음
2. 조사사항 (수칙11-1)	ㅇ산업부장관은 통계 작성을 위하여 ①수소 수급현황 ②국내외 수소산업 동향·전망 ③수소연료 공급시설 현황 ④수소산업 관련 사업체의 경영·인력 현황 ⑤수소산업 관련 시설 안전관리 ⑥기타 수소산업 육성에 필요한 사항에 대한 조사를 매년 실시하여야 함
3. 수행기관 (수법28-2, 수칙11-2)	ㅇ산업부 장관은 ①「에너지이용 합리화법」 제45조에 따른 한국에너지공단 ②수소산업진흥전담기관 ③「통계법」 제15조에 따라 지정된 통계작성지정기관이 수소산업 관련 통계 작성 및 관리 업무를 수행하게 할 수 있음 (수칙11-2) ㅇ관계 전문기관에게 수소산업 관련 통계 작성·관리 업무를 수행하게 하는 경우 산업부장관은 예산 범위 내에서 해당 업무 수행에 필요한 비용의 전부 또는 일부를 지원할 수 있음 (수법28-2)

2.7.4. 국제협력과 해외시장 진출 지원 등에 관한 규정내용(제29조)

국제협력과 해외시장 진출 지원 등에 관한 조항은 수소산업의 국제협력 활성화 및 해외시장 진출 촉진을 위한 지원사업에 관한 사항을 규정하고 있다. 산업부장관은 수소산업 국제협력 및 해외시장 진출을 위하여 수소산업 관련 국제교류 · 국제표준화 · 공동연구개발, 국제수소산업전시회 개최, 해외진출 관련 정보제공, 수소사업자의 수출 이행보증 및 수소산업 관련 국제기구 · 기관과의 협력 등에 관한 사업을 실시할 수 있으며, 수소산업 국제협력 활성화 및 해외시장 진출 촉진과 관련된 사업을 수행하는 자에게 예산 범위 내에서 해당 사업 수행에 필요한 비용을 지원할 수 있다.

【표 2.7.4】 국제협력과 해외시장 진출 지원 등에 관한 규정내용

규정항목 (관련조항)	규정내용 (관련조항, 벌칙)
1. 지원사업 (수법29-1, 수칙12)	ㅇ산업부장관은 수소산업 관련 국제협력 활성화 및 해외시장 진출 촉진을 위하여 다음의 사업을 할 수 있음 ①수소산업 관련 기술 및 인력의 국제교류 · 국제표준화 · 국제공동연구개발 ②국제수소산업전시회 국내 개최 ③해외 마케팅 · 홍보 활동 및 외국인 투자유치 ④해외진출 관련 정보제공 · 상담 · 협조 ⑤수소용품 수출을 위한 이행보증 등 정책금융 알선 및 관련 정보 제공 ⑥국제협력 전략 수립 ⑦수소산업 관련 국제기구 · 기관과의 협력 ⑧외국 정부기관과의 협력회의 개최
2. 비용지원 (수법29-2)	ㅇ산업부장관은 **수소산업 관련 국제협력 활성화 및 해외시장 진출 촉진 사업을 수행하는 자**에게 예산 범위 내에서 해당 사업 수행에 필요한 비용의 전부 또는 일부를 지원할 수 있음

2.7.5. 수소산업 관련 기술개발의 촉진에 관한 규정내용(제30조)

수소산업 관련 기술개발의 촉진에 관한 조항은 수소산업 관련 기술의 연구 · 개발 및 산업화 촉진에 관한 사항을 규정하고 있다. 산업부장관은 수소산업 관련 기술개발을 촉진하기 위하여 기술동향 조사, 기술수요 조사, 개발된 기술의 실증 및 권리 확보, 제품 · 기술 · 서비스 인증, 기술협력 및 정보 교류 등의 사항을 추진할 수 있고, 수소산업 관련 기술을 연구 · 개발 및 사업화하는 자에게 비용을 지원할 수 있다.

【표 2.7.5】 수소산업 관련 기술개발의 촉진에 관한 규정내용

규정항목 (관련조항)	규정내용 (관련조항, 벌칙)
1. 추진사항 (수법30-1, 수칙13)	ㅇ산업부장관은 수소산업 관련 기술개발 촉진을 위하여 다음의 사항을 추진할 수 있음 ①수소산업 관련 기술의 동향 및 수요 조사 ②수소산업 관련 기술의 연구개발 ③개발된 기술의 권리확보 및 실용화 ④수소산업 관련 기술의 협력 및 정보 교류 ⑤개발된 기술의 실증 ⑥수소산업 관련 제품·기술·서비스의 인증 ⑦산·학·연의 수소산업 관련 기술 공동 연구개발 ⑧수소산업 관련 기반시설 관리기술의 개발 및 활용
2. 비용지원 (수법30-2)	ㅇ산업부장관은 **수소산업 관련 기술개발 촉진을 위하여 연구·개발 및 사업화하는 자**에게 예산 범위 내에서 해당 사업 수행에 필요한 비용의 전부 또는 일부를 지원할 수 있음

2.7.6. 사회적 공감대 형성에 관한 규정내용(제31조)

사회적 공감대 형성에 관한 조항은 수소산업에 대한 국민 인식 개선 및 이해도 제고를 위한 시책에 관한 사항을 규정하고 있다. 산업부장관은 수소산업에 대한 사회적 공감대 형성을 위하여 수소 관련 교육 콘텐츠 개발·보급, 전시회 개최, 체험관·문화공간 설치 및 운영, 관련 사업 수행기관·단체 지원 등의 시책을 추진할 수 있다.

【표 2.7.6】 사회적 공감대 형성에 관한 규정내용

규정항목 (관련조항)	규정내용 (관련조항, 벌칙)
1. 추진 시책 (수법31)	ㅇ산업부장관은 수소산업에 대한 국민의 올바른 인식 및 이해를 통한 수소경제에 대한 사회적 공감대 형성을 위하여 다음의 시책을 수립·추진할 수 있음 ①수소의 안전한 사용에 대한 사회 전반적인 인식·이해 및 공감대 확산 ②수소친화적 문화 정착 및 발전을 위한 교육과 홍보 ③수소와 관련된 교육 콘텐츠 개발 및 보급 ④수소친화적 문화 정착 및 발전 관련 사업·활동을 수행하는 기관·단체의 육성 및 지원 ⑤수소친화적 문화 향유 및 교류 활성화를 위한 제도·기반 조성 ⑥수소 관련 전시행사 개최 ⑦수소경제 이행 촉진을 위한 체험관 및 문화공간의 설치·운영 ⑧수소산업으로 인한 사회적·경제적·환경적 효과에 관한 토론회·세미나 등 개최

2.7.7. 종합정보관리시스템의 구축 · 운영에 관한 규정내용(제32조)

종합정보관리시스템의 구축 · 운영에 관한 조항은 수소사업자에게 필요한 정보를 제공하고 수소산업 현황 정보를 체계적으로 관리하기 위한 시스템 구축에 관한 사항을 규정하고 있다. 종합정보관리시스템의 구축 범위는 수소경제 이행 기본계획 및 정부 주요 정책, 수소전문기업 현황, 수소산업 통계조사 결과 및 주요국 수소정책 등이다. 산업부장관은 기술 · 인력 · 산업동향 등의 수소사업자 필요 정보 제공 및 수소산업 현황 정보 제공을 위하여 수소산업 및 수소사업에 관한 종합정보관리시스템을 구축 및 운영할 수 있고, 수소산업진흥전담기관이 종합정보관리시스템 구축 및 운영에 관한 업무를 수행하게 할 수 있으며, 필요한 비용을 지원할 수 있다.

【표 2.7.7】 종합정보관리시스템의 구축 · 운영에 관한 규정내용

규정항목 (관련조항)	규정내용 (관련조항, 벌칙)
1. 시스템구축 (수법32-1)	o 산업부장관은 **수소사업자 필요 정보**(기술 · 인력 · 산업동향 등) **제공 및 수소산업 현황 정보의 체계적 관리**를 위하여 수소산업 및 수소사업에 관한 종합정보관리시스템을 구축 · 운영할 수 있음 (수법32-1) o **구축범위** : ①수소경제 이행 기본계획 및 정부 주요 정책 ②수소전문기업 현황 ③수소산업 관련 통계조사 결과 ④국내외 수소기술 동향 ⑤주요국 수소정책 ⑥기타 수소산업 현황 정보의 체계적 관리를 위하여 필요한 사항 (수칙14-2)
2. 수행기관 (수법32-2, 수칙14-1)	o 산업부 장관은 수소산업진흥전담기관이 종합정보관리시스템 구축 · 운영에 관한 업무를 수행하게 할 수 있음 (수칙14-1) o 관계 전문기관에게 종합정보관리시스템 구축 · 운영 업무를 수행하게 하는 경우 산업부장관은 예산 범위 내에서 해당 업무 수행에 필요한 비용의 전부 또는 일부를 지원할 수 있음 (수법32-2)

2.7.8. 수소산업진흥전담기관의 지정 등에 관한 규정내용(제33조)

수소산업진흥전담기관의 지정 등에 관한 조항은 수소산업진흥전담기관의 지정기준, 지정서 발급, 지정 취소, 전담사업 및 수익사업 범위 등에 관한 사항을 규정하고 있다. 산업부장관은 진흥전담기관의 사업 수행에 필요한 전담조직 및 전담인력을 갖춘 기관을 수소산업진흥전담기관으로 지정할 수 있고, 해당 기관이 진흥전담기관 지정기준에 부적합하게 된 경우 지정을 취소할 수 있다. 수소산업진흥전담기관은 수소경제 이행 관련 정책 지원 등의 전담사업을 수행하기 위하여 운영계획서를 작성하고 산업부장관의 승인을 받아 사업을 수행하여야 하고, 해당 연도 사업계획서 및 전년도 사업추진실적 · 결산서를 산업부장관에게 제출하여야 한다. 산업부장관은 진흥전담기관의 전담사업 수행에 필요한 경비를 출연 또는 보조할 수 있고, 진흥전담기관은 필요 경비 조달을 위한 수익사업을 수행할 수 있다. 수익사업을 수행하려는 경우 진흥전담기관은 사업연도 시작 전에 수익사업계획서를 작성하여 산업부장관에게 제출하여야 하며, 사업연도 종료 후 수익사업 실적서 및 결산서를 산업부장관에게 제출하여야 한다.

【표 2.7.8】 수소산업진흥전담기관의 지정 등에 관한 규정내용

규정항목 (관련조항)	규정내용 (관련조항, 벌칙)
1. 지정기준 (수령37-1)	ㅇ산업부장관은 **진흥전담기관의 사업 수행에 필요한 전담조직 및 전담인력을 모두 갖춘** 다음의 기관 등을 수소산업진흥전담기관으로 지정할 수 있음 ①「공공기관의 운영에 관한 법률」 제4조에 따른 공공기관 ②「산업기술단지 지원에 관한 특례법」 제4조에 따른 사업시행자 ③「지방자치단체 출자·출연 기관의 운영에 관한 법률」 제5조에 따라 지정·고시된 지방자치단체 출자·출연 기관 ④「민법」 제32조에 따라 설립된 법인
2. 지정 및 고시 (수법33-1)	ㅇ산업부장관은 수소경제 이행에 필요한 사업을 효율적·체계적으로 추진하고 수소산업 경쟁력 강화에 필요한 사업을 지원하기 위하여 수소산업 관련 기관·단체·법인을 다음의 수소산업진흥전담기관으로 지정할 수 있음 (수령37-2) ①중앙수소산업진흥전담기관 : 사업을 총괄하여 수행하는 진흥전담기관 ②지역수소산업진흥전담기관 : 소관 지역 관련 업무를 전담하여 수행하는 진흥전담기관 ㅇ**공고** : 산업부장관은 진흥전담기관을 지정 또는 지정취소 한 때에 그 사실을 인터넷 홈페이지에 공고하여야 함 (수령37-4)
3. 지정서 (수령37-3)	ㅇ**발급** : 산업부장관은 진흥전담기관으로 지정된 기관에 수소산업진흥전담기관 지정서를 발급하여야 함 (수령37-3) ㅇ**재발급** : 수소산업진흥전담기관 지정서를 분실 또는 훼손한 경우 ①사유서(분실 시) ②지정서 원본(훼손 시)을 첨부하여 수소산업진흥전담기관 지정서 재발급신청서를 산업부장관에게 제출하여야 함 (수칙16-2)
4. 지정취소 (수법33-5)	ㅇ산업부장관은 진흥전담기관이 **①거짓 또는 부정한 방법으로 지정받은 경우 ②진흥전담기관 지정기준에 적합하지 아니하게 된 경우** 지정을 취소할 수 있으며(임의규정), ①에 해당하는 경우에는 지정을 취소하여야 함(강제규정)
5. 전담사업 (수법33-2, 수칙15)	ㅇ수소산업진흥전담기관은 다음에 관한 사업을 수행함 ①수소경제 이행 관련 정책지원(성과분석, 조사 등) ②수소산업 관련 연구개발, 표준화, 전문인력양성 및 기반조성사업 ③수소전문기업 판로개척, 정보제공 및 경영·기술 등에 관한 자문 ④①~③의 사업과 관련한 산·학·연 기술협력, 홍보 및 국제협력 ⑤수소산업 시장 및 수소 생산·저장·운송·활용 기술의 조사·분석 및 수집정보 이용 ⑥수소산업 관련 창업 및 경영 지원과 그에 관한 정보의 수집·관리 ⑦수소산업을 통한 기업 경쟁력 강화 및 신산업 발굴 지원

	⑧수소 생산 · 저장 · 운송 · 활용에 필요한 기술 지원 ⑨수소산업 관련 기술의 사업화 지원 · 관리 ⑩수소생산시설 및 수소연료공급시설 구축 · 유지 · 보수 · 운영에 관한 지원 ⑪종합정보관리스템 구축 · 운영 ㅇ **운영계획서** : 진흥전담기관은 사업 수행에 필요한 운영계획서를 작성하고 산업부장관의 승인을 받아 사업을 수행하여야 함 (수법33-6, 수령39-1) ㅇ **사업추진실적 및 결산서** : 진흥전담기관은 해당 연도 사업계획 및 전년도 사업추진실적 · 결산서를 매년 1월 31일까지 산업부장관에게 제출하여야 함 (수법33-6, 수령39-2)
6. 자료제출 (수령39-3)	ㅇ 진흥전담기관의 운영에 필요한 경우 산업부장관은 **진흥전담기관 경영상황 및 운영에 관한 자료**의 제출을 요청할 수 있으며, 자료제출을 요청받은 경우 진흥전담기관은 정당한 사유가 없으면 이에 협조하여야 함
7. 수익사업 (수법33-3)	ㅇ 진흥전담기관은 효율적 · 체계적인 수소경제 이행 추진 및 수소산업 경쟁력 강화의 목적 달성에 필요한 경비를 조달하기 위하여 ①정보제공 및 연구용역 사업 ②교육 및 홍보 사업 ③기타 진흥전담기관 지정 목적의 달성을 위하여 필요한 사업을 할 수 있음 (수령38-1) ㅇ **수익사업계획서** : 진흥전담기관은 해당 사업연도 시작 전까지 수익사업계획서를 산업부장관에게 제출하여야 함 (수령38-2) ㅇ **실적서 및 결산서** : 진흥전담기관은 해당 사업연도 종료 후 3개월 이내에 수익사업 실적서 및 결산서를 산업부장관에게 제출하여야 함 (수령38-2)
8. 경비출연 · 보조 (수법33-4)	ㅇ 산업부장관은 진흥전담기관에게 예산 범위 내에서 운영 및 전담사업 수행에 필요한 경비를 출연 또는 보조할 수 있음

2.7.9. 수소유통전담기관의 지정 등에 관한 규정내용(제34조)

수소유통전담기관의 지정 등에 관한 조항은 수소유통전담기관의 지정기준, 지정서 발급, 지정 취소, 전담사업 등에 관한 사항을 규정하고 있다. 산업부장관은 유통전담기관의 사업 수행에 필요한 전담조직, 전담인력, 전문기술, 운영능력, 자산능력 및 사업수행의 공정성 확보를 위한 감사 체계를 갖춘 기관을 수소유통전담기관으로 지정할 수 있고, 해당 기관이 유통전담기관 지정기준에 부적합하게 된 경우 지정을 취소할 수 있다. 수소유통전담기관은 수소 유통 · 거래, 적정 가격 유지, 수급관리 및 공정한 유통질서 확립 등에 관한 전담사업을 수행하기 위하여 운영계획서를 작성하고 산업부장관의 승인을 받아 사업을 수행하여야 하고, 해당 연도 사업계획서 및 전년도 사업추진실적 · 결산서를 산업부장관에게 제출하여야 한다. 산업부장관은 유통전담기관의 사업 수행에 필요한 경비를 출연 또는 보조할 수 있고, 유통전담기관 경영상황 및 운영에 관한 자료 제출을 요청할 수 있으며, 산업부장관의 요청이 있는 경우 유통전담기관은 자료를 제출하여야 한다.

【표 2.7.9】 수소유통전담기관의 지정 등에 관한 규정내용

규정항목 (관련조항)	규정내용 (관련조항, 벌칙)
1. 지정기준 (수령40-1)	o 산업부장관은 **유통전담기관의 사업 수행에 필요한 전담조직, 전담인력, 전문기술, 운영능력, 자산능력 및 사업수행의 공정성 확보를 위한 감사 체계를 모두 갖춘** 다음의 기관 등을 수소유통전담기관으로 지정할 수 있음 ①「공공기관의 운영에 관한 법률」 제4조에 따른 공공기관 ②「산업기술단지 지원에 관한 특례법」 제4조에 따른 사업시행자 ③「지방자치단체 출자·출연 기관의 운영에 관한 법률」 제5조에 따라 지정·고시된 지방자치단체 출자·출연 기관 ④「민법」 제32조에 따라 설립된 법인
2. 지정 및 공고 (수법34-1)	o 산업부장관은 수소산업 관련 기관·단체·법인을 수소유통전담기관으로 지정할 수 있음 o **공고** : 산업부장관은 유통전담기관을 지정 또는 지정취소 한 때에 그 사실을 인터넷 홈페이지에 공고하여야 함 (수령40-3)
3. 지정서 (수령40-2)	o **발급** : 산업부장관은 유통전담기관으로 지정된 기관에 수소유통전담기관 지정서를 발급하여야 함 (수령40-2) o **재발급** : 수소유통전담기관 지정서가 분실 또는 훼손된 경우 ①사유서(분실 시) ②지정서 원본(훼손 시)을 첨부하여 수소유통전담기관 지정서 재발급신청서를 산업부장관에게 제출하여야 함 (수칙19-2)
4. 지정취소 (수법34-3)	o 산업부장관은 유통전담기관이 **①거짓 또는 부정한 방법으로 지정받은 경우 ②유통전담기관 지정기준에 적합하지 아니하게 된 경우** 지정을 취소할 수 있으며(임의규정), ①에 해당하는 경우에는 지정을 취소하여야 함(강제규정)
5. 전담사업 (수법34-1, 수칙17)	o 수소유통전담기관은 다음에 관한 사업을 수행함 ①수소의 유통 및 거래에 관한 업무 ②수소의 적정 가격유지에 관한 업무 ③수소의 수급관리에 관한 업무 ④수소의 공정한 유통질서 확립을 위한 감시·점검·지도 및 홍보 ⑤수소의 생산설비 및 충전소 등 이용설비 운영정보의 수집·제공 ⑥수소시장의 개설·운영에 관한 업무 ⑦수소의 생산·저장·운송·활용 관련 유통망의 조사·분석 및 수집정보의 이용·제공 ⑧수소량의 계량에 관한 업무 ⑨수소유통비용의 적정화에 관한 업무 o **운영계획서** : 유통전담기관은 사업 수행에 필요한 운영계획서를 작성하고 산업부장관의 승인을 받아 사업을 수행하여야 함 (수법34-4, 수령39-1, 41) o **사업추진실적 및 결산서** : 유통전담기관은 해당 연도 사업계획 및 전년도 사업추진실적·결산서를 매년 1월 31일까지 산업부장관에게 제출하여야 함 (수법34-4, 수령39-2, 41)
6. 자료제출 (수령41)	o 유통전담기관의 운영에 필요한 경우 산업부장관은 **유통전담기관 경영상황 및 운영에 관한 자료**의 제출을 요청할 수 있으며, 자료제출을 요청받은 경우 유통전담기관은 정당한 사유가 없으면 이에 협조하여야 함 (수령39-3, 41)

7. 경비출연・보조 (수법34-2)	ㅇ산업부장관은 유통전담기관에게 예산 범위 내에서 운영 및 전담사업 수행에 필요한 경비를 출연 또는 보조할 수 있음

2.7.10. 수소안전전담기관의 지정 등에 관한 규정내용(제35조)

수소안전전담기관의 지정 등에 관한 조항은 수소안전전담기관의 지정기준, 지정서 발급, 지정 취소, 전담사업 및 수익사업 범위 등에 관한 사항을 규정하고 있다. 산업부장관은 안전전담기관의 사업 수행에 필요한 전담조직, 전담인력, 전문기술 및 시설 등을 갖춘 기관을 수소안전전담기관으로 지정할 수 있고, 해당 기관이 안전전담기관 지정기준에 부적합하게 된 경우 지정을 취소할 수 있다. 수소안전전담기관은 수소용품 및 수소연료 사용시설의 안전에 관한 기준 개발, 교육・홍보, 국제 협력, 통계 수집 및 정보 제공 등의 전담사업을 수행하기 위하여 운영계획서를 작성하고 산업부장관의 승인을 받아 사업을 수행하여야 하고, 해당 연도 사업계획서 및 전년도 사업추진실적・결산서를 산업부장관에게 제출하여야 한다. 산업부장관은 안전전담기관의 전담사업 수행에 필요한 경비를 출연 또는 보조할 수 있고, 안전전담기관은 필요 경비 조달을 위한 수익사업을 수행할 수 있다. 수익사업을 수행하려는 경우 안전전담기관은 해당 사업연도 시작 전에 수익사업 계획서를 작성하여 산업부장관에게 제출하여야 하며, 사업연도 종료 후 수익사업 실적서 및 결산서를 산업부장관에게 제출하여야 한다.

【표 2.7.10】 수소안전전담기관의 지정 등에 관한 규정내용

규정항목 (관련조항)	규정내용 (관련조항, 벌칙)
1. 지정기준 (수령42-1)	ㅇ산업부장관은 **안전전담기관의 사업 수행에 필요한 전담조직, 전담인력, 전문기술 및 시설을 모두 갖춘** 다음의 기관 등을 수소안전전담기관으로 지정할 수 있음 ①「공공기관의 운영에 관한 법률」 제4조에 따른 공공기관 ②「산업기술단지 지원에 관한 특례법」 제4조에 따른 사업시행자 ③「지방자치단체 출자・출연 기관의 운영에 관한 법률」 제5조에 따라 지정・고시된 지방자치단체 출자・출연 기관 ④「민법」 제32조에 따라 설립된 법인
2. 지정 및 공고 (수법35-1)	ㅇ산업부장관은 수소산업 관련 기관・단체・법인을 수소안전전담기관으로 지정할 수 있음 ㅇ**공고** : 산업부장관은 안전전담기관을 지정 또는 지정취소 한 때에 그 사실을 인터넷 홈페이지에 공고하여야 함 (수령42-3)
3. 지정서 (수령42-2)	ㅇ**발급** : 산업부장관은 안전전담기관으로 지정된 기관에 수소안전전담기관 지정서를 발급하여야 함 (수령42-2)

	o **재발급** : 수소안전전담기관 지정서가 분실 또는 훼손된 경우 ①사유서(분실 시) ②지정서 원본(훼손 시)을 첨부하여 수소안전전담기관 지정서 재발급신청서를 산업부장관에게 제출하여야 함 (수칙21-2)
4. 지정취소 **(수법35-4)**	o 산업부장관은 안전전담기관이 **①거짓 또는 부정한 방법으로 지정받은 경우 ②안전전담기관 지정기준에 적합하지 아니하게 된 경우** 지정을 취소할 수 있으며(임의규정), ①에 해당하는 경우에는 지정을 취소하여야 함(강제규정)
5. 전담사업 **(수법35-1, 수칙20)**	o 수소안전전담기관은 다음에 관한 사업을 수행함 ①수소용품 및 수소연료사용시설의 안전에 관한 기준 조사·연구 및 기술개발 ②수소용품 및 수소연료사용시설의 안전에 관한 교육 및 홍보 ③수소용품 및 수소연료사용시설의 안전에 관한 국제협력 ④수소용품 및 수소연료사용시설의 사고예방에 관한 기술개발 및 기술지원 ⑤수소의 생산·저장·수송·사용 관련 안전기술의 조사·분석과 수집정보의 이용 ⑥수소용품 및 수소연료사용시설에 대한 사고 분석·조사 및 이에 필요한 지원 ⑦수소용품 및 수소연료사용시설의 안전에 관한 기기 개발 및 보급 ⑧수소용품 및 수소연료사용시설의 안전에 관한 정보의 수집 및 제공 ⑨수소용품 및 수소연료사용시설의 안전에 관한 통계의 수집 및 제공 o **운영계획서** : 안전전담기관은 사업 수행에 필요한 운영계획서를 작성하고 산업부장관의 승인을 받아 사업을 수행하여야 함 (수법35-5, 수령39-1, 44) o **사업추진실적 및 결산서** : 안전전담기관은 해당 연도 사업계획 및 전년도 사업추진실적·결산서를 매년 1월 31일까지 산업부장관에게 제출하여야 함 (수법35-5, 수령39-2, 44)
6. 자료제출 **(수령44)**	o 안전전담기관의 운영에 필요한 경우 산업부장관은 **안전전담기관 경영상황 및 운영에 관한 자료**의 제출을 요청할 수 있으며, 자료제출을 요청받은 경우 안전전담기관은 정당한 사유가 없으면 이에 협조하여야 함 (수령39-3)
7. 수익사업 **(수법35-2)**	o 안전전담기관은 필요한 경비를 조달하기 위하여 ①정보제공 및 연구용역 사업 ②교육 및 홍보 사업 ③기타 안전전담기관 지정 목적의 달성을 위하여 필요한 사업을 할 수 있음 (수령38-1, 43) o **수익사업계획서** : 안전전담기관은 해당 사업연도 시작 전까지 수익사업계획서를 산업부장관에게 제출하여야 함 (수령38-2, 43) o **실적서 및 결산서** : 안전전담기관은 해당 사업연도 종료 후 3개월 이내에 수익사업 실적서 및 결산서를 산업부장관에게 제출하여야 함 (수령38-2, 43)
8. 경비출연·보조 **(수법35-4)**	o 산업부장관은 안전전담기관에게 예산 범위 내에서 운영 및 전담사업 수행에 필요한 경비를 출연 또는 보조할 수 있음

2.8. 안전관리에 관한 규정내용

2.8.1. 수소용품 제조사업 허가에 관한 규정내용(제36조-제37조)

(1) 허가에 관한 규정

수소용품 제조사업을 하려는 자는 그 사업소마다 시장·군수·구청장의 허가를 받아야 한다. 허가대상, 허가관청, 허가기준 및 위반 시 벌칙이 법령에 규정되어 있다. 또한, 수소용품의 제조자는 「규칙」 별표 1에서 정하는 바에 따라, 제조 작업에 필요한 제조설비와 제조한 수소용품의 성능을 검사할 수 있는 검사설비를 갖추어야 한다. 규정의 내용은 다음과 같다.

【표 2.8.1】 수소용품제조사업 허가에 관한 규정내용

규정항목 (관련조항)	규정내용 (관련조항, 벌칙)
1. 허가대상 (수법36-1)	**o 허가대상은 수소용품을 제조하려는 자임** "수소용품"이란 다음의 어느 하나에 해당하는 용품임 (수칙2-3) ①연료전지(「자동차관리법」 제2조제1호에 따른 자동차에 장착되는 것은 제외한다)로서 다음 각 목의 어느 하나에 해당하는 것 가.연료소비량이 232.6 킬로와트 이하인 고정형 설비와 그 부대설비 나.이동형 설비와 그 부대설비 ②수전해설비 ③수소추출설비
2. 허가관청 (수법36-1)	**o 허가관청은 특별자치시장·특별자치도지사·시장·군수 또는 구청장**임 (수법36-1)
3. 법령상의 허가기준 (수법36-2)	**o 허가는 다음의 어느 하나에 해당하는 경우를 제외하고는 허가하여야 함** (수법36-2) ①사업의 개시 또는 변경으로 국민의 생명 보호 및 재산상의 위해 방지와 재해발생 방지에 지장이 있다고 판단되는 경우 ②사업을 적정하게 수행하는 데에 필요한 재원과 기술적 능력이 없는 경우 ③한국가스안전공사의 기술검토 결과 안전성이 확보되지 아니한 것으로 인정된 경우 ④그 밖에 다른 법령에 따른 제한에 위반되는 경우 **o 수소용품제조사업자는 수소용품 제조의 시설기준 및 기술기준 별표1 제1호, 제2호 및 제4호를 준수하여야 함** (수법36-3)
4. 지자체장 허가기준 (수법36-2)	o 다음의 요건에 관한 세부적인 사항은 해당 지방자치단체의 조례로 정함. (수법36-2) ①사업의 개시 또는 변경으로 국민의 생명 보호 및 재산상의 위해 방지와 재해발생 방지에 지장이 있다고 판단되는 경우 ②사업을 적정하게 수행하는 데에 필요한 재원과 기술적 능력이 없는 경우

5. 허가관청 제출서류 (수칙22-1)	ㅇ수소용품제조사업의 허가를 받으려는 자는 수소용품제조사업 허가신청서에 다음의 서류를 첨부하여 제출하여야 함 (수칙22-1) ①사업계획서 ②한국가스안전공사의 기술검토서
6. 벌칙 (수법59-1)	ㅇ허가를 받지 아니하고 수소용품 제조사업을 한 자에 대하여는 **2년 이하의 징역 또는 2천만원 이하의 벌금**에 처할 수 있음 (수법59-1)

(2) 변경허가에 관한 규정

가스용품제조사업자가 허가받은 내용을 변경하고자 하는 경우에는 변경허가를 받아야 한다. 변경허가대상, 변경허가관청, 변경허가기준 및 벌칙이 법령에 규정되어 있다. 규정의 내용은 다음과 같다.

【표 2.8.2】 수소용품제조사업 변경허가에 관한 규정내용

규정항목 (관련조항)	규정내용 (관련조항, 벌칙)
1. 변경허가 대상 (수법36-1)	ㅇ**변경허가대상은 다음의 행위를 하고자 하는 사업자임** (수칙23-1) ①사업소의 이전 ②수소용품의 종류 또는 제조규격 변경
2. 변경허가 관청 (수법36-1)	ㅇ**특별자치시장 · 특별자치도지사 · 시장 · 군수 또는 구청장임** (수법36-1)
3. 변경허가관청 제출서류 (수칙22-1)	ㅇ**변경허가 신청서에는 다음의 서류를 첨부하여야 함** (수칙 서식10) ①변경내용을 증명하는 서류 ②한국가스안전공사의 기술검토서
4. 벌칙 (수법59-2)	ㅇ변경허가를 받지 아니하고 허가받은 사항을 변경한 자에 대해서는 **1년 이하의 징역 또는 1천만원 이하의 벌금**에 처할 수 있음 (수법59-2)

(3) 변경신고에 관한 규정

가스용품제조사업자가 경미한 사항을 변경하는 경우에는 변경신고를 하여야 한다. 변경신고대상, 변경신고관청 및 벌칙이 법령에 규정되어 있다. 규정의 내용은 다음과 같다.

【표 2.8.3】 변경신고에 관한 규정내용

규정항목 (관련조항)	규정내용 (관련조항, 벌칙)
1. 변경신고 대상	ㅇ**변경신고대상은 다음의 행위를 하고자 하는 사업자임** (수칙23-2)

(수법36-1)	①상호의 변경 ②대표자의 변경(법인인 경우만 해당)
2. 변경신고 관청 **(수법36-1)**	**o 특별자치시장 · 특별자치도지사 · 시장 · 군수 또는 구청장임** (수법36-1)
3. 변경신고 제출서류 **(수칙24-2)**	**o 변경신고 신청서에는 다음의 서류를 첨부하여야 함** (수칙 서식12) - 변경내용을 증명하는 서류
4. 벌칙 **(수법62-2)**	o 변경신고를 하지 아니한 자에 대해서는 **300만원 이하의 과태료를** 부과할 수 있음 (수법62-2)

(4) 결격사유에 관한 규정

결격사유는 각종 인허가, 등록 등을 필요로 하는 영업 또는 사업을 할 수 없는 사유를 말한다. 수소법에서는 결격사유에 해당하면 허가를 받을 수 없도록 하고 있다. 규정의 내용은 다음과 같다.

【표 2.8.4】 결격사유에 관한 규정내용

규정항목 (관련조항)	규정내용 (관련조항, 벌칙)
1. 적용대상 (수법37)	**o 결격사유의 대상은 수소용품 제조사업자임** (수법37)
2. 결격사유 해당사항 **(수법37)**	**o 다음의 어느 하나에 해당할 경우 허가를 받을 수 없음** (수법37) ①피성년후견인 ②파산자로서 복권되지 아니한 자 ③「형법」 제172조, 제172조의2, 제173조, 제173조의2, 제174조(제164조제1항, 제165조 및 제166조제1항의 미수범은 제외), 제175조(제164조제1항, 제165조 및 제166조제1항의 죄를 범할 목적으로 예비 또는 음모한 자는 제외), 「고압가스안전관리법」, 「도시가스사업법」, 「액화석유가스의 안전관리및사업법」 또는 이 법을 위반하여 금고 이상의 실형을 선고받고 그 집행이 끝나거나(집행이 끝난 것으로 보는 경우를 포함) 집행이 면제된 날부터 2년이 지나지 아니한 자 ④③에 규정된 죄를 범하고 금고 이상의 형의 집행유예를 선고유예 기간 중에 있는 자 ⑤제49조에 따라 허가가 취소(제1호 또는 제2호의 결격사유에 해당하여 허가가 취소된 경우는 제외)된 후 2년이 지나지 아니한 자 ⑥법인을 대표하는 자가 (1)부터 (5)까지의 규정 중 어느 하나에 해당하는 법인

(5) 사업개시 등의 신고에 관한 규정

수소용품제조사업자가 사업을 개시 · 중단 · 폐업 등을 하는 경우에는 사업의 개시 · 중단 ·

폐업 신고를 하여야 한다. 사업개시 등의 신고대상, 사업개시 등의 신고관청, 사업개시 등의 신고기준 및 벌칙이 법령에 규정되어 있다. 규정의 내용은 다음과 같다.

【표 2.8.5】 수소용품제조사업 사업개시 등에 관한 규정내용

규정항목 (관련조항)	규정내용 (관련조항, 벌칙)
1. 신고대상 (수법39)	**o 신고대상은 사업 개시, 일정기간 중단, 중단후 재개 또는 폐업하고자하는 자** (수법39)
2. 신고관청 (수법39)	**o 특별자치시장 · 특별자치도지사 · 시장 · 군수 또는 구청장**임 (수법39)
3. 신고시기 (수칙28)	**o 사업개시하려는 자 : 사업시작전** (수칙28) o 1개월 이상 중단 · 폐업 또는 재개하려는 자 : 중단 · 폐업 또는 재개 전
4. 벌칙 (수법62-2)	o 신고를 하지 아니한 자에 대해서는 **과태료 300만원** 이하를 부과함 (수법62-2)

(6) 지위승계 신고에 관한 규정

수소용품제조사업자의 지위를 승계하고자 하는 경우에는 지위승계 신고를 하여야 한다. 지위승계대상, 지위승계신고관청, 지위승계기준 및 벌칙이 법령에 규정되어 있다. 규정의 내용은 다음과 같다.

【표 2.8.6】 수소용품제조사업 지위승계 신고에 관한 규정내용

규정항목 (관련조항)	규정내용 (관련조항, 벌칙)
1. 승계대상 (수법40)	**o 지위승계대상은 다음에 해당하는 자임** (수법40) ①수소용품제조사업자가 그 사업을 양도한 경우 그 양수인 ②수소용품제조사업자가 사망한 경우 그 상속인 ③법인인 수소용품제조사업자의 합병 후 존속하는 법인이나 합병에 의하여 설립되는 법인 ④「민사집행법」에 따른 경매, 「채무자 회생 및 파산에 관한 법률」에 따른 환가나 「국세징수법」·「관세법」 또는 「지방세기본법」에 따른 압류재산의 매각이나 그 밖에 이에 준하는 절차에 따라 사업시설 전부를 인수한 자
2. 신고관청 (수법40)	**o 특별자치시장 · 특별자치도지사 · 시장 · 군수 또는 구청장**임 (수법40)
3. 신고관청 제출서류 (수칙29-2)	**o 다음 서류를 첨하여 신고관청에 제출하여야 함** (수칙29-2) ①수소용품 제조사업 허가증 ②계약서 사본, 상속 · 경매 · 환가 또는 압류재산의 매각을 증명하는 서류 등 승계사실을 증명하는 서류

4. 승계신고 기한 (수칙29-1)	ㅇ**지위승계 신고는 승계후 30일 이내에 신고** (수칙29-1)
5. 벌칙 (수법62-2)	ㅇ신고를 하지 아니한 승계자에 대해서는 **300만원 이하의 과태료**를 부과함 (수법62-2)

2.8.2. 외국수소용품의 제조등록 등에 관한 규정내용(제38조)

(1) 제조등록에 관한 규정

외국에서 국내로 수출하기 위하여 수소용품을 제조하려는 자는 산업통상자원부장관에게 등록을 하여야 한다. 등록을 하려면 수소용품의 제조설비·검사설비 등이 산업통상자원부령으로 정하는 기준에 적합하고, 한국가스안전공사의 기술검토 및 공장심사 결과 안전성이 확보된다고 인정되어야 한다. 등록대상, 등록관청, 등록기준 등이 법령에 규정되어 있다. 규정의 내용은 다음과 같다.

【표 2.8.7】 수소용품제조사업 등록에 관한 규정내용

규정항목 (관련조항)	규정내용 (관련조항)
1. 등록대상 (수법38-1)	ㅇ**등록대상은 외국에서 국내로 수출하기 위하여 수소용품을 제조하려는 자임** "수소용품"이란 다음에 해당하는 용품 (수칙2-3) ①연료전지(「자동차관리법」에 따른 자동차에 장착되는 것 제외)로서 다음 어느 하나에 해당하는 것 가.연료소비량이 232.6 킬로와트 이하인 고정형 설비와 그 부대설비 나.이동형 설비와 그 부대설비 ②수전해설비 ③수소추출설비
2. 등록제외대상 (수칙27-1)	ㅇ**시험용 또는 연구개발용으로 수입하는 다음 수소용품 등은 제조등록에서 제외** (수칙27-1) ①국가 간 상호인정협정에 따라 산업통상자원부장관이 인정하는 외국의 검사기관에서 검사를 받은 수소용품 ②시험용 또는 연구개발용으로 수입하는 수소용품(해당 수소용품을 직접 시험하거나 연구개발하는 경우만 해당) ③수출을 목적으로 수입하는 수소용품 ④주한 외국기관에서 사용하기 위해 수입하는 것으로 해당 외국 검사를 받은 수소용품 ⑤수소용품의 제조자 또는 수입자가 견본으로 수입하는 수소용품 ⑥법 제38조에 따른 외국수소용품의 제조등록이 곤란하다고 산업통상자원부장관이 인정하여 고시하는 수소용품

3. 등록관청 (수법38-1)	**ㅇ산업통상자원부장관**임 (수법38-1)
4. 등록 유효기간 (수칙27-2)	**ㅇ3년**(매3년마다 재등록 하여야 함) (수칙27-2) - 재등록의 절차 및 등록기준 등은 최초 등록시와 동일함
5. 법령상의 등록기준 (수령46-1)	**ㅇ외국수소용품 제조등록 및 재등록 기준은 다음과 같음** (수령46-1) ①수소용품의 제조에 관한 시설기준 및 기술기준에 적합할 것 ②한국가스안전공사 기술검토 및 공장심사 결과 안전성이 확보된다고 인정될 것
6. 등록관청 제출서류 (수칙22-2)	**ㅇ외국 수소용품의 제조등록(재등록)을 하려는 자는 다음 서류를 첨부하여 등록관청에 제출**(재등록 신청의 경우 등록한 사항 중 변경된 것이 없으면 ①과 ② 서류 생략가능) (수칙22-2) ①사업계획서 ②한국가스안전공사의 기술검토서 ③한국가스안전공사의 공장심사 결과서
7. 기술검토 제출서류 (수칙22-3)	**ㅇ제조등록을 위하여 한국가스안전공사의 기술검토를 받으려는 자는 다음 서류를 첨부하여 등록을 신청하기 전에 한국가스안전공사에 제출** (수칙22-3) ①시설의 설치계획서 ②시설기준과 기술기준에 관한 도면 및 그 설명서 ③수소용품 제조공정도
8. 공장심사 제출서류 (수칙27-3)	**ㅇ제조등록을 위하여 공장심사를 받으려는 자는 다음 서류를 첨부하여 한국가스안전공사에 제출** (수칙27-3) ①제조시설의 설치계획서 ②시설기준과 기술기준에 관한 도면 및 그 설명서 ③수소용품 제조공정도

외국의 수소용품 제조자가 되려면 산업통상자원부장관에게 등록을 하여야 한다. 또한 등록을 하려면 수소용품의 제조설비・검사설비 등이 산업통상자원부령으로 정하는 기준에 적합하고, 한국가스안전공사의 기술검토 및 공장심사 결과 안전성이 확보된다고 인정되어야 한다. 또한, 제조등록 유효기간은 3년으로 지속적인 사업을 위해서는 3년마다 재등록하여야 한다.

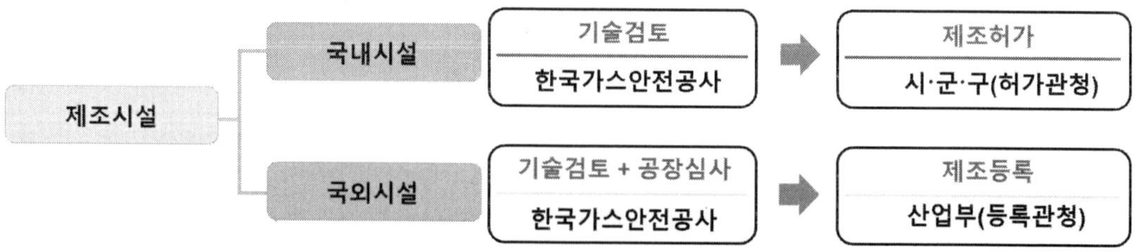

【그림 2.8.1】 국내 및 국외 시설에 대한 제도등록 절차

(2) 변경등록에 관한 규정

외국에서 국내로 수출하기 위하여 수소용품을 제조하려는 자는 산업통상자원부장관에게 등록하여야 하며, 등록한 사항 중 중요 사항을 변경하려는 경우에도 변경등록을 하여야 한다. 변경등록대상, 변경등록관청, 변경등록기준 등이 법령에 규정되어 있다. 규정의 내용은 다음과 같다.

【표 2.8.8】 수소용품제조사업 변경등록에 관한 규정내용

규정항목 (관련조항)	규정내용 (관련조항)
1. 변경등록대상 (수법38-1)	**ㅇ외국에서 국내로 수출하기 위하여 수소용품을 제조자로서 수소용품제조 등록을 한 후 다음의 사항에 해당하는 경우 변경등록을 하여야 함** (수소칙23-3) ①사업소의 이전 ②수소용품의 종류 또는 제조규격 변경
2. 변경등록 관청 (수법38-1)	**ㅇ산업통상자원부장관**임 (수법38-1)
3. 법령상의 변경 등록 기준 (수령46-1)	**ㅇ외국수소용품 변경등록기준은 다음과 같음.** (수령46-1) ①수소용품의 제조에 관한 시설기준 및 기술기준에 적합할 것 ②한국가스안전공사 기술검토 및 공장심사 결과 안전성이 확보된다고 인정될 것
4. 변경등록 관청 제출서류 (수칙24-3)	**ㅇ외국 수소용품의 제조등록의 변경등록을 하려는 자는 다음의 서류를 첨부하여 등록 관청에 제출하여야 함** (수칙24-3) ①사업계획서 ②한국가스안전공사의 기술검토서 ③한국가스안전공사의 공장심사 결과서
5. 기술검토 제출서류 (수칙22-3)	**ㅇ변경등록을 위하여 한국가스안전공사의 기술검토를 받으려는 자는 다음의 서류를 첨부하여 등록을 신청하기 전에 한국가스안전공사에 제출해야 함** (수칙22-3) ①시설의 설치계획서 ②시설기준과 기술기준에 관한 도면 및 그 설명서 ③수소용품 제조공정도
6. 공장심사 제출서류 (수칙27-3)	**ㅇ변경등록을 위하여 공장심사를 받으려는 자는 다음의 서류를 첨부하여 한국가스안전공사에 제출해야 함** (수칙27-3) ①제조시설의 설치계획서(변경된 부분만을 말함) ②시설기준과 기술기준에 관한 도면 및 그 설명서(변경된 부분만을 말함) ③수소용품 제조공정도(변경된 부분만을 말함)

(3) 제조등록 변경신고에 관한 규정

외국에서 국내로 수출하기 위하여 수소용품을 제조하려는 자는 산업통상자원부장관에게 등록을 하여야 한다. 등록한 사항 중 경미한 사항을 변경하려는 경우 산업통상자원부장관에게 신고하여야 한다. 제조등록 변경신고대상, 신고관청, 신고기준 등이 법령에 규정되어 있다. 규정의 내용은 다음과 같다.

【표 2.8.9】 수소용품제조사업 제조등록 변경신고에 관한 규정내용

규정항목 (관련조항)	규정내용 (관련조항)
1. 변경신고대상 (수법38-1)	**o 외국에서 국내로 수출하기 위하여 수소용품을 제조자로서 수소용품제조 등록을 한 후 다음의 사항에 해당하는 경우 제조등록 변경신고를 하여야 함** (수칙23-3) ①상호의 변경 ②대표자의 변경(법인인 경우만 해당)
2. 변경신고 관청 (수법38-1)	**o 산업통상자원부장관**임 (수법38-1)
3. 변경신고 관청 제출서류 (수칙24-4)	**o 외국수소용품의 제조등록의 변경신고를 하려는 자는 다음의 서류를 첨부하여 산업통상자원부장관에게 제출해야 함** (수칙24-4) - 변경내용을 증명하는 서류
4. 변경신고 기한 (수칙24-4)	**o 변경 사항이 완료된 날부터 30일 이내** (수칙24-4)

2.8.3. 안전관리규정에 관한 규정내용(제41조)

수소용품제조사업자는 사업 시작 전에 제조 공정, 자체검사 방법 등 수소용품의 안전유지에 관한 사항을 포함한 안전관리규정을 정하고 허가관청에 제출하여야 한다. 안전관리규정 제출대상, 안전관리규정 제출 관청, 안전관리규정 제출 기준 및 벌칙이 법령에 규정되어 있다. 규정의 내용은 다음과 같다.

【표 2.8.10】 수소용품제조사업 안전관리규정에 관한 규정내용

규정항목 (관련조항)	규정내용 (관련조항, 벌칙)
1. 제출 대상 (수법41-1)	**o 안전관리규정 제출 대상은 수소용품제조사업자자임** (수법41-1) - 사업자는 규정을 준수하고, 실시기록을 작성하여 3년간 보존.(수법41-3, 수칙32)

2. 제출 관청 **(수법41-1)**	**ㅇ특별자치시장 · 특별자치도지사 · 시장 · 군수 또는 구청장**임 (수법41-1) - 제출 시 한국가스안전공사의 심사의견서를 첨부 (수법41-1)
3. 작성 기준 **(수칙30)**	**ㅇ안전관리규정에는 안전관리자의 직무, 종업원의 교육과 훈련, 수소용품의 공정검사 · 검사표 등에 관한 사항이 포함되어야 함** (수칙30)
4. 규정 심사 **(수칙31-1)**	**ㅇ심사를 받을려면 안전관리규정을 첨부하여 한국가스안전공사에 제출** (수칙31-1) -심사기간은 7일 임(보완 필요시 연장 가능) (수칙31-2)
5. 준수여부 확인평가 **(수칙33-1)**	**ㅇ준수여부 확인 · 평가는 한국가스안전공사가 수소용품검사 시 같이 실시** (수칙33-1) - 확인 · 평가 시에는 외부 관련 전문가를 참여시킬 수 있음 (수칙33-2)
6. 벌칙 **(수법62-1-2)** **(수법62-2-4)** **(수법62-2-5)**	ㅇ안전관리규정을 제출하지 아니한 자는 **1천만원 이하의 과태료**를 부과 (수법62-1-2) ㅇ안전관리규정 변경명령을 이행하지 아니한 자는 **300만원 이하의 과태료**를 부과 (수법62-2-4) ㅇ안전관리규정을 지키지 아니하거나, 실시기록을 작성 · 보존하지 아니한 자는 **3천만원 이하의 과태료**를 부과 (수법62-2-5)

안전관리규정은 수소용품제조사업자 제조시설의 안전유지를 위해 사업자의 안전관리활동 전반에 존재하는 위해요인을 사업자가 스스로 찾아내고 사전에 필요한 조치를 함으로써 사고를 근원적으로 예방할 수 있도록 필요한 항목을 정하여 현장에 적용하는 안전관리시스템이다.

안전관리규정 작성시에는 수소용품제조사업장 내의 안전관리조직 및 위해발생시의 조치계획 등 안전관리업무의 전반의 운영관리체제를 구축하고 종사자의 교육훈련, 순시점검 및 측정, 운전조작, 검사장비 관리 등에 관한 내용을 상세히 기재하고, 필요한 경우 별도의 안전수칙 등을 명시하도록 한다.

사업자는 한국가스안전공사가 제시한 안전관리규정 표준모델을 참고하여 안전관리규정을 작성하고 이를 한국가스안전공사에 제출하여 심사를 받은 후 행정관청에 제출하여야 한다. 이후 사업자는 안전관리규정을 반드시 준수하여야 하며 1년에 1회이상 주기적으로 한국가스안전공사의 준수여부 확인 평가를 받아야 한다.

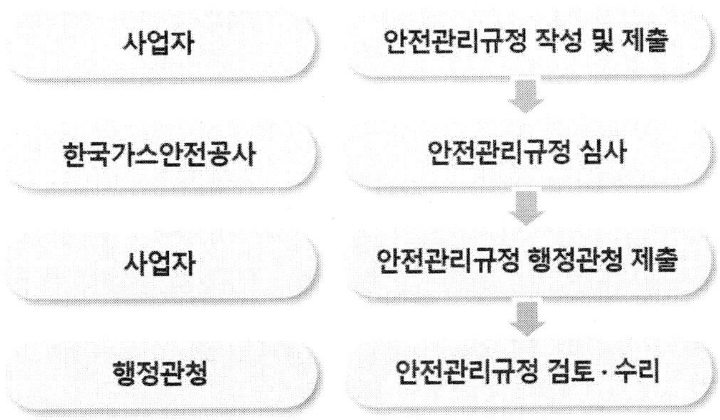

【그림 2.8.2】 안전관리규정 작성 및 제출 절차

2.8.4. 안전관리자에 관한 규정내용(제42조)

수소용품제조사업자는 수소용품 등의 안전 확보와 위해 방지에 관한 직무를 수행하기 위하여 사업을 시작하기 전에 안전관리자를 선임하고, 시장·군수·구청장에게 신고하여야 한다. 안전관리자 선임 대상, 안전관리자 선임 신고 관청, 안전관리자 선임 기준 및 벌칙이 법령에 규정되어 있다. 규정의 내용은 다음과 같다.

【표 2.8.11】 수소용품제조시설 안전관리자에 관한 규정내용

<table>
<tr><th>규정항목
(관련조항)</th><th>규정내용
(관련조항, 벌칙)</th></tr>
<tr><td>1. 신고 대상
(수법42-1)</td><td>o 안전관리자 선임 신고 대상은 수소용품제조사업자임 (수법42-1)
- 사용시설의 시설관리업무를 위탁한 경우에는 위탁받은 자를 말함</td></tr>
<tr><td>2. 신고 관청
(수법42-1)
(수법42-2)</td><td>o 신고 관청은 특별자치시장·특별자치도지사·시장·군수 또는 구청장 (수법42-1,수법42-2)
- 안전관리자를 선임 또는 해임하거나, 안전관리자가 퇴직한 경우</td></tr>
<tr><td>3. 신고 등 기준
(수법42-2)</td><td>o 안전관리자의 선임·해임 또는 퇴직 신고는, 안전관리자가 해임되거나 퇴직한 날로부터 30일 이내에 재선임하여야 함 (수법42-2)
- 30일 이내에 선임할 수 없을 경우 신고관청의 승인을 받아 그 기간을 연장할 수 있음
o 사업자는 안전관리자가 여행·질병 또는 그 밖의 사유에 의하여 일시적으로 직무를 수행할 수 없으면 대리자를 지정하여 직무를 대행하게 하여야 함 (수소42-3)</td></tr>
<tr><td>4. 안전관리자종류
(수령47-1)
(수령47-2)
(수령47-3)</td><td>o 안전관리자의 종류는 다음과 같음 (수령47-1,수령47-2,수령47-3)
①안전관리총괄자(수소용품제조사업자(법인인 경우 대표자))
②안전관리부총괄자(수소용품제조시설을 직접 관리하는 최고 책임자)
③안전관리책임자
④안전관리원</td></tr>
<tr><td>5. 안전관리자 자격·인원
(수령47-4)</td><td>o 안전관리자의 자격과 선임인원은 다음에 따름 (수령47-4)
<table>
<tr><th>선임 인원</th><th>자격</th></tr>
<tr><td>안전관리 총괄자 1명</td><td></td></tr>
<tr><td>안전관리부총괄자 1명</td><td></td></tr>
<tr><td>안전관리 책임자 1명 이상</td><td>일반기계기사·화공기사·금속기사·가스산업기사 이상의 자격을 가진 사람 또는 일반시설 안전관리자 양성교육 이수자(「근로기준법」에 따른 상시 사용하는 근로자 수가 10명 미만인 시설로 한정)</td></tr>
<tr><td>안전관리원 1명 이상</td><td>가스기능사 이상의 자격을 가진 사람 또는 일반시설 안전관리자 양성교육 이수자</td></tr>
</table>
비고 : 1. 수소용품 제조시설의 안전관리책임자는 같은 사업장에 설치된 「고압가스 안전관리법」에</td></tr>
</table>

	따른 특정고압가스 사용신고시설, 「액화석유가스의 안전관리 및 사업법」에 따른 액화석유가스 특정사용시설 또는 「도시가스사업법」에 따른 특정가스사용시설의 안전관리책임자를 겸할 수 있음. 2. 허가관청이 안전관리에 지장이 없다고 인정하면 수소용품 제조시설의 안전관리 책임자를 가스기능사 이상의 자격을 가진 사람 또는 일반시설 안전관리자 양성교육 이수자로 선임할 수 있으며, 안전관리원을 선임하지 않을 수 있음
6. 안전관리자업무 **(수령48-1)**	o **안전관리자의 업무는 다음과 같음** (수령48-1) ①수소용품 제조시설의 안전유지 및 검사기록의 작성 • 보존 ②수소용품의 제조공정 관리 ③법 제41조에 따른 안전관리규정 이행 기록의 작성 • 보존 ④사업소의 종업원에 대한 안전관리를 위하여 필요한 사항의 지휘 • 감독 ⑤사업소를 개수(改修) 또는 보수하는 사람에 대한 필요한 사항의 지휘 • 감독 ⑥그 밖의 수소용품 등의 위해(危害) 방지 조치 o **안전관리 책임자, 안전관리원 및 안전점검원은 직무 외 다른 일 금지** (수령48-2)
7. 벌칙 **(수소법60-1-1)** **(수소법60-1-2)** **(수소62-2-6)** **(수소법42-5)**	o 안전관리자를 선임하지 아니한 자에 대해서는 **500만원 이하의 벌금** (수법60-1-1) o 해임 • 퇴직 신고 및 30일 이내 재선임 규정을 위반한 자는 **500만원 이하의 벌금** (수법60-1-2) o 안전관리자 대리자 지정을 하지 아니한 자는 **300만원 이하의 과태료** 부과 (수소62-2-6) o 안전관리자 신고승인 관청은 안전관리자 직무태만 시 사업자에게 **안전관리자 해임** 요구 (수법42-5)

안전관리자는 사업장의 안전에 관한 기술적인 사항에 대하여 사업자 또는 안전관리 총괄자를 보좌하고 관리감독자 및 안전담당자에 대하여 지도와 조언을 하는 사람이다. 한마디로 안전관리에 대한 기술적인 보좌, 조언, 지도를 하는 사람이라 할 수 있다.

안전관리자는 사업장 내의 상주근무를 원칙으로 하고, 가스관련 시설의 안전점검을 실시하며 이 안전관리규정에서 정하는 사항, 가스관련 시설의 안전유지에 관한 사항, 사업장의 안전관리업무에 관한 사항 등을 시행하고 그 내용을 기록·유지하여야 한다.

안전관리자가 교대 근무하는 경우에는 근무교대 시 안전점검 실시 내용 및 진단에 관한 사항을 인수·인계한다. 또한, 안전관리자가 여행·질병이나 그 밖의 사유로 일시적으로 그 직무를 수행할 수 없는 경우나 안전관리자의 해임 또는 퇴직과 동시에 다른 안전관리자가 선임되지 아니한 경우에는 대리자를 지정하여 일시적으로 안전관리자의 직무를 대행하게 하여야 한다. 이 경우 안전관리자의 직무를 대리하는 자는 그 직무를 대행할 수 있는 기간을 30일 이내로 하고 해당 안전관리자와 같은 책임을 지며 직무범위 또한 같다.

2.8.5. 수소용품 제조시설의 완성검사에 관한 규정내용(제43조)

수소용품 제조사업자가 수소용품 제조시설의 설치공사 또는 변경공사를 완공하면 완성검사를 받아야 한다. 완성검사 대상, 완성검사 기관, 완성검사 기준 및 벌칙이 법령에 규정되어 있다. 규정의 내용은 다음과 같다.

【표 2.8.12】 수소용품제조시설 완성검사에 관한 규정내용

규정항목 (관련조항)	규정내용 (관련조항, 벌칙)
1. 검사 대상 **(수법43-1)**	**o 완성검사 대상은 다음 수소용품 제조시설의 설치공사 또는 변경공사를 완공한 수소용품 제조사업자** (수법43-1) ①설치공사 ②다음 중 어느 하나에 해당하는 변경공사 (수칙35-1) 가.사업소의 이전 나.수소용품의 종류 또는 제조규격 변경
2. 검사 기관 **(수령57-4)**	**o 완성검사 기관은 한국가스안전공사**임 (수령57-4)
3. 검사 기준 **(수칙35-3)**	**o 사업자는 완성검사 신청서를 작성하여 한국가스안전공사에 제출하여야 함** (수칙35-2) **o 완성검사 기준은 수소칙 별표1의 시설 · 기술 · 검사기준에 따름.** (수칙35-3)
4. 벌칙 **(수법59-2-3)**	o 완성검사를 받지 아니한 자에 대해서는 **1년 이하의 징역 또는 1천만원 이하의 벌금**에 처할 수 있음 (수법59-2-3)

수소용품은 수소생산시설인 수전해설비 및 수소추출설비와 수소활용설비인 고정형 · 이동형 연료전지로 정하고 있고, 수소용품 제조시설은 한국가스안전공사의 기술검토 완료 후 허가관청에 제조허가를 받아야 한다. 제조허가 후에는 한국가스안전공사에서 완성검사 및 안전관리규정심사를 실시하고, 이후 제조사는 한국가스안전공사에서 심사한 안전관리규정과 함께 안전관리자선임, 가스사고배상책임보험을 가입한 후 허가관청에 사업개시신고를 하면 영업이 가능하다. 이러한 일련의 안전확인 과정을 통해 수전해설비, 수소추출기 등 수소제조설비를 기반으로 한 수소생산시설과 연료전지를 활용한 지게차, 드론 등 수소모빌리티의 안전성이 향상될 것으로 보고 있다.

수소용품 제조시설에 대한 검사는 국내시설의 경우 공장건립 전 공사로부터 생산시설, 인력조직, 검사시설 등이 포함된 기술검토(서류심사)를 받아야 하며, 시·군·구의 제조허가를 득한 후 기술검토 내용에 대한 제조시설 완성검사(현장검사), 보험가입, 안전관리자 선임 및 안전관리규정을 제출하여야 된다. 외국에서 수소용품이 생단되는 시설의 경우 기술검토와 현지 공장심사(현장심사)를 실시하여야만 산업통상자원부에 제조등록을 할 수 있다. 공장심사는 매 3년마다 실시하게 된다.

만약, 수소용품제조시설에 대한 완성검사를 받지 아니한 경우에는 1년 이하의 징역 또는 1000만원 이하의 벌금이, 검사 받지 않은 수소용품을 제조하거나 수입하는 자는 1년 이하의 징역 또는 1000만원 이하의 벌금을 받을 수 있다.

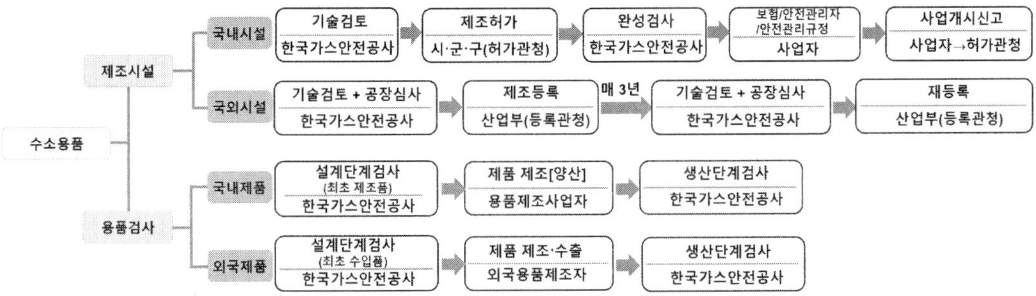

【그림 2.8.3】 수소용품 제조시설 및 수소용품별 허가, 등록, 검사 등 절차

2.8.6. 수소용품의 수입 및 검사에 관한 규정내용(제44조)

수소용품을 제조하거나 수입한 자(외국수소용품 제조자를 포함한다)는 그 수소용품을 판매하거나 사용하기 전에 검사를 받아야 한다. 검사 대상, 검사기관, 검사기준 및 벌칙이 법령에 규정되어 있다. 규정의 내용은 다음과 같다.

【표 2.8.13】수소용품의 수입 및 검사에 관한 규정내용

규정항목 (관련조항)	규정내용 (관련조항, 벌칙)
1. 검사 대상 (수법44-1)	ㅇ검사 대상은 수소용품을 제조나 수입하려는 다음의 자임 (수법44-1) ①수소용품을 제조한 자 ②수소용품을 수입한 자 ③외국에서 국내로 수출하기 위하여 수소용품을 제조하려는 자(외국수소용품제조자)
2. 검사 기관 (수령57-4)	ㅇ수소용품의 검사기관은 한국가스안전공사임 (수령57-4)
3. 검사 생략 (수령49-1)	ㅇ다음 어느 하나에 해당하는 수소용품은 검사의 전부를 생략함 (수령49-1) ①수출용으로 제조하는 것 ②시험용 또는 연구개발용으로 수입하는 것(수소용품을 직접 시험하거나 연구개발하는 경우만 해당) ③주한(駐韓) 외국기관에서 사용하기 위하여 수입하는 것으로 외국의 검사를 받은 것 ④수소용품의 제조자 또는 수입업자가 견본으로 수입하는 것 ⑤수출을 목적으로 수입하는 것

<table>
<tr><td></td><td>ㅇ수출용으로 제조하기 위해 수소용품을 수입하는 경우 검사 일부 생략가능 (수령49-2)</td></tr>
<tr><td>4. 검사 기준
(수칙39)</td><td>ㅇ수소용품 검사를 받으려는 자는 검사신청서를 작성, 한국가스안전공사에 제출 (수칙36)
ㅇ검사 기준은 다음의 수소칙 별표1의 시설・기술・검사기준에 따름 (수칙39)

ㅇ수소용품에 대한 검사는 설계단계검사와 생산단계검사로 구분하여 실시함
①설계단계검사
다음 하나에 해당하는 경우 설계단계검사를 받아야 함.(다만, 한국가스안전공사나 공인시험・검사기관이 부품의 성능을 인증한 시험성적서를 제출한 경우 그 부품에 대한 설계단계검사 면제 가능)
가.수소용품 제조자가 그 사업소에서 일정 형식 제품을 처음 제조할 경우
나.수소용품 수입자가 일정 형식 제품을 처음 수입하는 경우
다.설계단계검사를 받은 형식 제품의 재료나 구조가 변경되어 성능이 변경된 경우
라.설계단계검사를 받은 형식 제품으로 설계단계검사를 받은 날부터 매 5년이 지난 경우

<table>
<tr><th>검사 종류</th><th>대상</th><th>구성 항목</th><th>주기</th></tr>
<tr><td rowspan="2">제품확인검사</td><td rowspan="2">생산공정검사 또는 종합공정검사 대상 외의 품목</td><td>(가)정기품질검사</td><td>2개월에 1회</td></tr>
<tr><td>(나)상시샘플검사</td><td>신청 시마다</td></tr>
<tr><td rowspan="3">생산공정검사</td><td rowspan="3">제조공정・자체검사 공정에 대한 품질시스템의 적합성을 충족할 수 있는 품목</td><td>(가)정기품질검사</td><td>3개월에 1회</td></tr>
<tr><td>(나)공정확인심사</td><td>3개월에 1회</td></tr>
<tr><td>(다)수시품질검사</td><td>1년에 2회이상</td></tr>
<tr><td rowspan="2">종합공정검사</td><td rowspan="2">공정 전체(설계・제조・자체검사)에 대한 품질시스템의 적합성을 충족할 수 있는 품목</td><td>(가)종합품질관리 체계심사</td><td>6개월에 1회</td></tr>
<tr><td>(나)수시품질검사</td><td>1년에 1회이상</td></tr>
</table>

②생산단계검사
가.설계단계검사에 합격한 수소용품을 생산하는 경우에 실시함
나.자체검사능력과 품질관리능력에 따라 다음 표의 검사종류 중 어느 하나에 해당하는 검사를 실시함
다.생산공정검사나 종합공정검사를 받고 있는 자가 검사대상 품목 생산을 6개월 이상 중단하거나 검사 종류를 변경하려는 경우 한국가스안전공사에 신고하고 합격통지서를 반납해야 함
라.생산공정검사나 종합공정검사를 받고 있는 자가 다음 하나에 해당하는 경우 생산공정검사나 종합공정검사를 다시 받아야 함
(1)사업소의 위치를 변경하는 경우
(2)품목을 추가한 경우
(3)생산공정검사나 종합공정검사 대상 심사에 합격한 날부터 3년이 지난 경우 (다만, 수소용품 품목을 추가하는 경우는 기존 품목의 나머지 기간)</td></tr>
<tr><td>5. 벌칙
(수소59-2-4)</td><td>ㅇ검사를 받지 아니한 수소용품사업자 또는 수입자에 대해서는 1년 이하의 징역 또는 1천만원 이하의 벌금에 처할 수 있음 (수법59-2-4)</td></tr>
</table>

(수소59-2-5)	ㅇ검사를 받지 않은 수소용품을 양도・임대 또는 사용하거나 판매할 목적으로 진열자는 1년 이하의 징역 또는 1천만원 이하의 벌금에 처할 수 있음 (수법59-2-5)

수소용품을 제조하거나 수소용품을 수입한 자는 수소용품을 판매하거나 사용하기 전에 설계단계와 생산단계에서 각각 한국가스안전공사로부터 제품의 안전성 여부에 대하여 검사를 받아야 한다. 설계단계검사는 수소용품 제조사업자가 그 업소에서 일정 형식의 제품을 처음 제조할 때에 받도록 되어 있고, 생산단계검사는 설계단계검사에 합격된 수소용품에 대하여 그 수소용품을 생산하는 경우에 받도록 되어 있다.

수소용품 제조사업자가 어떤 수소용품을 개발하면 우선 몇 개의 시제품을 제조하여 설계단계검사를 신청한다. 설계단계검사는 검사기준 전 항목에 대하여 실시하고 한 항목이라도 부적합 되면 생산자체를 할 수 없기 때문에 반드시 본격적인 생산에 앞서 받아야 한다. 설계단계검사를 거치지 않고 대량생산에 들어갔다가 낭패를 당하는 경우가 많다. 규제내용을 간과했다가 손해를 보는 대표적인 예라 할 수 있다.

이렇게 설계단계검사에 합격되면, 생산공정을 완비하고 대량생산에 들어가게 된다. 생산단계검사는 제품확인검사, 생산공정검사 및 종합 공정검사로 구분된다. 제조사업자가 자사의 품질관리 능력을 감안하여 이 3가지 중 하나를 선택하면 된다. 생산공정검사나 종합공정검사에 관한 기준은 코드명이 'KGS AH'로 시작 되는 수소용품에 관한 KGS코드에 부록으로 '수소용품 제조업소 품질시스템 운영에 대한 일반기준'이 첨부되어 있다.

수소용품 제조사업자는 그가 제조한 각각의 수소용품에 대하여 자체검사를 실시한 후 자체검사 표시를 해야 하며, 그 검사기록을 해당 수소용품의 품질 보증기간까지 보존해야 한다. 수소용품의 종류마다 1개씩 연 1회 이상 규칙 별표 1 제3호나목1)에 따른 설계단계검사 항목의 적합여부에 대하여 검사한다. 다만 자체적으로 검사를 실시하기가 불가능한 검사항목은 한국가스안전공사와 검사기관 또는 국가표준기본법에 따른 해당 공인시험·검사기관에 의뢰해 검사할 수 있다.

모든 수소용품에 대해 생산단계검사 항목의 적합여부를 검사하며, 자체검사표는 규칙 별표 1 제3호나목 제품 검사기준에 준하여 작성한다. 이에 따른 자체검사결과 부적합하다고 판정된 사항에 대해서는 즉시 개선 조치를 취해야 한다.

2.8.7. 수소용품의 안전성 확보에 관한 규정내용(제45조)

수소용품의 안전성 확보를 위하여 필요할 경우에는 유통 중인 수소용품을 수집하여 검사하고, 검사 결과 중대한 결함이 있다고 인정되면 그 수소용품을 회수·교환·환불 및 그 사실의 공표하게 할 수 있다. 수소용품의 수집 방법, 회수·교환·환불의 절차 및 공표 방법, 벌칙이 법령에 규정되어 있다. 규정의 내용은 다음과 같다.

【표 2.8.14】 수소용품의 안정성 확보에 관한 규정내용

규정항목 (관련조항)	규정내용 (관련조항, 벌칙)
1. 수집 대상 **(수법45-1)**	ㅇ**검사의 합격일부터 1년(제조자가 품질보증기간을 설정한 것은 그 품질보증기간)이 지나지 않은 것으로 함** (수칙40-1) - 다만, 수소용품 안전관리를 위해 필요한 경우는 1년(품질보증간)이 지난 수소용품도 수집검사할 수 있음.
2. 수집검사 기관 **(수령57-4)**	ㅇ**수소용품 수집 및 검사 기관은 한국가스안전공사**임 (수령57-4)
3. 수집검사 기준 **(수칙40-1)**	ㅇ**수집검사는 수소칙 별표1 제2호·제3호에 따른 기술 및 검사기준에 맞는지에 대하여 실시** (수소칙40-1)
4. 회수·교환·환불 및 공표 **(수칙41-1)**	ㅇ**회수·교환 및 환불 명령에는 다음 사항이 포함되어야 함** (수칙41-1) ①제품명과 제조번호 ②제조일 또는 수입일 ③제조자 또는 수입자 명칭 ④회수등의 사유 ⑤회수등의 시기·장소 및 방법 ㅇ회수등 명령을 받은 자는 지체 없이 회수등의 대상 수소용품의 유통·판매를 중지시키거나 중지하고, **회수등에 관한 계획을 수립하여 산업통상자원부장관 또는 시장·군수·구청장에게 제출**하여야 함 (수칙41-2) ㅇ회수등 따른 명령을 받은 자는 **회수등의 결과를 산업통상자원부장관 또는 시장·군수·구청장에게 보고**하여야 함 (수칙41-3) ㅇ공표명령을 받은 자는 지체 없이 다음의 사항이 포함된 **광고를 인터넷 홈페이지에 게시**하고, 전국적으로 배포되는 **둘 이상의 일간신문**에 실어야 함 (수칙41-4) ①수소용품의 회수등을 한다는 내용의 표제 ②제품명과 제조번호 ③회수등의 대상이 되는 수소용품의 제조 연월 또는 수입 연월 ④회수등의 사유 ⑤회수등의 방법 ⑥회수등을 하는 제조자 또는 수입자의 명칭 ⑦그 밖에 회수등에 필요한 사항

5. 수소용품 표시 (수법45-3)	ㅇ**수소용품을 제조하거나 수입한 자**(외국수소용품 제조자 포함)**는 수소용품의 제조자, 제조일자, 용도, 사용 방법, 보증기간 및 제조번호 등을 표시**하여야 함 (수소법45-3) - 표시방법은 별표 1 제2호의 기술기준 및 상세기준에 따름. (수소칙42)
6. 벌칙 (수법60-2) (수법59-3) (수법58-1-1)	ㅇ**회수명령 또는 공표명령**을 따르지 아니한 수소용품 제조사업자 또는 수입자는 **300만원 이하의 벌금**에 처할 수 있음 (수법60-2) ㅇ**수소용품의 제조자, 제조일자, 용도, 사용 방법, 보증기간 및 제조번호 등을 표시**하지 아니한 자는 **6개월 이하의 징역 또는 500만원 이하의 벌금**에 처할 수 있음 (수법59-3) ㅇ수소용품을 **개조하여 판매하거나 판매할 목적**으로 개조한 자는 **5년 이하의 징역 또는 5천만원 이하의 벌금**에 처할 수 있음 (수법58-1-1)

유통 중인 수소용품을 수집하여 검사를 실시한다. 수집검사는 산업통산자원부장관 또는 특별자치시장·특별자치도지사·시장·군수·구청장이 수소용품의 안전관리를 위하여 필요하다고 인정할 때에 실시하며, 수집검사 대상은 불특정 다수인이 많이 사용하는 제품, 가스사고 발생가능성이 높은 제품, 동일제품으로 생산실적이 많은 제품, 전년도 수집검사 결과 문제가 있었던 제품, 그밖에 안전관리를 위해 수집검사 필요성이 있는 제품이다.

수집검사를 위한 시료는 시중에 유통 중인 제품 중에서 수집하며, 시중에서 수집할 수 없을 경우에는 제조사업소에서 수집할 수 있다. 수십하는 수소용품은 해당 수소용품에 표시된 품질보증기간 이내이어야 하며, 2회 연속 부적합 사항이 없는 수소용품에 대하여는 차기 1회에 한정하여 수집검사 대상에서 제외할 수 있다. 수집한 시료에 대한 검시기간은 수집한 날부터 60일 이내로 한다. 다만, 국가 또는 공공기관에 시험을 의뢰하거나 수집 시료의 성능을 확인하기 위해 동일품목의 시료를 구입하여 검사한 기간은 산입하지 아니한다.

한국가스안전공사는 수집검사 결과를 산업통산자부장관 또는 시장·군수·구청장 및 관련 사업소에 통보하며, 이 경우 부적합 제품에 대해서는 재수집검사를 실시한 후 통보토록 했다. 산업통산자원부장관 또는 시장·군수·구청장은 부적합 통보를 받은 때 해당 불량품을 제조하게 된 원인과 정도에 따라 관련 업소에 필요한 조치를 명할 수 있으며 수집한 시료의 보관기간은 6개월로 하며, 6개월 경과 후 폐기처분하게 된다.

2.8.8. 안전교육에 관한 규정내용(제46조)

수소용품 제조사업자는 그가 고용하고 있는 자 중에서 안전관리에 관계되는 업무를 행하는 자에게 안전교육을 받게 하여야 한다. 안전교육 대상, 안전교육 실시 기관, 안전교육 과정 및 벌칙이 법령에 규정되어 있다. 규정의 내용은 다음과 같다.

【표 2.8.15】 수소용품사업 안전교육에 관한 규정내용

규정항목 (관련조항)	규정내용 (관련조항, 벌칙)
1. 교육 대상 **(수법46-1)**	o **안전교육 대상은 안전관리에 관계되는 업무를 행하는 자임** (수법46-1) - 사용자는 고용인 중 안전교육 대상자에게 안전교육을 받게 하여야 함 (수법46-2)
2. 교육 기관 **(수령57-4)**	o **안전교육 기관은 한국가스안전공사**임 (수령57-4)
3. 교육 신청 **(수칙별4-2)**	o 전문교육 대상자가 된 사람은 그날부터 **1개월 이내에 교육 수강신청**을 해야 함 - 다만, 부득이한 사유로 교육 수강 신청을 하지 못한 사람은 그 사유가 없어진 날부터 1개월 이내에 교육 수강 신청을 해야 함 (수칙별4-2) o 양성교육을 이수하려는 사람은 한국가스안전공사가 매년 초에 지정하는 기간에 교육 수강 신청을 해야 함 (수칙별4-2)
4. 교육 과정 **(수별4-4)**	o **교육과정별 교육대상자, 교육시기 등은 다음과 같음.** (수칙별4-4) <table><tr><th>교육 과정</th><th>교육대상자</th><th>교육내용</th><th>교육시기</th></tr><tr><td>전문 교육</td><td>안전관리책임자와 안전관리원</td><td>수소용품 검사실무, 검사장비 및 안전관리규정 운용 등</td><td>신규 종사 후 6개월 이내, 그 후는 3년마다 1회</td></tr><tr><td>양성 교육</td><td>일반시설안전관리자가 되려는 사람</td><td>수소안전관리 관련 법규, 가스개론 등</td><td></td></tr></table>
5. 벌칙 **(수법62-2-7,8)**	o 안전교육을 받지 않거나 받게 하지 아니한 사업자에 대해서는 **3백만원 이하의 과태료**를 부과할 수 있음 (수법62-2-7,수법62-2-8)

2.8.9. 수소연료사용시설의 검사에 대한 규정내용(제47조)

(1) 수소연료사용시설 대상범위 규정

수소연료사용시설이라 함은 연료전지를 설치하여 전기 또는 열을 사용하기 위한 시설로 배관으로 수소를 공급받거나 수소저장설비로부터 수소를 공급받아 수소를 사용하는 시설 등을 말한다. 수소연료사용시설에 대한 규정의 내용은 다음과 같다.

【표 2.8.16】 수소연료사용시설 대상범위에 관한 규정내용

규정항목 (관련조항)	규정내용 (관련조항, 벌칙)

1. 수소연료 사용 시설 대상 (수칙2-4)	**o 수소연료사용시설은 다음에 해당하는 시설임** (수칙2-4) ①연료전지를 고정 설치하고 타인으로부터 **배관으로 수소를 공급받아 사용하는 경우**는 그 연료전지 사용자가 소유하거나 점유하고 있는 토지의 경계에서 연료전지까지 이르는 시설 ②연료전지를 고정 설치하고 그 연료전지 사용자가 설치한 **수소제조설비 또는 수소저장설비로부터 수소를 공급받아 수소를 사용하는 경우**에는 수소제조설비 또는 수소저장설비에서 연료전지까지 이르는 시설 ③**①의 시설에 배관으로 수소를 공급하기 위한 시설**로서 수소제조설비 또는 수소저장설비로부터 연료전지 사용자가 소유하거나 점유하고 있는 토지의 경계까지 이르는 시설
2. 수소연료 사용 시설 제외대상 (수칙2-4)	o 「전기사업법」 제2조제4호에 따른 **발전사업자가 가동 · 건설 중인 발전소 내의 시설**(연료전지의 앞부분에 설치된 가스차단밸브 이후의 시설만을 말함) (수칙2-4)

(2) 기술검토에 관한 규정

수소연료사용시설 사용자가 설치공사 또는 변경공사를 하고자 하는 경우에는 그 공사계획에 대하여 한국가스안전공사의 기술검토를 받아야 한다. 기술검토 대상, 기술검토 기관, 제출서류 및 벌칙이 법령에 규정되어 있다. 규정의 내용은 다음과 같다.

【표 2.8.17】수소연료사용시설 기술검토에 관한 규정내용

규정항목 (관련조항)	규정내용 (관련조항, 벌칙)
1. 기술검토 대상 (수칙45-4)	**o 기술검토 대상은 수소연료사용의 설치공사나 변경공사를 하려는 시설사용자임** (수칙45-4) - 완성검사를 신청하기 전에 한국가스안전공사에 제출해야 함
2. 검토 기관 (수칙45-4)	**o 기술검토 기관은 한국가스안전공사임** (수칙45-4)
3. 제출 서류 (수칙45-4)	**o 기술검토 신청서에 다음의 서류를 첨부하여 한국가스안전공사에 제출해야 함** (수칙45-4) ①시설의 설치계획서 ②시설기준과 기술기준에 관한 도면 및 그 설명서
4. 벌칙 (수칙45-3)	**o 기술검토를 받지 아니하면 완성검사 신청이 불가함** (수칙45-3)

(3) 완성검사에 관한 규정

수소연료사용시설의 사용자는 수소연료사용시설의 설치공사나 변경공사를 완공하면 그 시설의 사용 전에 한국가스안전공사의 완성검사를 받아야 하며, 완성검사에 합격한 후에만 그 시설을 사용할 수 있다. 완성검사 대상, 완성검사 기관, 완성검사 기준 및 벌칙이 법령에 규정되어 있다. 규정의 내용은 다음과 같다.

【표 2.8.18】 수소연료사용시설 완성검사에 관한 규정내용

규정항목 (관련조항)	규정내용 (관련조항, 벌칙)
1. 완성검사 대상 (수법47-2) (수칙45-1)	ο **완성검사 대상은 시설의 설치공사나 변경공사를 완공한 시설사용자임** (수법47-2) - **완성검사의 대상**이 되는 공사는 다음과 같음 ①**설치공사** (수법47-2) ②다음 중 어느 하나에 해당하는 **변경공사** (수칙45-1) 가.수소제조설비, 수소저장설비 또는 연료전지의 변경공사(제조능력, 저장능력 또는 발전능력이 변경되는 경우만 해당) 나.다음의 어느 하나에 해당하는 배관의 변경공사 1)배관의 안지름 크기의 변경(이송능력이 변경되는 경우만 해당) 2)배관 설치장소의 변경(변경하려는 부분의 배관 총길이가 20미터 이상인 경우만 해당)
2. 검사 기관 (수령57-4)	ο **완성검사 기관은 한국가스안전공사**임 (수령57-4)
3. 완성검사 제출서류 (수칙45-3)	ο 수소연료사용시설 완성검사 신청서에 다음의 서류를 첨부하여 해당 **수소연료사용시설의 사용 시작 7일 전까지 한국가스안전공사에 제출**해야 함 (수칙45-3) ①해당 시설에 대한 한국가스안전공사가 정하는 **완공도면과 시공 현황** ②해당 시설의 설치계획이 시설기준과 기술기준에 맞는지에 관한 **한국가스안전공사의 기술검토서**
4. 검사 기준 (수칙45-2)	ο **완성검사 기준은 수소칙 별표5 제3호의 시설기술과 기술기준임** (수칙45-2)
5. 벌칙 (수법62-1-3)	ο 완성검사에 합격하지 아니하고 수소연료사용시설을 사용한 자에 대해서는 **1천만원 이하의 과태료를** 부과함 (수법62-1-3)

(4) 정기검사에 관한 규정

수소연료사용시설의 사용자는 수소연료사용시설에 대하여 정기검사를 받아야 한다. 정기검사 대상, 검사기관, 검사기준 및 벌칙이 법령에 규정되어 있다. 규정의 내용은 다음과 같다.

【표 2.8.19】 수소연료사용시설 정기검사에 관한 규정내용

규정항목 (관련조항)	규정내용 (관련조항, 벌칙)
1. 정기검사 대상 및 시기 (수법47-3)	ο **정기검사 대상은 수소연료사용시설의 시설사용자임** (수법47-3) ο **정기검사는 완성검사 증명서를 발급받은 날을 기준으로 다음의 시기 실시**함(다만, 한국가스안전공사가 인정하는 경우에는 읍·면·동별로 같은 시기에 정기검사를 받을 수 있으며, 시설사용자가 요청하는 경우에 한국가스안전공사와 시설사용자가 서로 협의하여 정한 시기에 정기검사를 받을 수 있음)(수령50) ①수소칙 별표 2에 따른 다중이용시설의 시설사용자 : **매 6개월**이 되는 날의 전후 30일 이내 ②①외의 시설사용자 : **매 1년이** 되는 날의 전후 30일 이내

	o 하나의 사업소에 2개 이상의 정기검사 대상시설이 있는 경우로서 정기검사를 받아야 하는 시기가 각각 다른 경우에는 가장 먼저 정기검사를 받아야 하는 시설의 정기검사기간에 다른 시설의 정기검사를 함께 받을 수 있음. (수칙46-3)
2. 검사 기관 (수령57-4)	**o 정기검사의 검사기관은 한국가스안전공사**임 (수령57-4)
3. 검사 기준 (수칙45-2)	**o 검사 기준은 수소칙 별표5 제3호의 시설기준과 기술기준임** (수칙45-2)
4. 벌칙 (수법62-1-4)	o 정기검사를 받지 아니한 수소연료사용시설 사용자에 대해서는 **1천만원 이하의 과태료**를 부과함 (수법62-1-4)

수소연료사용시설의 사용자는 수소연료사용시설의 설치공사나 수소제조설비, 수소저장설비 또는 연료전지의 변경공사(제조능력, 저장능력 또는 발전능력이 변경되는 경우만 해당한다) 배관의 변경공사인 경우에는 배관의 안지름 크기의 변경(이송능력이 변경되는 경우만 해당한다)거나 배관 설치장소의 변경(변경하려는 부분의 배관 총길이가 20미터 이상인 경우만 해당한다) 그 시설의 사용 전에 한국가스안전공사의 완성검사를 받아야 하며, 완성검사에 합격한 후에만 그 시설을 사용할 수 있다.

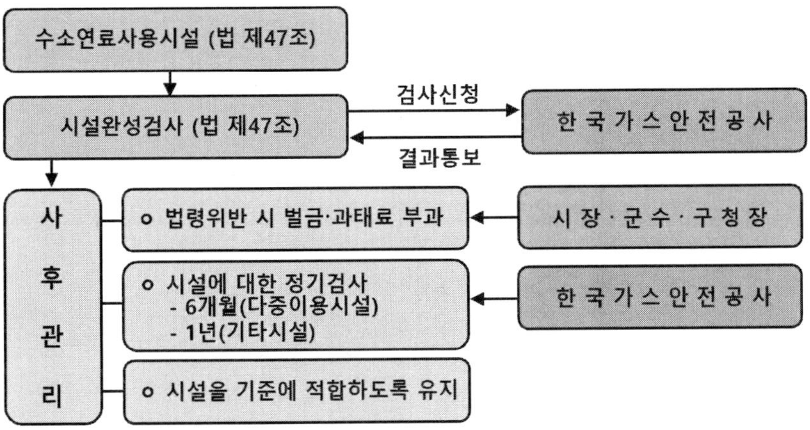

【그림 2.8.4】 수소연료사용시설에 대한 검사 등 안전관리체계

수소연료사용시설의 완성검사를 받으려면 사전에 수소연료사용시설의 설치계획이 시설기준과 기술기준에 적합한지에 관한 한국가스안전공사의 기술검토를 받은 후 수소연료사용시설 완성검사 신청서에 완공도면과 시공현황 한국가스안전공사로 기술검토서를 첨부하여 해당 수소연료사용시설의 사용 시작 7일 전까지 한국가스안전공사에 제출하여야 한다.

【그림 2.8.5】 수소연료사용시설 완성검사 절차

또한, 수소연료사용시설 사용자는 완성검사 증명서를 발급받은 날을 기준으로 매 1년이 되는 날의 전후 30일 이내(다중이용시설의 시설사용자의 경우에는 매 6개월이 되는 날의 전후 30일 이내)에 한국가스안전공사로부터 정기검사를 받아야 한다.

2.8.10. 상세기준에 관한 규정내용(제48조)

「고압가스안전관리법」에 따른 가스기술기준위원회는 수소용품 제조에 관한 시설기준과 기술기준, 수소연료사용시설에 관한 시설기준과 기술기준 등 그 기준을 충족하는 상세한 규격, 특정한 수치 및 특정한 시험방법 등을 세부적으로 규정한 기준을 정할 수 있다. 상세기준 범위, 상세기준 제정·개정 절차 등이 법령에 규정되어 있다. 규정의 내용은 다음과 같다.

【표 2.8.20】 상세기준 관한 규정내용

규정항목 (관련조항)	규정내용 (관련조항, 벌칙)
1. 상세기준 범위 (수법48-1)	ㅇ **가스기술기준위원회는** 다음 기준의 범위에서 상세기준을 정할 수 있음 (수법48-1) ①**수소용품 제조시설**에 관한 시설기준과 기술기준 ②수소용품의 제조에 관한 시설기준과 기술기준 ③수소용품 제조시설의 **완성검사 기준** ④제조 또는 수입에 따른 수소용품 검사의 기준 ⑤**수소연료사용시설**에 관한 시설기준과 기술기준 ⑥수소연료사용시설의 **완성검사 및 정기검사**의 기준
2. 상세기준 제정·개정 절차 (수칙47-1)	ㅇ 상세기준 제정 또는 개정을 신청은 **다음 서류를 가스기술기준위원회에 제출**함 (수칙47-1) ①상세기준의 제정안 또는 개정안 ②제정 또는 개정이 필요한 사유와 그 근거자료
3. 상세기준 승인 (수법48-2)	ㅇ 가스기술기준위원회 심의·의결을 거쳐 **산업통상자원부장관 승인**을 받아야 함 (수법48-2)
4. 사무국 (고법33의2-7)	ㅇ 가스기술기준위원회 업무지원을 위한 **사무국은 한국가스안전공사에 둠** (고법33의2-7)

5. 적법간주 (수법48-4)	ㅇ상세기준에 적합하면 그 상세기준이 해당하는 기준에 적합한 것으로 봄 (수법48-4)
6. 벌칙 (수법59-2-2) (수법62-2-9)	ㅇ수소용품제조시설의 시설기준과 기술기준을 준수하지 아니한 수소용품제조자에 대해서는 1년 이하의 징역 또는 1천만원 이하의 벌금에 처함 (수소법59-2-2) ㅇ시설기준과 기술기준에 맞지 않는 수소연료사용시설을 설치하여 사용한 자에 대하여는 300만원 이하의 과태료를 부과함 (수법62-2-9)

상세기준이란 "법령에서 정하는 기준의 범위에서 그 기준을 충족하는 상세한 규격, 특정한 수치 및 특정한 시험방법 등을 세부적으로 규정한 기준"이라고 정의하고 있다. KGS코드란 바로 이 상세기준을 지칭하는데, 상세 기준을 코드라고 한 이유는 상세기준이 외국에서 사용되는 각종 코드와 모양이나 성격을 같게 하기 위한 것으로, 가스 기술기준 시스템의 국제화를 위한 것이었다고 할 수 있다. 2007년 12월 21일, 대한민국 법령 중에서는 최초로, 가스3법에서 '상세기준 제도'가 도입되었다.

"상세기준에 적합하면 제1항 각 호의 기준 중 그 상세기준이 해당 하는 기준에 적합한 것으로 본다."라고 규정하고 있다. 이는 곧 가스기술기준위원회 에서 심의·의결한 상세기준이 산업통상자원부장관의 승인을 받으면 곧바로 법적 효력을 가지게 된다는 것을 의미하며, 법령에서 '추정한다'라는 표현 대신 '본다'라는 표현을 사용함으로써 상세기준의 적법성을 확실히 보장하였다고 할 수 있다.

KS와 KGS코드는 제정의 목적과 방법이 다르다. 산업표준화법 제2조 제2호에 따르면, 한국산업표준 즉 KS는 '통일하고 단순화 하는 것'을 목적으로 하고 있고, 코드 즉 상세기준은 그 입법취지에 따라 '신기술과 사고예방대책의 신속한 수용을 통한 안전 수준의 제고와 다양한 자체기준의 인정을 통한 자율안전관리 강화'를 목적으로 하고 있다. 즉 KS규격은 하나의 규제대상에 대하여 통일성을 유지하기 위해서는 단일의 기준만을 허용해야 하지만, 코드 즉 상세기준은 하나의 규제대상에 대하여 안전만 확보할 수 있다면, 다양한 기술을 수용할 수 있도록, 다양한 기준을 허용할 수 있다는 차이점이 있다.

한편, 어떤 분야에서 임의 기준인 KS는 없어도 무방하지만, 가스의 안전 확보를 위해서는 코드가 미치지 않는 분야가 있어서는 아니되므로 코드의 제정 범위가 넓을 수밖에 없다는 차이점도 있다. 이는 KS를 인용하는 방법을 통해서라도 코드가 없는 분야가 있어서는 아니된다는 의미이기도 하다. 물론 KS가 있는 분야의 경우에도 다양한 기술을 수용하기 위하여, 또한 선진외국의 우수한 신기술을 수용하기 위하여, KS와 별도로 코드를 제정·운할 수밖에 없다는 것도 차이점이라 할 수 있다.

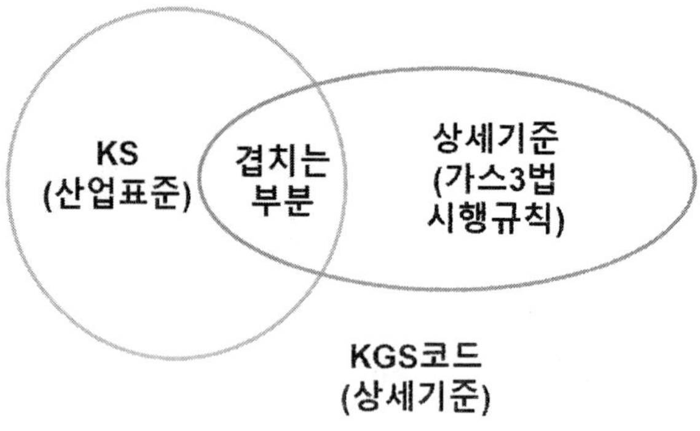

【그림 2.8.6】 KS, 성능기준 및 코드의 집합관계

또한 KS는 기준의 제정목적을 달성하기 위하여, 국제표준과의 정합화가 불가피 하나, 가스법령의 기술기준은 국내의 특수성을 감안하여 국제표준과 달리 기준을 정할 수 있다는 차이점도 있다. 이는 WTO/TBT 협정서 본문 2.2항에서도 안전 분야의 경우에는 기준의 차별화를 인정하고 있다.

상세기준을 입안하는 일은 법령안을 입안하는 것 같이 복잡하지는 않다. 상세 기준은 기술기준이기 때문이다. 기술기준은 기본적으로 기술적 판단에 의하여 적부가 명확하게 판정된다. 그래서 입안과정도 실험과 연구를 거쳐 이루어지는 것이 보통이다. 상세기준 제・개정 절차에 관한 규정(고칙50의2-1) 에서는 제・개정 신청서에 제・개정안과 제・개정이 필요한 사유와 그 근거자료를 첨부하도록 되어있다.

【그림 2.8.7】 KGS Code 제정절차

상세기준안이 만들어졌으면 기준위원회 사무국에 제・ 개정 신청을 하여야 한다. 앞에서도 기술하였지만, 신청은 KGS코드 전용 홈페이지 (http://www.kgscode.or.kr)에 있는 '제안서 작성하기'를 통해서 하면 된다. 물론 공문으로 하거나 사무국을 방문하여 직접 신청하는 것도 가능할 것이다. 신청서는 KGS코드 전용 홈페이지에서 다운로드 받을 수 있다. 신청서를 작성하고 여기에 제・개정안과 제・개정이 필요한 사유 및 그 근거자료를 첨부하여 제출하면 된다. 「고법」에 의하여 사무국은 안전공사에 두도록 되어 있다(고법33의2-7). 실제 사무국 업무는 안전공사의 기준처 코드총괄부에서 담당하고 있다.

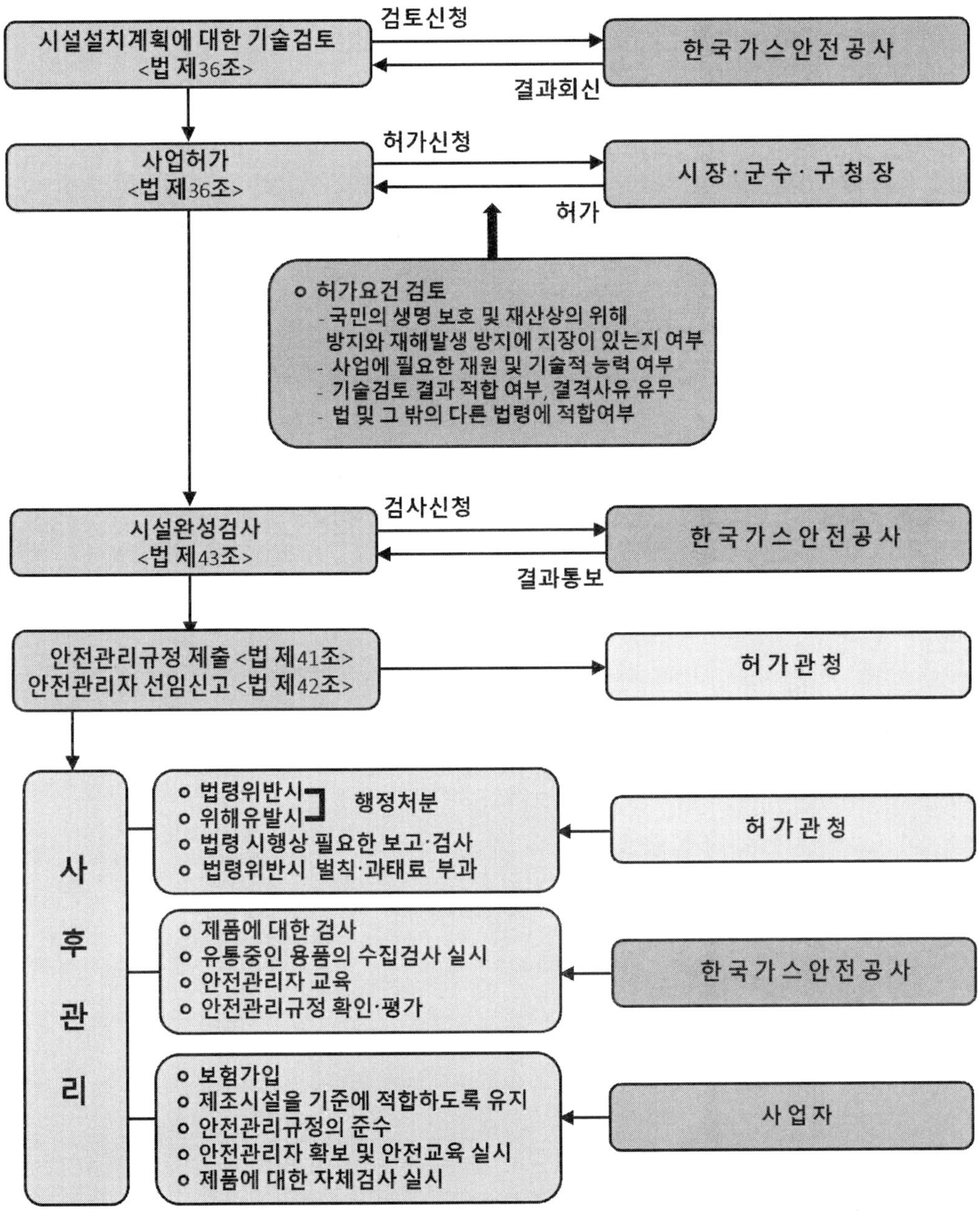

【그림 2.8.8】 수소용품제조사업자에 대한 안전관리체계

【표 2.8.21】가스기술기준위원회 사무국에 관한 규정

「고법」 제33조의2(가스기술기준위원회) ① 제22조의2제1항에 따른 상세기준의 제정·개정과 운영 등을 위하여 가스기술기준위원회를 둔다.
⑦ 가스기술기준위원회의 업무를 지원하기 위하여 **공사에 사무국을 두며**, 사무국의 조직과 운영, 그 밖에 필요한 사항은 산업통상자원부령으로 정한다.

「고칙」 제56조의3(사무국) ① 법 제33조의2제7항에 따라 **안전공사에 설치하는 사무국에는 사무국장 1명과 필요한 직원을 두며, 안전공사의 직원으로 하여금 겸직**하게 할 수 있다.

법구분	코드종수	비 고
고압가스	62	제품 49, 시설 13
액화석유가스	75	가스용품 57, 시설 18
도시가스	23	시설 및 공통 23
수소법	6	수소용품 5, 시설 1
공통	14	전기방폭, 내진설계 등 14
계	180	

【그림 2.8.9】 법·분야별 KGS Code 운용 현황 ('22.2현재)

2.9. 보칙의 규정내용

2.9.1. 수소판매가격의 보고·공개 및 표시에 관한 규정내용(제50조)

수소판매가격의 보고·공개 및 표시에 관한 조항은 수소판매사업자의 판매가격 보고 의무, 가격표시 의무 및 산업부장관의 판매가격 공개 등에 관한 사항을 규정하고 있다. 수소판매사업자는 수소판매가격 보고서를 작성하여 판매가격 결정·변경한 후 24시간 이내에 산업부장관에게 보고하여야 하고, 산업부장관은 수소판매사업자의 평균 판매가격 및 정상 판매가격을 매일 공개하여야 한다. 또한, 수소판매사업자는 소비자가 가격정보를 쉽게 인지할 수 있는 곳에 가격표시판을 설치하여 수소의 가격정보 및 품질정보 등을 표시하여야 하고, 가격표시판을 설치할 때는 산업통상자원부 고시[10]에 따른 표시 방법, 표시 순서 및 조명사용 방법 등을 준수하여야 한다. 수소판매사업자가 판매가격 보고 의무를 미이행하거나 거짓으로 보고, 판매가격 표시 의무를 미이행하거나 거짓으로 표시 또는 표시 방법을 위반하는 경우에는 1천만원 이하의 과태료를 부과한다.

【표 2.9.1】 수소판매가격의 보고·공개 및 표시에 관한 규정내용

규정항목 (관련조항)	규정내용 (관련조항, 벌칙)
1. 판매가격 보고 (수법50-1)	ㅇ연료전지(수소연료공급시설) 장착 자동차에 수소를 판매하는 수소사업자는 **수소판매가격 보고서**를 작성하여 산업부장관에게 판매가격을 보고하여야 하며, 둘 이상의 사업소를 운영하는 경우 사업소별로 보고하여야 함 (수령52-1, 수칙49-1) ㅇ**보고내용** : 수소 종류별 중량 단위(kg) 정상 판매가격 ㅇ**보고방법** : 전자보고(인터넷, 부가가치통신망) 또는 기타 적절한 방법(전화, 팩스 등) ㅇ**보고기한** : 판매가격 결정 또는 변경 후 24시간 이내
2. 판매가격 공개 (수법50-2)	ㅇ산업부장관은 거래 투명성 제고, 경쟁 촉진 및 수소가격 적정화를 위하여 「부정경쟁방지 및 영업비밀보호에 관한 법률」 제2조에 따른 영업비밀을 침해하지 아니하는 범위에서 수소판매사업자의 판매가격을 다음과 같이 공개할 수 있으며, 둘 이상의 사업소를 운영하는 경우 사업소별로 공개함 (수령52-2, 52-3) ①사업자 전체의 1일 평균 판매가격 : 전날 판매한 수소의 평균 판매가격 ②사업자별 정상 판매가격(할인·할증 미적용 판매가격) : 전날 판매한 수소의 정상 판매가격 ㅇ**공개방법** : 전자매체(인터넷, DMB, 모바일 등) 및 서면(간행물, 인쇄물 등) ㅇ**공개시기** : 매일
3. 가격표시판 (수법50-3)	ㅇ수소판매사업자는 소비자가 가격정보를 인지하기 용이한 곳에 가격표시판을 설치하여 판매가격을 표시하여야 하며, 「옥외광고물 시행령」에도 불구하고 가격표시판 추가설치 및 별도의

10) 「수소충전소 가격표시판의 표시방법 등에 관한 세부규정」

	가격표시(도형 등)를 할 수 있음 (수령52-4, 52-5) o **표시내용** : 가격정보, 품질정보, 종류(부생·추출·수전해) 및 서비스정보를 표시할 수 있으며, 그 외 정보를 표시하여서는 안됨 (수령52-6, 고시4-2, 4-3) o **위치** : 수소충전소 진출입로에 고정형으로 설치하여야 함 (수령52-6, 고시5-1) o **표시방법** : 정상가격은 가로 5.5㎝, 세로 12.0㎝, 굵기 1.5㎝로 표시하여야 하고, 할인가격은 정상가격보다 아래에 같거나 작은 크기로 표시하여야 함 (수령52-6, 고시5-4) o **표시순서** : 가격정보, 품질정보, 서비스정보 순으로 표시하여야 함 (수령52-6, 고시5-3) o **조명사용** : 네온류 및 전광류를 사용하지 아니하여야 하며, 표시내용이 점멸하거나 동영상으로 표시하지 아니하여야 함 (수령52-6, 고시5-6)
4. 과태료 **(수법62, 수령59)**	o 연료전지(수소연료공급시설) 장착 자동차에 수소를 판매하는 수소사업자가 **수소판매가격을 보고 의무를 미이행**하거나 **거짓으로 보고**하는 경우 1천만원 이하의 과태료를 부과함 o 수소판매사업자가 **수소판매가격 표시 의무를 미이행**하거나 **거짓으로 표시 또는 표시방법을 위반**하는 경우 1천만원 이하의 과태료를 부과함

2.9.2. 보험가입에 관한 규정내용(제51조)

보험가입에 관한 조항은 수소용품 제조사업자 및 수소용품수입자의 보험가입 의무, 보험가입 금액 및 보험사업자의 수익금 사용 등에 관한 사항을 규정하고 있다. 수소용품 제조사업자 및 수소용품수입자는 사고로 인한 생명·신체·재산상의 손해 보상을 위하여 가스사고배상책임보험 또는 이와 같은 내용이 포함된 보험에 가입하여야 하고, 보험가입 의무를 이행하지 않은 경우 3백만원 이하의 과태료를 부과한다. 또한, 산업부장관은 금융위원회와 협의하여 3년마다 보험사업자의 보험 수익금 일부를 수소사업 관련 사고 예방 사업자 지원에 사용하도록 할 수 있다.

【표 2.9.2】 보험가입에 관한 규정내용

규정항목 **(관련조항)**	**규정내용** **(관련조항, 벌칙)**
1. 가입의무 **(수법51-1)**	o **수소용품 제조사업자 및 수소용품수입자**는 사고로 인한 타인의 생명·신체·재산상의 손해를 보상하기 위하여 가스사고배상책임보험 또는 동등이상의 보험에 가입하여야 함 (수법51-1, 수령53-1) o **제외대상** : ①시험용 또는 연구개발용 수입(수소용품을 직접 시험·연구개발하는 경우만 해당) ②수출용으로 제조 ③주한 외국기관에서 사용하기 위하여 수입(외국의 검사를 받은 경우만 해당) ④수소용품 제조자·수입자의 견본용 수입 ⑤수출 목적으로 수입 ⑥판매 외 목적으로 수입 (수칙50-1)
2. 보험금액	o **재산피해** : 사고당 1억원 이상(단, 지급보험금액은 실손해액을 초과할 수 없음)

<table>
<tr><td>(수령53-2, 수칙50-2)</td><td>

ㅇ사망 및 부상 : 「고압가스 안전관리법 시행규칙」 제53조제2항(제4호 제외)에 따른 금액
- 부상 치료 중 사망 : 부상보험금+사망보험금
- 부상 치료 중 그 부상 원인으로 후유장해 : 부상보험금+후유장해보험금
- 후유장해보험금 지급 후 그 부상 원인으로 사망 : 후유장해보험금+사망보험금

<table>
<tr><td>사망</td><td colspan="8">1인당 8,000만원(실손해액이 2,000만원 미만인 경우는 2,000만원)</td></tr>
<tr><td rowspan="4">부상</td><td>1급</td><td>1,500만원</td><td>5급</td><td>500만원</td><td>9급</td><td>140만원</td><td>13급</td><td>40만원</td></tr>
<tr><td>2급</td><td>800만원</td><td>6급</td><td>400만원</td><td>10급</td><td>120만원</td><td>14급</td><td>20만원</td></tr>
<tr><td>3급</td><td>750만원</td><td>7급</td><td>250만원</td><td>11급</td><td>100만원</td><td></td><td></td></tr>
<tr><td>4급</td><td>700만원</td><td>8급</td><td>180만원</td><td>12급</td><td>60만원</td><td></td><td></td></tr>
<tr><td rowspan="4">후유장해</td><td>1급</td><td>8,000만원</td><td>5급</td><td>4,800만원</td><td>9급</td><td>1,800만원</td><td>13급</td><td>800만원</td></tr>
<tr><td>2급</td><td>7,200만원</td><td>6급</td><td>4,000만원</td><td>10급</td><td>1,500만원</td><td>14급</td><td>500만원</td></tr>
<tr><td>3급</td><td>6,400만원</td><td>7급</td><td>3,200만원</td><td>11급</td><td>1,200만원</td><td></td><td></td></tr>
<tr><td>4급</td><td>5,600만원</td><td>8급</td><td>2,400만원</td><td>12급</td><td>1,000만원</td><td></td><td></td></tr>
</table>
</td></tr>
<tr><td>3. 수익금 사용
(수법51-3)</td><td>ㅇ산업부장관은 금융위원회와 협의하여 3년마다 그 3년째 사업연도 종료 후 3개월 이내에 보험사업자의 수익금의 일부를 수소사업 관련 사고 예방사업을 수행하는 자에게 지원하게 할 수 있음</td></tr>
<tr><td>4. 자료제출
(수령53-3)</td><td>ㅇ보험 관련 업무 현황을 파악하기 위하여 필요한 경우 산업부장관은 「금융위원회의 설치 등에 관한 법률」 제24조에 따른 금융감독원 원장에게 관련 자료 제출을 요청할 수 있음</td></tr>
<tr><td>5. 과태료
(수법62, 수령59)</td><td>ㅇ수소용품 제조사업자 및 수소용품수입자가 사고로 인한 타인의 생명・신체・재산상의 손해를 보상하기 위한 보험에 가입하지 아니한 경우 3백만원 이하의 과태료를 부과함</td></tr>
</table>

2.9.3. 금지행위에 관한 규정내용(제52조)

금지행위에 관한 조항은 수소의 건전한 유통질서를 해치는 행위의 유형 및 이에 대한 처벌 등에 관한 사항을 규정하고 있다. 수소사업자가 정량미달 판매, 부당 부피증가 판매 및 이를 목적으로 하는 영업시설의 설치・개조 또는 설치・개조한 영업시설의 양수・임차・사용 등 금지행위를 행하는 경우 5년 이하의 징역 또는 5천만원 이하의 벌금에 처하며, 위반행위 방지를 위하여 업무에 관한 상당한 주의와 감독을 게을리하지 아니한 경우를 제외하고는 행위자 외의 법인 또는 개인 등도 5천만원 이하의 벌금에 처한다. 또한, 수소사업자가 수소의 생산 중단・감축 및 출고・판매 제한, 수소 수급 불안정을 야기하는 가격 인상・인하, 폭리 목적의 사재기 등 수소 유통질서 저해 행위를 하는 경우 3년 이하의 징역 또는 3천만원 이하의 벌금에 처하며, 위반행위 방지를 위하여 업무에 관한 상당한 주의와 감독을 게을리하지 아니한 경우를 제외하고는 행위자 외의 법인 또는 개인 등도 3천만원 이하의 벌금에 처한다.

【표 2.9.3】 금지행위에 관한 규정내용

규정항목 (관련조항)	규정내용 (관련조항, 벌칙)
1. 금지행위 (수법52)	ㅇ 수소사업자는 다음의 행위를 하여서는 아니 됨 (수법52, 수령54, 55, 56-2) ①「계량에 관한 법률」 제23조제2항에 따른 계량기의 검정기준에서 정하는 최대허용오차의 2배를 벗어나 정량에 미달되게 판매하는 행위 ②인위적으로 열을 가하는 등 부당하게 수소 부피를 증가시켜 판매하는 행위 ③정량 미달 판매를 목적으로 수소연료공급시설의 계량기 · 펌프 · 회로기판 · 소프트웨어 등을 변경하거나 변경된 수소연료공급시설을 설치하는 행위 ④부당 부피 증가 판매를 목적으로 영업장의 배관 또는 저장시설을 신설 · 교체 · 이전 · 보수하여 급속가열기 등의 장치와 연결하여 수소를 가열하는 행위 ⑤정당한 사유 없이 수소 생산을 중단 · 감축 또는 출고 · 판매를 제한하는 행위 ⑥특정 지역 또는 전국적 수급 안정에 차질을 가져올 정도로 수소 가격을 인상 또는 인하하여 공급하는 행위 ⑦거래처를 변경 또는 유지하는 대가로 부당한 이익을 취득 · 제공 · 요구 · 약속하는 행위 ⑧폭리를 목적으로 수소를 사재기하는 행위
2. 고시 (수령56-2)	ㅇ 산업부장관은 수소의 유통질서를 해치는 행위의 구체적인 사항을 정하여 고시하는 경우 미리 관계 행정기관의 장과 협의하여야 함 (수령56-2)
3. 벌칙 (수법58-1)	ㅇ「계량법」에 따른 계량기 검정기준에서 정하는 최대 허용오차의 2배를 벗어나 **수소를 정량에 미달되게 판매한 자**는 5년 이하의 징역 또는 5천만원 이하의 벌금에 처함 (수법58-1-2) ㅇ 인위적 가열 등의 방법으로 **부당하게 수소 부피를 증가시켜 판매한 자**는 5년 이하의 징역 또는 5천만원 이하의 벌금에 처함 (수법58-1-3) ㅇ 정량미달 판매 또는 부당 부피증가 판매를 목적으로 **영업시설을 설치 · 개조 또는 설치 · 개조한 영업시설을 양수 · 임차하여 사용한 자**는 5년 이하의 징역 또는 5천만원 이하의 벌금에 처함 (수법58-1-4) ㅇ 정당한 사유 없이 수소 **생산을 중단 · 감축 또는 출고 · 판매를 제한한 자**는 3년 이하의 징역 또는 3천만원 이하의 벌금에 처함 (수법58-2-1) ㅇ ①수급 불안정을 야기하는 가격 인상 또는 인하 ②거래처 변경 · 유지 대가로 부당이익 취득 · 제공 · 요구 · 약속 ③폭리 목적의 사재기 등 **수소의 건전한 유통질서를 해치는 행위를 한 자**는 3년 이하의 징역 또는 3천만원 이하의 벌금에 처함 (수법58-2-2)
4. 양벌규정 (수법61)	ㅇ 법인의 대표자 또는 법인 · 개인의 대리인, 사용인, 기타 종업원이 그 법인 또는 개인의 업무에 관하여 ①정량미달 판매 ②부당 부피증가 판매 ③영업시설 설치 · 개조 또는 그러한 시설을 양수 · 임차 ④생산 중단 · 감축 또는 출고 · 판매 제한 ⑤건전한 수소 유통질서를 해치는 행위에 해당하는 위반행위를 하면 그 **행위자 처벌 외에 그 법인 또는 개인에게도 해당 조문의 벌금형을 과함** ㅇ 법인 또는 개인이 그 위반행위를 방지하기 위하여 해당 업무에 관하여 **상당한 주의와 감독을 게을리하지 아니한 경우에는 양벌규정을 적용하지 아니함**

2.9.4. 자료제출 및 검사 등에 관한 규정내용(제53조)

자료제출 및 검사 등에 관한 조항은 수소전문기업, 수소전문투자회사, 수소용품 제조사업자, 외국수소용품 제조자 및 수소 관련 기관·법인·단체에 대한 감독 업무를 위한 자료제출 요청 및 검사 등에 관한 사항을 규정하고 있다. 산업부장관 및 시장·군수·구청장이 업무 관련 보고 또는 자료 제출을 요청하는 경우 수소전문기업등은 이에 따라야 한다. 수소전문기업등이 업무에 관한 보고 또는 자료 제출 명령을 미이행하거나 거짓으로 보고하는 경우 3백만원 이하의 과태료를 부과한다.

【표 2.9.4】 자료제출 및 검사 등에 관한 규정내용

규정항목 (관련조항)	규정내용 (관련조항, 벌칙)
1. 보고·자료제출 (수법53-1)	o **수소전문기업등** : 수소전문기업, 수소전문투자회사, 수소용품 제조사업자, 외국수소용품 제조자 및 수소관련 기관·법인·단체 o 산업부장관 또는 시장·군수·구청장은 감독을 위하여 필요한 경우에는 수소전문기업등의 업무에 관한 보고 또는 자료의 제출을 명할 수 있음
2. 검사 (수법53-2)	o 산업부장관 또는 시장·군수·구청장은 소속 공무원에게 수소전문기업등의 사무소, 사업장, 수소용품 제조시설 및 그 밖의 장소에 출입하여 관련 서류를 검사하게 하거나 관계인에게 질문을 하게 하는 등 필요한 조치를 할 수 있음 o 출입검사를 하는 공무원은 그 권한을 나타내는 증표를 지니고 이를 관계인에게 내보여야 함 (수법53-3)
3. 과태료 (수법62, 수령59)	o 수소전문기업등이 산업부장관·시장·군수·구청장의 **업무에 관한 보고 또는 자료 제출 명령을 이행하지 아니하거나 거짓으로 보고**하는 경우 3백만원 이하의 과태료를 부과함

2.9.5. 청문에 관한 규정내용(제54조)

청문에 관한 조항은 수소전문기업 확인, 수소특화단지 지정, 청정수소 인증, 진흥·유통·안전전담기관 지정 등의 취소 또는 해제 시의 청문에 관한 사항을 규정하고 있다. 산업부장관은 수소전문기업 확인, 수소특화단지 지정, 청정수소 인증, 청정수소인증기관 지정, 입찰시장 관리기관, 수소산업진흥·유통·안전전담기관 지정 및 외국수소용품 제조자 지정 등을 취소 또는 해제하려는 경우 청문을 하여야 하고, 시장·군수·구청장은 수소용품 제조사업자 허가를 취소하려는 경우 청문을 하여야 한다.

【표 2.9.5】 청문에 관한 규정내용

규정항목 (관련조항)	규정내용 (관련조항, 벌칙)
1. 청문대상 (수법54)	ㅇ산업부장관은 다음의 처분을 하려는 경우에는 청문을 하여야 함 ①수소전문기업의 확인 취소 (수법12) ②수소특화단지의 지정 해제 (수법23) ③청정수소의 인증 취소 (수법25의2-5) ④청정수소인증기관의 지정 취소 (수법25의4-4) ⑤입찰시장 관리기관의 지정 취소 (수법25의7-4) ⑥수소산업진흥전담기관의 지정 취소 (수법33-5) ⑦수소유통전담기관의 지정 취소 (수법34-3) ⑧수소안전전담기관의 지정 취소 (수법35-4) ⑨외국수소용품 제조자 등록 취소 (수법49-3) ㅇ시장・군수・구청장은 다음의 처분을 하려는 경우에는 청문을 하여야 함 ①수소용품 제조사업자 허가 취소 (수법49-1)

2.9.6. 수수료 등에 관한 규정내용(제55조)

수수료 등에 관한 조항은 수소용품 제조사업 허가, 외국수소용품의 제조 등록, 안전관리규정 심사, 수소용품 설계・생산단계 검사, 시설별 완성검사 및 정기검사 등에 관한 수수료 및 교육비에 관한 사항을 규정하고 있다.

【표 2.9.6】 수수료 등에 관한 규정내용

규정항목 (관련조항)	규정내용 (관련조항, 벌칙)
1. 허가・등록 (수법55-1)	ㅇ수소용품 제조사업 **허가** : 2만5천원 ㅇ수소용품 제조사업 **변경허가** : 1만5천원 ㅇ수소용품 제조사업 **허가증 재발급** : 1만5천원 ㅇ외국수소용품 **제조등록** 및 **재등록** : 2만5천원 ㅇ외국수소용품 **변경등록** : 1만5천원 ㅇ외국수소용품 제조등록 **등록증 재발급** : 1만5천원
2. 검사 및 교육비 (수법55-2, 수칙51-1)	①수소용품 설계단계 검사 (수법55-2-3) <table><tr><th>대상</th><th>수수료</th></tr><tr><td>고정형 연료전지</td><td>1,663만4천원</td></tr><tr><td>이동형 연료전지</td><td>1,106만9천원</td></tr><tr><td>수전해설비</td><td>1,163만8천원</td></tr></table>

수소추출설비	1,675만6천원

②수소용품 생산단계 검사 (수법55-2-3)

대상		수수료
시설구분	출력·생산능력	
고정형 연료전지	정격발전출력 1㎾ 이하	9만2천원
	정격발전출력 1㎾ 초과 10㎾ 이하	12만5천원
	정격발전출력 10㎾ 초과 50㎾ 이하	15만9천원
	정격발전출력 50㎾ 초과	20만6천원
이동형 연료전지	정격발전출력 5㎾ 이하	7만1천원
	정격발전출력 5㎾ 초과 20㎾ 이하	10만5천원
	정격발전출력 20㎾ 초과 200㎾ 이하	14만6천원
	정격발전출력 200㎾ 초과 500㎾ 이하	18만6천원
	정격발전출력 500㎾ 초과	25만4천원
수전해설비	정격수소생산량 10N㎥/h 이하	7만8천원
	정격수소생산량 10N㎥/h 초과 50N㎥/h 이하	10만5천원
	정격수소생산량 50N㎥/h 초과 200N㎥/h 이하	15만2천원
	정격수소생산량 200N㎥/h 초과	27만4천원
수소추출설비	정격수소생산량 10N㎥/h 이하	9만8천원
	정격수소생산량 10N㎥/h 초과 50N㎥/h 이하	13만9천원
	정격수소생산량 50N㎥/h 초과 200N㎥/h 이하	22만원
	정격수소생산량 200N㎥/h 초과	34만1천원

③생산공정 및 종합공정 검사(최초·갱신)

대상	수수료
생산공정검사	302만원
종합공정검사	454만원

④완성검사 및 정기검사 (수법55-2-2, 55-2-5, 55-2-6)

대상		수수료	
시설구분	제조·저장능력, 길이 및 예정 사용량	완성검사	정기검사
수소용품제조시설	-	40만5천원	-
압축수소가스 제조·저장시설	200㎥ 이하	31만8천원	14만4천원
	200㎥ 초과 400㎥ 이하	53만2천원	21만8천원
	400㎥ 초과 600㎥ 이하	65만1천원	26만6천원
	600㎥ 초과 1천㎥ 이하	77만7천원	32만3천원
	1천㎥ 초과 2천㎥ 이하	130만5천원	61만9천원
	2천㎥ 초과 2만㎥ 이하	213만2천원	96만원
	2만㎥ 초과 4만㎥ 이하	293만9천원	160만8천원

	4만㎥ 초과 10만㎥ 이하	372만9천원	213만3천원
	10만㎥ 초과 20만㎥ 이하	475만원	257만8천원
	20만㎥ 초과	475만5천원에 20만㎥ 초과하는 2만㎥ 당 23만4천원 가산 (최대 658만원)	357만8천원에 20만㎥ 초과하는 2만㎥ 당 13만2천원 가산 (최대 294만원)
배관	연장 1㎞ 이하	19만7천원	9만8천500원
	연장 1㎞ 초과 2㎞ 이하	37만원	18만5천원
	연장 2㎞ 초과 3㎞ 이하	53만9천원	26만9천500원
	연장 3㎞ 초과 4㎞ 이하	71만1천원	35만5천500원
	연장 4㎞ 초과 5㎞ 이하	88만5천원	44만2천500원
	연장 5㎞ 초과	88만5천원에 5㎞ 초과하는 1㎞ 당 6만1천원 가산	44만2천5백원에 5㎞ 초과하는 1㎞ 당 5만5백원 가산
수소연료전지 사용시설	월사용예정량 1천㎥이하	6만3천원	3만2천원
	월사용예정량 1천㎥ 초과 4천㎥ 이하	6만3천원	4만5천8백원
	월사용예정량 4천㎥ 초과	6만3천원에 4천㎥ 초과하는 500㎥ 당 8천800원 가산 (최대 98만9천원)	4만5천8백원에 4천㎥ 초과하는 500㎥ 당 8천500원 가산 (최대 36만6천원)

⑤안전관리규정 심사 (수법55-2-1)

대상	수수료	
	신규	변경
수소용품제조시설	21만5천원	16만5천원

⑥안전교육 (수법55-2-4)

교육과정	교육대상	교육비
전문교육	수소용품 제조시설 안전관리책임자 및 안전관리원	신규 16만9천원 보수 3만5천원
양성교육	산업부장관의 승인을 얻어 한국가스안전공사에서 정함	

3. 납부방법
(수칙51-2)

ㅇ수수료는 수입인지 또는 수입증지로 납부하거나 「전자정부법」 제14조에 따른 전자화폐 또는 전자결제 등의 방법으로 납부할 수 있음

[비고]
1. 수수료 금액은 2022년 7월 기준으로 작성됨

2.9.7. 권한의 위임 · 위탁에 관한 규정내용(제56조)

권한의 위임 · 위탁에 관한 조항은 「수소법」에 따른 권한의 위임 및 업무의 위탁에 관한 사항을 규정하고 있다. 산업부 장관은 특별시장 · 광역시장 · 도지사 · 시장 · 군수 · 구청장에게 권한의 일부를 위임할 수 있고, 업무의 일부를 위탁할 수 있으며, 진흥전담기관 · 유통전담기관 · 안전전담기관에 수소경제 이행에 필요한 관련 전담업무를 위탁할 수 있다. 또한, 산업부장관 및 시장 · 군수 · 구청장은 한국가스안전공사에 안전관리규정 준수 여부 확인 · 평가, 안전교육 실시, 수소용품제조시설, 수소연료사용시설 및 수소용품 검사 등을 위탁할 수 있다.

【표 2.9.7】 권한의 위임 · 위탁에 관한 규정내용

규정항목 (관련조항)	규정내용 (관련조항, 벌칙)
1. 권한 위임 (수법56-1)	○ 산업부장관은 「수소법」에 따른 권한의 일부를 특별시장 · 광역시장 · 도지사 또는 시장 · 군수 · 구청장에게 위임할 수 있음
2. 업무 위탁 (수법56-2)	○ 산업부장관 및 시 · 도지사 · 시장 · 군수 · 구청장은 「수소법」에 따른 업무의 일부를 특별시장 · 광역시장 · 도지사 또는 시장 · 군수 · 구청장에게 위탁할 수 있음 ○ **진흥전담기관** : 산업부장관은 수소전문기업 확인 또는 확인취소를 위한 조사 업무를 수소산업 진흥전담기관에 위탁함 (수령57-1) ○ **유통전담기관** : 산업부장관은 ①수소 생산 · 수급계획(수소생산시설 및 수소연료공급시설 운영자) 수리 ②수소판매가격 보고의 접수 및 공개 업무를 수소유통전담기관에 위탁함 (수령57-2) ○ **안전전담기관** : 산업부장관은 ①안전 관련 수소제품 표준화 사업 ②안전 관련 수소산업 기술개발 촉진 업무를 수소안전전담기관에 위탁함 (수령57-3) ○ **가스안전공사** : 산업부장관 또는 시장 · 군수 · 구청장은 ①안전관리규정 준수여부 확인 · 평가 ②수소용품 제조시설 완성검사 ③수소용품 검사 ④유통 중인 수소용품 수집 · 검사 ⑤안전교육 실시 ⑥수소연료사용시설 완성검사 및 정기검사 업무를 한국가스안전공사에 위탁함 (수령57-4)

2.9.8. 벌칙 적용에서 공무원 의제에 관한 규정내용(제57조)

벌칙 적용에서 공무원 의제에 관한 조항은 「수소법」에 따른 위원회 및 기관 등의 관계자가 공무상 비밀 누설, 수뢰 및 뇌물제공 등으로 처벌받을 경우 공무원 의제에 관한 사항을 규정하고 있다. 공무원 외의 수소경제위원회 및 실무위원회 위원, 인증기관 임직원, 관리기관 임직원 및 전담기관 임직원 등은 공무상 비밀 누설, 수뢰 및 뇌물제공 등으로 처벌받을 경우 공무원과 같이 다루어 처벌할 수 있다.

【표 2.9.8】 벌칙 적용에서 공무원 의제에 관한 규정내용

규정항목 (관련조항)	규정내용 (관련조항, 벌칙)
1. 의제대상 (수법57)	ㅇ「형법」 제127조 및 제129조부터 제132조까지의 규정을 적용할 때 다음의 사람은 공무원으로 의제함 ①위원회와 실무위원회의 위원 중 공무원이 아닌 사람 ②인증기관의 임직원 ③관리기관의 임직원 ④진흥전담기관의 임직원 ⑤유통전담기관의 임직원 ⑥안전전담기관의 임직원 ⑦「수소법」 제56조에 따라 위탁받은 업무에 종사하는 법인 또는 단체의 임직원

03 고압가스안전관리법령

3.1. 법령 개요

「고법」에서는 유통단계별로 대상의 종류와 규모에 따라 규제를 하고 있다. 수소와 관련된 유통단계별 규제 내용을 간략히 표로 정리하면 다음과 같다.

【표 3.1.1】수소와 관련 「고법」 규제의 개요

<table>
<tr><th>유통단계</th><th colspan="4">규제대상 종류 및 규모</th><th>규제종류</th></tr>
<tr><td rowspan="8">수소
제조</td><td rowspan="5">제조</td><td>석유정제업</td><td>저장 100톤</td><td rowspan="4">이상</td><td>특정제조허가</td></tr>
<tr><td>석유화학공업</td><td>저장 100톤, 처리 1만㎥</td><td rowspan="3">(저장 또는 처리하는 가스 중 수소가 포함된 경우는 해당)</td></tr>
<tr><td>철강공업</td><td>처리 10만㎥</td></tr>
<tr><td>비료생산업</td><td>저장 100톤, 처리 10만㎥</td></tr>
<tr><td colspan="3">수소 제조</td><td>일반제조허가</td></tr>
<tr><td>충전</td><td colspan="3">ㅇ수소 충전
①용기충전
②차량에 고정된 탱크 충전
③수소 자동차 충진</td><td>충전허가</td></tr>
<tr><td rowspan="2">냉동제조</td><td colspan="2">ㅇ가연성·독성가스 20톤
ㅇ그 밖의 가스
①산업용 및 냉동·냉장용 50톤
②건축물 냉·난방용 100톤</td><td>이상</td><td>냉동제조허가</td></tr>
<tr><td colspan="3">ㅇ가연성·독성가스 3톤 이상 20톤 미만
ㅇ그 밖의 가스
①산업용 및 냉동·냉장용 20톤 이상 50톤 미만
②건축물 냉·난방용 20톤 이상 100톤 미만
③그 밖의 용도 3톤 이상 20톤 미만</td><td>냉동제조신고</td></tr>
<tr><td>수소수입</td><td colspan="4">연료전지에 사용되는 수소</td><td>수입업 등록</td></tr>
<tr><td>수소판매</td><td colspan="4">ㅇ용기에 의한 판매
ㅇ배관에 의한 판매</td><td>판매허가</td></tr>
<tr><td>수소운반</td><td colspan="4">ㅇ차량에 고정된 탱크로 수소를 운반하는 차량(탱크로리, 탱크 트레일러)
ㅇ차량에 고정된 2개 이상을 이음매가 없이 연결한 용기(카드릿지 용기)로 수소를 운반하는 차량(튜브 트레일러)
ㅇ수소 제조 허가를 받거나, 수소가스 판매 허가를 받은 자가 수요자에게 용기로 수소가스를 운반하는 차량</td><td>운반자 등록</td></tr>
</table>

<table>
<tr><td rowspan="2">수소
저장·사용</td><td>저장</td><td>ㅇ액화수소 5톤
ㅇ압축수소 500㎥</td><td>이상</td><td>저장허가</td></tr>
<tr><td>사용</td><td colspan="2">ㅇ고압수소를 배관으로 공급받는 자
ㅇ수소를 자동차 연료용으로 사용하는 자
ㅇ고압수소 저장·사용자 중 다음 해당자
①액화수소 250kg 이상 5톤 미만 저장
②압축수소 50㎥ 이상 500㎥ 미만 저장</td><td>특정고압가스(주1)
사용신고</td></tr>
<tr><td colspan="4">수소 용기·냉동기·특정설비(수소용)의 제조·수입</td><td>제조등록</td></tr>
</table>

(주1) 특정고압가스 : 수소·산소·액화암모니아·아세틸렌·액화염소·천연가스·압축모노실란·압축 디보레인·액화알진·포스핀·셀렌화수소·게르만·디실란·오불화비소·오불화인·삼불화인·삼불화질소·삼불화붕소·사불화유황·사불화규소(이상 20종)

3.2. 적용 대상 및 용어 정의

3.2.1. 적용 대상

법령 적용 대상은 규제대상 목적물과 규제 행위로 구분할 수 있다. 규제대상 목적물은 규제대상 제품과 규제대상 가스로 다시 구분할 수 있고, 규제대상 행위는 제조, 저장, 판매, 사용 등으로 다시 구분할 수 있다. 여기서는 고법에서 규정한 수소 관련 규제대상 목적물에 관하여 구체적으로 살펴본다. 규제대상 목적물의 개요는 아래 표와 같다. 취급하려는 제품이나 가스가 아래 표의 규제대상 목적물에 해당하면, 그 범위를 구체적으로 알아보면 된다.

【표 3.2.1】수소 산업 관련 규제대상 목적물 개요

구분		규제대상 목적물
제품	용기 등	o수소를 충전하기 위한 용기(내용적 300 mL 미만의 용기는 제외), 그 부속품인 밸브 및 안전밸브 o냉동능력 3톤 이상의 냉동기 o안전밸브 · 긴급차단장치 · 역화방지장치 o독성가스(암모니아 등) 배관용 밸브 o기화장치 o압력용기 o냉동설비(일체형 냉동기는 제외)를 구성하는 압축기 · 응축기 · 증발기 또는 압력용기 o고압가스(수소)용 실린더캐비닛
	안전설비	o수동밸브 o체크밸브 o유량조절밸브 ※수소자동차 충전소에 설치하는 밸브(KS B ISO 19880-3(수소 가스-충전소-제3부 : 밸브)에 한함
가스	고압수소	o상용(常用)의 온도 또는 35℃에서 1MPa 이상인 압축수소가스 o상용(常用)의 온도 또는 35℃에서 0.2MPa 이상인 액화수소가스

(1) 규제대상 제품(製品)

「고법」에서 규제 대상 제품은 용기 · 수소자동차충전소에 설치하는 안전설비이다. 이들 중에서 '특정설비'라는 것은 고압가스를 제조하기 위하여 필요한 설비 중 '특별히 정한 것'을 지칭한다. 고압가스로 인한 폭발 등 재해를 미연에 방지하기 위해서는 이들 용기 등이 충분한 강도를 갖도록 제작되어야 한다. 적절한 재료를 사용하여야 하며, 적절히 가공되고 용접되어야 하는 것이다. 이를 위하여 용기 등을 제조하고자 하는 자는 동 법령에 따라 시장・군수 또는 구청장에게 제조등록을 하도록 되어 있고, 동 법령에 따른 각종 규정을 준수하도록 되어 있다. 이에 비해 안전설비는 「산업표준화법」 제15조에 의한 KS인증만 받으면 제조·판매할 수 있다.

한편 용기 등의 경우에도 규제대상에 해당하는지 여부를 간과하여 손해를 보는 경우가 있어 세심한 검토가 필요하다. 이들 용기 등에 대한 규제 범위를 간단하게 표로 정리하면 다음과 같다. 이 표는 법령 및 KGS 코드에 규정된 내용을 근거로 작성하였다.

【표 3.2.2】용기 등의 종류 및 규제대상

용기 등의 종류		규제 대상
용기		ㅇ고압가스를 충전하기 위한 것(부속품 포함)으로서 이동할 수 있는 것 (고법3-2) ①3mL 미만의 용기는 제조등록 대상에서 제외, 용기 부속품은 밸브 및 안전밸브를 말함 (고령5-1-1) ②「소방시설설치유지 및 안전 관리에 관한 법률」의 적용을 받는 내용적 1L 이하의 소화기용 용기 또는 소화기에 내장되는 용기 안의 가스는 고압가스 제외 (고령 별표1-14)
냉동기		ㅇ고압가스를 사용하여 냉동을 하기 위한 기기 (고법3-4) ①냉동능력 3톤 이상인 것에 한함 (고칙2-3) ②액화석유가스 또는 도시가스를 연료로 하는 가스엔진으로 증기압축식 냉동사이클의 압축기를 구동하는 고압가스용 가스히트펌프식 냉・난방기도 있음 (고칙 별표11-3-나-1)
특정 설비	저장탱크	ㅇ고압가스를 충전・저장하기 위하여 지상 또는 지하에 고정 설치한 것 (고칙2-1-7)
	차량에 고정된 탱크	ㅇ고압가스 수송・운반을 위하여 차량에 고정 설치된 탱크 (고칙2-1-11)
	안전밸브	ㅇ고압가스용 스프링 작동식에 한함 (KGS AA319-1.1)
	긴급차단장치	ㅇ고압가스설비에 이상 사태가 발생할 경우 해당 설비를 신속히 차단하도록 하는 장치 (밸브와 부속물을 포함한 조립품을 말함) (KGS AA317-1.4.1)
	역화방지장치	ㅇ아세틸렌, 수소 그 밖에 가연성가스의 제조 및 사용설비에 부착하는 건식 또는 수봉식(아세틸렌에만 적용) 장치로서 상용압력이 0.1㎫ 이하인 것 (KGS AA211-1.4.1)
	독성가스 배관용 밸브	ㅇ고압가스제조・저장・판매・수입업등록 및 사용신고 시설의 독성가스가 흐르는 배관에 설치되는 볼밸브, 글로우브밸브, 게이트밸브, 체크밸브 및 콕. 다만, 고압가스 특정 제조 시설에 설치되는 것과 냉동기에 부착하는 것은 제외 (KGS AA318-1.1)
	기화장치	ㅇ액화가스를 증기・온수・공기 등 열매체로 가열하여 기화시키는 장치이고, 이것에 부속된 기기・밸브류・계기류 및 연결관을 포함한 것 (KGS AA911-1.4.1)
	압력용기	ㅇ35℃에서의 압력 또는 설계압력이 그 내용물이 액화가스인 경우는 0.2㎫ 이상, 압축가스인 경우는 1㎫ 이상인 용기. 다만, 다음 중 어느 하나에 해당하는 것은 제외 (고칙 별표12-4-다, KGS AC111-1.4.2) ①고칙 별표 10의 적용을 받는 용기 ②설계압력(㎫)과 내용적(㎥)을 곱한 수치가 0.004 이하인 용기

		③펌프, 압축 장치(냉동용 압축기 제외) 및 축압기(accumulator, 축압 용기 내에 액화가스 또는 압축가스와 유체가 격리될 수 있도록 고무 격막 또는 피스톤 등이 설치된 구조로서 상시 가스가 공급되지 아니하는 구조의 것)의 본체와 그 본체와 분리되지 않는 일체형 용기 ④완충기 및 완충장치에 속하는 용기와 자동차에어백용 가스 충전 용기 ⑤유량계, 액면계, 그 밖의 계측기기 ⑥소음기 및 스트레이너(필터 포함)로서 다음 기준에 해당 되는 것 (1)플랜지 부착을 위한 용접부 외에는 용접이음매가 없는 것 (2)용접구조이나 동체의 바깥지름(D)이 320㎜(호칭지름 12B 상당) 이하이고, 배관 접속부 호칭지름(d)과의 비율(D/d)가 2.0 이하인 것 ⑦안지름, 폭, 길이 또는 단면의 지름이 150㎜ 이하인 용기
	냉동용 특정설비	▪냉동능력이 3톤 이상인 압축기·응축기 또는 증발기와 압력용기를 말함. 여기서 "압력용기"란 다음 ① 또는 ② 이외의 것을 말함 (KGS AC112-1.1 및 1.4.2) ①안지름이 310㎜ 이하로서 내용적이 10L 이하인 것 ②관을 사용하여 제조한 것으로 다음 중 하나에 해당하는 것 (1)동체의 안지름이 160㎜ 이하인 것 (2)의 길이가 내측 긴지름의 20배 이상인 것
	고압가스용 실린더캐비닛	▪용기를 장착하여 고압가스 등을 사용하기 위한 것으로서 배관과 안전장치 등이 일체로 구성된 설비 (KGS AA913-1.4.1)

여기서 알아두어야 할 것은 용기, 저장탱크 및 압력용기의 차이점이다. 「고법」 제3조 제2호에서 규정하고 있는 바와 같이 용기는 이동할 수 있는 것을 말하고, 저장탱크와 압력용기는 고정 설치된 것을 말한다. 같은 법 제3조제3호에서 저장탱크는 '고정 설치된 것'이라고 규정하고 있고, KGS AC111-1.4.2에서 용기는 압력용기에서 제외하고 있기 때문에 그러한 해석이 가능해지는 것이다. 그러나 저장탱크와 압력용기의 차이점은 법령에서 명확하게 규정하고 있지 않다. 같은 법 제3조제3호에서 저장탱크는 '고압가스를 저장하기 위한 것'이라고 정의하고 있는 점을 감안하여, 사용 목적이 '저장'인 것은 저장탱크, 사용 목적이 '저장이 아닌 것'은 압력용기로 분류하고 있다.

위 표에서 나타낸 바와 같이 압력용기의 정의는 복잡하다. 넓은 의미에서 압력용기(Pressure Vessel)라 함은 압력을 가진 유체(액체 또는 기체)를 수용하는 용기를 말하며, 보일러도 포함된다. 그러나 「고법」에서 압력용기라 함은, 가스산업 및 석유화학공업용으로, 액체 또는 기체의 저장[11]·반응·분리 등을 위하여, 압력에 견딜 수 있도록 설계·제작된 용기를 말한다. 압력용기의 종류에는 홀더(Holder), 반응기(Reactor), 칼럼(Column), 열교환기(Heat Exchanger), 드럼(Drum), 가열로(Furnace) 등이 있다. 수소 제조시설이나 충전시설은 압축기나 펌프 이외에는 다수의 압력용기와 배관으로 구성되어 있다고 할 수 있다.

11) 압력용기 사용 목적에서 저장은 저장 자체가 목적이 아니라 저장을 통하여 제조한 가스의 균질화, 공급의 안정화 등 저장 외의 목적을 겸하고 있는 것을 말한다.

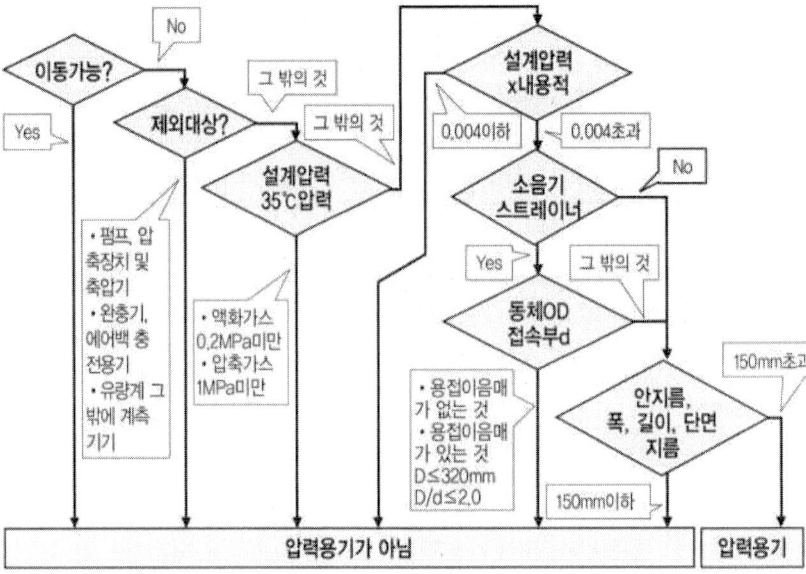

【그림 3.2.1】 압력용기 판단 플로차트

특정설비 중에서 수소 가스의 안전 확보를 위하여 가장 중요한 장치로는 안전밸브를 꼽을 수 있을 것이다. 안전밸브는 설비나 용기 등의 내부압력이 이상적으로 상승하는 경우 설비 등의 내부압력을 허용압력 이하로 떨어뜨림으로써 설비나 용기 등의 파손을 방지하는 안전장치를 말한다. 각종 기술기준에서는 안전밸브라는 용어 이외에도 '과압안전장치', '압력방출밸브' 등의 용어로도 사용된다. 안전밸브의 종류에는 스프링식 안전밸브, 파열판식 안전밸브, 가용전, 릴리프밸브 및 자동압력제어장치 등이 있다. 이중 특정설비에 해당하는 것은 스프링식 안전밸브 하나이다. 스프링식 안전밸브는 설비 내의 압력이 스프링의 설정 압력을 초과하는 경우에 밸브가 열려 가스가 방출되는 구조로 되어 있다.

또한, 암모니아에서 수소를 추출하는 설비는 암모니아가 독성가스로 분류되기 때문에 암모니아 배관에 설치되는 배관용밸브는 특정설비로서 검사를 받은 것을 사용해야 한다.

(2) 규제대상 가스

고법에서 규제하는 가스는 고압가스(High Pressure Gas)이다. 물론, 고압가스는 산소, 수소, 질소와 같은 물질명이 아니다. 고압가스는 압력이 높은 가스를 의미한다고 할 수 있다. 즉, 특정한 상태에 있는 가스를 의미하고, 수소 가스도 고압가스 상태로 있는 경우에만 고법을 적용받는다. 그렇다면 얼마나 압력이 높은 가스를 고압가스라고 하는지 정의가 필요할 수밖에 없다.

고압가스의 정의는 「고령」에 나온다. 앞에서도 기술한 바와 같이 '고압가스'란 특정의 물질을 지칭하는 것이 아니라 특정의 상태에 있는 가스를 지칭한다. 예를 들면 '수소는 고압가스인가 아닌가?'라고 말할 수 있는 것이 아니라 '수소가 현재 어떤 상태(기체 또는 액체)이며, 압력이 얼마인가?'에 따라 고압가스인가 아닌가가 결정된다는 말이다.

따라서 고압가스를 정의할 때, 가장 먼저 고려하는 것은 '그 가스가 실제로 기체 상태인가 액체 상태인가' 하는 것이다. 여기서 '실제로'란 그 가스가 고압가스인가 아닌가를 판단하는 시점에서 '거짓이나 상상이 아니고 현실적으로'라는 말이다. 같은 종류의 가스라도 그것이 고압가스인가 아닌가를 판단하는 시점에서 가스의 상태가 기체 상태인가 액체 상태인가에 따라서 고압가스에 해당하기도 하고 해당하지 않기도 하는 것이다.

「고법」 제2조(적용 범위) 이 법의 적용을 받는 고압가스의 종류와 범위는 대통령령으로 정한다.
「고령」 제2조(고압가스의 종류 및 범위) 「고법」(이하 "법"이라 한다) 제2조에 따라 법의 적용을 받는 고압가스의 종류 및 범위는 다음 각 호와 같다. 다만, 별표 1에 정하는 고압가스는 제외한다.

1. 상용(常用)의 온도에서 압력(게이지압력을 말한다. 이하 같다)이 1메가파스칼 이상이 되는 압축가스로서 실제로 그 압력이 1메가파스칼 이상이 되는 것 또는 섭씨 35도의 온도에서 압력이 1메가파스칼 이상이 되는 압축가스(아세틸렌가스는 제외한다)
2. 섭씨 15도의 온도에서 압력이 0파스칼을 초과하는 아세틸렌가스
3. 상용의 온도에서 압력이 0.2메가파스칼 이상이 되는 액화가스로서 실제로 그 압력이 0.2메가 파스칼 이상이 되는 것 또는 압력이 0.2메가파스칼이 되는 경우의 온도가 섭씨 35도 이하인 액화가스
4. 섭씨 35도의 온도에서 압력이 0파스칼을 초과하는 액화가스 중 액화시안화수소 · 액화브롬화 메탄 및 액화산화에틸렌가스

(가) 압축가스

먼저 압축가스에 대하여 살펴보자. 일반적으로 압력이 1MPa(메가파스칼) 이상이면 고압가스이다. 그러나 온도를 감안하는 경우에는 다음 ① 또는 ② 중 어느 하나에 해당하면 고압가스로 된다.

① 그 가스의 온도를 35℃로 환산하였을 때 1MPa 이상인 가스 : 예를 들어 실제로 가스의 온도가 -30℃이고, 압력이 게이지 압력으로 0.9MPa이라면, 보일-샤를의 법칙(Boyle-Charles law)에 의하여 35℃에서의 압력은 1.437이 된다.

$$(0.9+1.013)\times\frac{(273+35)}{(273-30)}-1.013=1.437$$

이 경우와 같이, 실제로는 1MPa 미만이지만, 35℃로 환산하였을 때의 압력이 1MPa 이상이 되면 고압가스로 되는 것이다. 여기서 1.013은 게이지 압력을 절대압력으로 환산하는 보정 값이다.

② 상용(常用)의 온도에서 1MPa 이상인 가스 : 먼저 '상용의 온도'란 충전설비나 용기 등이 실제로 통상 상태(이상(異常) 상태가 아닌 상태)에서 운전 또는 취급될 때의 온도를 말한다. 따라서 -250℃가 될 수도 있고, 200℃가 될 수도 있는 것이다. 이 경우에는 ①에서의 경우(35℃로 환산한 경우)와는 달리, 상용의 온도에서 1MPa 이상의 압력을 가지고 실제로 1MPa 이상의 압력을 가지는 가스가 고압가스로 된다.

압력(壓力)이란?

압력은 고압가스 성립의 기본개념이다. 압력이란 단위면적당 받는(또는 미치는) 힘을 말한다. 고압가스 분야에서는 주로 밀폐된 용기에 압입된 기체(액화가스 포함)가 그 용기의 벽에 가하는 힘이 압력이 된다. 이 힘은 용기의 모양에 관계없이 하나의 용기에서는 균일하게 용기 벽에 작용한다. 압력의 단위는 정의에서도 알 수 있는 바와 같이 단위면적당의 힘으로 표시되며, 가스3법 에서는 SI 단위계인 메가파스칼(MPa)을 채용하고 있다. 1파스칼은 1제곱미터의 넓이에 1뉴턴의 힘이 가해질 때의 압력을 의미하며, 1,000Pa은 1kPa, 1,000kPa은 1MPa이다.

(나) 액화가스

다음은 액화가스에 대하여 살펴보자. 여기서 액화가스란 무엇을 말할까? 일반적으로 액화가스(液化Gas)란 자연계(대기압, 외기온도)에서 기체 상태인 가스를 인위적으로 가압하거나 냉각하는 방법에 의하여 액화 상태로 만든 가스(실제로는 액체)를 말한다. 그러나 가스 중에는 공기나 메탄과 같이 임계온도가 자연계의 외기온도 보다 훨씬 낮아, 가압과 저온 조작을 병용하지 않으면 액화가스로 만들 수 없는 것도 있다. 또한 액화가스의 압력은 원칙적으로 포화증기압(Saturated vapor pressure, 飽和蒸氣壓)을 지칭하는데, 그 값은 각 가스 고유의 물성이다.

「고법」에 따르면 액화가스 중에서 고압가스는 다음과 같이 정의된다. 일반적으로 포화증기압이 0.2MPa 이상인 가스는 고압가스이다. 그러나 온도를 감안(압축가스에 비하여, 온도에 따른 압력의 변동이 큼)하는 경우에는 다음 ① 또는 ② 중 어느 하나에 해당하면 고압가스로 된다.

① 그 액화가스의 온도를 35℃로 하였을 때 그 액화가스의 포화증기압이 0.2MPa 이상인 가스(임계온도가 35℃ 미만인 액화가스의 경우에는 포화증기압이 0.2MPa로 되는 온도가 35℃ 이하인 가스) : 이 값은 앞에서 기술한 바와 같이 각 가스 고유의 값이기 때문에, 압축가스가 상태에 따라 고압가스 해당 여부가 결정되는 것과는 달리, 액화가스는 상태와 무관하게 액화가스의 종류에 따라 고압가스 해당 여부가 결정되는 것이다.

② 상용의 온도에서 포화증기압이 0.2MPa 이상이고, 실제로 0.2MPa 이상의 압력을 가지는 가스

여기서 주의하여야 할 것은 「고칙」 제2조제1항제3호에서는 " '액화가스'란 가압(加壓)·냉각 등의 방법에 의하여 액체 상태로 되어 있는 것으로서 대기압에서의 끓는점이 섭씨 40도 이하 또는 상용온도 이하인 것을 말한다"고 되어 있다는 것이다. 이것은 고압가스에 관한 정의가 아니고, 가스 상태의 종류에 관한 정의이다. 아래 예에서 보는 바와 같이 시설기준에는 '액화가스'에 대하여 적용되는 규정들이 있다. 이 조항들은 현재 그 가스가 압축가스의 상태에 있다 하더라도 이 액화가스 정의에 해당하는 가스이면 액화가스로 보아야 한다는 의미인 것이다.

> **「고칙」 「별표 4」** 고압가스 제조(특정제조·일반제조 또는 용기 및 차량에 고정된 탱크 충전)의 시설·기술·검사·감리 및 정밀안전검진 기준
> **1-가-7)-가)** 가연성가스, 독성가스 또는 산소의 액화가스 저장탱크 주위에는 액상(液狀)의 가스가 누출된 경우에 그 유출을 방지하기 위한 조치를 할 것

기체의 액화에 대하여

고압가스는 그것이 '기체상태'인가 '액체상태'인가에 따라 '압축가스'인가 '액화가스'인가가 결정된다. 대부분의 기체는 가압, 냉각에 의하여 액화할 수 있다. 이 경우 액회하는 압력과 온도의 관계는 인위적으로 조작할 수 있는 것이 아니다. 그 기체의 고유의 물성인 것이다.

기체가 액화하는 압력과 온도의 관계를 그래프로 나타내면 위와 같이 되는데, 이를 포화 증기압곡선이라고 한다. 이 곡선의 윗부분에 상당하는 조건(온도와 압력)에서는 액화하고, 곡선의 아랫부분에 상당하는 조건에서는 액화하지 않는다. 실제로는 액화가 시작되면 기상부가 존재하는 한 그 이상은 압력이 상승하지 않는다. 기체에는 임계온도라고 하는 그 기체 고유의 온도가 존재하는데 그 온도를 초과하면 아무리 높은 압력을 가해도 액화하지 않는다.

기체 중에는 그 임계온도가 상온보다 훨씬 낮아 상온의 물이나 상온의 공기에 의한 응축기로는 액화하지 않고, 그 기체 자신 또는 다른 기체의 단열팽창 등에 의하여 온도를 낮추어야 액화하는 것도 있다. (예 : 공기, 메탄 등)

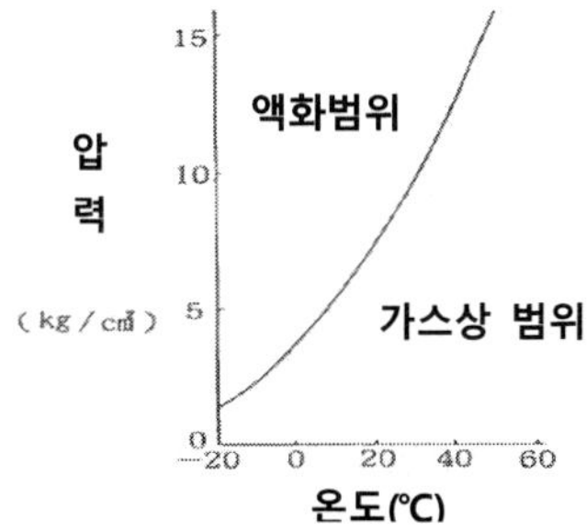

또한 「고령」 제2조에서 말하는 압력은 압축가스의 경우와 같이 압축기 등으로 압축하여 생긴 압력과 액화가스의 경우와 같이 포화증기압이라고 하는 그 물질 고유의 물성에 의하여 생긴 압력이라고 할 수 있다. 이를 좀 더 구체적으로 살펴보면, 제1호 내지 제3호

전단에서 말하는 압력은 가스가 현재 가지고 있는 압력을 말하지만, 그 압력에 도달하기까지의 수단(①기계적 가압 ②가열 ③화학반응 ④기타)은 고려하지 않는 것이며, 제1호 및 제3호의 후단과 제4호에서 말하는 압력은 가스의 온도가 상승함에 따라 이론적으로 장래에 도달할 압력을 말하지만, 기계적 압력, 화학반응에 의한 압력은 포함하지 않는 것이다.

지금까지 고압가스의 범위에 관하여 기술하였다. 그렇다고 법령의 적용 범위가 이 고압가스에 한정되는 것만은 아니다. 예를 들면, 석유화학 플랜트의 공정 중에서는, 고압가스가 생성되기 전 단계에 있는, 고압가스가 아닌 가스가 법령의 적용 대상이 되는 경우도 있는데, 이는 전 단계에서 처리가 부적절하면 고압가스 생성 후 단계에서 문제가 생길 수도 있기 때문이라고 할 수 있겠다. 또한 고압가스를 감압하여 소비하는 고압이 아닌 가스를 법령의 적용 대상으로 하는 경우도 있다.

「고칙」 제2조(정의) ①이 규칙에서 사용하는 용어의 뜻은 다음과 같다.

16. "가스설비"란 고압가스의 제조ㆍ저장 설비(제조ㆍ저장 설비에 부착된 배관을 포함하며, 사업소 밖에 있는 배관은 제외한다) 중 가스(제조ㆍ저장된 고압가스, **제조공정 중에 있는 고압가스가 아닌 상태의 가스 및 해당 고압가스제조의 원료가 되는 가스**를 말한다)가 통하는 부분을 말한다.

여기서 알아두어야 할 것이 있다. 「고칙」 제2조에는 '가연성가스'와 '독성가스'에 관한 용어 정의가 나온다. 이것을 고압가스의 종류라고 착각하는 경우가 있는데, 이것은 고압가스에 해당하는 가스 중에서 그 성질을 분류한 것이라고 보면 된다. 시설기준에 가연성가스에 관한 규정과 독성가스에 관한 규정이 각각 달리 적용되기 때문에 이러한 정의가 필요한 것이다. 물론 수소는 대표적인 가연성가스이지만 독성가스는 아니다.

「고칙」 제2조(정의) ① 이 규칙에서 사용하는 용어의 뜻은 다음과 같다.

1. "가연성가스"란 아크릴로니트릴ㆍ아크릴알데히드ㆍ아세트알데히드ㆍ아세틸렌ㆍ암모니아ㆍ수소ㆍ황화수소ㆍ시안화수소ㆍ일산화탄소ㆍ이황화탄소ㆍ메탄ㆍ염화메탄ㆍ브롬화메탄ㆍ에탄ㆍ염화에탄ㆍ염화비닐ㆍ에틸렌ㆍ산화에틸렌ㆍ프로판ㆍ시클로프로판ㆍ프로필렌ㆍ산화프로필렌ㆍ부탄ㆍ부타디엔ㆍ부틸렌ㆍ메틸에테르ㆍ모노메틸아민ㆍ디메틸아민ㆍ트리메틸아민ㆍ에틸아민ㆍ벤젠ㆍ에틸벤젠 및 그 밖에 공기 중에서 연소하는 가스로서 폭발한계(공기와 혼합된 경우 연소를 일으킬 수 있는 공기 중의 가스 농도의 한계를 말한다. 이하 같다)의 하한이 10퍼센트 이하인 것과 폭발한계의 상한과 하한의 차가 20퍼센트 이상인 것을 말한다.

2. "독성가스"란 아크릴로니트릴ㆍ아크릴알데히드ㆍ아황산가스ㆍ암모니아ㆍ일산화탄소ㆍ이황화탄소ㆍ불소ㆍ염소ㆍ브롬화메탄ㆍ염화메탄ㆍ염화프렌ㆍ산화에틸렌ㆍ시안화수소ㆍ황화수소ㆍ모노메틸아민ㆍ디메틸아민ㆍ트리메틸아민ㆍ벤젠ㆍ포스겐ㆍ요오드화수소ㆍ브롬화수소ㆍ염화수소ㆍ불화수소ㆍ겨자가스ㆍ알진ㆍ모노실란ㆍ디실란ㆍ디보레인ㆍ세렌화수소ㆍ포스핀ㆍ모노게르만 및 그 밖에 공기 중에 일정량 이상 존재하는 경우 인체에 유해한 독성을 가진 가스로서 허용 농도(해당 가스를 성숙한 흰쥐 집단에게 대기 중에서 1시간 동안 계속하여

노출 시킨 경우 14일 이내에 그 흰쥐의 2분의 1 이상이 죽게 되는 가스의 농도를 말한다. 이하 같다)가 100만분의 5000 이하인 것을 말한다.

「고칙」「별표 4」 고압가스 제조(특정제조·일반제조 또는 용기 및 차량에 고정된 탱크 충전)의 시설·기술·검사·감리 및 정밀안전검진 기준

1-가-6)-사) 가연성가스 제조설비에는 그 설비에서 발생한 정전기가 점화원(點火源)으로 되는 것을 방지하기 위하여 필요한 조치를 할 것

1-가-7)-다) 독성가스 제조시설에는 그 시설로부터 독성가스가 누출될 경우 그 독성가스로 인한 피해를 방지하기 위하여 필요한 조치를 할 것

(다) 적용제외

「고법」에서는 다른 법령에 의하여 동등 이상의 규제를 받고 있거나, 그 양이 적다는 등의 이유로 위험성이 극히 낮다고 생각되는 고압가스는 「고법」의 적용대상에서 제외하고 있다. 적용 제외되는 고압가스는 다음과 같다.

① 다른 법령에 의하여 동등 이상의 규제를 받고 있어 제외되는 고압가스

- 「에너지이용 합리화법」 적용을 받는 보일러 안과 그 도관 안의 고압증기
- 철도차량의 에어콘디셔너 안의 고압가스
- 「선박안전법」 적용을 받는 선박 안의 고압가스
- 「광산보안법」 적용을 받는 광업을 위한 설비 안의 고압가스
- 「항공법」 적용을 받는 항공기 안의 고압가스
- 「전기사업법」에 따른 전기설비 중 발전·변전 또는 송전을 위하여 설치하는 전기설비 또는 전기를 사용하기 위하여 설치하는 변압기·리액틀·개폐기·자동차단기로서 가스를 압축 또는 액화 그 밖의 방법으로 처리하는 그 전기설비 안의 고압가스
- 「원자력법」 적용을 받는 원자로 및 그 부속설비 안의 고압가스
- 오토크레이브 안의 고압가스(수소·아세틸렌 및 염화비닐은 제외한다)
- 「소방시설설치유지 및 안전관리에 관한 법률」 적용을 받는 내용적 1리터 이하의 소화기용 용기 또는 소화기에 내장되는 용기 안에 있는 고압가스
- 「총포·도검·화약류 등 단속법」 적용을 받는 총포에 충전하는 고압가스
- 「방위사업법」에 따른 품질보증을 받은 것으로서 무기체계에 사용되는 용기 등 안의 고압가스

② 저압, 소량 등의 이유로 위험성이 극히 낮다고 생각되어 제외되는 고압가스

- 내연기관의 시동, 타이어의 공기충전, 리벳팅, 착암 또는 토목공사에 사용되는 압축장치 안의 고압가스

- 액화브롬화메탄제조설비 외에 있는 액화브롬화메탄
- 등화용의 아세틸렌가스
- 청량음료수·과실주 또는 발포성주류에 혼합된 고압가스
- 냉동능력이 3톤 미만인 냉동설비 안의 고압가스
- 시험·연구목적으로 제작하는 고압가스연료용차량 안의 고압가스
- 휴대용 최루액 분사기에 최루액 추진재로 충전되는 고압가스
- 35℃ 온도에서 게이지 압력이 4.9MPa 이하인 유니트형 공기압축장치 (압축기, 공기탱크, 배관, 유수분리기 등의 설비가 동일한 프레임 위에 일체로 조립된 것. 다만, 공기 액화 분리장치는 제외한다) 안의 압축공기
- 한국가스안전공사 또는 한국표준과학연구원에서 표준가스를 충전하기 위한 정밀 충전 설비 안의 고압가스

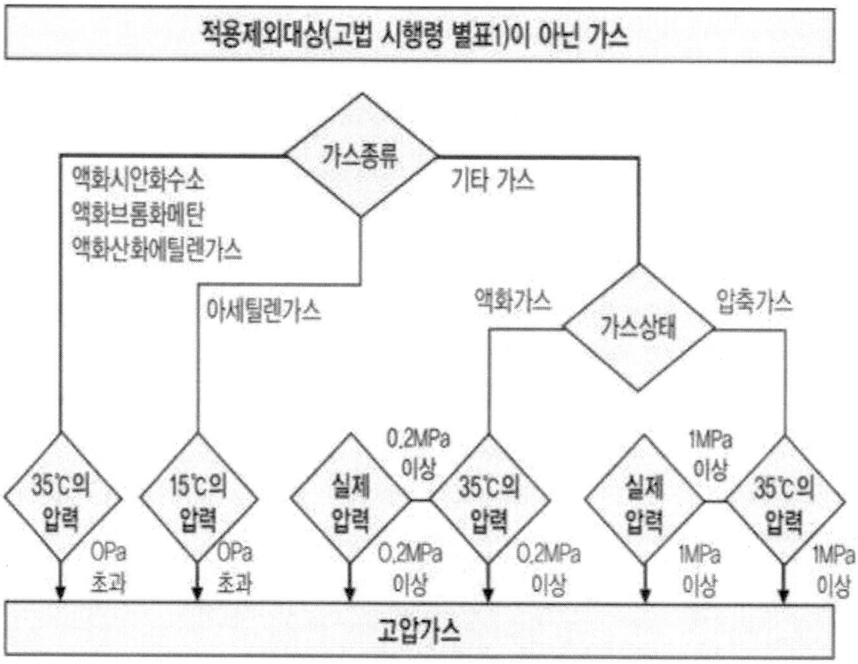

【그림 3.2.2】 고압가스 판단 플로우차트

고법 시행령 별표 1에서 냉동능력이 3톤 미만인 냉동설비 안의 고압가스를 고법 적용제외로 규정했기 때문에 가정에서 사용하는 냉장고나 에어컨 등이 고법에 의한 냉동기로 검사받지 않고 가전제품으로 취급될 수 있는 것이다.

냉동능력(冷凍能力)이란?

냉동능력이란 냉동설비의 냉동능력을 나타내는 단위의 하나이며, '톤/일'로 나타낸다. 우선 이것을 정의하기 위해서는 기초가 되는 3개의 값이 필요하다. 그 첫 번째 값은 '0℃의 물 1톤을 24시간 안에 0℃'의 얼음으로 바꾸기 위하여 그 물로부터 매시간 제거해야 할 열량이다. 이 제거해야 할 열량은 물 1톤의 응축열로부터

79,800(kcal/톤) ÷ 24(hrs) = 3,325 ≒ 3,320(kcal/hr · 톤/일)

로 된다. 그리고 냉동설비는, 냉매를 순환시키는 과정에서, 액화한 냉매가 증발할 때, 증발잠열로 냉동대상으로부터 열을 빼앗게 하여, 냉각을 하는 설비이다. 따라서 두 번째 값은 매시간의 냉매 순환량이 되고, 세 번째 값은 냉매의 발열량이 된다.
이상 3개의 값으로부터 다음과 같이 냉동능력(톤/일)을 계산할 수 있다.

1일의 내동능력(톤) = 매시간의 냉매순환량(kg/hr) × 냉매의 발열량(kcal/kg) ÷ 3,320(kcal/hr · 톤/일)

그러나 이 방식은 원리에 입각한 이론적인 냉동능력 계산 방법을 설명한 것이고, 실제 「고법」에서 냉동능력은 같은 법 시행규칙 별표 3의 규정에 따라 계산하여야 한다. 이 규정에서도 그 원리가 다른 것은 아니고, 계산 결과가 달라지는 것을 방지하기 위하여, 압축기의 종류에 따라 냉동능력을 지정하거나, 정확하게 계산할 수 있는 산식을 제공하고 있다.

(3) 「고법」의 적용대상 행위자

(가) 용기 등의 제조자

용기 등을 제조하는 행위자는 규제대상이다. 용기 등의 규제대상 범위에 대해서는 3.2.1에 이미 기술한 바와 같다. 여기서 '제조'라 함은 강판 등을 가공하여 용기 등을 제작하는 것을 말한다. 따라서 용기 등의 제조자는 「고칙」 별표 10에서 정하는 바에 따라, 제조 작업에 필요한 제조설비와 제조한 용기의 성능을 검사할 수 있는 검사설비 및 기술기준을 지킬 수 있는 품질관리체계를 갖추어야 한다. 제조설비로는 「고령」 제5조제2항에서 규정하는 바와 같이 단조설비, 성형설비, 용접설비, 조립설비, 건조설비, 세척설비 등이 있다. 단, 「고칙」 별표 10에서 규정하고 있는 바와 같이 부품생산 전문 업체의 설비를 이용하거나 그로부터 부품을 공급받더라도 품질관리에 지장이 없다고 안전공사로부터 기술검토 시 인정을 받은 경우에는 그 부품 생산에 필요한 설비를 갖추지 않아도 된다.

(나) 용기 등의 수리자

용기 등의 제조 행위를 하는 자 외에 용기 등의 수리 행위를 하는 자도 규제대상이다. 여기서 수리라 함은 「고칙」 별표 13에서 규정하는 바와 같이 부속품의 교체, 단열재의 교체, 용접가공 등을 말한다. 용기 등의 수리는 ①용기 등의 제조등록 또는 고압가스 제조 허가를 받은 자 ②「고법」 제35조에 따라 지정을 받은 용기 등의 검사기관 ③「액법」 제3조에 따라

허가를 받은 액화석유가스 충전사업자 ④「자동차관리법」 제53조에 따라 자동차관리사업(자동차정비업만을 말한다)의 등록을 한 자로서 자동차의 액화 석유 가스용기에 부착된 용기 부속품의 수리에 필요한 잔류가스의 회수 장치를 갖춘 자만 할 수 있도록 되어 있다. 수리자격자별 수리 가능한 범위도 다르므로 주의해야 한다.

(다) 외국의 용기 등 제조자

외국에서 국내로 수출하기 위하여 용기 등을 제조하는 자(외국 용기 등 제조자)도 규제대상이다. 여기서 규제대상이 되는 용기는 내용적이 3dL(300mL) 이상인 것을 말하며, 규제대상이 되는 특정설비는 저장탱크, 차량에 고정된 탱크, 압력용기, 독성가스 배관용 밸브, 냉동설비(일체형 냉동기는 제외한다)를 구성하는 압축기·응축기·증발기 또는 압력용기, 긴급 차단 장치 및 안전밸브에 한정된다. 단, 여기에서 기술한 규제대상이라 하더라도 에어졸용기, 시험·연구개발용 등 「고칙」 제9조의2제1항에서 규정하는 것들은 제외되고 있기 때문에 주의가 필요하다.

그리고 용기 등의 제조설비·검사설비 등이 「고칙」 별표 10~별표 12의 기준에 적합하여야 하고, 안전공사의 기술검토 및 공장심사 결과 안전한 것으로 인정되어야 한다.

(라) 용기 등 수입자

외국에서 국내로 용기 등을 수입하는 자도 규제대상이다. 외국의 용기 등 제조자와는 달리 허가, 등록이나 신고를 하도록 하는 규제는 부과되어 있지 않다. 용기 등 수입자에 대해서는 검사 수검(고법17-1), 보험가입(고법25-1) 등의 의무가 부과되고 있다.

(마) 안전설비 제조자 및 수입자

안전설비(고칙 제2조제4항 및 고법 고시 : 밸브(KS B ISO 19880-3(수소 가스-충전소-제3부 : 밸브)에서 규정하는 수동밸브, 체크밸브 및 유량조절밸브)를 제조 또는 수입한 자는 그 안전설비를 판매하거나 사용하기 전에 「산업표준화법」 제15조에 따른 인증을 받아야 한다. 다만, 다른 법령에 따라 안정성에 관한 검사나 인증을 받은 안전설비 등 대통령령으로 정하는 안전설비에 대하여는 인증의 전부 또는 일부를 면제할 수 있다. 2022년 6월 현재까지 안전설비는 수소자동차충전시설에 설치하는 것에 한하여 규제하고 있다.

(바) 고압가스 제조자

고압가스를 제조하는 행위자는 규제대상이다. 여기서 '고압가스의 제조'란 어떤 의미일까? 일반적으로 제조라 함은 '원료를 가공하여 정교한 제품을 만드는 것'을 말한다. 그러나 「고법」에서 '제조'라는 용어는 다음[12]과 같이 그 의미가 많이 다르다. 「고법」에서는

12) KHK서비스주식회사, "고압가스취체법해설", 1990

①고압가스가 아닌 기체(압력이 낮기 때문)를 고압가스인 기체로 만드는 것(압축기로 기체의 압력을 1MPa 이상으로 압력을 올리는 것 등) ②고압가스인 기체의 압력을 다시 더 올리는 것 ③기체를 액화시키는 것(응축기로 액화시키는 것 등을 말하며, 액화한 액화가스가 고압가스에 해당하는 경우에 한한다) ④고압가스를 용기에 충전하는 것(기체의 경우, 충전하여 고압가스로 되는 경우를 포함한다)을 '제조'로 보기 때문이다.

고압가스 제조자는 제조의 방법과 규모에 따라 고압가스 특정제조자, 고압가스 일반제조자, 고압가스 충전자 및 냉동제조자로 구분한다. 이 구분은 「고령」 제3조에 규정되어 있다.

① 고압가스 특정제조자

여기서 '제조'에는 '충전'이 포함된다. 고압가스 특정제조자를 한 마디로 말하면 '중화학공업자'라고 할 수 있다. 즉 고압가스 제조시설 중에서 '규모가 크고, 공정이 복잡하며, 첨단기술이 적용되기 때문에 특별관리가 필요한 시설의 사용자'라 할 수 있을 것이다. 「고법」에서 늘 그렇듯이 여기서 말하는 '제조'에는 '용기 또는 차량에 고정된 탱크에 충전하는 것'과 '냉동을 하는 과정에서 압축 또는 액화의 방법으로 고압가스가 생성되게 하는 것'을 포함한다. 실제 「고법」에서는 고압가스 특정제조자에 대하여 상대적으로 엄격한 시설기준 및 기술기준을 적용하도록 하고 있다. 고압가스 특정제조자로 분류되는 사업자는 고압가스 처리능력이나 저장능력이 법령에서 정한 능력 이상인 시설을 보유하고 있는 석유정제업자, 석유화학공업자, 철강공업자 및 비료생산업자 등이며, 그 대상과 규모는 「고칙」 제3조에 규정하고 있다. 고압가스 특정제조자가 당해 사업소에서 소량의 수소를 제조하여도 그 시설은 고압가스 특정제조사업자에 해당하는 시설기준 및 기술기준을 적용하게 된다.

고압가스 특정제조자가 되기 위해서는 시장·군수 또는 구청장의 허가를 받아야 한다. 또한 허가를 받기 위해서는 제조의 시설과 방법이 「고령」 제3조에서 규정하고 있는 조건에 맞아야 한다. 허가의 조건은 ①사업의 개시 또는 변경으로 국민의 생명 보호 및 재산상의 위해(危害) 방지와 재해발생방지에 지장이 없을 것 ②안전공사의 기술검토 결과 안전한 것으로 인정될 것 ③허가관청이 국민의 생명 보호 및 재산 상의 위해방지와 재해발생방지를 위하여 설치를 금지한 지역에 해당 시설을 설치하지 아니할 것 ④「고법」 및 「고령」과 그 밖의 다른 법령에 적합할 것 등 4가지이다. 주의하여야 할 것은 여기서 정하는 조건에 관한 세부 기준을 허가관청이 추가로 정할 수 있도록 되어있기 때문에 허가관청의 세부 기준이 있는지 알아보아야 한다는 것이다.

② 고압가스 일반제조자

여기서 '제조'에는 '충전'이 포함되지 않는다. 고압가스 일반제조자는 고압가스 제조자 중에서 고압가스 특정제조자에 해당하지 아니하는 자를 말한다. 고압가스 일반제조자가 되기 위해서는 고압가스 특정제조자와 마찬가지로 시장·군수 또는 구청장의 허가를 받아야 한다.

「고령」 제3조(고압가스 제조허가 등의 종류 및 기준 등) ① 법 제4조제1항에 따른 고압가스 제조 허가의 종류와 그 대상범위는 다음 각 호와 같다.

1. 고압가스 특정제조 : 산업통상자원부령으로 정하는 시설에서 압축·액화 또는 그 밖의 방법으로 고압가스를 제조(용기 또는 차량에 고정된 탱크에 충전하는 것을 포함한다)하는 것으로서 그 저장능력 또는 처리 능력이 산업통상자원부령으로 정하는 규모 이상인 것

2. 고압가스 일반제조 : 고압가스 제조로서 제1호에 따른 고압가스 특정제조의 범위에 해당하지 아니하는 것

3. 고압가스 충전 : 용기 또는 차량에 고정된 탱크에 고압가스를 충전할 수 있는 설비로 고압가스를 충전하는 것으로서 다음 각 목의 어느 하나에 해당하는 것. 다만, 제1호에 따른 고압가스 특정제조 또는 제2호에 따른 고압가스 일반제조의 범위에 해당하는 것은 제외한다.

가. 가연성가스(액화석유가스와 천연가스는 제외한다) 및 독성가스의 충전

나. 가목 외의 고압가스(액화석유가스와 천연가스는 제외한다)의 충전으로서 1일 처리능력이 10세제곱미터 이상이고 저장능력이 3톤 이상인 것

또한 허가를 받기 위해서는 제조의 시설과 방법이 「고령」 제3조에서 규정하고 있는 조건에 맞아야 한다. 허가의 조건은 고압가스 특정제조자의 경우와 같다.

③ 고압가스 충전자

고압가스 충전자는 용기 또는 차량에 고정된 탱크에 고압가스를 충전할 수 있는 설비로 고압가스를 충전하는 자를 말한다. 「고령」 제3조제1항제3호 본문 단서 규정에 따르면 고압가스 특정제조자 및 고압가스 일반제조자는 고압가스 충전자에서 제외하는 것으로 되어 있다. 따라서 고압가스를 제조하면서 충전하는 행위를 병행하는 자는 고압가스 특정제조자나 고압가스 일반제조자로 보면 되고, 순수하게 충전행위를 하는 자만 고압가스 충전자로 보면 되는 것이다. 수소연료전지 자동차에 수소를 충전하는 사업자는 고압가스 충전자로 분류되고, 이러한 충전사업자가 운영하는 충전소는 수소를 공급하는 방식에 따라, 제조식 수소자동차 충전소와 저장식 수소자동차 충전소로 구별된다.

고압가스 충전자가 되기 위해서는 시장·군수 또는 구청장의 허가를 받거나, 시장· 군수 또는 구청장에게 신고를 하여야 한다. 「고령」 제3조제1항제3호의 규정에 따르면, 가연성가스(액화석유가스와 천연가스는 제외한다) 및 독성가스를 충전하는 자는 무조건 허가를 받아야 한다. 따라서, 수소자동차충전소는 모두 허가 대상이 된다.

그 밖의 고압가스(액화석유가스와 천연가스는 제외한다)의 경우에는 1일 충전 능력이 10㎥ 이상이고 저장능력이 3톤 이상인 경우만 허가를 받으면 된다. 그리고 고압가스 충전자 중 허가 대상에서 제외되는 자는 신고를 하여야 한다. 고압가스 제조자의 경우와 마찬가지로 허가를

받기 위해서는 제조의 시설과 방법이 「고령」 제3조에서 규정하고 있는 조건에 맞아야 한다. 허가의 조건은 고압가스 특정제조자의 경우와 같다.

④ 냉동제조자

냉동제조자는 고압가스 제조자 중 냉동을 하는 과정에서 압축(압축기) 또는 액화(응축기)하는 방법으로 고압가스가 생성되게 하는 자를 말한다. 「고령」 제3조제1항제4호 본문 단서 규정에 따르면 고압가스 특정제조자, 고압가스 일반제조자 및 도시가스 사업자는 냉동제조자에서 제외하는 것으로 되어 있다. 따라서 고압가스를 제조하면서 냉동제조를 병행하는 자는 고압가스 특정제조자, 고압가스 일반제조자 또는 도시가스 사업자로 보면 되고, 순수하게 냉동제조 행위를 하는 자만 냉동제조자로 보면 되는 것이다.

고압가스 특정제조자의 시설이나 일반제조자의 시설에서 고압가스 제조공정에 투입되는 냉동설비를 '냉동용 특정설비'라고 지칭하여 압축기, 응축기, 증발기 등이 하나의 프레임에 일체로 조립된 유니트형 냉동기와 구분하고 있다. 수소를 제조 또는 충전 공정에서 수소를 냉각하기 위해 설치된 냉동설비도 그것이 유니트형 냉동기가 아니라면 냉동용 특정설비로 볼 수 있다. 이 냉동용 특정설비를 안전공사에서 운영하는 고압가스시설 검사지침 등에서는 '부속냉동설비'라고 부르기도 한다.

냉동제조자가 되기 위해서는 시장·군수 또는 구청장의 허가를 받거나, 시장·군수 또는 구청장에게 신고를 하여야 한다. 「고령」 제3조제1항제4호 및 제4조제2호의 규정에 따르면, 허가 대상과 신고대상의 구분은 아래 표와 같다. 고압가스 제조자의 경우와 마찬가지로 허가를 받기 위해서는 제조의 시설과 방법이 「고령」 제3조에서 규정하고 있는 조건에 맞아야 한다. 허가의 조건은 고압가스 특정제조자의 경우와 같다.

【표 3,2.3】냉동제조자의 허가 및 신고 구분

냉동능력		규제구분
ㅇ가연성·독성가스 20톤 ㅇ그 밖의 가스 ①산업용·냉동냉장용 50톤 ②건축물 냉·난방용 100톤	이상	냉동제조 허가
ㅇ가연성·독성가스 3톤 이상 20톤 미만 ㅇ그 밖의 가스 ①산업용·냉동냉장용 20톤 이상 50톤 미만 ②건축물 냉·난방용 20톤 이상 100톤 미만 ③그 밖의 용도 3톤 이상 20톤 미만		냉동제조 신고

(사) 고압가스 저장소 설치자

고압가스 저장소를 설치하는 자는 규제대상이다. 여기서 '저장소'란 일정량 이상의 고압가스를 용기나 저장탱크로 저장하는 일정한 장소를 말하고, '일정량'이란 액화가스 5톤(독성가스의 경우에는 1톤, 독성가스 중에서도 허용농도가 200ppm 이하인 경우에는 100kg) 또는 압축가스 500㎥(독성가스의 경우에는 100㎥, 독성가스 중에서도 허용농도가 200ppm 이하인 경우에는 10㎥)를 말한다. 따라서, 액화수소는 5톤, 압축수소는 500㎥ 이상을 저장하고 사용하고자 하면 고압가스 저장소 설치 허가를 받아야 한다.

「고령」 제3조제2항 본문 단서 규정에 따르면 고압가스 특정제조자, 고압가스 일반제조자, 냉동제조자, 고압가스 판매자, 액화석유가스 저장자 및 도시가스 사업자는 고압가스 저장소 설치자에서 제외하는 것으로 되어 있다. 따라서, 수소제조소나 수소충전소에 수소 저장 설비를 설치하더라도 별도의 저장소 설치 허가는 받지 않는다.

고압가스 저장소 설치자가 되기 위해서는 시장·군수 또는 구청장의 허가를 받아야 한다. 고압가스 제조자의 경우와 마찬가지로 허가를 받기 위해서는 저장의 시설과 방법이 「고령」 제3조에서 규정하고 있는 조건에 맞아야 한다. 허가의 조건은 고압가스 특정제조자의 경우와 같다.

(아) 고압가스 판매자

고압가스의 판매행위를 하는 자는 규제대상이다. 여기서 '판매'란 대가를 받고 고압가스를 타인에게 인도하는 것을 말하며, 판매의 방법으로는 「고칙」 별표 9에서 규정하고 있는 바와 같이 용기에 의한 판매와 배관에 의한 판매가 있다. 「고령」 제3조제3항의 규정에 따라 내용적(內容積) 1L 이하의 용기에 충전된 고압가스의 판매자는 규제대상에서 제외된다. 「고령」 제3조제3항 본문 단서규정에 따르면 고압가스 특정제조자, 고압가스 일반제조자, 냉동제조자, 액화석유가스 판매자 및 도시가스 사업자는 고압가스 판매자에서 제외하는 것으로 되어 있다. 따라서, 수소 제조 허가를 받은 자가 그가 제조한 수소를 판매하기 위해 별도의 고압가스 판매 허가를 받을 필요는 없다.

고압가스 판매자가 되기 위해서는 시장·군수 또는 구청장의 허가를 받아야 한다. 고압가스 제조자의 경우와 마찬가지로 허가를 받기 위해서는 저장의 시설과 방법이 「고령」 제3조에서 규정하고 있는 조건에 맞아야 한다. 허가의 조건은 고압가스 특정제조자의 경우와 같다.

(자)고압가스 수입자

고압가스를 수입하려는 자는 규제대상이다. 「고법」의 규제대상이 되는 고압가스 수입 행위자, 즉 수입자는 '고압가스의 수입을 업(業)으로 하려는 자'와 '고압가스를 수입하려는 자'로 구분된다. 수입을 업으로 하려는 자는 시장·군수 또는 구청장에게 등록(고법5의3)을 하고, 고압가스를 수입할 때마다 신고(고법21)를 하여야 한다. 그러나 그 밖의 수입자는 시장·군수 또는 구청장에게 신고(고법21)만 하면 된다.

「고령」 제5조의3에 따라 수입업 등록대상이 되는 가스는 '고압가스' 중에서 '독성가스'와 '연료전지용으로 사용되는 수소가스' 그리고 '프레온22 등 산업통상자원부령이 정한 9종의 냉매가스'이며, 등록을 하려면 용기 보관실과 그 밖의 수입업을 하는데 필요한 시설을 갖추어야 한다. 여기서 '독성가스'라 함은 「고칙」 제2조제1항제2호에 따른 독성가스를 말하고, '업(業)으로 하려는 자'라 함은 경제적 대가를 목적으로, 일회가 아닌 반복적·계속적으로 수입 행위를 하는 것을 말한다. 단, '업(業)으로 하려는 자'에 관한 정의가 법령에 명시되어 있지 아니하기 때문에 유권해석에 따라 그 의미는 달라질 수 있다.

「고법」 제21조 규정에 따른 신고의 대상이 되는 가스는 내용적 300mL 이상인 용기에 충전된 가스이다. 단, 암모니아와 같은 독성가스의 경우는 용기의 내용적에 관계없이 신고대상이다.

(차)고압가스 운반자

고압가스의 운반행위를 하는 자는 규제대상이다. 「고법」의 규제대상이 되는 고압가스 운반행위자 즉 운반자는 「고법」 제5조의4에 따라 '고압가스 운반차량을 이용하여 고압가스를 운반하려는 자'이다. 운반차량 중에서도 「고령」 제5조의4에 따라 등록대상이 되는 운반 차량은 ①허용농도가 200ppm이하인 독성가스 운반차량 ②차량에 고정된 탱크로 고압가스를 운반하는 차량 ③차량에 고정된 2개 이상을 이음매가 없이 연결한 용기로 고압가스를 운반하는 차량 ④고압가스 제조 허가를 받거나 신고를 한 자, 고압가스 판매허가를 받은 자 및 고압가스 수입업자의 등록을 한 자가 수요자에게 용기로 고압가스를 운반하는 차량(접합용기 또는 납붙임 용기로 고압가스를 운반하거나 스킨스쿠버 등 여가 목적의 장비에 사용되는 충전용기로 고압가스를 운반하는 경우 제외) ⑤액화석유가스 용기충전 사업자, 액화석유가스 가스난방기용기 충전사업자 및 액화석유가스 판매사업자가 수요자에게 용기로 액화석유가스를 운반하는 차량(이륜자동차를 이용하여 운반하는 경우 제외) ⑥국제표준화기구(ISO)의 규격에 따른 암모니아용·헬륨용·LNG용·질소용·이산화탄소용 ·LPG용 탱크컨테이너로 고압가스를 운반하는 차량이다.

수소는 ②~④의 경우가 등록을 해야 하는 운반차량에 해당된다.

또한 운반자로서 등록을 하려면, 운반차량에 밸브의 손상방지조치, 액면요동방지조치 등의 안전시설이 설치되어 있고, 운반차량이 「고칙」 별표 9의2에 따른 기준에 적합하여야 한다.

(카) 수소사용자중 특정고압가스 사용자

특정고압가스라 함은 위험성이 높아 사용자에 대한 관리가 필요하다고 판단하여 「고법」에서 특별히 정한 고압가스를 말한다. 수소는 대표적인 특정고압가스이다. 다만, 그 저장량에 따라 특정고압가스 사용자에 해당할 때에만 규제 대상이다. 「고법」 제20조제1항과 「고령」 제16조에서 규정하고 있는 특정고압가스는 수소·산소·액화암모니아·아세틸렌·액화염소·천연가스·압축모노실란·압축디보레인·액화알진·포스핀·셀렌화수소·게르만·디실란·오불화비소·오불화인·삼불화인·삼불화질소·삼불화붕소·사불화유황·사불화규소 등 20종이다.

「고법」 제20조제1항의 규정에 따라 특정고압가스 사용자는 시장·군수 또는 구청장에게 신고를 하고, 「고칙」 별표 8에서 규정하고 있는 시설기준과 기술기준에 맞도록 시설을 갖추어야 한다. 단, 고압가스 특정제조자, 고압가스 일반제조자, 냉동제조자, 고압가스 저장자, 용기 등의 제조자 및 「자동차관리법」 제5조의 따라 자동차등록을 한 자가 허가받은 내용이나 등록한 내용에 따라 특정고압가스를 사용하는 경우에는 신고를 하지 않아도 된다. 수소의 경우 수소 저장소 설치자와 특정고압가스 사용자의 구분은 다음 표와 같다.

【표 3.2.4】수소 저장소 설치자 및 특정고압가스 사용자 규제 구분

구 분	가스 취급 규모		규제 구분
저장소 설치자	ㅇ액화수소 5톤 ㅇ압축수소 500㎥ <참고> 액화암모니아 1톤, 압축암모니아 100㎥	이상	저장허가
특정고압가스 사용자	ㅇ수소가스를 배관으로 공급받는 자 ㅇ수소가스를 자동차 연료용으로 사용하는 자 ㅇ액화수소가스 250kg 이상 5톤 미만 저장자 ㅇ압축수소가스 50㎥ 이상 500㎥ 미만 저장 <참고> 액화암모니아는 저장량에 관계없이 신고대상		사용신고

(타) 그 밖의 규제대상자

용기나 특정설비의 소유자도 규제대상이다. 「고법」 제17조제2항에서 용기나 특정설비 소유자는 소유하고 있는 용기나 특정설비에 대하여 재검사를 받도록 되어 있기 때문이다. 재검사를 받아야 하는 경우는 ①「고칙」 별표 22에서 정하는 기간이 경과한 경우 ②손상이 발생한 경우 ③합격표시가 훼손된 경우 ④충전할 고압가스 종류가 변경된 경우이다.

고압가스의 양도·양수·운반 또는 휴대하는 자도 규제대상이다. 「고법」 제22조 제1항 및 「고칙」 별표 30의 규정에 따라 운반기준을 준수하도록 되어 있기 때문이다.

3.2.2. 용어 정의

용어의 의미는 일반적으로 사전에 설명된 내용대로 사용되거나 사회통념에 의하여 정해지는 것이지만 하나의 용어가 여러 뜻으로 쓰이는 경우가 많다. 이런 경우에 그 법령에서 어떤 의미로 그 용어를 사용하는가를 명확히 해 둠으로써 법령 해석과 적용상의 혼란을 막을 수 있다. 이와 같이 정의 규정은 법령 해석상의 논란을 예방하고, 집행과정에서 발생할 수 있는 분쟁을 방지할 뿐 아니라, 여러 조문에서 자주 사용되는 용어를 미리 하나의 조문에서 설명하여 둠으로써 법령문을 간결하게 표현할 수 있게 된다. 정의 규정은 그 법령의 전체에 그 효력을 미친다. 한편 용어 정의가 없는 경우에는 건전한 상식에 따라 판단하여야 할 것이다.

모든 법령에 정의 규정을 반드시 두어야 하는 것은 아니다. 사회통념상 일정한 의미가 있는 용어로서 정의 규정이 없이도 충분하게 의미를 알 수 있는 용어인 경우에는 그 용어에 대하여는 따로 용어 정의를 할 필요가 없다. 용어 정의 규정을 두지 않은 경우 용어의 구체적 의미는 법원의 판례나 헌법재판소의 결정례 또는 주무 부처의 법령해석지침 등에 따르게 될 것이다.

고법령에서 정의하고 있는 주요 용어 정의를 아래 표에 기술하였다.

【표 3.2.5】고압가스안전관리법령의 용어 정의(고법 제3조, 고칙 제2조 관련)

구 분	용어정의	비 고
저장소	o 산업통상자원부령으로 정하는 일정량 이상의 고압가스를 용기나 저장탱크로 저장하는 일정한 장소	o 액화가스 5톤(독성 1톤) o 압축가스 500㎥(독성 100㎥) (고칙2-2)
용기(容器)	o 고압가스를 충전(充塡)하기 위한 것(부속품을 포함)으로서 이동할 수 있는 것	o 내용적 300mL이하 제외 (고칙2-2)
차량에 고정된 탱크	o 고압가스의 수송 · 운반을 위하여 차량에 고정 설치된 탱크	o 특정설비로 규정 (고칙3-5)(고칙2-5)
저장탱크	o 고압가스를 저장하기 위한 것으로서 일정한 위치에 고정(固定) 설치된 것	o 고칙 제2조에서 종류별로 구분 (고칙3-5)
냉동기	o 고압가스를 사용하여 냉동을 하기 위한 기기(機器)로서 산업통상자원부령으로 정하는 냉동능력 이상인 것	o 냉동능력 3톤 이상인 것 (고칙2-2)
안전설비	o 고압가스의 제조 · 저장 · 판매 · 운반 또는 사용시설에서 설치 · 사용하는 가스검지기 등의 안전기기와 밸브 등의 부품으로서 산업통상자원부령으로 정하는 것(제5호에 따른 특정설비는 제외한다)	o 독성가스 검지기 o 독성가스 스크러버 o 밸브(KS B ISO 19880-3(수소 가스-충전소-제3부 : 밸브))에서 규정하는 수동밸브, 체크밸브 및

		유량조절밸브 (고칙2-4)(고법 통합고시)
특정설비	ㅇ저장탱크와 산업통상자원부령으로 정하는 고압가스 관련 설비	ㅇ표 3-2-2 참조 (고칙2-5)
정밀안전검진	ㅇ대형(大型) 가스사고를 방지하기 위하여 오래되어 낡은 고압가스 제조시설의 가동을 중지한 상태에서 가스 안전관리 전문기관이 정기적으로 첨단장비와 기술을 이용하여 잠재된 위험 요소와 원인을 찾아내고 그 제거 방법을 제시하는 것	ㅇ전문기관 -한국가스안전공사 -한국산업안전보건공단 (고령 14의2)
저장 설비	ㅇ고압가스를 충전·저장하기 위한 설비로서 저장탱크 및 충전용기 보관 설비	ㅇ충전용기 보관실도 저장설비임 (고칙2-1-5)
저장능력	ㅇ저장 설비에 저장할 수 있는 고압가스의 양으로서 <별표 1>에 따라 산정된 것 <별표 1> 가. $Q=(10P+1)V_1$ 나. W=0.9dV2 다. $W=\frac{V_2}{C}$ · Q : 저장능력(단위 : ㎥) · P : 35℃(아세틸렌가스는 15℃)에서의 최고충전 압력(단위: ㎫) · V_1 : 내용적(단위:㎥) · W : 저장능력(단위:kg) · d : 상용온도에서의 액화가스의 비중(단위:kg/L) · V_2 : 내용적(단위:L) · C : 가스 종류에 따른 정수(별표 1 참조)	ㅇ허가, 신고 대상 결정시 판단 ㅇ기준다목의 C값은 액화가스 용기나 저장탱크 내 온도 상승에 따른 압력상승을 대비한 안전공간 확보를 위한 정수임(나목의 0.9도 안전공간 10%를 확보하기 위한 정수) (고칙2-1-6, 고칙 별표 1)
초저온 저장탱크	ㅇ섭씨 영하 50도 이하의 액화가스를 저장하기 위한 저장탱크로써 단열재를 씌우거나 냉동설비로 냉각시키는 등의 방법으로 저장탱크 내의 가스 온도가 상용의 온도를 초과하지 아니하도록 한 것	ㅇ액화수소 저장탱크가 해당하며, 보통 내조와 외조 사이를 진공 처리하는 진공단열 탱크 (고칙2-1-8)
저온저장탱크	ㅇ액화가스를 저장하기 위한 저장탱크로서 단열재를 씌우거나 냉동설비로 냉각시키는 등의 방법으로 저장탱크 내의 가스온도가 상용의 온도를 초과하지 아니하도록 한 것 중 초저온저장탱크와 가연성가스 저온저장탱크를 제외한 것	ㅇ(고칙2-1-9)
가연성가스 저온저장탱크	ㅇ대기압에서의 끓는 점이 섭씨 0도 이하인 가연성가스를 섭씨 0 도 이하인 액체 또는 해당 가스의 기상부의 상용압력이 0.1㎫ 이하인 액체 상태로 저장하기 위한 저장탱크로서 단열재를 씌우거나 냉동설비로 냉각하는 등의 방법으로 저장탱크 내의 가스 온도가 상용온도를 초과하지 아니하도록 한 것	ㅇ(고칙2-1-10)
초저온용기	ㅇ섭씨 영하 50도 이하의 액화가스를 충전하기 위한 용기로서 단열재를 씌우거나 냉동설비로 냉각시키는 등의 방법으로 용기 내의 가스 온도가 상용온도를 초과하지 아니하도록 한 것	ㅇ액화수소 저장 용기가 해당. 초저온탱크와 유사함 (고칙2-1-12)

저온용기	ㅇ액화가스를 충전하기 위한 용기로서 단열재를 씌우거나 냉동설비로 냉각시키는 등의 방법으로 용기 내의 가스 온도가 상용의 온도를 초과하지 아니하도록 한 것 중 초저온용기 외의 것	ㅇ(고칙2-1-13)
충전용기	ㅇ고압가스의 충전질량 또는 충전압력의 2분의 1 이상이 충전되어 있는 상태의 용기	ㅇ저장능력 산정 시 포함되는 용기로, 그 수량에 따라 허가 여부 및 안전거리 유지 등을 판단 (고칙2-1-14)
잔가스용기	ㅇ고압가스의 충전질량 또는 충전압력의 2분의 1 미만이 충전되어 있는 상태의 용기	ㅇ저장능력 산정에는 포함되지 않으나 이를 구분하기 위해 별도 보관토록 규정 (고칙2-1-15)
가스설비	ㅇ고압가스의 제조・저장・사용 설비(제조・저장・사용 설비에 부착된 배관을 포함하며, 사업소 밖에 있는 배관은 제외한다) 중 가스(제조・저장되거나 사용 중인 고압가스, 제조공정 중에 있는 고압가스가 아닌 상태의 가스, 해당 고압가스제조의 원료가 되는 가스 및 고압가스가 아닌 상태의 수소를 말한다)가 통하는 설비	ㅇ수소제조소나 저장소 또는 사용시설에서 고압가스가 아닌 수소가 통하는 설비도 가스설비로 명확히 구분하고 있음 (고칙2-1-16)
고압가스설비	ㅇ가스설비 중 다음 각 목의 설비 ①고압가스가 통하는 설비 ②가목에 따른 설비와 연결된 것으로서 고압가스가 아닌 상태의 수소가 통하는 설비. 다만, 「수소경제 육성 및 수소 안전관리에 관한 법률」 제2조제9호에 따른 수소연료사용시설에 설치된 설비는 제외한다	ㅇ고압가스 상태인 수소가 통하는 설비와 연결된 수소 가스설비도 고압가스설비로 규정하여 동일한 안정성 확보함 (고칙2-1-17)
처리설비	ㅇ압축・액화나 그 밖의 방법으로 가스를 처리할 수 있는 설비 중 고압가스의 제조(충전을 포함한다)에 필요한 설비와 저장탱크에 딸린 펌프・압축기 및 기화장치	ㅇ처리설비 능력이 처리능력임 (고칙2-1-18)
감압설비	ㅇ고압가스의 압력을 낮추는 설비	ㅇ감압설비를 통해 압력을 낮춘 가스가 고압가스에 해당될 경우 감압설비에 의한 감압도 고압가스 제조에 해당함 (고칙2-1-19)
처리능력	ㅇ처리설비 또는 감압설비에 의하여 압축・액화나 그 밖의 방법으로 1일에 처리할 수 있는 가스의 양(온도 섭씨 0도, 게이지압력 0파스칼의 상태를 기준으로 한다. 이하 같다)	ㅇ고압가스특정제조와 일반제조의 구분 기준 및 수수료 산정 기준으로 사용됨 ㅇ처리능력은 운전조건이 아닌 0℃, 표준대기압상태로 환산함 (고칙2-1-20)

불연재료 (不燃材料)	○「건축법 시행령」 제2조제10호에 따른 불연재료 <건축법 시행령 제2조의 불연재료 종류> 가. 콘크리트·석재·벽돌·기와·철강·알루미늄·유리·시멘트 모르 타르 및 회 이 경우 시멘트모르타르 또는 회 등 미장재료를 사용하는 경우에는 「건설기술 진흥법」 제44조제1항제2호에 따라 제정된 건축공사표준시방서에서 정한 두께 이상인 것에 한한다. 나. 한국산업표준에 따라 시험한 결과 질량감소율 등이 국토교통부 장관이 정하여 고시하는 불연재료의 성능기준을 충족하는 것 다. 그 밖에 가.와 유사한 불연성의 재료로서 국토교통부장관이 인정하는 재료. 다만, 가.의 재료와 불연성재료가 아닌 재료가 복합으로 구성된 경우를 제외한다.	○충전용기보관실, 가스설비실, 저장탱크실 등의 설치기준에 인용되는 용어로 수소제조, 충전소 설비실 건축에 매우 중요한 기준임 (고칙2-1-21)
방호벽(防護壁)	○높이 2미터 이상, 두께 12센티미터 이상의 철근콘크리트 또는 이와 같은 수준 이상의 강도를 가지는 구조의 벽	○수소자동차충전시설은 충전자 보호와 사고로 인한 피해예방을 위해 압축가스 설비와 충전설비 사이 사업소 경계와 보호시설 사이 등에 방호벽 설치를 규정하고 있음 (고칙2-1-22)
보호시설	○제1종보호시설 및 제2종보호시설로써 <별표 2>에서 정한 것 <고칙 별표 2> 1. 제1종보호시설 가. 학교·유치원·어린이집·놀이방·어린이놀이터·학원·병원(의원 포함)·도서관·청소년수련시설·경로당·시장·공중목욕탕·호텔·여관·극장·교회 및 공회당(公會堂) 나. 사람을 수용하는 건축물(가설건축물은 제외한다)로서 사실상 독립된 부분의 연면적이 1천㎡ 이상인 것 다. 예식장·장례식장 및 전시장, 그 밖에 이와 유사한 시설로서 300명 이상 수용할 수 있는 건축물 라. 아동복지시설 또는 장애인복지시설로서 20명 이상 수용할 수 있는 건축물 마. 「문화재보호법」에 따라 지정문화재로 지정된 건축물 2. 제2종보호시설 가. 주택 나. 사람을 수용하는 건축물(가설건축물은 제외한다)로서 사실상 독립된 부분의 연면적이 100㎡ 이상 1천㎡ 미만인 것	○수소자동차충전시설의 경우 충전소 부지 경계 밖 보호시설 유무에 따라 확보해야 많은 곳에서는 충전소를 설치할 부지면적이 달라지고, 보호시설이 자체가 불가할 수도 있음 (고칙2-1-23)
용접용기	○동판 및 경판(동체의 양 끝부분에 부착하는 판을 말한다. 이하 같다)을 각각 성형하고 용접하여 제조한 용기	○액화수소용 초저온용기는 주로 스테인레스 강판을 성형하여 용접으로 제작하는 용접용기로 분류됨 (고칙2-1-24)
이음매 없는 용기	○동판 및 경판을 일체(一體)로 성형하여 이음매가 없이 제조한 용기	○충전압력 20MPa 이하인 압축수소용 용기는 주로 이음매 없는 용기로 제작되고 이를 초과하면 복합재료용기로 제작함 (고칙2-1-25)
충전설비	○용기 또는 차량에 고정된 탱크에 고압가스를 충전하기 위한 설비로서 충전기와 저장탱크에 딸린 펌프· 압축기	○(고칙2-1-27)

3.3. 수소의 제조·충전·판매 및 수입

지금까지 고압가스안전관리법령에 규정하고 있는 규제대상과 주요 용어 정의에 대해 살펴보았다. 이번 절에서는 고압가스안전관리법을 적용받는 수소 제조·충전자, 수소 판매자 및 수소 수입자에 대한 규제 내용을 살펴볼 것이다. 먼저 규제 내용을 일목요연하게 파악할 수 있도록 표로 정리해 보고, 세부적인 내용을 기술하고자 한다.

규제주체로는 정부, 안전공사 및 사업자가 있으며, 규제내용은 표에서 보는 바와 같이 수소 제조·충전자, 수소판매자 및 수소수입자에 대해 30개 정도의 규제내용이 있다.

【표 3.3.1】수소의 제조·충전·판매자 및 수소가스 수입자에 대한 규제내용

주체	규제내용 \ 규제대상	제조	충전	판매	수입
정부	허가	●	●	●	
	변경허가	●	●	●	
	등록				○[6]
	변경등록				○[6]
	개시 · 중단 · 재개 · 폐지 신고	●	●	●	○[6]
	사업 승계 신고	●	●	●	○[6]
	안전관리규정 이행실태 확인 · 평가	●	●	●	○[6]
	특정고압가스 사용신고			●	●
	고압가스 수입신고	●	●	●	●
안전공사	공사 공정별 중간검사	●	●	●	○[6]
	배관공사 감리	○[4]			
	완성검사	●	●	●	○[6]
	정기 및 수시 검사	●	●	○[5]	○[6]
	15년경과 노후시설 정밀안전검진	○[3]			
	안전교육	●	●	●	●
	사고통보	●	●	●	●
	수요자 시설 안전점검 및 계도	●	●	●	
사업자	안전관리규정 제출 · 준수 · 기록	●	●	●	○[6]
	시설 · 용기 등을 기준에 맞게 유지	●	●	●	○[6]

	용기에 가스 충전 전 안전점검	●	●		
	용기를 안전하게 유지·관리	●	●	●	
	용기 등 검사품 사용	●	●	●	●
	용기 등 재검사 수검	●	●	●	●
	안전설비 인증품 사용	○[7]	○[7]		
	안전성평가 실시·제출·준수	○[3]	●		
	안전관리자 선임 및 선임신고	●	●	●	○[6]
	시공기록·완공도면 작성·보존	○[4]			
	수소가스 품질유지	○[6]	○[6]	○[6]	○[6]
	운반기준 준수	●	●	●	●
	사업소 밖 고압가스배관 매설상황 확인	●	●	○[8]	
	사업소 밖 고압가스배관 안전조치	●	●	○[8]	
	사업소 밖 배관 도면 작성 및 보존	●	●	○[8]	
	보험가입	●	●	●	○[6]

(주1) "●"는 행위자 전체가 해당되는 경우, "○"는 행위자 중 일부가 적용되는 경우를 나타낸다.
(주2) "용기 등"이라함은 용기·냉동기 및 특정설비를 말한다.
(주3) 철강공업자를 제외한 고압가스 특정제조자에 한한다.
(주4) 고압가스 특정제조자 및 고압가스 일반제조자에 한한다.
(주5) 용기에 의한 수소가스 판매자는 제외한다.
(주6) 연료전지용 수소가스에 한한다.
(주7) 수소자동차 충전소에서 밸브(KS B ISO 19880-3(수소가스-충전소-제3부 : 밸브)에서 규정하는 수동밸브, 체크밸브 및 유량조절밸브를 사용하는 경우에 한한다.
(주8) 배관에 의한 판매사업자만 해당한다.

3.3.1. 고압 수소가스 제조(특정제조·일반제조, 충전)자에 대한 규제내용

고압가스에 해당하는 수소가스(이하 '수소'라고 한다) 제조자는 고압가스 제조자이다. 고압가스 제조자는 고압가스 특정제조자, 고압가스 일반제조자, 고압가스 충전자로 구분된다(고령 3-1). 수소연료전지자동차 충전자의 경우에도 자동차에 고정된 용기에 수소를 충전하기 때문에 고압가스 자동차 충전자로 분류된다. 앞서 언급한 바와 같이 수소자동차충전소는 수소를 제조·압축하여 자동차에 충전하는 '수소 제조식 자동차충전소'와 배관 또는 저장설비로부터 공급받은 수소를 압축하여 자동차에 충전하는 '저장식 수소 자동차충전소' 두 종류가 있다.

수소를 제조하는 고압가스 제조자에 대한 규제항목은 24개이며, 규제내용은 다음 표와 같다. 수소제조자 및 충전자의 경우 기본적으로 이 표에 기술된 규제내용만 간과하지 않으면 문제가 없다고 말할 수 있다.

【표 3.3.2】수소 제조·충전자에 대한 규제내용

규제항목 (관련조항)	규제내용 (관련조항, 벌칙)
1. 기술검토 **(고령3-4-2, 고령3-6)**	ㅇ시설설치계획에 대한 기술검토 (고령3-4-2, 고령3-6) - 검토기관 : 안전공사 - 검토기준 : ①시설의 설치계획서 ②시설기준과 기술기준에 관한 도면 및 그 설명서의 안전성여부 (고령3-4-2, 고칙7-1)
2. 허가 **(고법4-1)**	ㅇ고압가스제조 허가 (고법4-1, 2년 징역 또는 2천만원 벌금) - 허가대상 : 일정 규모(고령 제3조) 이상의 고압가스 제조자(아래에서 별도 설명) - 허가관청 : 시장 • 군수 또는 구청장 - 허가기준 : 고압가스제조(특정제조 • 일반제조 또는 용기 및 차량에 고정된 탱크 충전) 기준 고칙 별표 4 / 고압가스자동차 충전기준 고칙 별표 5
3. 변경허가 **(고법4-1)**	ㅇ고압가스제조 변경허가 (고법4-1, 1년 징역 또는 1천만원 벌금, 상호 및 대표자 변경의 경우 500만원 과태료) - 변경허가대상 : 일정 규모(고령3) 이상의 고압가스 제조자 - 변경허가관청 : 시장 • 군수 또는 구청장 - 변경허가범위 : ①사업소의 위치 변경 ②제조하는 고압가스의 종류 변경(고압가스의 종류 변경으로 저장능력이 변경되는 경우를 포함). 다만, 저장하는 고압가스의 종류를 변경하는 경우로서 안전공사가 위해의 우려가 없다고 인정하는 경우와 「관세법」의 적용을 받는 보세구역에서 고압가스의 종류를 변경하는 경우 제외 ③제조 • 저장 또는 판매하는 고압가스의 압력 변경 ④저장설비의 교체 설치, 저장설비의 위치 또는 능력의 변경 ⑤처리설비의 위치 또는 능력의 변경 ⑥가연성가스 또는 독성가스를 냉매로 사용하는 냉동설비 중 압축기 • 응축기 • 증발기 • 수액기의 교체 설치 또는 위치 변경 ⑦상호의 변경 ⑧대표자의 변경 - 변경허가기준 : 고압가스제조(특정제조 • 일반제조 또는 용기 및 차량에 고정된 탱크 충전)기준 고칙 별표 4 / 고압가스자동차 충전기준 고칙 별표 5
4. 사업의 개시 등 신고 **(고법7)**	ㅇ사업의 개시 • 중지 • 폐지 • 재개 신고 (고법7, 300만원 벌금) - 신고범위 : 사업을 개시하려는 자 및 1개월 이상 중지 • 폐지 또는 재개하려는 자 - 신고관청 : 시장 • 군수 또는 구청장
5. 지위승계 신고 **(고법8-2)**	ㅇ지위승계 신고 (고법8-2, 300만원 과태료) - 신고범위 : 사업 상속인 • 양수인 또는 합병 후 존속 또는 설립 법인 - 신고관청 : 시장 • 군수 또는 구청장 - 신고기간 : 지위를 승계한 날부터 30일 이내
6. 공급자 의무 **(고법10)**	ㅇ안전점검 : 수소가스 공급 시 실시 (고법10-1, 1년 징역 또는 1천만원 벌금) - 안전점검기준 : 고칙 별표 14 (고법10-5, 500만원 과태료) ㅇ안전계도 : 1년에 1회 이상 위해 예방 계도물 작성 • 배포, 실시기록 작성 2년간 보존

	(고법10-1, 고칙16-1, 1년 징역 또는 1천만원 벌금) o 개선권고 : 안전점검결과 부적합시설 개선권고 (고법10-2, 1천만원 과태료) o 공급중지 : 개선권고 시설 미개선 시 가스공급중지 (고법10-3, 1천만원 과태료) o 공급중지신고 : 공급중지 시 공급중지 신고서 시장·군수 또는 구청장에게 제출 (고법10-3, 1천만원 과태료)
7. 안전관리 규정 (고법11)	o 제출 : 사업 개시 전에 안전관리규정을 정하여 허가관청 또는 신고관청에 제출 (고법11-1, 2천만원 과태료) - 작성요령 : 고칙 별표 15 - 제출 시 안전공사의 의견서를 첨부 ※ 고압가스 특정제조자(철강공업자는 제외)는 종합적 안전관리규정 제출 (고법11-2) o 준수 : 안전관리규정을 준수하고, 실시기록 작성 5년간 보존 (고법11-5, 1천만원 과태료) o 확인·평가 : 완성검사 6개월 후, 그 이후에는 매 5년마다 또는 정기검사·수시검사 시에 안전공사가 실시 (고법11-6, 고칙20-2)
8. 시설·용기의 안전 유지 (고법13)	o 시설안전유지 : 시설기준과 기술기준에 맞도록 유지 (고법13-1, 1년 징역 또는 1천만원 벌금) o 용기안전유지 : 점검기준에 맞는 용기에 충전 (고법13-2, 300만원 벌금) / 용기를 안전하게 유지·관리 (고법13-4, 1천만원 과태료) - 용기점검기준 : 고칙 별표 18 - 용기에 고압가스 충전 시 충전·판매기록 작성 5년간 보존 (고법13-5, 1천만원 과태료)
9. 안전성 평가 등 (고법13의2)	o 안전성평가 실시 (고법13의2-1, 1년 징역 또는 1천만원 벌금) - 적용대상 : 고압가스 특정제조자(철강공업자는 제외) o 안전성향상계획 작성, 허가관청에 제출(1년 징역 또는 1천만원 벌금)하거나 사무실에 비치 (고법13의2-1) - 작성 시 안전공사의 의견서 첨부 o 안전성향상계획 이행 (고법13의2-3, 1년 징역 또는 1천만원 벌금)
10. 안전관리자 (고법15)	o 선임 : 사업 개시 전 (고법15-1, 500만원 벌금) o 선임·해임·퇴직 신고 / 30일 이내 재선임 (고법15-3, 500만원 벌금) o 유고 시 대리자 지정 (고법15-4, 제조신고자 또는 특정고압가스 사용신고자 2천만원 과태료, 그 밖의 제조자 행정처분) o 직무 성실 수행 / 사업자는 안전관리자 의견수용 (고법15-5, 300만원 과태료) - 종류·자격·인원·직무범위 및 직무대행기간 : 고령 제12조~제13조
11. 중간·완성 검사, 시공감리 (고법16)	o 공정별 중간검사 수검 (고법16-1, 1년 징역 또는 1천만원 벌금) o 제조소 경계 밖의 지하 고압가스배관 공사 시 감리(監理) 수검(특정제조자 및 일반제조자에 한정) (고법16-2, 1년 징역 또는 1천만원 벌금) / 완공도면 작성·보존 (고법16-5) o 완공 후 완성검사 수검 (고법16-3, 1년 징역 또는 1천만원 벌금) - 검사기관 : 안전공사 - 검사 및 감리 기준 : 고칙 별표 4
12. 정기·수시 검사 (고법16의2)	o 정기검사 수검 (고법16의2-1, 300만원 벌금) - 검사주기 : 특정제조자(철강공업자 제외. 이하 같음) 4년, 특정제조자 외의 가연성가스·독성가스 및 산소 제조자 1년, 특정제조자 외의 불연성가스(독성가스 제외) 제조자 2년 - 검사기관 : 가연성가스·독성가스 외의 가스를 냉매로 하는 건축물의 냉난방용 냉동제조시설은 지정검사기관 또는 안전공사 나머지 제조시설은 안전공사 - 검사기준 : 고칙 별표 4 o 수시검사 수검 (고법16의2-1, 300만원 벌금)

	- 안전공사가 가스사고 예방이나 가스안전을 위하여 필요하다고 인정하는 때 (고칙31-1) - 검사기준 : 고칙 별표 4
13. 정밀안전 검진 **(고법16의3)**	ㅇ정밀안전검진 수검 (고법16의3-1, 300만원 벌금) - 적용대상 : 특정제조시설(철강공업은 제외)로서 완성검사 후 15년 경과 시설 (고칙33) - 검진주기 : 4년(정기검사 2년 후의 정기보수기간에 실시) (고칙34) - 검진기관 : 안전공사 또는 한국산업안전보건공단 (고령14의2) - 검진기준 : 고칙 별표 4
14. 용기 및 특정설비 수리 **(고법5-3)**	ㅇ용기 등을 수리할 수 있는 자격자에게 수리의뢰 (고법5-3, 300만원 벌금) - 적용대상 : 용기 등의 소유자나 점유자 (고법5-4, 300만원 벌금) - 수리자격 : ①용기 등의 제조등록 또는 고압가스 제조허가를 받은 자 ②용기 등의 검사기관 ③액화석유가스 충전사업 허가를 받은 자 ④「자동차관리법」 제53조에 따른 자동차관리 사업 등록자로서 자동차의 잔류가스의 회수장치를 갖춘 자 (고법5-3) - 수리할 수 있는 자격자가 용기 등을 수리하는 경우 고령 별표 1의2에 따라 자격을 갖춘 자로 하여금 감독 (고법5-5, 300만원 벌금) - 수리기준 : 고칙 별표 13
15. 용기 및 특정 설비 재검사 **(고법17-2)**	ㅇ재검사 수검 (고법17-2, 행정처분) - 적용대상 : 용기나 특정설비의 소유자 (고법17-1) - 수검대상 : 재검사기간(아래에서 별도 설명)의 경과, 손상의 발생, 합격표시의 훼손, 충전할 고압가스 종류의 변경 (고법17-2) - 검사기관 : 안전공사 또는 지정검사기관 - 검사기준 : 용기검사기준 고칙 별표 10 / 용기부속품 검사기준 고칙 별표 10의2 / 특정설비 검사기준 고칙 별표 12
16. 수소가스 품질유지 **(고법18의2)**	ㅇ수소가스 품질 유지 (고법18의2-3, 1년이하 징역, 1천만원 벌금) - 대상 : 연료전지용 수소가스 (고령15의3) - 내용 : 기준에 맞게 품질 유지 - 품질유지 기준 : '고압가스의 품질기준과 품질검사방법 등에 관한 고시'로 다음 기준 준용 • ISO 14687-2 : 연료전지 차량용 수소 연료 규격 • ISO 14687-3 : 가정 기기용 연료전지 수소 규격 • SAE J2719 : 연료전지 차량용 수소 연료 규격
17. 수소가스 품질검사 **(고법18의3)**	ㅇ수소가스 품질검사 수검 (고법18의3-1, 1년이하 징역, 1천만원 벌금) - 수검대상 : 연료전지용 수소가스 (고령15의3) - 품질검사기관 : 안전공사 - 검사주기 : 분기별 1회 (고칙 별표 27-1) - 검사기준 : '고압가스의 품질기준과 품질검사방법 등에 관한 고시'로 다음 국제기준 준용 • ISO 14687-2 : 연료전지 차량용 수소 연료 규격 • ISO 14687-3 : 가정 기기용 연료전지 수소 규격 • SAE J2719 : 연료전지 차량용 수소 연료 규격
18. 운반 등 **(고법22)**	ㅇ고압가스 양도 • 양수 • 운반 또는 휴대 시 운반기준 준수 (고법22-1, 300만원 벌금) - 운반기준 : 고칙 별표 30

19. 안전교육 (고법23)	ㅇ안전관리책임자·안전관리원·운반책임자 및 운반차량운전자 등에게 교육을 받게 하여야 함 (고법23-2, 300만원 과태료) - 교육기관 : 안전공사
20. 배관매설 상황 확인 (고법23의 3)	ㅇ굴착공사자가 확인요구(고법23의3-1)시 배관매설 정보제공 (고법23의3-3, 1년 징역 또는 1천만원 벌금) ㅇ사업소 경계 밖에 매설배관 존재 시 다음 조치 강구 (고법23의3-4, 1년 징역 또는 1천만원 벌금) ①고압가스배관의 매설 위치의 표시 ②정보지원센터에 표시 사실의 통지 ③배관보호시설 설치, 도면 제공 등 사고 예방을 위한 조치 강구
21. 굴착공사 협의 (고법23의 4)	ㅇ굴착공사자가 요구 시 배관보호방법 협의 (고법23의4-1, 2년 징역 또는 2천만원 벌금) ㅇ배관보호방법 협의서 작성 및 준수 (고법23의4-2, 2년 징역 또는 2천만원 벌금, 미 작성 또는 거짓 작성 시 1천만원 과태료)
22. 배관 안전조치 (고법23의6)	ㅇ굴착공사 존재 시 다음의 안전조치 노력 (고법23의6-1) ①굴착공사장별 안전관리 전담자의 지정·운영 ②굴착공사자에 대한 배관 매설 위치 등이 표시된 도면의 제공 ③배관 매설상황 확인, 가스안전 영향평가, 굴착공사 협의 및 순회점검 등 도시가스배관 보호를 위한 제도의 지도 및 자문 ④그 밖에 고칙 별표 31의2에서 정하는 사항 (고칙52의7-2) ㅇ사업소 경계 밖 고압가스배관에 관한 도면의 작성·보존 (고법23의6-2, 2년 징역 또는 2천만원 벌금)
23. 보험가입 (고법25)	ㅇ보험가입 (고법25-1, 2천만원 과태료) - 보험종류 : 가스사고배상책임보험 또는 이 보험과 같은 내용이 포함된 보험 (고령18-1)
24. 사고통보 (고법26)	ㅇ안전공사에 사고통보 (고법26-1, 1천만원 과태료) - 통보대상 : 사망자·부상자 또는 중독자가 있는 사고, 가스누출에 의한 폭발 또는 화재사고, 가스시설손괴 또는 가스누출로 인하여 인명대피나 공급중단이 발생한 사고, 저장탱크에서의 가스누출사고 (고칙54-2)

(1) 규제내용의 유형 구분

위 표에서 보는 바와 같이, 수소 제조자에 대한 규제내용은 행위허가에 관한 것, 자율안전관리에 관한 것, 타율 안전관리에 관한 것 및 기타 안전관리에 관한 것으로 구성되어 있다. 행위허가에 관한 것으로는 허가와 변경허가, 사업의 개시 등에 관한 신고 및 지위승계에 관한 신고가 있다. 자율 안전관리에 관한 것으로는 공급자 의무, 안전관리규정, 시설·용기의 안전유지, 안전성평가 및 안전관리자에 관한 것이 있다. 타율 안전관리에 관한 것으로는 중간·완성검사, 시공감리, 정기·수시검사, 정밀안전검진, 연료전지용 수소가스 품질검사, 용기 등의 수리 및 용기 등의 재검사가 있다. 기타 안전관리에 관한 것으로는 사업소 경계 밖 배관 안전관리, 고압가스 운반, 안전교육, 보험가입 및 사고통보 등이 있다.

(2) 고압가스의 특정제조, 일반제조 및 충전의 구분

고압가스 제조자의 구분은 복잡하다. 고압가스 특정제조의 '제조'에는 '충전'이 포함된다

(고령3-1-1). 그러나 고압가스 일반제조의 '제조'에는 '충전'이 포함되지 않는다(고령3-1-2). 따라서 고압가스 특정제조자 외의 자가 고압가스를 제조하면서 충전도 한다면 고압가스 일반제조허가와 고압가스 충전 허가를 모두 받아야 할 것이다(고령3-1-2). 그러나 이렇게 되면 중복 허가의 문제가 발생한다. 중복 허가의 문제를 해결하기 위하여 일반제조허가를 받은 경우에는 충전 허가를 받지 않아도 되도록 단서 규정을 두고 있는 것이다(고령3-1-3).

고압가스 충전의 경우에도 충전 허가와 충전 신고가 있으나, 수소의 경우에는 모두 허가 대상이다.

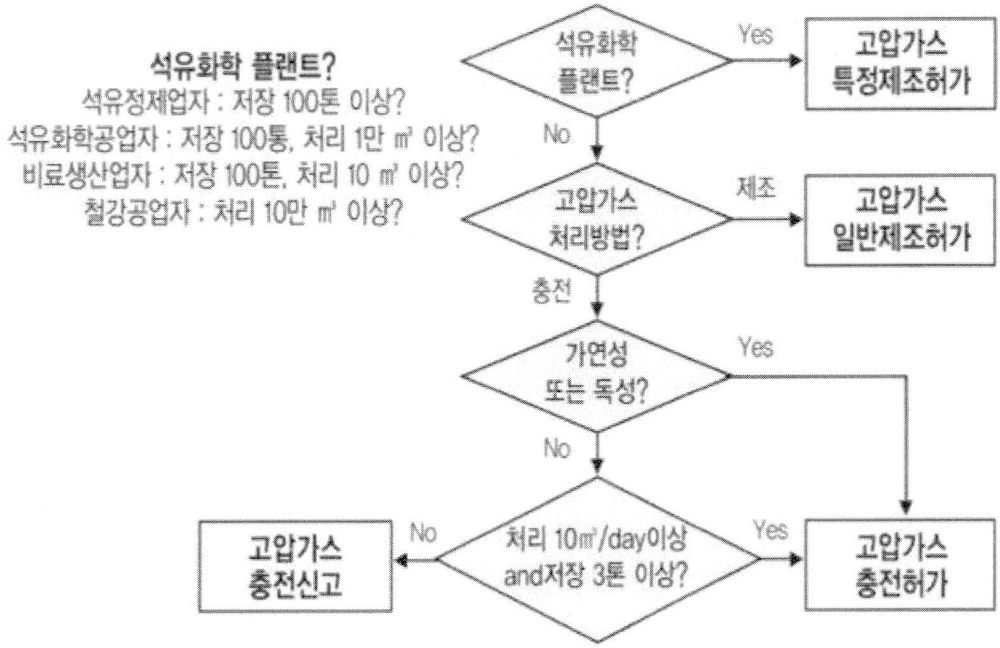

【그림 3.3.1】고압가스 제조·충전 규제내용 판단

(3) 공급자 의무

고법에서는 가스에 관한 전문지식이 부족한 수요자를 대신하여 수요자 시설의 안전관리를 공급자가 지원하도록 되어 있다. 고법에서 규정하고 있는 '공급자 의무'에 관한 규제내용을 업무진행순서에 따라 나타내면 아래 그림과 같이 된다. 이 규제내용은 고압가스 제조자 뿐만 아니라 고압가스 충전자에게도 동일하게 적용된다.

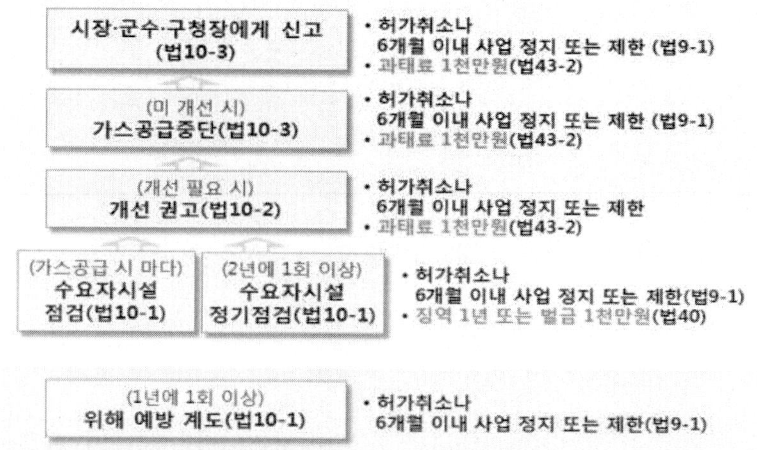

【그림 3.3.2】 공급자 의무에 관한 규제내용

(4) 시설 정기검사

고압가스 제조시설에 대한 정기검사 주기는 다음 표와 같다(고칙 별표19). 여기서 주의해야 할 것은 고압가스 특정제조자 중 「고칙」 제3조제3호에 따른 철강공업자의 정기검사 주기에 관한 것이다. 「고령」 및 「고칙」 본문에서 '고압가스특정제조자'에는 철강공업자가 포함되지만, 아래 표에서는 가목 괄호안의 규정 때문에 철강공업자가 고압가스 특정제조자에 포함되지 않는다. 따라서 철강공업자는 나목 내지 라목에 해당하게 되는 것이다.

【표 3.3.3】 고압가스 제조시설에 대한 정기검사의 주기(「고칙」별표19)

검사대상	검사주기
가. 고칙 제3조제1호·제2호 및 제4호에 따른 고압가스특정제조허가를 받은 자(이하 이 표에서 "고압가스특정제조자"라 한다)	매 4년
나. 고압가스 특정제조자 외의 가연성가스·독성가스 및 산소의 제조자·저장자 또는 판매자(수입업자를 포함한다)	매 1년
다. 고압가스 특정제조자 외의 불연성가스(독성가스는 제외한다)의 제조자·저장자 또는 판매자	매 2년
라. 그 밖에 공공의 안전을 위하여 특히 필요하다고 산업통상자원부장관이 인정하여 지정하는 시설의 제조자 또는 저장자	산업통상자원부장관이 지정하는 시기

[비고]
천재지변, 재난 및 그 밖의 부득이한 사유로 해당 시기에 정기검사를 실시하는 것이 적당하지 않다고 시장·군수·구청장이 인정하는 경우에는 개정령 제25조제2항에 따라 정기검사 업무를 위탁받은 자와 협의하여 따로 정하는 시기에 정기검사를 받을 수 있다(고칙 제48조제2항, 2022.1.7. 개정령).

(5) 용기 및 특정설비의 재검사

고압가스 제조자가 간과하지 말아야 할 것 중 중요한 것은 용기나 특정설비의 재검사에 관한 것이다. 용기나 특정설비에 대한 최초 검사는 제조자·수리자 또는 수입자가 받는다. 용기 등을 판매하거나 사용하기 전에 검사를 받도록 되어 있기 때문이다(고법17-1). 그러나 이렇게 검사를 받은 용기나 특정설비에 대한 재검사는 그것을 소유하고 있는 고압가스 제조자가 받아야 한다(고법17-2). 용기 및 특정설비에 대한 재검사 기간을 정리하면 다음 표와 같다.

【표 3.3.4】용기의 재검사 기간 (「고칙」 별표 22)

용기의 종류		신규 검사 후 경과 연수		
		15년 미만	15년 이상 20년 미만	20년 이상
		재검사 주기		
용접용기 (액화석유가스용 제외)	500L 이상	5년	2년	1년
	500L 미만	3년	2년	1년
액화석유가스용 용접용기	500L 이상	5년	2년	1년
	500L 미만	5년		2년
이음매 없는 용기 또는 복합재료용기	500L 이상	5년		
	500L 미만	신규 검사 후 10년 이하인 것은 5년, 10년을 초과한 것은 3년		
액화석유가스용 복합재료용기		5년 (설계조건에 반영되고, 산업통상자원부장관으로부터 안전한 것으로 인정을 받은 경우에는 10년)		
용기부속품	용기에 부착되지 않은 것	2년		
	용기에 부착된 것	검사 후 2년이 지나 용기부속품을 부착한 해당 용기의 재검사를 받을 때 마다		

[비고]

1. 재검사일은 신규검사일(재검사 받은 용기는 최종 재검사일)부터 산정
2. 제조 후 15년 미만이고 내용적이 500L 미만인 용접용기(액화석유가스용 용접용기를 포함) 중 용기내장형 가스난방기용 용기는 6년, 내식성재료로 제조된 초저온 용기는 5년으로 함
3. 내용적 20L 미만인 용접용기(액화석유가스용 용접용기를 포함) 및 지게차용 용기는 10년, 자동차용 용기는 그 자동차를 폐차할 때까지의 기간(자동차운수사업용 용기는 해당 자동차의 차령기간)을 첫 번째 재검사주기로 함
4. 1회용으로 제조된 용기는 사용 후 폐기
5. 내용적 125L 미만인 용기에 부착된 용기부속품(산업통상자원부장관이 정하여 고시하는 것은 제외)은 그 부속품의 제조 또는 수입 시의 검사를 받은 날부터 2년이 지난 후 해당 용기의 첫 번째 재검사를 받게 될 때 폐기
6. 복합재료용기 및 압축천연가스 자동차용 용기는 제조검사 후 15년이 되었을 때에 폐기
7. 내용적 45L 이상 125L 미만인 것으로서 제조 후 26년 이상 된 액화석유가스용 용접용기(1988년 12월 31일 이전에 제조된 경우로 한정)는 폐기
8. 소화용 충전용기 및 고정장치 된 시험용 충전용기는 충전된 고압가스를 사용한 후 재검사 (고칙 별표22 제1호 본문 단서)

【표 3.3.5】특정설비의 재검사 기간 (「고칙」 별표22)

<table>
<tr><th colspan="2" rowspan="3">특정설비의 종류</th><th colspan="3">재검사 주기</th></tr>
<tr><th colspan="3">신규 검사 후 경과 연수</th></tr>
<tr><th>15년 미만</th><th>15년 이상 20년 미만</th><th>20년 이상</th></tr>
<tr><td colspan="2" rowspan="2">차량에 고정된 탱크</td><td>5년마다</td><td>2년마다</td><td>1년마다</td></tr>
<tr><td colspan="3">o 다른 차량으로 이동하여 고정하는 경우에는 이동하여 고정한 때마다</td></tr>
<tr><td colspan="2">저장탱크</td><td colspan="3">o 5년(재검사에 불합격되어 수리한 것은 3년, 다만, 음향방출시험에 의하여 안전성이 확인된 경우에는 5년)마다. 다만, 검사 주기가 속하는 해에 음향 방출 시험 등의 신뢰성이 있다고 인정하는 방법에 의하여 안전성이 확인된 경우에는 검사 주기를 2년간 연장 가능
o 다른 장소로 이동하여 설치한 저장탱크(「액법」에 따른 소형저장탱크는 제외)는 이동하여 설치한 때마다</td></tr>
<tr><td colspan="2">안전밸브 및 긴급차단장치</td><td colspan="3">o 검사 후 2년을 경과하여 해당 안전밸브 또는 긴급차단장치가 설치된 저장탱크 또는 차량에 고정된 탱크의 재검사 시마다</td></tr>
<tr><td rowspan="3">기화 장치</td><td>저장탱크와 함께 설치된 것</td><td colspan="3">o 검사 후 2년을 경과하여 해당 탱크의 재검사 시마다</td></tr>
<tr><td>저장탱크가 없는 곳에 설치된 것</td><td colspan="3">o 3년마다</td></tr>
<tr><td>설치되지 아니한 것</td><td colspan="3">o 2년마다</td></tr>
<tr><td colspan="2">압력용기</td><td colspan="3">o 4년마다. 다만, 압력용기의 내부에 대한 재검사 주기는 산업통상자원부장관이 정하여 고시하는 기법에 따라 산정하여 그 적합성을 인정받는 경우 그 주기로 할 수 있음</td></tr>
</table>

[비고]

1. 재검사를 받아야 하는 연도에 업소가 자체 정기 보수를 하고자 하는 경우에는 자체 정기 보수 시까지 재검사 기간을 연장할 수 있음.
2. 「기업활동 규제완화에 관한 특별조치법 시행령」 제19조제1항에 따라 동시 검사를 받고자 하는 경우에는 재검사를 받아야 하는 연도 내에서 사업자가 희망하는 시기에 재검사를 받을 수 있음.
3. 고압가스를 제거한 상태에서의 휴지기간은 재검사 기간 산정에서 제외 (고칙 별표22 본문 단서)
4. 다음의 특정설비는 재검사대상에서 제외 (고칙 별표22 제2호 본문 단서)
   가. 평저형 및 이중각 진공단열형 저온저장탱크
   나. 역화방지장치
   다. 독성가스배관용 밸브
   라. 자동차용가스 자동주입기
   마. 냉동용특정설비
   바. 대기식 기화장치
   사. 저장탱크 또는 차량에 고정된 탱크에 부착되지 않은 안전밸브 및 긴급차단밸브
   아. 저장탱크 및 압력용기 중 다음에서 정한 것

1)초저온 저장탱크
2)초저온 압력용기
3)분리할 수 없는 이중관식 열교환기
4)그 밖에 산업통상자원부장관이 재검사를 실시하는 것이 현저히 곤란하다고 인정하는 저장탱크 또는 압력용기

자. 고압가스용 실린더캐비닛
차. 자동차용 압축천연가스 완속충전설비
카. 액화석유가스용 용기잔류가스회수장치

3.3.2. 수소 판매자에 대한 규제내용

수소 판매자는 용기로 판매하는 경우와 배관으로 판매하는 경우가 있다. 용기에 의한 판매는 규제항목은 16개이다. 배관에 의한 판매는 정기·수시검사 항목과 매설배관 보호제도와 관련한 3개 항목이 추가되어 모두 20개이며, 규제내용은 다음 표와 같다. 수소 판매자의 경우 기본적으로 이 표에 기술된 규제내용만 간과하지 않으면 문제가 없다고 말할 수 있다.

【표 3.3.6】고압수소가스 판매자에 대한 규제내용

규제항목 (관련조항)	규제내용 (관련조항, 벌칙)
1. 기술검토 **(고령3-4-2, 고령3-6)**	o 시설설치계획에 대한 기술검토 (고령3-4-2, 고령3-6) - 검토기관 : 안전공사 - 검토기준 : ①시설의 설치계획서 ②시설기준과 기술기준에 관한 도면 및 그 설명서의 안전성여부 (고칙7-1)
2. 허가 **(고법4-3)**	o 고압가스 판매 허가 (고법4-3, 2년 징역 또는 2천만원 벌금) - 허가관청 : 시장 · 군수 또는 구청장 - 허가범위 : 내용적 1리터 이하 용기의 고압가스 판매 외의 고압가스 판매(고압가스 수입 판매 포함). 다만, ①고압가스 제조자 ②액화석유가스 판매사업자 ③도시가스사업자가 등록 · 신고 또는 허가 내용에 따라 판매하는 것은 제외 (고령3-3) - 허가기준 : 고압가스 판매 및 수입업의 시설·기술·검사 기준 (고칙 별표 9)
3. 변경허가 **(고법4-3)**	o 고압가스 판매 변경허가 (고법4-3, 1년 징역 또는 1천만원 벌금, 상호 및 대표자 변경의 경우 500만원 과태료) - 변경허가관청 : 시장 · 군수 또는 구청장 - 변경허가범위 : ①사업소의 위치 변경 ②판매하는 고압가스의 종류 변경(고압가스의 종류 변경으로 저장능력이 변경되는 경우를 포함). 다만, 저장하는 고압가스의 종류를 변경하는 경우로서 안전공사가 위해의 우려가 없다고 인정하는 경우와 「관세법」의 적용을 받는 보세구역에서 고압가스의 종류를 변경하는 경우 제외 ③제조 · 저장 또는 판매하는 고압가스의 압력 변경 ④저장설비의 교체 설치, 저장설비의 위치 또는 능력의 변경 ⑤처리설비의 위치 또는 능력의 변경 ⑥가연성가스 또는 독성가스를 냉매로

	사용하는 냉동설비 중 압축기 · 응축기 · 증발기 · 수액기의 교체 설치 또는 위치 변경 ⑦상호의 변경 ⑧대표자의 변경 - 변경허가기준 : 고압가스 판매 및 수입업의 시설 · 기술 · 검사 기준 (고칙 별표 9)
4. 사업의 개시 등 신고 (고법7)	ㅇ사업의 개시 · 중지 · 폐지 · 재개 신고 (고법7, 300만원 벌금) - 신고범위 : 사업을 개시하려는 자 및 1개월 이상 중지 · 폐지 또는 재개하려는 자 - 신고관청 : 시장 · 군수 또는 구청장
5. 지위승계 신고 (고법8-2)	ㅇ지위승계 신고 (고법8-2, 300만원 과태료) - 신고범위 : 사업 상속인 · 양수인 또는 합병 후 존속 또는 설립 법인 - 신고관청 : 시장 · 군수 또는 구청장 - 신고기간 : 지위를 승계한 날부터 30일 이내 (고칙12-1)
6. 공급자 의무 (고법10)	ㅇ안전점검 : 고압가스 공급 시 실시 (고법10-1, 1년 징역 또는 1천만원 벌금) - 안전점검기준 : 고칙 별표 14 (고법10-5) ㅇ안전계도 : 1년에 1회 이상 위해예방 계도물 작성 · 배포, 실시기록 작성 2년간 보존 (고법10-1, 고칙16-1, 1년 징역 또는 1천만원 벌금) ㅇ개선권고 : 안전점검결과 부적합시설 개선권고 (고법10-2, 행정처분) ㅇ공급중지 : 개선권고 시설 미개선 시 가스공급중지 (고법10-3, 1천만원 과태료) ㅇ공급중지신고 : 공급중지 시 공급중지 신고서 시장 · 군수 또는 구청장에게 제출 (고법10-3, 1천만원 과태료)
7. 안전관리 규정 (고법11)	ㅇ제출 : 사업 개시 전에 안전관리규정을 정하여 허가관청 또는 신고관청에 제출 (고법11-1, 2천만원 과태료) - 작성요령 : 고칙 별표 15 - 제출 시 안전공사의 의견서를 첨부 ㅇ준수 : 안전관리규정을 준수하고, 실시기록 작성 5년간 보존 (고법11-5, 1천만원 과태료) ㅇ확인 · 평가 : 완성검사 6개월 후, 그 이후에는 매 5년 마다 또는 정기검사 · 수시검사 시에 안전공사가 실시 (고법11-6, 고칙20-2)
8. 시설 · 용기의 안전 유지 (고법13)	ㅇ시설안전유지 : 시설기준과 기술기준에 맞도록 유지 (고법13-1, 1년 징역 또는 1천만원 벌금) ㅇ용기안전유지 : 용기를 안전하게 유지 · 관리 (고법13-4, 1천만원 과태료) - 용기점검기준 : 고칙 별표 18 - 용기에 충전된 고압가스 판매 시 충전 · 판매기록 작성 5년간 보존 (고법13-5)
9. 안전관리자 (고법15)	ㅇ선임 : 사업 개시 전 (고법15-1, 500만원 벌금) ㅇ선임 · 해임 · 퇴직 신고 / 30일 이내 재선임 (고법15-3, 500만원 벌금) ㅇ유고 시 대리자 지정 (고법15-4, 제조신고자 또는 특정고압가스 사용신고자 2천만원 과태료, 그 밖의 제조자 행정처분) ㅇ직무 성실 수행 / 사업자는 안전관리자 의견수용 (고법15-5, 행정처분) - 종류 · 자격 · 인원 · 직무범위 및 직무대행기간 : 고령 제12조~제13조
10. 완성검사 (고법16)	ㅇ완공 후 완성검사 수검 (고법16-3, 1년 징역 또는 1천만원 벌금) - 검사기관 : 안전공사 - 검사기준 : 고압가스 판매 및 수입업의 시설·기술·검사 기준 (고칙 별표 9)
11. 정기 · 수시 검사	ㅇ정기검사 수검 (고법16의2-1, 300만원 벌금) - 검사대상 : 용기에 의한 판매자 제외

(고법16의2)	- 검사주기 : 1년 - 검사기관 : 안전공사 - 검사기준 : 고압가스 판매 및 수입업의 시설·기술·검사 기준 (고칙 별표 9) **o** 수시검사 수검 (고법16의2-1, 300만원 벌금) - 검사대상 : 용기에 의한 판매자 제외 - 안전공사가 가스사고 예방이나 가스안전을 위하여 필요하다고 인정하는 때 (고칙31-1) - 검사기준 : 고압가스 판매 및 수입업의 시설 • 기술 • 검사 기준 (고칙 별표 9)
12. 용기 및 특정설비 수리 (고법5-3)	**o** 용기 등을 수리할 수 있는 자격자에게 수리 의뢰 (고법5-3, 300만원 벌금) - 적용대상 : 용기 등의 소유자나 점유자 (고법5-4, 300만원 벌금) - 수리자격 : ①용기 등의 제조등록 또는 고압가스 제조허가를 받은 자 ②용기 등의 검사기관 ③액화석유가스 충전사업 허가를 받은 자 ④「자동차관리법」 제53조에 따른 자동차관리사업 등록자로서 자동차의 잔류가스의 회수장치를 갖춘 자 (고법5-3) - 수리할 수 있는 자격자가 용기 등을 수리하는 경우 고령 별표 1의2에 따라 자격을 갖춘 자로 하여금 감독 (고법5-5, 300만원 벌금) - 수리기준 : 고칙 별표 13
13. 용기 및 특정설비 재검사 (고법17-2)	**o** 재검사 수검 (고법17-2, 행정처분) - 적용대상 : 용기나 특정설비의 소유자 (고법17-1) - 수검대상 : 재검사기간[(표3-3-4), (표3-3-5)에서 별도 설명]의 경과, 손상의 발생, 합격표시의 훼손, 충전할 고압가스 종류의 변경 (고법17-2) - 검사기관 : 안전공사 또는 지정검사기관 - 검사기준 : 용기검사기준 고칙 별표 10 / 용기부속품 검사기준 고칙 별표 10의2 / 특정설비 검사기준 고칙 별표 12
14. 운반 등 (고법22)	**o** 고압가스 양도 • 양수 • 운반 또는 휴대 시 운반기준 준수 (고법22-1, 300만원 벌금) - 운반기준 : 고칙 별표 30
15. 안전교육 (고법23)	**o** 안전관리책임자 • 안전관리원 • 운반책임자 및 운반차량운전자 등에게 교육을 받게 하여야 함 (고법23-2, 300만원 과태료) - 교육기관 : 안전공사
16. 배관매설 상황 확인 (고법23의3)	**o** 굴착공사자가 확인요구(고법23의3-1)시 배관매설 정보제공 (고법23의3-3, 1년 징역 또는 1천만원 벌금) **o** 사업소 경계 밖에 매설배관 존재 시 다음 조치 강구 (고법23의3-4, 1년 징역 또는 1천만원 벌금) ①고압가스배관의 매설 위치의 표시 ②정보지원센터에 표시 사실의 통지 ③배관보호시설 설치, 도면 제공 등 사고예방을 위한 조치 강구
17. 굴착공사 협의 (고법23의4)	**o** 굴착공사자가 요구 시 배관보호방법 협의 (고법23의4-1, 2년 징역 또는 2천만원 벌금) **o** 배관보호방법 협의서 작성 및 준수 (고법23의4-2, 2년 징역 또는 2천만원 벌금, 미 작성 또는 거짓 작성 시 1천만원 과태료)
18. 배관 안전조치	**o** 굴착공사 존재 시 다음의 안전조치 노력 (고법23의6-1)

(고법23의4)	①굴착공사장별 안전관리 전담자의 지정·운영 ②굴착공사자에 대한 배관 매설 위치 등이 표시된 도면의 제공 ③배관 매설상황 확인, 가스안전 영향평가, 굴착공사 협의 및 순회점검 등 도시가스배관 보호를 위한 제도의 지도 및 자문 ④그 밖에 고칙 별표 31의2에서 정하는 사항 (고칙52의7-2) ㅇ사업소 경계 밖 고압가스배관에 관한 도면의 작성·보존 (고법23의6-2, 2년 징역 또는 2천만원 벌금)
19. 보험가입 **(고법25)**	ㅇ보험가입 (고법25-1, 2천만원 과태료) - 보험종류 : 가스사고배상책임보험 또는 이 보험과 같은 내용이 포함된 보험 (고령18-1)
20. 사고통보 **(고법26)**	ㅇ안전공사에 사고통보 (고법26-1, 1천만원 과태료) - 통보대상 : 사망자·부상자 또는 중독자가 있는 사고, 가스누출에 의한 폭발 또는 화재사고, 가스시설손괴 또는 가스누출로 인하여 인명대피나 공급중단이 발생한 사고, 저장탱크에서의 가스누출사고 (고칙54-2)

3.3.3. 연료전지용 수소 수입업자에 대한 규제내용

연료전지용 수소 수입을 업(業)으로 하는 자는 고압가스수입업자가 된다. 고압가스 수입업자에 대한 규제항목은 17개이며, 규제내용은 다음 표와 같다. 연료전지용 수소 수입업자의 경우 기본적으로 이 표에 기술된 규제내용만 간과하지 않으면 문제가 없다고 말할 수 있다.

【표 3.3.7】고압가스 수입업자에 대한 규제내용

규제항목 (관련조항)	규제내용 (관련조항, 벌칙)
1. 등록 **(고법5의3)**	ㅇ고압가스 수입업 등록 (고법5의3-1, 2년 징역 또는 2천만원 벌금) - 등록관청 : 시장·군수 또는 구청장 - 등록대상 : 연료전지용 수소가스 수입자 (고령5의3-1) - 등록기준 : ①고압가스 용기 보관실을 보유 ②시설 및 기술이 고칙 별표 9에 적합 (고령5의3-2)
2. 변경등록 **(고법5의3)**	ㅇ고압가스 수입업자 변경등록 (고법5의3-1, 1년 징역 또는 1천만원 벌금, 상호 및 대표자 변경의 경우 500만원 과태료) - 변경등록관청 : 시장·군수 또는 구청장 - 변경등록범위 : ①대표자의 변경 ②상호의 변경 ③사업소의 위치 변경 ④수입고압가스의 종류 변경 ⑤저장설비의 교체 설치, 저장설비의 위치 또는 능력 변경 (고칙4-3) - 변경등록기준 : ①고압가스 용기 보관실을 보유 ②시설 및 기술이 고칙 별표 9에 적합 (고령5의3-2)
3. 사업의 개시 등	ㅇ사업의 개시·중지·폐지·재개 신고 (고법7, 300만원 벌금)

신고 (고법7)	- 신고범위 : 사업을 개시하려는 자 및 1개월 이상 중지 • 폐지 또는 재개하려는 자 - 신고관청 : 시장 • 군수 또는 구청장
4. 지위승계 신고 (고법8-2)	o 지위승계 신고 (고법8-2, 300만원 과태료) - 신고범위 : 사업 상속인 • 양수인 또는 합병 후 존속 또는 설립 법인 - 신고관청 : 등록관청 - 신고기간 : 지위를 승계한 날부터 30일 이내 (고칙12-1)
5. 안전관리 규정 (고법11)	o 제출 : 사업 개시 전에 안전관리규정을 정하여 허가관청 또는 신고관청에 제출 (고법11-1, 2천만원 과태료) - 작성요령 : 고칙 별표 15 o 준수 : 안전관리규정을 준수하고, 실시기록 작성 5년간 보존 (고법11-5, 1천만원 과태료) o 확인 • 평가 : 완성검사 6개월 후, 그 이후에는 매 5년마다 또는 정기검사 • 수시검사 시에 안전공사가 실시 (고법11-6, 고칙20-2)
6. 시설 안전유지 (고법13)	o 시설안전유지 : 시설기준과 기술기준에 맞도록 유지 (고법13-1, 1년 징역 또는 1천만원 벌금)
7. 안전관리자 (고법15)	o 선임 : 사업 개시 전 (고법15-1, 500만원 벌금) o 선임 • 해임 • 퇴직 신고 / 30일 이내 재선임 (고법15-3, 500만원 벌금) o 유고 시 대리자 지정 (고법15-4, 제조신고자 또는 특정고압가스 사용신고자 2천만원 과태료, 그 밖의 제조자 행정처분) o 직무 성실 수행 / 사업자는 안전관리자 의견수용 (고법15-5, 행정처분) - 종류 • 자격 • 인원 • 직무범위 및 직무대행기간 : 고령 제12조~제13조
8. 중간 • 완성 검사 (고법16)	o 공정별 중간검사 수검 (고법16-1, 1년 징역 또는 1천만원 벌금) o 완공 후 완성검사 수검 (고법16-3, 1년 징역 또는 1천만원 벌금) - 검사기관 : 안전공사 - 검사기준 : 고압가스 판매 및 수입업의 시설·기술·검사 기준 (고칙 별표 9)
9. 정기 • 수시 검사 (고법16의2)	o 정기검사 수검 (고법16의2-1, 300만원 벌금) - 검사대상 : 용기에 의한 판매자 제외 - 검사주기 : 1년 - 검사기관 : 안전공사 - 검사기준 : 고압가스 판매 및 수입업의 시설·기술·검사 기준 (고칙 별표 9) o 수시검사 수검 (고법16의2-1, 300만원 벌금) - 검사대상 : 용기에 의한 판매자 제외 - 안전공사가 가스사고 예방이나 가스안전을 위하여 필요하다고 인정하는 때 (고칙31-1) - 검사기준 : 고압가스 판매 및 수입업의 시설·기술·검사 기준 (고칙 별표 9)
10. 용기 및 특정설비 수리 (고법5-3)	o 용기 등을 수리할 수 있는 자격자에게 수리의뢰 (고법5-3, 300만원 벌금) - 적용대상 : 용기 등의 소유자나 점유자 (고법5-4, 300만원 벌금) - 수리자격 : ①용기 등의 제조등록 또는 고압가스제조허가를 받은 자 ②용기 등의 검사기관 ③액화석유가스 충전사업 허가를 받은 자 ④「자동차관리법」 제53조에 따른 자동차관리사업 등록자로서 자동차의 잔류가스의 회수장치를 갖춘 자 (고법5-3)

	- 수리를 할 수 있는 자격자가 용기 등을 수리하는 경우 고령 별표 1의2에 따라 자격을 갖춘 자로 하여금 감독 (고법5-5, 300만원 벌금) - 수리기준 : 고칙 별표 13
11. 용기 및 특정 설비 재검사 (고법17-2)	**ㅇ**재검사 수검 (고법17-2, 행정처분) - 적용대상 : 용기나 특정설비의 소유자 (고법17-1) - 수검대상 : 재검사 기간[(표3-3-4), (표3-3-5)에서 별도 설명]의 경과, 손상의 발생, 합격표시의 훼손, 충전할 고압가스 종류의 변경 (고법17-2) - 검사기관 : 안전공사 또는 지정검사기관 - 검사기준 : 용기검사기준 고칙 별표 10 / 용기부속품 검사기준 고칙 별표 10의2 / 특정설비 검사기준 고칙 별표 12
12. 수소가스 품질유지 (고법18의2)	**ㅇ**수소가스 품질 유지 (고법18의2-3, 1년이하 징역, 1천만원 벌금) - 대상 : 연료전지용 수소가스(고령15의3) - 내용 : 기준에 맞게 품질 유지 - 품질유지 기준 : '고압가스의 품질기준과 품질검사방법 등에 관한 고시'로 다음 기준 준용 ・ISO 14687-2 : 연료전지 차량용 수소 연료 규격 ・ISO 14687-3 : 가정 기기용 연료전지 수소 규격 ・SAE J2719 : 연료전지 차량용 수소 연료 규격
13. 수소가스 품질검사 (고법18의3)	**ㅇ**수소가스 품질검사 수검 (고법18의3-1, 1년이하 징역, 1천만원 벌금) - 수검대상 : 연료전지용 수소가스 (고령15의3) - 품질검사기관 : 안전공사 - 검사주기 : 분기별 1회 (고칙 별표 27-1) - 검사기준 : '고압가스의 품질기준과 품질검사방법 등에 관한 고시'로 다음 국제기준 준용 ・ISO 14687-2 : 연료전지 차량용 수소 연료 규격 ・ISO 14687-3 : 가정 기기용 연료전지 수소 규격 ・SAE J2719 : 연료전지 차량용 수소 연료 규격
14. 운반 등 (고법22)	**ㅇ**고압가스 양도・양수・운반 또는 휴대 시 운반기준 준수 (고법22-1, 300만원 벌금) - 운반기준 : 고칙 별표 30
15. 안전교육 (고법23)	**ㅇ**안전관리책임자・안전관리원・운반책임자 및 운반차량운전자 등에게 교육을 받게 하여야 함 (고법23-2, 300만원 과태료) - 교육기관 : 안전공사
16. 보험가입 (고법25)	**ㅇ**보험가입 (고법25-1, 2천만원 과태료) - 보험종류 : 가스사고배상책임보험 또는 이 보험과 같은 내용이 포함된 보험 (고령18-1)
17. 사고통보 (고법26)	**ㅇ**안전공사에 사고통보 (고법26-1, 1천만원 과태료) - 통보대상 : 사망자・부상자 또는 중독자가 있는 사고, 가스누출에 의한 폭발 또는 화재사고, 가스시설손괴 또는 가스누출로 인하여 인명대피나 공급중단이 발생한 사고, 저장탱크에서의 가스누출사고 (고칙54-2)

3.3.4. 수소 수입자에 대한 규제내용

수소를 수입하려는 자는 신고하여야 한다. 수입을 업으로 하는 자에 대한 규제와 달리 규제내용은 단 1개이다.

【표 3.3.8】수소 수입자에 대한 규제내용

규제항목 (관련조항)	규제내용 (관련조항, 벌칙)
수입신고 **(고법21)**	ㅇ고압가스 수입 신고 (고법21, 300만원 벌금) - 신고관청 : 안전공사 - 신고 제외대상 : 내용적 300mL 미만의 용기에 충전된 수소 - 신고시기 : 수입하기 전 또는 수입 후 30일 이내 - 신고내용 : 수입품목과 수량

3.4. 수소의 저장·사용·운반

수소를 제조하는 자 이외에 수소를 사용하고자 하는 자는 수소저장설비가 필요하다. 수소저장설비의 저장능력에 따라 저장소 설치 허가 대상자과 특정고압가스 사용신고 대상자, 그리고 소량의 수소를 사용하는 일반 사용자로 구분할 수 있다. 또한 수소를 사용하기 위한 시설로 수소를 운반하는 수단이 필요하고, 이들 운반자에 대한 규제를 포함하여 수소의 저장·사용 및 운반에 대한 규제내용을 살펴본다.

규제내용은 표에서 보는 바와 같이 수소의 저장, 사용자 및 수소운반자에 대해 19개 정도의 규제내용이 있다.

【표 3.4.1】수소의 저장·사용자 및 수소 운반자에 대한 규제내용

주체	규제내용 \ 규제대상	저장	사용	운반
정부	허가	●		
	변경허가	●		
	등록			●
	변경등록			●
	개시 · 중단 · 재개 · 폐지 신고	●		●
	사업 승계 신고	●		●
	안전관리규정 이행실태 확인 · 평가	●		●
	특정고압가스 사용신고		●	
안전공사	공사 공정별 중간검사	●		
	완성검사	●	●	●
	정기 및 수시 검사	●	●	
	안전교육	●	●	●
	사고통보	●	●	●
사업자	안전관리규정 제출 · 준수 · 기록	●		●
	시설 · 용기 등을 기준에 맞게 유지	●		●
	용기 등 재검사 수검	●	●	●
	안전관리자 선임 및 선임신고	●	●	●

	운반기준 준수	●	●	●
	보험가입	●	○[2]	●

(주1) "●"는 행위자 전체가 해당되는 경우, "○"는 행위자 중 일부가 적용되는 경우를 나타낸다.
(주2) 자동차 연료용으로 수소를 공급받아 사용하는 자는 제외한다.

3.4.1. 수소 저장소 설치자에 대한 규제내용

수소 저장소 설치자는 대량소비자인 경우가 많다. 저장의 목적이 바로 사용이기 때문이다. 따라서 수소 저장소에 대한 규제내용은 고압가스 제조나 고압가스 판매에 비해 적을 수밖에 없다. 수소 저장소 설치자에 대한 규제항목은 16개이며, 규제내용은 다음 표와 같다. 수소 저장소 설치자의 경우 기본적으로 이 표에 기술된 규제내용만 간과하지 않으면 문제가 없다고 말할 수 있다.

【표 3.4.2】 수소 저장소 설치자에 대한 규제내용

규제항목 (관련조항)	규제내용 (관련조항, 벌칙)
1. 기술검토 (고령3-4-2, 고령3-6)	ㅇ시설설치계획에 대한 기술검토 (고령3-4-2, 고령3-6) - 검토기관 : 안전공사 - 검토기준 : ①시설의 설치계획서 ②시설기준과 기술기준에 관한 도면 및 그 설명서의 안전성여부 (고칙7-1)
2. 허가 (고법4-3)	ㅇ고압가스 저장소 설치 허가 (고법4-3, 2년 징역 또는 2천만원 벌금) - 허가관청 : 시장・군수 또는 구청장 - 허가범위 : 일정 규모(고칙 제2조제2항) 이상의 고압가스 저장소. 다만, ①고압가스 제조자(허가 받은 자) ②고압가스 판매자 ③액화석유가스 저장자 ④도시가스 사업자가 허가 내용에 따라 저장하는 것은 제외 (고령3-2) - 허가기준 : 고압가스 저장·사용의 시설・기술・검사 기준 (고칙 별표 8)
3. 변경허가 (고법4-3)	ㅇ고압가스 저장소 설치 변경허가 (고법4-3, 1년 징역 또는 1천만원 벌금, 상호 및 대표자 변경의 경우 500만원 과태료) - 변경허가관청 : 시장・군수 또는 구청장 - 변경허가범위 : ①사업소의 위치 변경 ②저장하는 고압가스의 종류 변경(고압가스의 종류 변경으로 저장능력이 변경되는 경우를 포함). 다만, 저장하는 고압가스의 종류를 변경하는 경우로서 안전공사가 위해의 우려가 없다고 인정하는 경우와 「관세법」의 적용을 받는 보세구역에서 고압가스의 종류를 변경하는 경우 제외 ③제조・저장 또는 판매하는 고압가스의 압력 변경 ④저장설비의 교체 설치, 저장설비의 위치 또는 능력의 변경 ⑤처리설비의 위치 또는 능력의 변경 ⑥가연성가스 또는 독성가스를 냉매로

	사용하는 냉동설비 중 압축기·응축기·증발기·수액기의 교체 설치 또는 위치 변경 ⑦상호의 변경 ⑧대표자의 변경 - 변경허가기준 : 고압가스 저장·사용의 시설·기술·검사 기준 (고칙 별표 8)
4. 사업의 개시 등 신고 (고법7)	o사업의 개시·중지·폐지·재개 신고 (고법7, 300만원 벌금) - 신고범위 : 사업을 개시하려는 자 및 1개월 이상 중지·폐지 또는 재개하려는 자 - 신고관청 : 시장·군수 또는 구청장
5. 지위승계 신고 (고법8-2)	o지위승계 신고 (고법8-2, 300만원 과태료) - 신고범위 : 사업 상속인·양수인 또는 합병 후 존속 또는 설립 법인 - 신고관청 : 등록관청 - 신고기간 : 지위를 승계한 날부터 30일 이내 (고칙12-1)
6. 안전관리 규정 (고법11)	o제출 : 사업 개시 전에 안전관리규정을 정하여 허가관청 또는 신고관청에 제출 (고법11-1, 2천만원 과태료) - 작성요령 : 고칙 별표 15 - 제출 시 안전공사의 의견서를 첨부 o준수 : 안전관리규정을 준수하고, 실시기록 작성 5년간 보존 (고법11-5, 1천만원 과태료) o확인·평가 : 완성검사 6개월 후, 그 이후에는 매 5년마다 또는 정기검사·수시검사 시에 안전공사가 실시 (고법11-6, 고칙20-2)
6. 시설 안전 유지 (고법13)	o시설안전유지 : 시설기준과 기술기준에 맞도록 유지 (고법13-1, 1년 징역 또는 1천만원 벌금)
8. 안전관리자 (고법15)	o선임 : 사업 개시 전 (고법15-1, 500만원 벌금) o선임·해임·퇴직 신고 / 30일 이내 재선임 (고법15-3, 500만원 벌금) o유고 시 대리자 지정 (고법15-4, 제조신고자 또는 특정고압가스 사용신고자 2천만원 과태료, 그 밖의 제조자 행정처분) o직무 성실 수행 / 사업자는 안전관리자 의견수용 (고법15-5, 행정처분) - 종류·자격·인원·직무범위 및 직무대행기간 : 고령 제12조~제13조
9. 중간·완성 검사 (고법16)	o공정별 중간검사 수검 (고법16-1, 1년 징역 또는 1천만원 벌금) o완공 후 완성검사 수검 (고법16-3, 1년 징역 또는 1천만원 벌금) - 검사기관 : 안전공사 - 검사기준 : 고압가스 판매 및 수입업의 시설·기술·검사 기준 (고칙 별표 9)
10. 정기·수시 검사 (고법16의2)	o정기검사 수검 (고법16의2-1, 300만원 벌금) - 검사대상 : 용기에 의한 판매자 제외 - 검사주기 : 1년 - 검사기관 : 안전공사 - 검사기준 : 고압가스 판매 및 수입업의 시설·기술·검사 기준 (고칙 별표 9) o수시검사 수검 (고법16의2-1, 300만원 벌금) - 검사대상 : 용기에 의한 판매자 제외 - 안전공사가 가스사고 예방이나 가스안전을 위하여 필요하다고 인정하는 때 (고칙31-1) - 검사기준 : 고압가스 판매 및 수입업의 시설·기술·검사 기준 (고칙 별표 9)

11. 용기 및 특정설비 수리 (고법5-3)	ㅇ용기 등을 수리할 수 있는 자격자에게 수리의뢰 (고법5-3, 300만원 벌금) - 적용대상 : 용기 등의 소유자나 점유자 (고법5-4, 300만원 벌금) - 수리자격 : ①용기 등의 제조등록 또는 고압가스제조허가를 받은 자 ②용기 등의 검사기관 ③액화석유가스 충전사업 허가를 받은 자 ④「자동차관리법」 제53조에 따른 자동차 관리사업 등록자로서 자동차의 잔류가스의 회수 장치를 갖춘 자 (고법5-3) - 수리를 할 수 있는 자격자가 용기 등을 수리하는 경우 고령 별표 1의2에 따라 자격을 갖춘 자로 하여금 감독 (고법5-5, 300만원 벌금) - 수리기준 : 고칙 별표 13
12. 용기 및 특정 설비 재검사 (고법17-2)	ㅇ재검사 수검 (고법17-2, 행정처분) - 적용대상 : 용기나 특정설비의 소유자 (고법17-1) - 수검대상 : 재검사기간[(표3-3-4), (표3-3-5)에서 별도 설명]의 경과, 손상의 발생, 합격 표시의 훼손, 충전할 고압가스 종류의 변경 (고법17-2) - 검사기관 : 안전공사 또는 지정검사기관 - 검사기준 : 용기검사기준 고칙 별표 10 / 용기부속품 검사기준 고칙 별표 10의2 / 특정설비 검사기준 고칙 별표 12
13. 운반 등 (고법22)	ㅇ고압가스 양도・양수・운반 또는 휴대 시 운반기준 준수 (고법22-1, 300만원 벌금) - 운반기준 : 고칙 별표 30
14. 안전교육 (고법23)	ㅇ안전관리책임자・안전관리원・운반책임자 및 운반차량운전자 등에게 교육을 받게 하여야 함 (고법23-2, 300만원 과태료) - 교육기관 : 안전공사
15. 보험가입 (고법25)	ㅇ보험가입 (고법25-1, 2천만원 과태료) - 보험종류 : 가스사고배상책임보험 또는 이 보험과 같은 내용이 포함된 보험 (고령18-1)
16. 사고통보 (고법26)	ㅇ안전공사에 사고통보 (고법26-1, 1천만원 과태료) - 통보대상 : 사망자・부상자 또는 중독자가 있는 사고, 가스누출에 의한 폭발 또는 화재사고, 가스시설손괴 또는 가스누출로 인하여 인명대피나 공급중단이 발생한 사고, 저장탱크에서의 가스누출사고 (고칙54-2)

3.4.2. 수소 사용자에 대한 규제내용

수소는 20가지 종류의 특정고압가스 중 하나이다. 따라서, 일정 규모 이상의 수소 저장설비를 갖추고 사용하는 자는 특정고압가스 사용자로 분류된다. 특정고압가스 사용자에 대한 규제 항목은 10개이며, 규제내용은 다음 표와 같다. 특정고압가스 사용자의 경우 기본적으로 이 표에 기술된 규제내용만 간과하지 않으면 문제가 없다고 말할 수 있다.

저압 수소가스의 경우 수소법에서 규제한다.

【표 3.4.3】 특정고압가스로서의 수소 사용자에 대한 규제내용

규제항목 (관련조항)	규제내용 (관련조항, 벌칙)
1. 신고 **(고법20)**	**o** 특정고압가스 사용 신고 (고법20-1, 300만원 벌금) - 신고관청 : 시장 · 군수 또는 구청장 - 신고대상 사용자 (고칙46) · 고압수소를 배관으로 공급받는 자 · 수소를 자동차 연료용으로 사용하는 자 · 용기 등 저장설비를 갖춘 수소사용자 중 다음 해당자 (1)액화수소 250kg이상 5톤미만 저장 (2)압축수소 50㎥이상 500㎥미만 저장 - 신고기준 : 고압가스 저장·사용의 시설·기술·검사 기준(고칙 별표 8)
2. 안전관리자 **(고법15)**	**o** 선임 : 사업 개시 전 (고법15-1, 500만원 벌금) - 안전관리업무 위탁수행 시에는 수탁관리자가 안전관리자 선임 (고법15-2) **o** 선임 · 해임 · 퇴직 신고 / 30일 이내 재선임 (고법15-3, 500만원 벌금) **o** 유고 시 대리자 지정 (고법15-4, 제조신고자 또는 특정고압가스 사용신고자 2천만원 과태료, 그 밖의 제조자 행정처분) **o** 직무 성실 수행 / 사업자는 안전관리자 의견 수용 (고법15-5, 300만원 과태료) - 종류 · 자격 · 인원 · 직무범위 및 직무대행기간 : 고령 제12조~제13조
3. 완성검사 **(고법20)**	**o** 설치 · 변경 공사 완공 후 완성검사 수검 (고법20-4, 1천만원 과태료) - 검사기관 : 안전공사 - 검사기준 : 고압가스 저장·사용의 시설·기술·검사 기준 (고칙 별표 8)
4. 정기검사 **(고법20)**	**o** 정기검사 수검 (고법20-4, 1천만원 과태료) - 검사주기 : 1년 - 검사기관 : 안전공사 또는 지정검사기관 - 검사기준 : 고압가스 저장·사용의 시설·기술·검사 기준(고칙 별표 8)
5. 용기 및 특정설비 수리 **(고법5-3)**	**o** 용기 등을 수리할 수 있는 자격자에게 수리의뢰 (고법5-3, 300만원 벌금) - 적용대상 : 용기 등의 소유자나 점유자 (고법5-4, 300만원 벌금) - 수리자격 : ①용기 등의 제조등록 또는 고압가스제조허가를 받은 자 ②용기 등의 검사기관 ③액화석유가스 충전사업 허가를 받은 자 ④「자동차관리법」 제53조에 따른 자동차관리사업 등록자로서 자동차의 잔류가스의 회수장치를 갖춘 자 (고법5-3) - 수리를 할 수 있는 자격자가 용기 등을 수리하는 경우 고령 별표 1의2에 따라 자격을 갖춘 자로 하여금 감독 (고법5-5, 300만원 벌금) - 수리기준 : 고칙 별표 13
6. 용기 및 특정 설비 재검사 **(고법17-2)**	**o** 재검사 수검 (고법17-2, 행정처분) - 적용대상 : 용기나 특정설비의 소유자 (고법17-1) - 수검대상 : 재검사기간[(표3-3-4), (표3-3-5)에서 별도 설명]의 경과, 손상의 발생, 합격표시의 훼손, 충전할 고압가스 종류의 변경 (고법17-2) - 검사기관 : 안전공사 또는 지정검사기관 - 검사기준 : 용기검사기준 고칙 별표 10 / 용기부속품 검사기준 고칙 별표 10의2 /

	특정설비 검사기준 고칙 별표 12
7. 운반 등 **(고법22)**	○ 고압가스 양도·양수·운반 또는 휴대 시 운반기준 준수 (고법22-1, 300만원 벌금) - 운반기준 : 고칙 별표 30
8. 안전교육 **(고법23)**	○ 안전관리책임자·안전관리원·운반책임자 및 운반차량운전자 등에게 교육을 받게 하여야 함 (고법23-2, 300만원 과태료) - 교육기관 : 안전공사
9. 보험가입 **(고법25)**	○ 보험가입 (고법25-1, 2천만원 과태료) - 보험종류 : 가스사고배상책임보험 또는 이 보험과 같은 내용이 포함된 보험 (고령18-1)
10. 사고통보 **(고법26)**	○ 안전공사에 사고통보 (고법26-1, 1천만원 과태료) - 통보대상 : 사망자·부상자 또는 중독자가 있는 사고, 가스누출에 의한 폭발 또는 화재사고, 가스시설손괴 또는 가스누출로 인하여 인명대피나 공급중단이 발생한 사고, 저장탱크에서의 가스누출사고 (고칙54-2)

3.4.3. 수소 운반자에 대한 규제내용

수소 운반은 압축수소의 경우에는 이음매 없는 용기에 충전하여 충전용기 운반전용차량으로 운반하거나 여러 개의 이음매 없는 용기(보통 카드릿지 용기라고 함)를 프레임에 고정한 차대를 트레일러로 연결한 튜브트레일러로 운반한다. 액화수소는 초저온용기에 충전하여 충전용기 운반전용차량으로 운반하거나, 차량에 고정된 탱크에 충전하여 운반한다. 차량에 고정된 탱크 운반은 탱크 고정 방식에 따라 탱크로리(진공단열탱크를 차량에 직접 장착한 차량)와 탱크트레일러(진공단열탱크를 장착한 차대<프레임>를 트레일러차량에 연결한 것) 방식이 있다.

이들 운반차량으로 수소를 운반하는 수소운반자에 대한 규제항목은 11개이며, 규제 내용은 다음 표와 같다. 수소운반자의 경우 기본적으로 이 표에 기술된 규제내용만 간과하지 않으면 문제가 없다고 말할 수 있다.

【표 3.4.4】 수소 운반자에 대한 규제내용

규제항목 (관련조항)	규제내용 (관련조항, 벌칙)
1. 등록 **(고법5의4)**	○ 고압가스 운반자 등록 (고법5의4-1, 2년 징역 또는 2천만원 벌금) - 등록관청 : 시장·군수 또는 구청장 - 등록범위 : ①차량에 고정된 탱크로 고압가스를 운반하는 차량(**탱크로리**) ②차량에 고정된 2개 이상을 이음매가 없이 연결한 용기로 고압가스를 운반하는 차량(**튜브**

	트레일러) ③고압가스 제조 허가를 받거나 신고를 한 자, 고압가스 판매 허가를 받은 자 및 고압가스 수입업자의 등록을 한 자가 수요자에게 용기로 고압가스를 운반하는 차량**(수소충전용기 운반차량)** ④국제표준화기구(ISO)의 규격에 따른 암모니아용·헬륨용·LNG용·질소용·이산화탄소용·LPG용 탱크컨테이너로 고압가스를 운반하는 차량 (고령5의4, 고칙10의3) - 등록기준 : ①운반차량에 밸브의 손상방지조치, 액면요동방지조치 등의 안전시설 설치 ②운반차량의 시설기준과 기술기준이 고칙 별표 9의2에 적합 (고령5의4-2)
2. 변경등록 **(고법5의4)**	ㅇ고압가스 운반자 변경등록 (고법5의4-1, 1년 징역 또는 1천만원 벌금, 상호 및 대표자 변경의 경우 500만원 과태료) - 변경허가관청 : 시장·군수 또는 구청장 - 변경등록범위 : ①대표자의 변경 ②상호의 변경 ③고압가스 운반차량의 교체 ④고압가스 운반차량의 수량 변경) (고칙4-4) - 변경등록기준 : ①운반차량에 밸브의 손상방지조치, 액면요동방지조치 등의 안전시설 설치 ②운반차량의 시설기준과 기술기준 고칙 별표 9의2에 적합 (고령5의4-2)
3. 사업의 개시 등 신고 **(고법7)**	ㅇ사업의 개시·중지·폐지·재개 신고 (고법7, 300만원 벌금) - 신고범위 : 사업을 개시하려는 자 및 1개월 이상 중지·폐지 또는 재개하려는 자 - 신고관청 : 시장·군수 또는 구청장
4. 지위승계 신고 **(고법8-2)**	ㅇ지위승계 신고 (고법8-2, 300만원 과태료) - 신고범위 : 사업 상속인·양수인 또는 합병 후 존속 또는 설립 법인 - 신고관청 : 등록관청 - 신고기간 : 지위를 승계한 날부터 30일 이내 (고칙12-1)
5. 시설 안전 유지	ㅇ시설안전유지 : 시설기준과 기술기준에 맞도록 유지 (고법13-1, 1년 징역 또는 1천만원 벌금)
6. 용기 및 특정설비 수리 **(고법5-3)**	ㅇ용기 등을 수리할 수 있는 자격자에게 수리의뢰 (고법5-3, 300만원 벌금) - 적용대상 : 용기 등의 소유자나 점유자 (고법5-4, 300만원 벌금) - 수리자격 : ①용기 등의 제조등록 또는 고압가스 제조허가를 받은 자 ②용기 등의 검사기관 ③액화석유가스 충전사업 허가를 받은 자 ④「자동차관리법」 제53조에 따른 자동차관리사업 등록자로서 자동차의 잔류가스의 회수장치를 갖춘 자 (고법5-3) - 수리를 할 수 있는 자격자가 용기 등을 수리하는 경우 고령 별표 1의2에 따라 자격을 갖춘 자로 하여금 감독 (고법5-5, 300만원 벌금) - 수리기준 : 고칙 별표 13
7. 용기 및 특정 설비 재검사 **(고법17-2)**	ㅇ재검사 수검 (고법17-2, 행정처분) - 적용대상 : 용기나 특정설비의 소유자 (고법17-1) - 수검대상 : 재검사기간[(표3-3-4), (표3-3-5)에서 별도 설명]의 경과, 손상의 발생, 합격표시의 훼손, 충전할 고압가스 종류의 변경 (고법17-2) - 검사기관 : 안전공사 또는 지정검사기관 - 검사기준 : 용기검사기준 고칙 별표 10 / 용기부속품 검사기준 고칙 별표 10의2 / 특정설비 검사기준 고칙 별표 12
8. 운반 등 **(고법22)**	ㅇ고압가스 양도·양수·운반 또는 휴대 시 운반기준 준수 (고법22-1, 300만원 벌금) - 운반기준 : 고칙 별표 30

9. 안전교육 **(고법23)**	ㅇ안전관리책임자 · 안전관리원 · 운반책임자 및 운반차량운전자 등에게 교육을 받게 하여야 함 (고법23-2, 300만원 과태료) - 교육기관 : 안전공사
10. 보험가입 **(고법25)**	ㅇ보험가입 (고법25-1, 2천만원 과태료) - 보험종류 : 가스사고배상책임보험 또는 이 보험과 같은 내용이 포함된 보험 (고령18-1)
11. 사고통보 **(고법26)**	ㅇ안전공사에 사고통보 (고법26-1, 1천만원 과태료) - 통보대상 : 사망자 · 부상자 또는 중독자가 있는 사고, 가스누출에 의한 폭발 또는 화재사고, 가스시설손괴 또는 가스누출로 인하여 인명대피나 공급중단이 발생한 사고, 저장탱크에서의 가스누출사고 (고칙54-2)

3.5. 수소용 용기·냉동기·특정설비 및 안전설비 제조

용기・냉동기 및 특정설비를 「고법」에서는 '용기 등'이라고 약칭하고 있다(고법5-1). 앞에서 기술한 규제대상 행위자 중에서 용기 등을 제조・수리 및 수입하는 자에 대해서는 가스시설과 달리 국내 제조자와 해외 제조자를 구분하여 규제하고 있다. 그 이유는 국내 제조자의 경우는 제품 생산 시마다 안전성 확인을 위한 검사가 가능하지만 해외 제조자의 경우에는 매 제품마다 검사가 곤란한 이유가 하나가 있고, 과도하게 규제할 경우 국제 통상마찰을 일으킬 수 있기 때문이다. 따라서, 외국의 용기 등 제조자의 경우에는 산업통상자원부에 한번 등록을 하면 3년 동안은 산업통상자원부에서 정한 국제적으로 통용되는 제조기준으로 제조하고 산업통산자원부에서 인정하는 국제공인검사기관에서 검사한 경우에는 검사의 일부를 면제해 주고 있다.

용기 등과는 별도로 수소자동차 충전시설에 설치되는 밸브류중 체크밸브, 수동밸브, 유량조정밸브는 안전설비로 지정되어 있다. 「고법」 제18조의4에 의거 안전설비를 제조 또는 수입한 자는 그 안전설비를 판매하거나 사용하기 전에 「산업표준화법」 제15조에 따른 인증을 받아야 한다. 인증규격은 KS B ISO 19880-3:2018(수소가스-충전소-제3부: 밸브)이며, 이 인증규격에는 앞서 언급한 3종류의 밸브가 명시되어 있다. 「산업표준화법」 제15조에 의한 인증은 한국산업표준(KS)에 적합함을 증명하는 것으로 KS인증 심사기관으로부터 「산업표준화법」 제17조제1항에 따른 인증심사를 통과하여야 한다.

이와 같은 규제내용을 표로 정리하면 다음과 같다. 규제 주체로는 정부, 안전공사 및 사업자와 사용자가 있으며, 규제내용은 표에서 보는 바와 같이, 용기 등 제조・수리 및 수입자에 대하여 20개 정도가 있다.

【표 3.5.1】 용기 등 제조・수리 및 수입자에 대한 규제내용

주체	규제내용 \ 규제대상	용기 등 제조자	용기 등 수리자	외국용기 등 제조자	외국용기 등 수입자	안전설비 제조수입자
정부	산업통상자원부장관에게 등록			●		
	산업통상자원부장관에게 변경등록			●		
	산업통상자원부장관에게 재등록			●		
	시장・군수 또는 구청장에게 등록	●				
	시장・군수 또는 구청장에게 변경등록	●				
	개시・중단・재개・폐지 신고	●				

	사업 승계 신고	●				
	등록의 취소	●		●		
안전공사	안전관리규정 이행실태 확인 · 평가	●				
	완성검사	●				
	제조 · 수리 또는 수입한 용기 등 검사	●	●	●	●	
	용기 등 수집검사	●	●	●	●	
	안전교육	●				
	사고통보	●				
사업자	안전관리규정 제출 · 준수 · 기록	●				
	용기 등에 제조일자, 제조자 등 표시	●		●	●	
	용기 등 제조시설을 기준에 맞게 유지	●				
	안전관리자 선임 및 선임신고	●				
	검사 미필 용기 등의 양도 · 임대 · 사용 · 판매 목적 진열 금지	●	●	●	●	
	보험가입	●			●	
	KS 인증취득					●

3.5.1. 수소용 용기 및 특정설비 제조에 관한 규정

수소용 용기는 압축가스용 용기와 액화가스용 용기가 있다. 압축가스용 용기는 제작하는 방식에 따라 4가지 종류가 있다. 이음매 없는 강제 용기를 type 1 용기로 분류한다. 기밀 유지 및 기초강도를 제공하는 내피와 내피를 감싸고 내압강도를 유지하는 외피로 구성된 용기가 있는데 이를 복합재료용기라고 한다. 탄소섬유 등 복합재료로 만든 용기는 모두 3종류가 있는데, 용기는 내피의 재질과 내피를 감싸는 방법에 따라 type 2~type 4로 분류한다. 액화수소용기는 진공단열방식을 이용한 초저온용기가 있다.

특정설비는 저장탱크, 압력용기, 차량에 고정된 탱크, 안전밸브, 긴급차단장치, 기화장치 등이 있는데, 수소용은 용기와 마찬가지로 압축수소용과 액화수소용으로 구분할 수 있고, 액화수소용은 -250℃ 이하에서 운용되기 때문에 재료선택이 까다롭고, 진공단열성능이 우수하여야 한다.

여기서 유의할 것은 압축수소운반용 튜브트레일러에 장착된 용기와 압축수소충전소에서 압축된 수소를 일시적으로 저장하는 압축가스설비가 형태는 같아 보여도 법적·기술적으로는 다르다는 것이다. 튜브트레일러에 장착된 용기는 말 그대로 용기 제조 및 검사기준(고칙 별표10 및 KGS Code AC 211)을 적용받는 용기이고, 압축가스설비는 특정설비 중 저장탱크 및 압력용기 제조 및 검사기준(고칙 별표 12 및 KGS Code AC 111)을 적용받는 압력용기(특정설비)라는 것이다. 용기와 압력용기는 제조 및 검사기준이 다르고, 재검사 주기도 서로 상이하다. 그래서, 만일 잘못 주문을 하거나 다른 것으로 검사를 받게 되면 적합한 용도로 사용할 수 없게 되어 매각하거나 폐기해야 하는 손실을 볼 수도 있다.

이러한 용기 등 제조자에 대한 규제내용은 다음 표와 같다.

【표 3.5.2】 용기 등 제조자에 대한 규제내용

규제항목 (관련조항)	규제내용 (관련조항, 벌칙)
1. 등록 **(고법5-1)**	ㅇ용기 등 제조 등록 (고법5-1, 2년 징역 또는 2천만원 벌금) - 등록관청 : 특별자치시장·특별자치도지사·시장·군수 또는 구청장. 「이하 "시장·군수 또는 구청장"으로 약칭」(외국의 용기등 제조자는 산업통상자원부 장관) - 등록기준 : 용기제조기준 고칙 별표 10 / 용기부속품 제조기준 고칙 별표 10의2 / 냉동기 제조기준 고칙 별표 11 / 특정설비 제조기준 고칙 별표 12
2. 변경등록 **(고법5-1)**	ㅇ용기 등 제조 변경등록 (고법5-1, 1년 징역 또는 1천만원 벌금, 상호변경이나 법인의 대표자 변경시에는 300만원 과태료) - 변경등록관청 : 시장·군수 또는 구청장(산업통상자원부) - 변경등록범위 : ①사업소의 위치 변경 ②제조하는 용기 등의 종류 변경 ③용기 등의 제조공정 변경 ④용기 등의 제조규격 변경 ⑤상호의 변경 ⑥대표자의 변경 - 변경등록기준 : 용기제조기준 고칙 별표 10 / 용기부속품 제조기준 고칙 별표 10의2 / 냉동기 제조기준 고칙 별표 11 / 특정설비기준 고칙 별표 12
3. 사업의 개시 등 신고 **(고법7)**	ㅇ사업의 개시·중지·폐지·재개 신고 (고법7, 300만원 벌금) - 신고범위 : 사업을 개시하려는 자 및 1개월 이상 중지·폐지 또는 재개하려는 자 - 신고관청 : 시장·군수 또는 구청장
4. 지위승계 신고 **(고법8-2)**	ㅇ지위승계 신고 (고법8-2, 300만원 과태료) - 신고범위 : 사업 상속인·양수인 또는 합병 후 존속 또는 설립 법인 - 신고관청 : 시장·군수 또는 구청장 - 신고기간 : 지위를 승계한 날부터 30일 이내
5. 안전관리규정 **(고법11)**	ㅇ제출 : 사업 개시 전에 안전관리규정을 정하여 허가관청 또는 신고관청에 제출 (고법11-1, 2천만원 과태료) - 작성요령 : 고칙 별표 15 - 제출 시 안전공사의 의견서를 첨부 (고법11-1) - 용기 등의 제조공정·자체검사방법 등을 안전관리규정에 포함 (고법11-3) ㅇ준수 : 안전관리규정을 준수, 실시기록 작성 5년간 보존 (고법11-5, 1천만원 과태료) ㅇ확인·평가 : 완성검사 6개월 후, 그 이후에는 매 5년 마다 또는 용기 등에 대한 신규

	검사 시 안전공사가 실시 (고법11-6, 고칙20-2)
6. 용기 등의 표시 (고법11의2)	o 용기 등에 제조일자, 제조자 등 표시 (고법11의2, 500만원 과태료) - 표시대상 : 용기 • 냉동기 및 특정설비 제조자 - 표시기준 : 고칙 별표 24
7. 시설 • 용기의 안전유지 (고법13)	o 용기 등의 제조시설을 기준에 맞도록 유지 (고법13-1, 1년 징역 또는 1천만원 벌금) - 용기 등 제조기준 : 용기제조기준 고칙 별표 10 / 용기부속품 제조기준 고칙 별표 10의2 / 냉동기 제조기준 고칙 별표 11 / 특정설비 제조기준 고칙 별표 12
8. 안전관리자 (고법15)	o 선임 : 사업 개시 전 (고법15-1, 500만원 벌금) o 선임 • 해임 • 퇴직 신고 / 30일 이내 재선임 (고법15-3, 500만원 벌금) o 유고 시 대리자 지정 (고법15-4, 제조신고자 또는 특정고압가스 사용신고자 2천만원 과태료, 그 밖의 제조자 행정처분) o 직무 성실 수행 / 사업자는 안전관리자 의견수용 (고법15-5, 행정처분) - 종류 • 자격 • 인원 • 직무범위 및 직무대행기간 : 고령 제12조~제13조
9. 완성검사 (고법16)	o 용기 등 제조시설 완공 후 완성검사 수검 (고법16-3, 1년 징역 또는 1천만원 벌금) - 검사기관 : 안전공사 - 완성검사기준 : 용기제조시설 고칙 별표 10 / 용기부속품 제조시설 고칙 별표 10의2 / 냉동기 제조시설 고칙 별표 11 / 특정설비 제조시설 고칙 별표 12
10. 용기 및 특정 설비 검사 (고법17)	o 신규검사 수검 (고법17-1, 1년 징역 또는 1천만원 벌금) - 검사종류 : 설계단계검사, 생산단계검사 - 적용대상 : 용기 등의 제조 • 수리 또는 수입자(외국의 용기 등 제조자 포함) (고법17-1) - 수검시기 : 판매 또는 사용 전 (고법17-1) - 검사기관 : 아래 표와 같이 구분 (고법36, 고령25) - 검사기준 : 용기검사기준 고칙 별표 10 / 용기부속품 검사기준 고칙 별표 10의2 / 특정설비 검사기준 고칙 별표 12 o 재검사 수검 (고법17-2, 행정처분) - 적용대상 : 용기나 특정설비의 소유자 (고법17-2) - 수검대상 : 재검사 기간(아래에서 별도 설명)의 경과, 손상의 발생, 합격표시의 훼손, 충전할 고압가스 종류의 변경 (고법17-2) - 검사기관 : 아래 표와 같이 구분 (고법36, 고령25) - 검사기준 : 용기검사기준 고칙 별표 10 / 용기부속품 검사기준 고칙 별표 10의2 / 특정설비 검사기준 고칙 별표 12
11. 용기 등의 품질보장 (고법18)	o KS인증을 받아 용기를 판매하게 명령 (고법18-1, 벌칙 없음) o 유통 중인 용기 등 수집검사 실시 / 중대결함 발견 시 회수 • 교환 • 환불 및 그 사실의 공표 명령 (고법18-2, 300만원 벌금) - 검사대상 : 용기 및 용기부속품 (고칙44-1) - 검사기관 : 안전공사 (고법36-1-5) - 검사기준 : 용기검사기준 고칙 별표 10 / 용기부속품 검사기준 고칙 별표 10의2 o 수집검사 없이 용기 등 회수 • 교환 • 환불 및 그 사실의 공표 명령 (고법18-3, 500만원벌금) - 명령대상 : ①가스사고조사위원회가 권고 또는 건의하는 경우 ②공공의 안전을 위하여 긴급하게 조치가 필요한 경우

12. 운반 등 **(고법22)**	ㅇ고압가스 양도 · 양수 · 운반 또는 휴대 시 운반기준 준수 (고법22-1, 300만원 벌금) - 운반기준 : 고칙 별표 30
13. 안전교육 **(고법23)**	ㅇ안전관리책임자 · 안전관리원 · 운반책임자 및 운반차량운전자 등에게 교육을 받게 하여야 함 (고법23-2, 300만원 과태료) - 교육기관 : 안전공사
14. 보험가입 **(고법25)**	ㅇ보험가입 (고법25-1, 2천만원 과태료) - 보험종류 : 가스사고배상책임보험 또는 이 보험과 같은 내용이 포함된 보험 (고령18-1)
15. 사고통보 **(고법26)**	ㅇ안전공사에 사고통보 (고법26-1, 1천만원 과태료) - 통보대상 : 사망자 · 부상자 또는 중독자가 있는 사고, 가스누출에 의한 폭발 또는 화재사고, 가스시설손괴 또는 가스누출로 인하여 인명대피나 공급중단이 발생한 사고, 저장탱크에서의 가스누출사고 (고칙54-2)

[비고]
1. 3, 4, 5, 8, 13, 14, 15번 내용은 외국의 용기 등 제조자는 해당 없음
2. 9번 완성검사의 경우 외국의 용기 등 제조자는 안전공사에서 실시하는 공장심사로 대체

3.5.2. 수소용 안전설비 제조에 관한 규정

앞서 언급한 바와 같이 수소자동차충전소에 설치되는 다음 그림과 같은 3종류의 밸브는 안전설비로서 「산업표준화법」 제15조에 따른 인증을 받아야 한다. 이 3종류의 밸브는 사용압력이 40MPa을 초과하는 초고압 배관(tubing)에 장착되는 것으로 고도의 안전성과 작동 정확성이 요구된다.

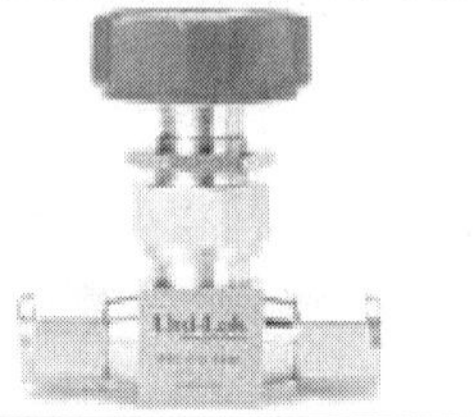		
수동밸브(Manual Valve)	유량조절밸브(Flow Control Valve)	체크밸브(Check Valve)
수동으로 가스 흐름 제어	압력조정기 후단 유량 조절	가스를 한 방향으로 흐르게 함

【그림 3.5.1】KS 인증 대상 안전설비

다음 그림에 KS 인증절차를 나타내었다. 보통 인증 유효기간은 3년으로 유효기간이 지나기 전에 재심사를 받아 유효기간을 연장할 수 있다. 인증기관은 한국가스안전공사 등이 있다.

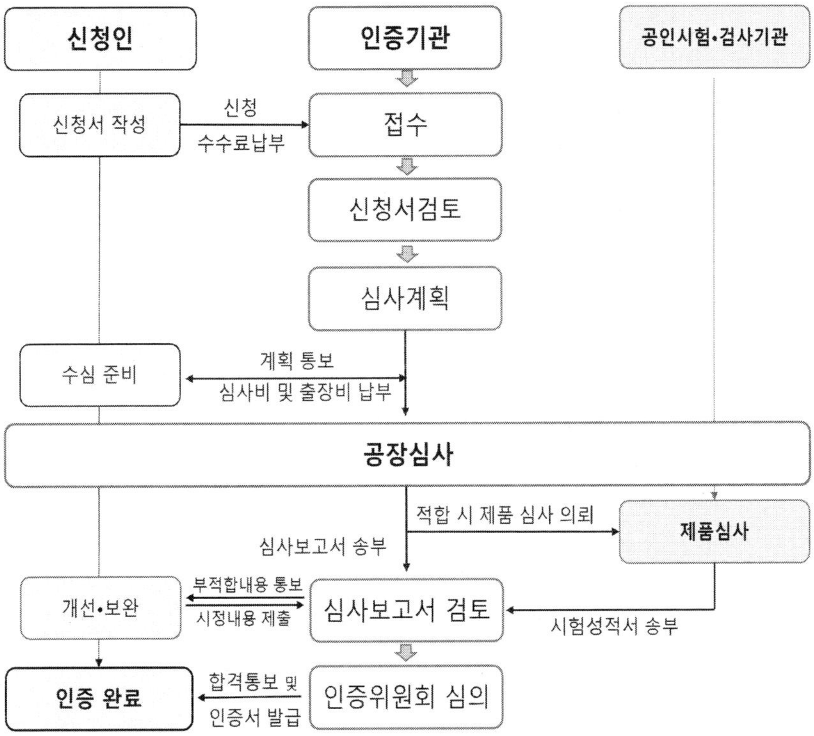

【그림 3.5.2】 안전설비 KS 인증 절차 (참조 : 한국가스안전공사 홈페이지)

위 그림에서 보는 인증심사는 제조설비 및 검사설비 구비여부와 품질관리체계 적합성을 심사하는 공장심사를 통과한 후, 제품의 규격, 안전성, 기능 등을 확인하는 제품심사를 통과하면 인증서를 발행하게 된다. 인증서에는 표준명, 표준번호, 제품의 종류·등급·호칭 또는 모델명이 기재되어 있어 같은 회사에서 제작한 같은 종류의 제품이라도 인증서에 기재된 범위를 벗어나면 인증받은 제품이 아님을 유의하여야 한다. 인증받은 제품은 용기 등과 같이 매 제품에 대한 검사를 하는 것이 아니라, 3년의 인증 유효기간 내에서 제조자가 자체검사하여 인증표시를 할 수 있다.

그러나, 외국에서 수입되는 제품 등 KS인증을 받기 어려운 경우를 대비, 「고령」 제15조의5제3호사목과 「고압가스안전관리기준 통합고시」 제9-1-2조에는 다음과 같이 인증면제조건을 규정하고 있다.

제9-1-2조 영 제15조의5 제3호 사목에 따른 "산업통상자원부장관이 인정하는 방법에 따라 안전성을 확인받은 것"이란 **「국가표준기본법」제23조에 따른 KOLAS 국제공인시험기관에서 제9-1-1조 제3호에 따른 표준으로 시험을 실시하여 적합함을 확인받은 것**을 말한다.

위와 같은 면제조건은 동일한 인증받는 경우와 동일한 제품 시험기준에 의해 「국가표준기본법」에 의한 KOLAS 국제공인시험기관에서 시험한 성적서를 제출한 경우에는 KS인증품이 아니더라도 사용할 수 있다는 것이고, 국제공인시험기관은 ISO 17025의 규격에 따라 인증받은 시험기관을 의미함으로 상호인정협정(MRA)을 맺은 외국의 국제공인검사기관도 포함될 수 있다. 따라서 수입제품에 대해서도 적용할 수 있는 것이다.

KOLAS((Korea Laboratory Accreditation Scheme) 국제공인시험기관이란?

- '한국인정기구(**KOLAS**)'는 관련 법 및 국제표준관련기구에서 정한 국제기준에 의거 교정, 시험, 검사, 표준물질, 메디컬시험, 숙련도시험운영기관을 평가하여 공인하는 기구를 말하며, 국가기술표준원 조직으로서, 국가기술표준원장이 KOLAS장의 역할을 수행하고 있다.
- '국제공인기관'은 KOLAS로부터 인정을 획득한 교정, 시험, 검사, 표준물질, 메디컬시험, 숙련도시험 운영기관을 지칭하는데 그 중에서 ISO 17025에 의해 인증을 획득한 시험기관을 '**국제공인시험기관**'이라고 한다.
- 1998년 10월 APLAC[(1)] MRA[(2)]에 서명한데 이어, 2000년 11월과 2001년 5월에 각각 시험과 교정분야에 대해 ILAC[(3)] MRA에 공식 서명하였고, 2022년 6월 현재 APAC3 MRA에는 28개국 46개 인정기구, ILAC MRA에는 104개국 105개 인정기구 및 IAF MLA에는 82개국 74개 인정기구가 가입하여 **상대국의 공인 성적서 및 인증서를 상호수용**하고 있다.

(1) APLAC : Asia-Pacific Laboratory Accreditation Cooperation
(2) MRA : Mutual Recognition Agreement
(3) ILAC : International Laboratory Accreditation Cooperation

출처 : 한국인정기구(KOLAS)

「고법」 제18조의4제2항을 위반하여 인증을 받지 아니한 안전설비를 양도·임대 또는 사용하거나 판매할 목적으로 진열한 자는 같은 법 제40조제8호에 의거 1년 이하의 징역 또는 1천만원 이하의 벌금에 처하는 벌칙을 받게 된다.

3.6. 수소에 적용되는 그 밖의 단위 규정

3.6.1. 수소품질에 관한 규정

앞서 언급한 바와 같이 「고법」 제18조의2에 의거 연료전지용 수소에 대해서는 수소 품질 유지를 의무화하고 있으며, 같은 법 제18조의3제1항에 의해 한국가스안전공사에서 주기적으로 수소 품질검사를 실시한다. 이에 대한 상세한 기준은 「고칙」 별표27과 「고압가스의 품질기준과 품질검사방법 등에 관한 고시」에 규정되어 있다. 수소 품질 유지 대상 및 품질기준과 품질검사방법 등을 설명한다.

(1) 수소 품질검사 대상 및 시기

「고법」 제18조의3제1항에 따라 정기적으로 품질검사를 받아야 하는 자는 연료전지용 수소의 제조자 및 수입자이다. 「고칙」 별표 27제1호가목에 의하여 품질검사 대상은 고압가스 제조자가 생산공장에서 보관하고 있는 수소와 고압가스 수입업자가 수입하여 판매 또는 인도하거나 판매 또는 인도할 목적으로 저장・운송 또는 보관하고 있는 수소이다. 따라서 수소연료전지자동차에 수소를 충전하는 사업자는 고압가스제조자로 분류되어 모두 품질검사를 받아야 한다. 검사주기는 「고칙」 별표 27제1호 나목에서 분기별 1회 이상 품질검사를 하도록 규정하고 있다.

(2) 품질검사 장소와 시료채취 방법

품질검사는 품질검사기관의 시험실에서 실시하는 것을 원칙으로 한다. 다만, 이동시험장비로 품질검사가 가능한 경우에는 현장에서 실시할 수 있다. 수입하는 고압가스에 대한 품질검사는 고압가스 수입업자가 요청하는 경우에는 해당 국가의 검사장비를 이용하여 출장검사를 실시할 수 있다.

시료채취 방법은 수소의 제조자 및 수입자는 시료채취 지점에 시료채취가 가능하도록 감압장치(1㎫ 이하) 등을 설치하여야 한다. 품질검사의 시료채취 방법은 다음과 같다.

(가) 시료채취는 제조 및 수입하는 고압가스의 종류별로 실시한다.

(나) 시료채취는 고압수소의 제조자 및 수입자 입회하에 품질검사기관에서 실시하며, 이 경우 시료는 품질검사를 받는 자가 무상으로 제공하여야 한다.

(다) 채취하는 시료의 양은 다음과 같다.
- 시료가 액화가스인 경우에는 10 kg 이하
- 시료가 압축가스인 경우에는 10 L(이때의 채취하는 시료의 압력은 1㎫ 이하) 이하

(3) 연료전지용 수소 품질검사 기준 및 방법

연료전지용 수소에 대한 품질검사 기준은 「고압가스의 품질기준과 품질검사방법 등에 관한 고시」 별표 2에서 규정하고 있다. 다음 표는 연료전지용 수소의 품질기준이다.

【표 3.6.1】 연료전지용으로 사용되는 수소가스의 품질기준

<table>
<tr><th>검사항목</th><th>관련근거(규격)</th><th>단위</th><th colspan="2">허용 기준</th></tr>
<tr><td>순도</td><td>ISO 14687-2 : 2012
ISO 14687-3 : 2014
SAE J2719 : 2011</td><td>% (mol/mol)</td><td colspan="2">99.97 이상
(단, 가정용 기기는 99.9 이상)</td></tr>
<tr><td>수분</td><td>ISO 14687-2 : 2012
SAE J2719 : 2011</td><td>μmol/mol</td><td colspan="2">5 이하</td></tr>
<tr><td>총 탄화수소</td><td>ISO 14687-2 : 2012
SAE J2719 : 2011</td><td>μmol/mol</td><td colspan="2">2 이하</td></tr>
<tr><td>산소</td><td>ISO 14687-2 : 2012
ISO 14687-3 : 2014
SAE J2719 : 2011</td><td>μmol/mol</td><td colspan="2">5 이하
(단, 가정용 기기는 50 이하)</td></tr>
<tr><td>헬륨</td><td>ISO 14687-2 : 2012
ISO 14687-3 : 2014
SAE J2719 : 2011</td><td>μmol/mol</td><td>300 이하</td><td rowspan="2">단, 가정용 기기는 각 검사항목을 합하여 0.1% 이하로 한다.</td></tr>
<tr><td>질소/알곤</td><td>ISO 14687-2 : 2012
ISO 14687-3 : 2014
SAE J2719 : 2011</td><td>μmol/mol</td><td>100 이하</td></tr>
<tr><td>이산화탄소</td><td>ISO 14687-2 : 2012
SAE J2719 : 2011</td><td>μmol/mol</td><td colspan="2">2 이하</td></tr>
<tr><td>일산화탄소</td><td>ISO 14687-2 : 2012
SAE J2719 : 2011</td><td>μmol/mol</td><td colspan="2">0.2 이하</td></tr>
<tr><td>전유황</td><td>ISO 14687-2 : 2012
SAE J2719 : 2011</td><td>μmol/mol</td><td colspan="2">0.004 이하</td></tr>
<tr><td>유기산</td><td>ISO 14687-2 : 2012
SAE J2719 : 2011</td><td>μmol/mol</td><td colspan="2">0.2 이하</td></tr>
<tr><td>포름알데히드</td><td>ISO 14687-2 : 2012
SAE J2719 : 2011</td><td>μmol/mol</td><td colspan="2">0.01 이하</td></tr>
<tr><td>암모니아</td><td>ISO 14687-2 : 2012
SAE J2719 : 2011</td><td>μmol/mol</td><td colspan="2">0.1 이하</td></tr>
<tr><td>할로겐화합물</td><td>ISO 14687-2 : 2012
SAE J2719 : 2011</td><td>μmol/mol</td><td colspan="2">0.05 이하</td></tr>
<tr><td>입자농도</td><td>ISO 14687-2 : 2012
SAE J2719 : 2011</td><td>mg/kg</td><td colspan="2">1 이하</td></tr>
</table>

- ISO 14687-2 : 연료전지 차량용 수소 연료 규격
- ISO 14687-3 : 가정 기기용 연료전지 수소 규격
- SAE J2719 : 연료전지 차량용 수소 연료 규격

연료전지용수소의 품질검사 방법은 각 각의 성분에 대해 국제적으로 통용되고 있는 미국재료시험학회(ASTM) 기준을 적용한다. 이 기준으로 시료에 대해 가스크로마토그래피, 적외선 분광기를 통한 분석 등으로 시험한다. 다음 표는 연료전지용수소의 품질검사 방법을 나타낸 것이다.

【표 3.6.2】 연료전지용으로 사용되는 수소가스의 품질검사 방법

검사항목	관련근거(규격)	검사방법
수분	o ASTM D7649-10 o ASTM D7653-10 o ASTM D5454-11 o ASTM D7941/7941M-14	o 가스크로마토그래피, 적외선 분광기, 레이저 센서, CRDS를 통한 분석
총 탄화수소	o ASTM D7675-11	o 가스크로마토그래피, 적외선 분광기를 통한 분석
산소	o ASTM D7649-10 o ASTM D7607-11	o 산소분석기, 가스크로마토그래피, 전기화학 센서 등을 통한 분석
헬륨	o ASTM D1945-03	o 가스크로마토그래피를 통한 분석
질소/알곤	o ASTM D7649-10	o 가스크로마토그래피를 통한 분석
이산화탄소	o ASTM D7649-10 o ASTM D7653-10 o ASTM D7941/7941M-14	o 가스크로마토그래피, 적외선 분광기, CRDS를 통한 분석
일산화탄소	o ASTM D7653-10 o ASTM D7941/7941M-14	o 가스크로마토그래피, 적외선 분광기, CRDS를 통한 분석
전유황	o ASTM D7652-11	o 이온크로마토그래피(IC), 가스크로마토그래피를 통한 분석
유기산	o ASTM D7550-09 o ASTM D7653-10	o 이온크로마토그래피(IC), 적외선 분광기를 통한 분석
포름알데히드	o ASTM D7653-10 o ASTM D7941/7941M-14	o 적외선 분광기, CRDS를 통한 분석
암모니아	o ASTM D7653-10 o ASTM WK50647 o ASTM D7941/7941M-14	o 이온크로마토그래피(IC), 적외선 분광기, 비색법, CRDS를 통한 분석
할로겐화합물	o ASTM WK23815 o ASTM WK34574	o 가스크로마토그래피, 이온크로마토그래피(IC)를 통한 분석
입자농도	o ASTM D7650-10 o ASTM D7651-10	o 중량 측정을 통한 분석

o ASTM(American Society for Testing and Materials) : 미국재료시험협회

(4) 품질검사 결과판정 및 통지와 이의제기 방법

품질검사기관은 품질검사 결과를 판정하는 경우 검사 결과의 수치를 품질기준 각 검사 항목별 허용기준과 같은 소수점 자릿수로 비교하여 판정한다. 판정 결과가 확정되면 품질검사기관은 「고법」 제18조의3제1항에 따른 품질검사 결과를 다음의 구분에 따라 통보하여야 한다.

(가) 품질검사결과를 불합격으로 판정한 경우에는 산업통상자원부장관 또는 당해 사업자가 소재한 시장·군수·구청장 및 고압가스 제조자 또는 수입자에게 즉시 통보

(나) 품질검사결과를 합격으로 판정한 경우에는 산업통상자원부장관 또는 당해 사업자가 소재한 시장·군수·구청장에게는 판정한 날이 속하는 분기 종료일로부터 10일 이내, 고압가스 제조자 또는 수입자에게는 판정한 날이 속하는 달의 익월 10일 이내에 통보

고압가스사업자 및 수입자는 품질검사기관, 산업통상자원부장관 또는 시장·군수·구청장으로부터 통보받은 품질검사결과에 대하여 이의가 있는 경우에는 검사 결과를 통보받은 날부터 15일 이내에 품질검사기관, 산업통상자원부장관 또는 시장·군수·구청장에게 해당 분석 결과의 세부내역 확인을 요청할 수 있다. 분석 결과의 확인 요청을 받은 검사기관 등은 해당 분석 결과의 세부내역을 고압가스 사업자 또는 수입자에게 확인시켜 주어야 한다.

3.6.2. 수소 자동차 충전시설 안전영향평가

2022년 6월 2일 개정된 「고칙」 (산업통상자원부령 제469호, 2022.6.2., 일부개정) 별표 5에 의해 2022년 12월 3일부터 기술검토를 신청하는 수소제조식 자동차충전소와 수소저장식 자동차 충전소가 다음의 어느 하나에 해당하는 경우에는 한국가스안전공사로부터 충전시설의 입지 및 배치 등에 대한 안전영향평가를 받고, 그 안전영향평가 결과에 따라 시설을 보완하여야 한다.

(가) 저장설비·처리설비·압축가스설비 및 충전설비를 최초로 설치하는 경우

(나) 저장설비·처리설비·압축가스설비 및 충전설비를 변경하는 경우(위치 변경, 수량·용량 또는 능력의 증가만을 말한다)

안전영향평가는 정량적위험성평가(QRA, Quantitative Risk Assessment)의 일종으로 안전공사가 전 세계 수소·가스 사고 DB를 바탕으로 미국 에너지부 소속인 샌디아 국립연구소(Sandia National Lab)와 공동 개발한 『Hyko-Ram』이라는 QRA 소프트웨어를 사용하여 평가하게 된다. 이 소프트웨어는 수소자동차충전사업자에게도 배포되어 사전에

검토할 수 있도록 하고 있다. 안전공사에서 평가한 결과 안전에 영향을 주는 요소가 있으면 이를 저감하는 조치계획을 제출하여야 기술검토 및 허가를 받을 수 있고, 중간검사와 완성 검사 시 이 조치계획 이행여부를 확인하게 된다.

3.6.3. 수소 취급시설에서 수소 용품에 관한 규정

수소의 제조, 충전, 저장 및 사용시설에서 수소 용품(수전해설비, 수소연료전지, 수소추출설비를 말한다)을 설치, 사용하고자 할 때에 「수소법」 제44조에 따른 검사대상 수소용품은 검사에 합격한 것을 사용하여야 한다. 수소 용품은 저압수소가 통하는 것도 있고, 고압수소가 통하는 것도 있으나, 사용 압력에 관계 없이 검사대상 수소 용품은 검사를 받아 안전성이 확인된 것만을 사용하도록 하고 있다(고칙 별표 4제1호가목(10)나), 별표 5제1호가목(10)가) 및 별표 8제1호가목(10)가)).

또한 여기에 더하여 수소 용품은 다음과 같은 「수소법 규칙」 별표 5 제1호라목에 따른 수소가스설비기준 또는 같은 호 바목에 따른 연료전지 설치기준을 충족할 것을 규정하고 있다(고칙 별표 4제1호가목(10)다), 별표 5제1호가목(10)나) 및 별표 8제1호가목(10)나)).

따라서, 수소취급시설에서 수소 용품은 제품검사를 받아 합격한 것을 사용해야 하고, 저압의 수소가 통하는 부분은 다음과 같은 「수소법 규칙」 별표 5의 수소연료사용시설 기준에 적합하게 설치하여야 한다.

[별표 5] 수소연료사용시설의 시설·기술·검사기준

(제44조, 제45조제2항 및 제46조제1항 관련)

1. 시설기준

가.~다.<생략>

라. 수소가스설비기준

1) 수소가스설비(배관은 제외한다. 이하 라목에서 같다)의 재료는 그 수소를 취급하기에 적합한 기계적 성질 및 화학적 성분을 가지는 것일 것
2) 수소가스설비의 구조는 그 수소를 안전하게 취급할 수 있는 적절한 것일 것
3) 수소가스설비의 강도 및 두께는 그 수소를 안전하게 취급할 수 있는 적절한 것일 것
4) 수소가스설비는 그 수소를 안전하게 취급할 수 있는 적절한 성능을 가지는 것일 것
5) 수소연료사용시설에는 압력조정기·가스계량기·중간밸브 등 필요한 설비 및 장치를 설치하고, 그 시설의 안전 확보 및 정상작동을 위하여 필요한 적절한 조치를 할 것

마.<생략>

바. 연료전지 설치기준

연료전지는 화재 및 폭발 사고를 방지하기 위하여 수소연료사용시설의 안전 확보와 정상작동이 가능하도록 설치할 것

지금까지 살펴본 수소취급시설에서 「고법」과 「수소법」 적용 범위가 혼란스러울 수가 있을 것이다. 고압가스 제조시설에 수소용품이 설치되어 있는 경우에는 수소법에 의한 검사품을 사용하여야 하고, 설치기준도 준수하여야 한다. 또한, 출구압력이 1.0MPa 미만인 저압의 수전해설비나 수소추출설비에서 생산된 수소를 공급받아 수소연료전지를 사용하는 경우에는 공급배관이 저압이라고 하더라도 「수소법」의 시설기준 및 기술기준을 준수하여야 한다. 이러한 관계를 다음 그림에 나타내었다.

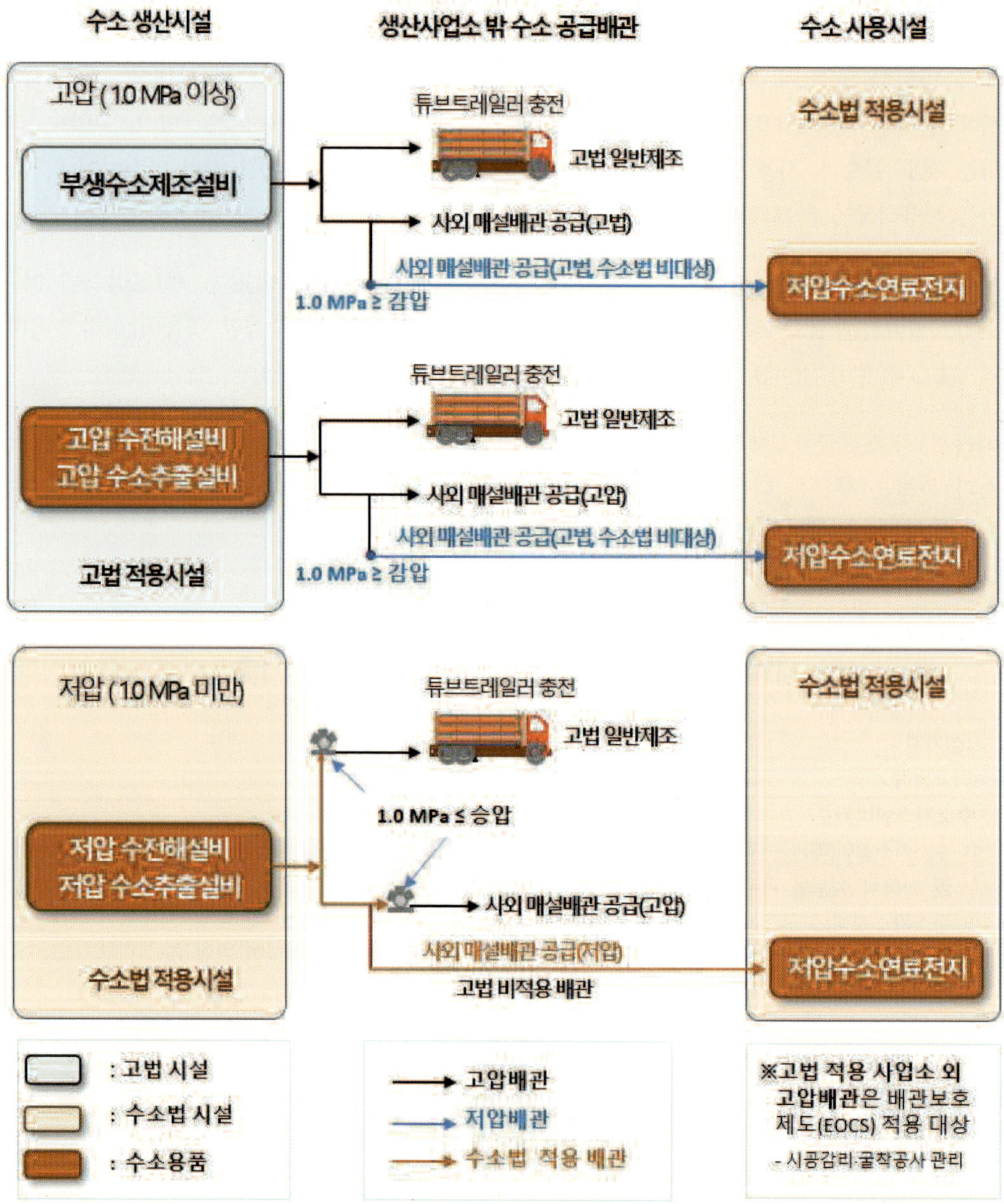

【그림 3.6.1】 수소 취급시설에서 고법과 수소법 적용범위

3.6.4. 수소 취급시설 방폭에 관한 규정

수소는 공기 중에 누출되었을 때 폭발범위가 4~75%로 넓고, 최소 점화에너지는 0.02mJ로 매우 작아 연소나 폭발이 쉽게 일어날 수 있기 때문에 누출관리와 점화원 관리가 매우 중요하다. 점화원은 다음 표에서 보는 바와 같이 다양하나 그 중 수소취급시설에 가장 취약한 점화원은 전기설비이다.

【표 3.6.3】 점화원의 종류

점화원 종류	발생원의 예
1. 고온표면	연소기 표면 등
2. 화염과 고온의 가스(고온의 입자 포함)	가스용접작업 등 화기작업
3. 기계적 스파크	비방폭 공구 사용에 의한 타격 및 마찰
4. 전기기계기구	전기회로의 개폐 시, 접속의 느슨해짐
5. 미주전류와 음극부식	발전시스템의 리턴절류, 전기설비 고장에 따른 단락 또는 지락의 결과, 전자유도의 결과, 낙뢰의 결과
6. 정전기	브러시방전, 액체 유동 등
7. 낙뢰	
8. 10^4 내지 $3x10^{12}$Hz의 무선주파수(RF) 전자파	
9. $3x10^{12}$ 내지 $3x10^{15}$Hz의 전자파	
10. 이온 방사	X선관이나 방사성물질에 의해 발생
11. 초음파	
12. 단열압축과 충격파	압축기

따라서 수소자동차 충전, 수소 저장 및 사용에 관한 기준인 「고칙」 별표 5와 별표 8에서 규정한 가스 누출관리와 점화원 관리에 관한 내용을 살펴보면 점화원 중 전기설비는 그 설치장소와 가스의 종류에 따라 적절한 방폭성능이 있는 것을 설치하도록 규정하고 있다.

【표 3.6.4】 고압가스 누출관리 및 점화원 관리 기준

구 분	누출 관리 규정	점화원 관리 규정
수소자동차충전소 기준 (고칙 별표5)	o 가스설비의 외면으로부터 전선, 화기(그 설비 안의 것은 제외한다)를 취급하는 장소 및 인화성 물질 또는 가연성물질 저장소까지는 그 가스설비에 악영향을 미치지 않도록	o 가연성가스(암모니아, 브롬화메탄 및 공기 중에서 자기 발화하는 가스는 제외한다)의 가스설비 중 전기설비는 그 설치장소 및 그 가스의 종류에 따라 적절한 방폭성능을

	적절한 거리를 유지할 것 o 가연성가스의 가스설비실 및 저장설비실에는 누출된 고압가스가 머물지 아니하도록 환기구를 갖추는 등 필요한 조치를 할 것	가지는 것일 것 o 충전시설에는 부식, 정전기 및 수소 화염 등에 의한 사고를 예방하기 위하여 부식 방지설비, 정전기제거설비 및 수소 화염 검지기 등을 설치할 것
수소저장·사용시설 기준 (고칙 별표8)	o 가스설비 또는 저장설비는 그 외면으로부터 화기(그 설비 안의 것은 제외한다)를 취급하는 장소까지 2m(가연성가스 또는 산소의 가스설비 또는 저장설비는 8m) 이상의 우회거리를 유지해야 하고, 가스설비와 화기를 취급하는 장소와의 사이에는 그 가스설비로부터 누출된 가스가 유동하는 것을 방지하기 위한 적절한 조치를 할 것 o 가연성가스의 가스설비실 및 저장설비실에는 누출된 고압가스가 체류하지 아니하도록 환기구를 갖추는 등 필요한 조치를 할 것	o 가연성가스(암모니아, 브롬화메탄 및 공기 중에서 자기 발화하는 가스는 제외한다)의 저장설비 중 전기설비는 그 설치장소 및 그 가스의 종류에 따라 적절한 방폭성능을 가진 것일 것 o 가연성가스저장설비에는 그 설비에서 발생한 정전기가 점화원으로 되는 것을 방지하기 위하여 필요한 조치를 할 것

전기설비의 설치장소와 방폭성능에 관해서는 그 내용이 복잡하고 전문적이기 때문에 모두 상세기준인 KGS Code에서 규정하고 있고, 다음과 같은 4종류의 KGS Code가 있다.

【표 3.6.5】 전기설비의 설치장소와 방폭성능에 관한 KGS Code와 주요내용

구분	주요 내용
가스시설의 폭발위험장소 종류 구분 및 범위 산정에 관한 기준 (KGS GC 101 2018)	o 가스시설 주변에 형성될 가능성이 있는 폭발위험장소 종류의 구분 및 범위산정의 방법에 대하여 적용 - 폭발위험 예방의 원칙 : 폭발위험장소 범위가 최소화되도록 누출 빈도수・지속기・양을 제어, 위험장소 구분작업은 전문지식을 보유한 **방폭시설설계사**가 수행 - 폭발위험장소 종류의 구분 - 가스 누출등급 및 누출 유량 결정 - 희석등급 및 환기 유효성 산정 - 폭발위험장소 종류 및 범위의 산정
방폭전기기기의 설계, 선정 및 설치에 관한 기준 (KGS GC102 2018)	o 가스시설에 설치되는 전기기기의 설계, 선정, 설치 및 사용 전 점검에 대하여 적용 - 기본원칙 : 폭발위험장소 내 설치 최소화, 전기기기 건전성 보전, 점검 및 수리 용이하게 설치 등 - 전기기기의 적합성 보증, 설계, 선정 및 설치자의 자격, 전기기기 선정 - 위험성(발화성) 스파크 발생 차단, 전기로부터 보호, 전원차단 및 전기적 분리 - 케이블 및 배선 시스템, 케이블 인입 시스템 및 블랭킹 엘리먼트, 회전기계, 방폭구조별 추가 안전사항 - 부록 A **방폭시공감독자, 방폭시공자** 및 **방폭설비설계사**의 지식, 기술 및 역량 - 부록 B 사용 전 점검 : 방폭구조 종류별 세부점검항목

방폭전기기기의 점검 및 유지관리에 관한 기준 (KGS GC103 2018)	o 가스시설의 위험장소에 설치되는 방폭전기기기의 점검 및 유지관리에 대하여 적용 - 점검 및 유지관리자 자격 - 자체정기점검 : 방폭검사원, 고정형 전기기기에 대한 정기점검 방법, 이동형 전기기기에 대한 정기점검 방법 등 - 상시관리 : **방폭관리감독자, 방폭관리사,** 점검빈도 - 유지관리, 환경조건 고려, 전기기기의 분리,접지 및 등전위 본딩 등 - 점검표, 점검표에 대한 방폭구조별 추가요구사항 - 부록 A 표준 정기점검절차 - 부록 B 방폭관리감독자, 방폭검사원 및 방폭관리사의 지식, 기술 및 역량
방폭전기기기의 수리, 보수, 재생, 개조 및 변경에 관한 기준 (KGS GC104 2018)	o 가스시설에 설치되는 방폭전기기기의 수리, 보수, 재생, 개조 및 변경 방법에 대하여 적용 - 기본원칙 : 우수 공학적기법 적용, 예비부품 또는 제조자의 부품을 사용, 기술문서에 따라 방폭전문가가 수리 및 보수 - 사용자와 수리기관에 대한 지침 - 방폭구조별 전기기기 수리 및 보수에 관한 추가 요구사항 - 방폭구조별 재생, 변경 및 개조 요건 - 부록 A 수리한 전기기기 표시기준 - 부록 B "**방폭정비감독자**" 및 "**방폭정비사**"의 지식, 기술 및 역량

KGS Code에 따라서, 수소취급시설에 설치되는 전기설비는 위험장소 종류 및 범위 산정, 방폭기기 설계, 선정 및 설치, 점검 및 유지관리, 수리, 보수 등을 모두 전문지식이 있는 방폭시설설계사 등 전문가가 수행하여야 한다.

여기에 더하여 방폭구조 전기기계·기구 및 부품을 제조하거나 수입하는 자(주요 구조 부분을 변경하는 자를 포함)는 「산안법」 제84조 및 동법 시행령 제74조에 의하여 한국가스안전공사, 산업안전보건인증원, KTL 등 방폭안전인증기관에서 방폭안전인증을 받아야 한다. 구체적인 인증대상은 고용노동부의 「안전인증·자율안전확인신고의 절차에 관한 고시」 별표 1에서 규정하고 있으며, 그 대상은 다음 표와 같다.

【표 3.6.6】 안전인증대상기계등의 규격 및 형식별 적용범위

기계·기구	규격 및 형식별 적용범위
방폭구조 전기기계. 기구 및 부품	o 폭발성 분위기에서 사용하는 방폭구조 전기기계.기구 및 방폭부품으로써 다음 각 목의 어느 하나에 해당하는 것 가. 내압 방폭구조 나. 압력 방폭구조 다. 안전증 방폭구조 라. 유입 방폭구조 마. 본질안전 방폭구조 바. 비점화 방폭구조 사. 몰드 방폭구조

	아. 충전(充塡) 방폭구조 자. 특수 방폭구조 차. 분진 방폭구조

다음 그림은 방폭안전인증기관에서 안전인증을 받기 위한 절차를 나타낸 것이다. 인증기간은 <그림 3.6.2>에서 보는 바와 같이, 국내 제품은 105일, 해외제품은 135일 정도가 소요된다. 다음 <그림 3.6.3>는 세부 절차를 표시하였는데 각 심사 단계별 보완사항이 발생하면 인증받기까지 걸리는 기간이 더 연장될 수 있다.

심사종류	서면심사	제품심사	기술능력 및 생산체계심사
처리기한	15일(국내제조) 30일(외국제조)	60일	30일(국내제조) 45일(외국제조)

【그림 3.6.2】 방폭안전인증 절차 (참조 : 한국가스안전공사 홈페이지)

[서면심사]

Step 1	Step 2	Step 3	Step 4	Step 5	Step 6
인증신청	접수	서면심사	서면심사 결과통지서	결과통보	보완 (해당 시)

[제품심사]

Step 1	Step 2	Step 3	Step 4	Step 5	Step 6
인증신청	접수	제품시험	제품심사 결과통지서	결과통보	보완 (해당 시)

[기술능력 및 생산체계 검사]

Step 1	Step 2	Step 3	Step 4	Step 5	Step 6
인증신청	접수	기술능력 및 생산체계 검사	기술능력 및 생산체계 통지서	결과통보	보완 (해당 시)

【그림 3.6.3】 방폭안전인증 세부절차 (참조 : 한국가스안전공사 홈페이지)

따라서, 이미 방폭안전인증을 받은 제품을 사용하는 것이 시설 설치기간을 단축하는 방법일 것이다. 방폭안전인증제품 제조사와 제품 명단은 각 인증기관 홈페이지 정보공개 자료실에서 확인할 수 있다.

04 산업안전보건법령

4.1. 법령 개요

「산업안전보건법」은 산업 안전 및 보건에 관한 기준을 확립하고 그 책임의 소재를 명확하게 하여 산업재해를 예방하고 쾌적한 작업환경을 조성함으로써 노무를 제공하는 사람의 안전 및 보건을 유지·증진함을 목적으로 한다. 산안법은 사업주로부터 고용된 근로자 등이 사업장에서 안전·보건에 관한 기본 권리를 보장받을 수 있도록 제정된 법령이므로 수소의 취급 형태, 방법 등을 고려하여 규제하기 보다는 사업 또는 사업장의 유형을 종합적으로 고려한다. 수소와 관련된 규제 내용을 간략히 표로 정리하면 다음과 같다.

【표 4.1.1】 수소 관련 「산안법」 주요 규제

관련조항 및 적용대상
제15조(안전보건관리책임자)근로자 50명 이상 사업장. 단, 업종별 기준인원 상이(50명 초과)
제16조(관리감독자)근로자 5명 이상의 생산과 관련되는 사업장
제17조(안전관리자)근로자 50명 이상 사업장. 단, 업종별 기준인원 상이(50명 초과)
제18조(보건관리자)근로자 50명 이상 사업장. 단, 업종별 기준인원 상이(50명 초과)
제19조(안전보건관리담당자)근로자 20명 이상 50명 미만의 제조업, 임업 등 특정 사업
제20조(안전관리자 등의 지도·조언)근로자 5명 이상 사업장의 안전관리자, 보건관리자, 안전보건담당자 선임 사업주
제21조(안전관리전문기관 등)안전관리전문기관 또는 보건관리전문기관이 되려고 하는 자
제22조(산업보건의)근로자 50명 이상 사업장
제24조(산업안전보건위원회)근로자 50명 이상 사업장. 단, 업종별 기준인원 상이(50명 초과)
제25조(안전보건관리규정의 작성)근로자 100명 이상 사업장. 단, 농업 등은 300명 이상
제26조(안전보건관리규정의 작성·변경)근로자 100명 이상 사업장. 단, 농업 등은 300명 이상
제27조(안전보건관리규정의 준수)근로자 100명 이상 사업장. 단, 농업 등은 300명 이상
제29조(안전보건교육 : 신규/정기교육)근로자 5명 이상 사업장(모든 근로자)
제32조(직무교육)안전보건관리책임자, 안전관리자, 안전보건관리담당자 등 선임대상 사업장
제36조(위험성평가)모든 사업장
제37조(안전보건표지 설치)유해하거나 위험한 장소·시설·물질이 있는 사업장
제38조(안전조치)위험으로 인한 산업재해 발행 우려가 있는 사업장
제42조(유해위험방지계획서 작성·제출 등)전기계약용량이 300 kW 이상인 제조업용 설비 설치·이전·변경 사업장 및 수소 등의 일일 취급량이 50 m3 이상인 화학설비 설치·이전·변경 사업장
제43조(유해위험방지계획서 이행의 확인 등)제42조 적용 대상
제44조(공정안전보고서 작성·제출)수소(5톤) 등의 제조·취급·저장 설비가 있는 사업장
제45조(공정안전보고서의 심사)제44조 적용대상
제46조(공정안전보고서의 이행 등)제44조 적용대상
제62조(안전보건총괄책임자)수급인 근로자를 포함한 근로자수 100명 이상 사업장
제63조(도급인의 안전조치 및 보건조치)수급인 근로자가 도급인의 사업장에서 작업을 하는 사업장
제64조(도급에 따른 산업재해 예방조치)수급인 근로자가 도급인의 사업장에서 작업을 하는 사업장

4.2. 적용 대상 및 용어 정의

4.2.1. 적용 대상

산안법은 법령의 제정 목적을 고려하여 기본적으로 모든 산업에 적용한다. 다만, 유해·위험의 정도, 사업의 종류, 사업장의 상시근로자 수 등을 고려하여 법의 전부 또는 일부를 적용하지 않을 수 있다. 수소취급설비 및 시설과 관련하여 법의 전부 또는 일부를 적용하지 않는 사업 또는 사업장의 범위 및 해당 사업 또는 사업장에 적용되지 않는 법 규정은 아래 표와 같으며, 사업의 분류는 「통계법」에 따라 통계청장이 고시한 한국산업표준분류에 따른다.

【표 4.2.1】 산안법의 일부를 적용하지 않는 사업 또는 사업장 및 적용 제외 법 조항

적용 제외 대상 사업 또는 사업장	적용 제외 법 조항
○「광산안전법」 적용 사업(광업 중 광물의 채광·채굴·선광 또는 제련 등의 공정으로 한정하며, 제조공정은 제외) ○「원자력안전법」 적용 사업(발전업 중 원자력 발전설비를 이용하여 전기를 생산하는 사업장으로 한정) ○「항공안전법」 적용 사업(항공기, 우주선 및 부품 제조업과 창고 및 운송관련 서비스업, 여행사 및 기타 여행보조 서비스업 중 항공 관련 사업은 각각 제외) ○「선박안전법」 적용 사업(선박 및 보트 건조업은 제외)	○제15조(안전보건관리책임자) ○제16조(관리감독자) ○제17조(안전관리자) ○제20조제1호(안전관리자) ○제21조(안전관리전문기관 등) ○제24조(산업안전보건위원회) ○제2장제2절(안전보건관리규정) ○제29조(근로자에 대한 안전보건교육. 단, 보건에 관한 사항은 제외) ○제30조(근로자에 대한 안전보건교육의 면제 등. 단, 보건에 관한 사항 제외) ○제31조(건설업 기초안전보건교육) ○제38조(안전조치) ○제51조(사업주의 작업중지. 단, 보건에 관한 사항은 제외) ○제52조(근로자의 작업중지. 단, 보건에 관한 사항은 제외) ○제53조(고용노동부장관의 시정조치 등. 단, 보건에 관한 사항은 제외) ○제54조(중대재해 발생 시 사업주의 조치. 단, 보건에 관한 사항은 제외) ○제55조(중대재해 발생 시 고용노동부장관의 작업중지 조치) ○제58조(유해한 작업의 도급금지) ○제59조(도급의 승인) ○제60조(도급의 승인 시 하도급 금지) ○제62조(안전보건총괄책임자) ○제63조(도급인의 안전조치 및 보건조치) ○제64조(도급에 따른 산업재해 예방조치. 단, 제1항제6호는 제외) ○제65조(도급인의 안전 및 보건에 관한 정보 제공 등) ○제66조(도급인의 관계수급인에 대한 시정조치)

	○ 제72조(건설공사 등의 산업안전보건관리비 계상 등) ○ 제75조(안전 및 보건에 관한 협의체 등의 구성・운영에 관한 특례) ○ 제88조(안전인증기관) ○ 제103조(유해・위험기계등의 안전 관련 정보의 종합관리) ○ 제104조(유해인자의 분류기준) ○ 제105조(유해인자의 유해성・위험성 평가 및 관리) ○ 제106조(유해인자의 노출기준 설정) ○ 제107조(유해인자 허용기준의 준수) ○ 제160조(업무정지 처분을 대신하여 부과하는 과징금 처분. 단, 안전관리전문기관 등에 대한 제21조제4항 및 안전인증기관에 대한 제88조제5항과 관련되는 과징금으로 한정)

[비고] 수소 관련 산업이 아닌 경우(예: 소프트웨어 개발 및 공급업, 정보서비스업 등)에는 관계 법령에 따라 산안법의 일부를 적용하지 않는 사업 또는 사업장에 포함될지라도 위 표에 포함하지 않음.

4.2.2. 용어 정의

산안법은 노무 제공의 주체 및 사업의 책임 소재 등에 따라 근로자, 사업주, 도급인, 수급인 등으로 구분하고 있으며, 간단하게 표로 정리하면 다음과 같다.

【표 4.2.2】 산안법에서 사용하는 용어의 정의

구 분	용어의 정의
근로자	직업의 종류와 관계없이 임금을 목적으로 사업이나 사업장에 근로를 제공하는 사람
사업주	근로자를 사용하여 사업을 하는 자
근로자 대표	근로자의 과반수로 조직된 노동조합이 있는 경우에는 그 노동조합을, 근로자의 과반수로 조직된 노동조합이 없는 경우에는 근로자의 과반수를 대표하는 자
도급인	물건의 제조・건설・수리 또는 서비스의 제공, 그 밖의 업무를 도급하는 사업주. 다만, 건설공사발주자는 제외 (도급이란 명칭에 관계없이 물건의 제조・건설・수리 또는 서비스의 제공, 그 밖의 업무를 타인에게 맡기는 계약을 말함.)
수급인	도급인으로부터 물건의 제조・건설・수리 또는 서비스의 제공, 그 밖의 업무를 도급받은 사업주
관계수급인	도급이 여러 단계에 걸쳐 체결된 경우에 각 단계별로 도급받은 사업주 전부
건설공사발주자	건설공사를 도급하는 자로서 건설공사의 시공을 주도하여 총괄・관리하지 아니하는 자를 말한다. 다만, 도급받은 건설공사를 다시 도급하는 자는 제외

4.3. 수소에 적용되는 규정

4.3.1. 공정안전보고서

규정량 이상의 수소를 취급하는 사업주는 공정안전보고서(Process Safety Management, PSM)를 작성하여 고용노동부장관에게 제출 및 심사 받아야 하고, 이후 정기적으로 고용노동부장관에게 공정안전보고서의 이행상태를 평가 받아야 한다. 사업주는 공정안전보고서의 내용이 중대산업사고를 예방하기 위하여 적합하다고 통보받기 전에는 관련 설비를 가동할 수 없고 이를 위반할 시 벌칙에 처한다.

고용노동부장관은 공정안전보고서의 확인 후 1년이 경과한 날로부터 2년 이내에 공정안전보고서의 이행상태를 평가하고, 그 후 4년마다 이행상태를 평가하여야 한다. (신규평가의 경우, 공정안전보고서 심사 후 1년이 경과한 날부터 2년 이내. 정기평가의 경우, 신규평가 후 4년 마다. 재평가의 경우, 사업주가 재평가를 요청하거나 중대산업사고가 발생한 경우 등) 평가 점수 결과에 따라 이행실태 점검 및 기술지도 등을 차등 관리하며, 이행상태평가 시 심사받은 공정안전보고서의 내용을 지키지 않은 자(사업자 및 근로자)에게 과태료를 부과한다.

【표 4.3.1】 공정안전보고서 제출대상 관련 유해·위험물질 규정량

유해·위험물질	CAS 번호	규정량(kg)
인화성 가스	-	**제조·취급: 5,000(저장: 200,000)**
인화성 액체	-	제조·취급: 5,000(저장: 200,000)
메틸 이소시아네이트	624-83-9	제조·취급·저장: 1,000
포스겐	75-44-5	제조·취급·저장: 500
아크릴로니트릴	107-13-1	제조·취급·저장: 10,000
암모니아	7664-41-7	제조·취급·저장: 10,000
염소	7782-50-5	제조·취급·저장: 1,500
이산화황	7446-09-5	제조·취급·저장: 10,000
삼산화황	7446-11-9	제조·취급·저장: 10,000
이황화탄소	75-15-0	제조·취급·저장: 10,000
시안화수소	74-90-8	제조·취급·저장: 500
불화수소 (무수불산)	7664-39-3	제조·취급·저장: 1,000

염화수소 (무수염산)	7647-01-0	제조 · 취급 · 저장: 10,000
황화수소	7783-06-4	제조 · 취급 · 저장: 1,000
질산암모늄	6484-52-2	제조 · 취급 · 저장: 500,000
니트로글리세린	55-63-0	제조 · 취급 · 저장: 10,000
트리니트로톨루엔	118-96-7	제조 · 취급 · 저장: 50,000
수소	1333-74-0	**제조 · 취급 · 저장: 5,000**

[비고]

1. 인화성 가스란 인화한계 농도의 최저한도가 13% 이하 또는 최고한도와 최저한도의 차가 12% 이상인 것으로서 표준압력(101.3 ㎪)에서 20℃에서 가스 상태인 물질을 말한다.
2. 인화성 가스 중 사업장 외부로부터 배관을 통해 공급받아 최초 압력조정기 후단 이후의 압력이 0.1 MPa (계기압력) 미만으로 취급되는 사업장의 연료용 도시가스(메탄 중량성분 85% 이상으로 이 표에 따른 유해 · 위험물질이 없는 설비에 공급되는 경우에 한정한다)는 취급 규정량을 50,000kg으로 한다.
3. 유해 · 위험물질의 규정량이란 제조 · 취급 · 저장 설비에서 공정과정 중에 저장되는 양을 포함하여 하루 동안 최대로 제조 · 취급 또는 저장할 수 있는 양을 말한다.

4.3.2. 유해 · 위험방지계획서

제조업 등 사업장에서 제품 생산 공정과 직접적으로 관련된 건설물·기계·기구 및 설비 등 일체를 설치·이전하거나 그 주요 구조부분을 변경하는 경우 중대산업사고를 예방하기 위하여 사업주가 유해·위험방지계획서를 작성 및 제출하여야 한다. 유해 · 위험방지계획서를 제출한 사업주는 해당 건설물·기계·기구 및 설비의 시운전단계 또는 건설공사 중 6개월 이내마다 유해 · 위험방지계획서와 실제공사 내용이 부합하는지를 한국산업안전보건공단으로부터 확인받아야 한다.

유해 · 위험방지계획서의 제출 대상은 아래의 표에 해당하는 사업으로서 전기 계약용량이 300킬로와트 이상인 경우를 말하며, 이 중 화학설비란 산업안전보건기준에 관한 규칙 제273조에 따른 특수화학설비로서 단위공정 중에 저장되는 양을 포함하여 하루동안 제조 또는 취급할 수 있는 수소의 양이 50m^3 이상인 경우를 말한다. 특수화학설비란 ①발열반응이 일어나는 반응장치, ②증류 · 정류 · 증발 · 추출 등 분리하는 장치, ③가열시켜 주는 물질의 온도가 가열되는 위험물질의 분해온도 또는 발화점보다 높은 상태에서 운전되는 설비, ④반응폭주 등 이상 화학반응에 의하여 위험물질이 발생할 우려가 있는 설비, ⑤온도가 섭씨 350도 이상이거나 게이지 압력이 980킬로파스칼 이상인 상태에서 운전되는 설비, ⑥가열로 또는 가열기를 말한다.

【표 4.3.2】 유해·위험방지계획서 제출대상

구분	유해·위험방지계획서 제출대상
대통령령으로 정하는 사업의 종류 및 규모에 해당하는 사업 (단, 전기 계약용량이 300kW 이상인 경우에 한정)	ㅇ금속가공제품 제조업; 기계 및 가구 제외 ㅇ비금속 광물제품 제조업 ㅇ기타 기계 및 장비 제조업 ㅇ자동차 및 트레일러 제조업 ㅇ식료품 제조업 ㅇ고무제품 및 플라스틱제품 제조업 ㅇ목재 및 나무제품 제조업 ㅇ기타 제품 제조업 ㅇ1차 금속 제조업 ㅇ가구 제조업 **ㅇ화학물질 및 화학제품 제조업** ㅇ반도체 제조업 ㅇ전자부품 제조업
대통령령으로 정하는 기계·기구 및 설비	ㅇ금속이나 그 밖의 광물의 용해로 **ㅇ화학설비** ㅇ건조설비 ㅇ가스집합 용접장치 ㅇ근로자의 건강에 상당한 장해를 일으킬 우려가 있는 물질로서 고용노동부령으로 정하는 물질의 밀폐·환기·배기를 위한 설비

4.3.3. 위험성평가

위험성평가란 유해·위험요인을 파악하고 해당 유해·위험요인에 의한 부상 또는 질병의 발생 가능성(빈도)과 중대성(강도)을 추정·결정하고 감소대책을 수립하여 실행하는 일련의 과정을 말한다.

사업주는 업무로 인한 유해·위험 요인을 찾아내어 위험성의 크기를 파악하고 그 범위가 허용 가능한 범위인지 평가한 후 그 결과에 따라 조치를 하여야 한다. 사업주는 위험성평가를 통하여 ①업무로 인한 유해·위험 요인을 찾아내어 ②위험성의 크기가 허용 가능한 범위인지를 평가하고 ③그 결과에 따라 조치를 하여야 하며, ④필요한 경우에는 추가적인 조치를 하여야 한다. 위험성평가의 방법, 절차 및 시기, 그 밖에 필요한 사항은 고용노동부고시 제2020-53호(사업장 위험성평가에 관한 지침)에서 규정하고 있다. 위험성평가는 ①최초평가, ②수시평가 및 ③정기평가로 구분하여 실시하며, 최초평가 및 정기평가는 전체 작업을 대상으로 실시한다.

【표 4.3.3】 위험성평가(수시평가) 실시 시기

구분	유해・위험방지계획서 제출대상
수시평가	아래 계획의 실행을 착수하기 전에 실시 o 사업장 건설물의 설치·이전·변경 또는 해체 o 기계·기구, 설비, 원재료 등의 신규 도입 또는 변경 o 건설물, 기계·기구, 설비 등의 정비 또는 보수(주기적·반복적 작업으로서 정기평가를 실시한 경우는 제외) o 작업방법 또는 작업절차의 신규 도입 또는 변경 o 중대산업사고 또는 산업재해 발생 (휴업 이상의 요양을 요하는 경우에 한정) o 그 밖에 사업주가 필요하다고 판단한 경우
정기평가	o 최초평가 후 매년 정기적으로 실시

[비고] 정기평가는 아래와 같은 사항을 고려하여 수행한다.
1. 기계·기구, 설비 등의 기간 경과에 의한 성능 저하
2. 근로자의 교체 등에 수반하는 안전·보건과 관련되는 지식 또는 경험의 변화
3. 안전·보건과 관련되는 새로운 지식의 습득
4. 현재 수립되어 있는 위험성 감소대책의 유효성 등

4.3.4. 안전・보건관리자 등 선임 및 산업안전보건위원회 구성

사업주는 사업의 종류와 사업장의 상시근로자 수 등에 따라 안전보건관리책임자, 관리감독자, 안전관리자, 보건관리자, 안전보건관리담당자, 산업보건의, 안전보건총괄책임자 등을 지정하여 관련 업무를 수행하도록 안전보건관리체제를 구축해야 한다. 사업의 종류와 사업장의 상시근로자 수는 산안법 시행령 별표에서 규정하고 있다. 또한 사업장의 상시근로자 수가 50명 이상인 화학물질 및 화학제품 제조업의 경우 사업장의 안전 및 보건에 관한 중요사항을 심의・의결하기 위하여 근로자위원과 사용자위원이 같은 수로 구성되는 산업안전보건위원회를 구성・운영하여야 한다. 사업주는 유해하거나 위험한 기계・기구・설비를 도입한 경우 안전 및 보건 관련 조치에 관한 사항 등에 대해 산업안전보건위원회의 심의・의결을 거쳐야 한다.

【표 4.3.4】 상시근로자 수에 따른 안전보건관리체제 구축 필요 사항

구 분	사업의 종류	상시근로자 수
안전보건 관리책임자	①토사석 광업 ②식료품 제조업, 음료 제조업 ③목재 및 나무제품 제조업; 가구 제외 ④펄프, 종이 및 종이제품 제조업 ⑤코크스, 연탄 및 석유정제품 제조업	o 상시근로자 50명 이상

	⑥**<u>화학물질 및 화학제품 제조업(의약품 제외)</u>** ⑦의료용 물질 및 의약품 제조업 ⑧고무 및 플라스틱제품 제조업 ⑨비금속 광물제품 제조업 ⑩1차 금속 제조업 등	
관리감독자	사업의 종류 및 상시근로자 수에 관한 별도 규정이 존재하지 않으며, 사업장의 생산과 관련되는 업무와 그 소속 직원을 직접 지휘·감독하는 직위에 있는 사람에게 산업 안전 및 보건에 관한 업무를 수행토록 해야 함.	
안전관리자	①토사석 광업 ②식료품 제조업, 음료 제조업 ③목재 및 나무제품 제조; 가구제외 ④펄프, 종이 및 종이제품 제조업 ⑤코크스, 연탄 및 석유정제품 제조업 ⑥**<u>화학물질 및 화학제품 제조업(의약품 제외)</u>** ⑦의료용 물질 및 의약품 제조업 ⑧고무 및 플라스틱제품 제조업 ⑨비금속 광물제품 제조업 ⑩1차 금속 제조업 등	①상시근로자 50명 이상 500명 미만 (안전관리자 1명 이상 선임 필요) ②상시근로자 500명 이상 (안전관리자 2명 이상 선임 필요)
보건관리자 및 산업보건의	①광업(광업 지원 서비스업은 제외) ②섬유제품 염색, 정리 및 마무리 가공업 ③모피제품 제조업 ④그 외 기타 의복액세서리 제조업(모피액세서리에 한정) ⑤모피 및 가죽 제조업(원피가공 및 가죽제조업은 제외) ⑥신발 및 신발부분품 제조업 ⑦코크스, 연탄 및 석유정제품 제조업 ⑧**<u>화학물질 및 화학제품 제조업(의약품 제외)</u>** ⑨의료용 물질 및 의약품 제조업 ⑩고무 및 플라스틱제품 제조업 등	①상시근로자 50명 이상 500명 미만 (보건관리자 1명 이상 선임 필요) ②상시근로자 500명 이상 2천명 이상 (보건관리자 2명 이상 선임 필요)
안전보건관리 담당자	①**<u>제조업</u>** ②임업 ③하수, 폐수 및 분뇨 처리업 ④폐기물 수집, 운반, 처리 및 원료 재생업 ⑤환경 정화 및 복원업 등	● 상시근로자 20명 이상 50명 미만 (안전보건관리담당자 1명 이상 선임 필요)

<table>
<tr><td>산업안전보건 위원회</td><td>①1. 토사석 광업
②목재 및 나무제품 제조업; 가구제외
<u>③화학물질 및 화학제품 제조업(의약품 제외, 세제, 화장품 및 광택제 제조업과 화학섬유 제조업은 제외)</u>
④비금속 광물제품 제조업
⑤1차 금속 제조업
⑥금속가공제품 제조업; 기계 및 가구 제외
⑦자동차 및 트레일러 제조업
⑧기타 기계 및 장비 제조업(사무용 기계 및 장비 제조업은 제외)
⑨기타 운송장비 제조업(전투용 차량 제조업은 제외) 등</td><td>ㅇ상시근로자 50명 이상</td></tr>
<tr><td>안전보건 총괄책임자</td><td colspan="2">관계수급인에게 고용된 근로자를 포함한 상시근로자가 100명(선박 및 보트 건조업, 1차 금속 제조업 및 토사석 광업의 경우에는 50명) 이상인 사업이나 관계수급인의 공사금액을 포함한 해당 공사의 총공사금액이 20억원 이상인 건설업</td></tr>
</table>

4.3.5. 안전보건관리규정

사업장의 안전 및 보건을 유지하기 위하여 안전보건관리규정을 작성하여야 하며, 당해 규정 작성을 위한 상세내용은 건강보험심사평가원 규정을 따른다. 안전보건관리규정을 작성하거나 변경할 시 산업안전보건위원회의 심의·의결을 거쳐야 한다. 다만, 사업장에 산업안전보건위원회가 설치되어 있지 않은 경우에는 근로자대표의 동의를 받음으로써 이를 갈음할 수 있다. 만약 「근로기준법」에 따른 취업규칙에 관한 규정이 제정되어 있을 경우 산안법 규정을 반하지 않은 범위에서 당해 규정을 준용할 수 있다.

【표 4.3.5】 안전보건관리규정의 작성 내용

안전보건관리규정 내용
①안전 및 보건에 관한 관리조직과 그 직무에 관한 사항 ②안전보건교육에 관한 사항 ③작업장의 안전 및 보건 관리에 관한 사항 ④사고 조사 및 대책 수립에 관한 사항 ⑤그 밖에 안전 및 보건에 관한 사항

4.3.6. 근로자에 대한 안전보건교육

인화성 물질인 수소를 취급하는 사업장의 경우 정기적으로 안전보건교육을 실시하여야 하며, 사업주가 근로자를 채용하거나 작업내용을 변경하는 경우에도 근로자에게 고용노동부령으로 정하는 안전보건교육을 제공하여야 한다. 만약, 근로자를 위험한 작업을 위해 채용하거나 기존 작업 대비 위험한 작업에 배치하는 경우에도 유해·위험 작업에 필요한 안전보건교육을 추가로 하여야 하며, 교육의 의무를 위반할 시 과태료가 부과된다.

【표 4.3.6 】 교육대상별 안전보건교육 내용

교육대상	교육내용
근로자 정기교육	ο산업안전 및 사고 예방에 관한 사항 ο산업보건 및 직업병 예방에 관한 사항 ο건강증진 및 질병 예방에 관한 사항 ο유해·위험 작업환경 관리에 관한 사항 ο산업안전보건법령 및 산업재해보상보험 제도에 관한 사항 ο직무스트레스 예방 및 관리에 관한 사항 ο직장 내 괴롭힘, 고객의 폭언 등으로 인한 건강장해 예방 및 관리에 관한 사항
특별교육 (수소가스 등 인화성 가스 또는 폭발성 물질 중 가스의 발생장치 취급 작업)	ο취급가스의 상태 및 성질에 관한 사항 ο발생장치 등의 위험 방지에 관한 사항 ο고압가스 저장설비 및 안전취급방법에 관한 사항 ο설비 및 기구의 점검 요령 ο그 밖에 안전·보건관리에 필요한 사항

4.3.7. 안전보건표지 설치·부착

유해하거나 위험한 장소·시설·물질에 대한 경고, 비상시에 대처하기 위한 지시·안내 또는 그 밖에 근로자의 안전 및 보건 의식을 고취하기 위한 사항 등을 그림, 기호 및 글자 등으로 나타낸 표지 형태로 제작하여 근로자가 알아보기 쉬운 곳에 설치 또는 부착하여야 한다. 사업장 내 외국인 근로자가 있을 경우에는 안전보건표지를 해당 외국인 근로자의 모국어로 작성하여 함께 부착하여야 한다. 안전보건표지의 종류, 형태, 색채, 용도 및 설치·부착 장소는 동법 시행규칙에서 규정한다.

【표 4.3.7】 수소취급 사업장 내 안전보건표지의 종류별 용도, 설치・부착 장소 및 색채

분류	종류	용도 및 설치・부착 장소	설치・부착 장소 예시	색채
금지표지	금연	담배를 피워서는 안 될 장소	화학물질취급 장소	바탕은 흰색, 기본모형은 빨간색, 관련 부호 및 그림은 검은색
	화기금지	화재가 발생할 염려가 있는 장소로서 화기 취급을 금지하는 장소		
경고표지	인화성물질 경고	휘발유 등 화기의 취급을 극히 주의해야 하는 물질이 있는 장소	수소가스 저장탱크	바탕은 무색, 기본모형은 빨간색 (검은색도 가능)

4.3.8. 인화성 물질 안전조치

사업주는 폭발성, 발화성 및 인화성 물질 등의 위험으로 인한 산업재해를 예방하기 위하여 필요한 안전조치를 하여야 한다. 설비 관련 안전조치의 종류에는 관계자 외 출입금지, 작업계획서 작성, 작업지휘자의 지정 등 다수의 규정이 존재하며, 물질 관련 안전조치의 종류에는 폭발위험장소의 설정 및 관리, 환기장치의 설치, 가스검지 경보장치의 설치 등 다수의 규정이 있다. 안전조치 의무를 위반한 경우에는 징역 또는 벌금과 같은 벌칙을 부과받을 수 있다.

【표 4.3.8】 안전조치 의무 대상 인화성 물질

구 분	위험물질의 종류
인화성 액체	ㅇ 에틸에테르, 가솔린, 아세트알데히드, 산화프로필렌, 그 밖에 인화점이 섭씨 23도 미만이고 초기끓는점이 섭씨 35도 이하인 물질 ㅇ 노르말헥산, 아세톤, 메틸에틸케톤, 메틸알코올, 에틸알코올, 이황화탄소, 그 밖에 인화점이 섭씨 23도 미만이고 초기 끓는점이 섭씨 35도를 초과하는 물질 ㅇ 크실렌, 아세트산아밀, 등유, 경유, 테레핀유, 이소아밀알코올, 아세트산, 하이드라진, 그 밖에 인화점이 섭씨 23도 이상 섭씨 60도 이하인 물질
인화성 가스	수소 / 아세틸렌 / 에틸렌 / 메탄 / 에탄 / 프로판 / 부탄 / 산안법 시행령 별표 13에 따른 인화성 가스

4.3.9. 도급인의 안전 · 보건조치 및 관계수급인에 대한 산업재해 예방조치

도급인은 관계수급인 근로자가 도급인의 사업장에서 작업을 하는 경우에 산업재해를 예방하기 위하여 안전 및 보건 시설의 설치 등 필요한 안전조치 및 보건조치를 하여야 한다. 다만, 보호구 착용의 지시등 관계수급인 근로자의 작업행동에 관한 직접적인 조치는 도급인의 안전조치 및 보건조치에 관한 의무에서 제외한다.

또한, 도급인은 관계수급인 근로자가 도급인의 사업장에서 작업을 하는 경우 안전 · 보건협의체 구성 · 운영, 작업장 순회점검 등의 의무를 이행하여야 한다.

【표 4.3.9】 도급에 따른 산업재해 예방조치

필요 사업재해 예방조치 항목
ㅇ도급인과 수급인을 구성원으로 하는 안전 및 보건에 관한 협의체의 구성 및 운영
ㅇ작업장 순회점검
ㅇ관계수급인이 근로자에게 하는 제29조제1항부터 제3항까지의 규정에 따른 안전보건교육을 위한 장소 및 자료의 제공 등 지원
ㅇ관계수급인이 근로자에게 하는 산안법 제29조제3항에 따른 안전보건교육의 실시 확인
ㅇ작업 장소에서 발파작업을 하는 경우 또는 작업 장소에서 화재 · 폭발, 토사 · 구축물 등의 붕괴 또는 지진 등이 발생한 경우에 대비한 경보체계 운영과 대피방법 등 훈련
ㅇ위생시설 등 고용노동부령으로 정하는 시설의 설치 등을 위하여 필요한 장소의 제공 또는 도급인이 설치한 위생시설 이용의 협조
ㅇ같은 장소에서 이루어지는 도급인과 관계수급인 등의 작업에 있어서 관계수급인 등의 작업시기 · 내용, 안전조치 및 보건조치 등의 확인
ㅇ위 확인 결과 관계수급인 등의 작업 혼재로 인하여 화재 · 폭발 등 대통령령으로 정하는 위험이 발생할 우려가 있는 경우 관계수급인 등의 작업시기 · 내용 등의 조정

4.3.10. 안전시설 설치 및 안전점검 등의 의무

도급인은 관계수급인 근로자가 도급인의 사업장에서 작업을 하는 경우에 산업재해를 예방할 수 있도록 안전 및 보건 시설의 설치 등 필요한 안전조치 및 보건조치를 하여야 한다. 또한, 안전 · 보건협의체 구성 및 운영, 작업장 순회점검 등의 의무도 이행함으로써 수급인이 사업장 내에서 안전하게 작업을 수행할 수 있도록 제반사항을 마련하여야 한다.

【표 4.3.10】 안전시설 설치 및 안전점검 등의 의무 규정

구 분	도급인의 의무 규정
안전시설 설치	ㅇ안전 및 보건 시설의 설치 등
안전점검	ㅇ도급인과 수급인을 구성원으로 하는 안전 및 보건에 관한 협의체의 구성 및 운영 ㅇ작업장 순회점검 ㅇ관계수급인이 근로자에게 하는 제29조제1항부터 제3항까지의 규정에 따른 안전보건교육을 위한 장소 및 자료의 제공 등 지원 ㅇ관계수급인이 근로자에게 하는 산안법 제29조제3항에 따른 안전보건교육의 실시 확인 ㅇ작업 장소에서 발파작업을 하는 경우 또는 작업 장소에서 화재·폭발, 토사·구축물 등의 붕괴 또는 지진 등이 발생한 경우에 대비한 경보체계 운영과 대피방법 등 훈련 ㅇ위생시설 등 고용노동부령으로 정하는 시설의 설치 등을 위하여 필요한 장소의 제공 또는 도급인이 설치한 위생시설 이용의 협조 ㅇ같은 장소에서 이루어지는 도급인과 관계수급인 등의 작업에 있어서 관계수급인 등의 작업시기·내용, 안전조치 및 보건조치 등의 확인 ㅇ위 확인 결과 관계수급인 등의 작업 혼재로 인하여 화재·폭발 등 대통령령으로 정하는 위험이 발생할 우려가 있는 경우 관계수급인 등의 작업시기·내용 등의 조정

4.3.11. 법인의 대표자에 대한 양벌규정

종업원 등(법인의 대표자나 법인 또는 개인의 대리인, 사용인, 그 밖의 종업원)이 위반행위를 할 경우에는 그 행위자를 벌하는 것 외에도 대표자에 대해서도 관계법령에 따라 벌금형을 부과하도록 규정하고 있다. 다만, 대표자가 법인 또는 개인이 위반행위를 하지 않도록 "상당한 주의와 감독을 게을리하지 않은 경우"에는 대표자에게 양벌규정을 적용하지 않도록 예외규정을 두고 있다.

【표 4.3.11】 산안법의 도급인 산업재해 예방조치에 관한 판례

판례	판례 내용
	【판결요지】 [3] 형벌의 자기책임원칙에 비추어 보면, 위반행위가 발생한 그 업무와 관련하여 법인이 상당한 주의 또는 관리감독 의무를 게을리한 때에 한하여 구 산업안전보건법(2007. 5. 1

대법원 2008도7834 【산업안전보건법위반 · 업무상과실치사】	7. 법률 제8475호로 개정되기 전의 것) 제71조 의 양벌규정이 적용된다고 보아야 하며, 구체적인 사안에서 법인이 상당한 주의 또는 관리감독 의무를 게을리하였는지 여부는 당해 위반행위와 관련된 모든 사정 즉, 당해 법률의 입법 취지, 처벌조항 위반으로 예상되는 법익 침해의 정도, 그 위반행위에 관하여 양벌규정을 마련한 취지 등은 물론 위반행위의 구체적인 모습과 그로 인하여 실제 야기된 피해 또는 결과의 정도, 법인의 영업 규모 및 행위자에 대한 감독가능성 또는 구체적인 지휘감독 관계, 법인이 위반행위 방지를 위하여 실제 행한 조치 등을 전체적으로 종합하여 판단하여야 한다. 【이유】 3. 피고인 4 주식회사 에 대한 직권판단 상고이유에 대한 판단에 앞서 직권으로 살피건대, 원심은 종업원인 피고인 3 이 피고인 4 주식회사 의 업무에 관하여 위험방지를 위하여 필요한 조치를 취하지 아니하여 구법 제68조 제1호 , 제29조 제2항 위반행위를 하였다는 이유로 구법 제71조 의 양벌규정에 따라 그 법인인 피고인 4 주식회사 를 유죄로 인정한 제1심판결을 그대로 유지하였다. (중략) 따라서 구법 제71조 의 양벌규정에 기하여 피고인 4 주식회사 의 책임을 추궁하기 위해서는 피고인 4 주식회사 의 직원수 등 그 규모와 직원들에 대한 지휘감독 관계, 평소 피고인 4 주식회사 가 위험방지를 위하여 필요한 조치를 취하거나 시설을 설치하도록 관리, 감독하였는지 여부, 피고인 4 주식회사 가 피고인 3 의 위반행위를 예상하여 이를 방지하기 위한 상당한 주의를 기울이거나 관리감독을 철저히 할 필요가 있었는지, 그러한 필요가 있다면 피고인 4 주식회사 가 그와 같은 의무를 충실히 이행하였는지 여부 등을 심리·판단할 필요가 있다고 할 것이다. 그럼에도 불구하고 원심은 피고인 3 의 행위가 구법 위반죄에 해당한다는 이유만으로 피고인 4 주식회사 의 주의의무 내용이나 그 위반 여부에 관하여 나아가 살피지 아니하고 위 양벌규정에 따라 피고인 4 주식회사 를 처벌하고 말았으니, 원심판결에는 구법상 양벌규정의 사업주 책임에 관한 법리를 오해하거나 심리를 다하지 아니한 잘못이 있고, 이는 판결 결과에 영향을 미쳤음이 분명하다. 【법령의 적용】 피고인 3 : 구 산업안전보건법 제29조제2항, 제68조제1호 피고인 4 주식회사 : 구 산업안전보건법 제71조 법인이 상당한 주의 또는 관리감독 의무를 게을리하였는지 여부는 위반행위와 관련된 모든 사정을 전체적으로 종합하여 판단하여야 한다고 판시한 사례다. 여기에서 모든 사정이란 해당 법률의 입법 취지, 처벌조항 위반으로 예상되는 법익 침해의 정도, 위반행위의 구체적인 모습, 실제 야기된 피해 또는 결과의 정도, 법인의 영업 규모, 행위자에 대한 감독 가능성, 구체적인 지휘감독 관계, 법인이 위반행위 방지를 위하여 실제 행한 조치 등을 의미한다. 양벌규정에 의하여 도급 법인(피고인4)의 책임을 추궁하기 위해서는 해당 법인의 직원수 등 규모, 직원들에 대한 지휘감독 관계, 평소 위험방지를 위하여 필요한 조치를 취하거나 시설을 설치하도록 관리·감독하였는지 여부, 위반행위를 예상하여 이를 방지하기 위한 상당한 주의를 기울이거나 관리감독을 철저히 할 필요가 있었는지, 그러한 필요에 의하여 의무를 충실히 이행하였는지 여부 등을 심리·판단할 필요가 있다고 판단하여, 도급 법인(피

고인4)에 대한 양벌규정 처벌은 재심리하도록 결정하였다.

의정부지법 2005. 3. 31.선고 2004노1726 판결【업무상과실치사(변경된 죄명: 산업안전보건법위반)】

【판결요지】

회사의 대표이사인 피고인을 산업안전보건법상의 사업주라고 볼 수 없고, 회사의 규모, 피고인의 업무와 회사의 개별현장에서 행하여지는 작업과의 관계, 소속 근로자의 안전사고 현장에서 이루어진 회사의 작업에 대한 안전관리책임은 회사의 현장소장이 담당하고 있었던 점, 피고인과 현장소장 사이의 업무분담관계 등을 고려하여 볼 때, 위 사고 현장에서 직접 근로자들을 지휘·감독하지 않았던 피고인을 위 사고 현장에서 작업 중 근로자가 추락할 위험을 방지하기 위하여 필요한 조치를 취하지 아니한 행위자라고 볼 수도 없다는 이유로 피고인이 같은 법 제71조 양벌규정에 의한 처벌대상이 되지 않는다고 한 사례.

【이유】

2. 판 단

(중략) 살피건대, 산업안전보건법(이하 '법'이라고만 한다) 제67조 제1호 , 제23조 제3항 소정의 벌칙규정의 적용대상은 사업자임이 그 규정 자체에 의하여 명백하나, 한편 법 제71조 는 법인의 대표자 또는 법인이나 개인의 대리인, 사용인(관리감독자를 포함한다) 기타 종업원이 그 법인 또는 개인의 업무에 관하여 제67조 내지 제70조 의 위반행위를 한 때에는 그 행위자를 벌하는 외에 그 법인 또는 개인에 대하여도 각 본조의 벌칙규정을 적용하도록 양벌규정을 두고 있고, 이 규정의 취지는 각 본조의 위반행위를 사업자인 법인이나 개인이 직접 하지 않은 경우에는 그 행위자와 사업자 쌍방을 모두 처벌하려는 데에 있으므로, 이 양벌규정에 의하여 사업자가 아닌 행위자도 사업자에 대한 각 본조의 벌칙규정의 적용대상이 되는 것이므로(대법원 1995. 5. 26. 선고 95도230 판결 , 2004. 5. 14. 선고 2004도74 판결 등 참조), 산업안전보건법상의 의무위반행위에 대하여는 사업주뿐만 아니라 그 행위자도 처벌된다고 할 것이다.

그런데 법 제2조 제3호 의 '사업주'란 어떤 사업에서의 경영주체로서 경영상의 손익계산이 귀속하는 자를 가리키는 것으로서, 공사를 도급받은 수급인인 회사 소속 직원들이 공사현장에서 작업에 종사하였다면 그 회사는 법 소정의 사업주라고 볼 수 있지만, 그 회사의 대표이사를 법 소정의 사업주라고 볼 수는 없으므로(대법원 1994. 5. 24. 선고 94도660 판결 참조), 이 사건에 있어서 공소외 1 주식회사 의 대표이사인 피고인은 법 소정의 사업주가 아니라고 할 것이다.

또한, 공소외 1 주식회사 의 규모, 피고인의 업무와 공소외 1 주식회사 의 개별현장에서 행하여지는 작업과의 관계, 이 사건 사고 현장에서 이루어진 공소외 1 주식회사 의 작업에 대한 안전관리책임은 공소외 1 주식회사 의 현장소장인 공소외 2 가 담당하고 있었던 점, 피고인과 공소외 2 사이의 업무분담관계 등을 고려하여 볼 때, 이 사건 사고 현장에서 직접 근로자들을 지휘·감독하지 않았던 피고인을 이 사건 사고 현장에서 작업 중 근로자가 추락할 위험을 방지하기 위하여 필요한 조치를 취하지 아니한 행위자라고 볼 수는 없다 할 것이다.

그리고 달리 피고인에 대한 변경 후 공소사실을 인정할 증거가 없다.

3. 결 론

위와 같이 이 법원의 심판대상이 된 변경 후 공소사실은 이를 인정할 증거가 없어 범죄사실의 증명이 없으므로, 형사소송법 제325조 후단에 의하여 피고인에게 무죄를 선고하기로 하여, 주문과 같이 판결한다.

【법령의 적용】

구 산업안전보건법 제2조제3호, 제23조제3항, 제67조제1호, 제71조

법인은 산업안전보건법에서 안전조치 의무를 가진 사업주라고 볼 수 있지만, 법인의 대표이사(피고인)는 산업안전보건법에서 안전조치 의무를 규정한 '사업주'에 해당하지 않는다고 판시한 사례다. 법인의 규모, 대표이사의 업무와 개별현장에서 행하여지는 작업과의 관계, 현장의 안전관리책임자와 대표이사 사이의 업무분담관계 등을 고려할 때, 현장에서 직접 근로자들을 지휘·감독하지 않은 법인의 대표이사(피고인)를 근로자 추락위험 방지에 필요한 조치를 취하지 아니한 '행위자'라고 볼 수도 없기 때문에, 법인의 대표이사(피고인)에게 무죄를 판시한 사례다.

05 수소 시설별 규제 법령 총정리

5.1. 수소 제조 · 충전시설

지금까지 수소와 관련한 행위 및 안전관리에 관한 규제내용을 「수소법」, 「고법」 및 「산안법」 등 주요법령을 중심으로 상세히 살펴보았다. 이 외에도 일부 구역 내 수소 취급시설 설치를 제한하는 등 유관 법령에 따른 규제들이 존재하고, 수소 제조 · 충전 · 저장 · 운송 등의 사업을 영위하기 위하여 그 사업자는 해당 법령의 규제 내용을 사전에 파악하여 검토하여야 한다. 이 장에서는 수소와 관련한 사업에 따라 고려하여야 할 규제법령과 그 내용을 총정리한다.

먼저 앞서 이 책에서 수소 제조 · 충전시설을 구축 및 운영하기 위하여 준수하여야 할 기술검토, 각종 허가 및 검사 등 주요 규제들을 다룬 위치를 표기하여 독자의 편의를 돕고 고법, 수소법 및 산안법 외 유관 법령에서 규제하고 있는 내용을 포함하여 다음 표와 같이 정리하였다.

【표 5.1.1】 수소 제조 · 충전시설 관련 규제법령 및 규제내용

규제법령	규제내용 (관련조항)	비고
고법	ㅇ시설설치계획에 대한 기술검토 (고령3-4-2 및 고령3-6)	p143
	ㅇ고압가스제조 허가 및 변경허가 (고법4-1)	
	ㅇ사업의 개시 · 중지 · 폐지 · 재개 신고 (고법7)	
	ㅇ지위승계 신고 (고법8-2)	
	ㅇ안전점검, 안전계도 및 개선권고 (고법10-1, 고법10-2 및 고칙16-1)	
	ㅇ공급중지 및 공급중지신고 (고법10-3)	p144
	ㅇ안전관리규정 (고법11-1)	
	ㅇ시설안전유지 및 용기안전유지 (고법13-1, 고법13-2 및 고법13-4)	
	ㅇ안전성평가 및 안전성향상계획 (고법13의2-1 및 고법13의2-3)	
	ㅇ안전관리자 선임 등 (고법15)	
	ㅇ중간검사 및 완성검사 수검 (고법16-1 및 고법16-3)	
	ㅇ정기검사 및 수시검사 수검 (고법16의2-1)	
	ㅇ정밀안전검진 수검 (고법16의3-1)	p145
	ㅇ용기 및 특정설비 수리 (고법5-3)	
	ㅇ용기 및 특정설비 재검사 수검 (고법17-2)	
	ㅇ수소가스 품질 유지 및 품질검사 수검 (고법18의2-3, 고법18의3-1)	
	ㅇ고압가스 양도 · 양수 · 운반 또는 휴대 시 운반기준 준수 (고법22-1)	

	ㅇ안전관리책임자 · 안전관리원 · 운반책임자 등 안전교육 (고법23-2)	p146
	ㅇ고압가스배관 매설상황 확인 (고법23의 3)	
	ㅇ굴착공사 협의 및 배관 안전조치 (고법23의4 및 고법23의6)	
	ㅇ보험가입 및 사고통보 (고법25-1, 고법26-1)	
수소법 (수소용품 설치 · 사용 시)	ㅇ수소용품 제조허가, 변경허가 및 기술검토 등 (수법36-1 및 수칙22-1)	p79 · 80
	ㅇ수소용품제조사업 사업개시 등 (수법39)	p82
	ㅇ수소용품제조사업 지위승계 신고 (수법40)	p83 · 84 · 85
	ㅇ외국수소용품 제조등록, 변경등록 및 변경신고 등 (수법38-1 및 수령46-1 등)	
	ㅇ수소용품제조사업 안전관리규정 (수법41-1)	p86 · 87
	ㅇ수소용품제조시설 안전관리자 (수법42-1)	p88 · 89
	ㅇ수소용품제조시설 완성검사 (수법43-1)	p90
	ㅇ수소용품의 수입 및 검사 등 (수법44-1 및 수칙39 등)	p91 · 92 · 93
	ㅇ수소용품의 안전성 확보 및 표시 등 (수법45-1 및 수법45-2 등)	p94 · 95
	ㅇ수소용품사업 안전교육 (수법46-1)	p96
산안법	ㅇ안전보건관리책임자 및 관리감독자 선임 (산안법15, 산안법16)	p191
	ㅇ안전관리자, 보건관리자 선임 (산안법17, 산안법18)	
	ㅇ안전보건관리담당자 선임 (산안법19)	
	ㅇ안전관리자 등의 지도 · 조언 (산안법20)	
	ㅇ산업보건의 선임 (산안법22)	
	ㅇ산업안전보건위원회 구성 등 (산안법24)	
	ㅇ안전관리규정 작성 및 준수 (산안법25, 산안법27)	p193
	ㅇ안전보건교육 및 직무교육 (산안법29, 산안법32)	p194
	ㅇ위험성평가 및 안전보건표지 설치 (산안법36, 산안법37)	p190 · 194
	ㅇ설비 또는 물질에 의한 위험 예방조치 (산안법38)	p195
	ㅇ유해위험방지계획서 작성 · 제출 및 이행의 확인 등 (산안법42, 산안법43)	p189
	ㅇ공정안전보고서 작성 · 제출 · 심사 · 이행 등 (산안법44, 산안법45 및 산안법46)	p188
	ㅇ총괄 관리 안전보건책임자 지정 (산안법62)	p191
	ㅇ도급인의 안전조치 및 보건조치 (산안법63)	p196
	ㅇ도급에 따른 산업재해 예방조치 (산안법64)	
국토법	ㅇ용도지역 및 용도지구에서의 건축물의 건축 제한 등 (국토법76 및 국토령71)	p205

교육환경법	○교육환경보호구역의 설정 등 (교육법8, 교육법9 및 교육령22)	p206
개발제한구역법	○개발제한구역에서의 행위제한 (개발법12 및 개발령13)	p207
주택법	○교육환경보호구역의 설정 등 (주택법8)	p208
건축법	○용도별 건축물의 종류 (건축령3의5 및 건축령 별표1)	
철도안전법	○철도보호지구에서의 행위제한 등 (철도법45-1)	p209
도로법	○점용허가를 받을 수 있는 공작물 등 (도로법61)	p210

수소 제조·충전시설의 구축은 국토법 제76조(용도지역 및 용도지구에서의 건축물의 건축 제한 등) 및 시행령 제71조(용도지역안에서의 건축제한)에서 규정하고 있는 용도지역에 따라 제한을 받을 수 있다. 국토법 시행령 제71조에서 규정하는 21개의 용도지역에서 적용되는 건축제한에 따라 수소 제조·충전시설 구축가능 여부가 결정된다.

제76조(용도지역 및 용도지구에서의 건축물의 건축 제한 등) ① 제36조에 따라 지정된 용도지역에서의 건축물이나 그 밖의 시설의 용도·종류 및 규모 등의 제한에 관한 사항은 대통령령으로 정한다. <개정 2011. 4. 14.>

시행령 제71조(용도지역안에서의 건축제한) ① 법 제76조제1항에 따른 용도지역안에서의 건축물의 용도·종류 및 규모 등의 제한(이하 "건축제한"이라 한다)은 다음 각호와 같다. <개정 2014. 1. 14.>

1. 제1종전용주거지역안에서 건축할 수 있는 건축물 : 별표 2에 규정된 건축물
2. 제2종전용주거지역안에서 건축할 수 있는 건축물 : 별표 3에 규정된 건축물
3. 제1종일반주거지역안에서 건축할 수 있는 건축물 : 별표 4에 규정된 건축물
4. 제2종일반주거지역안에서 건축할 수 있는 건축물 : 별표 5에 규정된 건축물
5. 제3종일반주거지역안에서 건축할 수 있는 건축물 : 별표 6에 규정된 건축물
6. 준주거지역안에서 건축할 수 없는 건축물 : 별표 7에 규정된 건축물
7. 중심상업지역안에서 건축할 수 없는 건축물 : 별표 8에 규정된 건축물
8. 일반상업지역안에서 건축할 수 없는 건축물 : 별표 9에 규정된 건축물
9. 근린상업지역안에서 건축할 수 없는 건축물 : 별표 10에 규정된 건축물
10. 유통상업지역안에서 건축할 수 없는 건축물 : 별표 11에 규정된 건축물
11. 전용공업지역안에서 건축할 수 있는 건축물 : 별표 12에 규정된 건축물
12. 일반공업지역안에서 건축할 수 있는 건축물 : 별표 13에 규정된 건축물
13. 준공업지역안에서 건축할 수 없는 건축물 : 별표 14에 규정된 건축물
14. 보전녹지지역안에서 건축할 수 있는 건축물 : 별표 15에 규정된 건축물
15. 생산녹지지역안에서 건축할 수 있는 건축물 : 별표 16에 규정된 건축물
16. 자연녹지지역안에서 건축할 수 있는 건축물 : 별표 17에 규정된 건축물
17. 보전관리지역안에서 건축할 수 있는 건축물 : 별표 18에 규정된 건축물
18. 생산관리지역안에서 건축할 수 있는 건축물 : 별표 19에 규정된 건축물
19. 계획관리지역안에서 건축할 수 없는 건축물 : 별표 20에 규정된 건축물
20. 농림지역안에서 건축할 수 있는 건축물 : 별표 21에 규정된 건축물
21. 자연환경보전지역안에서 건축할 수 있는 건축물 : 별표 22에 규정된 건축물

기존에 일반주거지역과 공업지역 외 수소 제조·충전시설의 구축이 불가능했던 준주거지역 및 상업지역 등은 2019년 3월 국토법이 개정되어 지자체 조례 등으로 정하면 구축이 가능하도록 변경되었고, 용도지역별 구축 가능여부는 다음과 같다.

【표 5.1.2】「국토법」의 용도지역별 수소제조소 구축 여부 검토결과

구분	용도지역	구축여부	구분	용도지역	구축여부
1	제1종 전용주거지역	x	11	전용공업지역	○
2	제2종 전용주거지역	x	12	일반공업지역	○
3	제1종 일반주거지역	○	13	준공지역	○
4	제2종 일반주거지역	○	14	보전녹지지역	◉
5	제3종 일반주거지역	○	15	생산녹지지역	◉
6	준주거지역	○	16	자연녹지지역	◉
7	중심상업지역	○	17	보전관리지역	◉
8	일반상업지역	○	18	생산관리지역	◉
9	근린상업지역	○	19	계획관리지역	▣
10	유통상업지역	○	20	농림지역	◉
○ : 가능, x : 불가능, ◉ : 조건부가능[주1], ▣ : 조건부불가능[주2]			21	자연환경보전지역	○

[주1] 도시·군 계획조례가 정하는 바에 의하여 건축할 수 있는 건축물

[주2] 지역여건 등을 고려하여 도시·군 계획조례가 정하는 바에 따라 건축할 수 없는 건축물

출처 : 창원산업진흥원, "수소에너지 순환시스템 실증단지 조성 공정설계 및 경제성 평가", 2019.12.31

또한 교육환경법 제8조(교육환경보호구역의 설정) 및 제9조(교육환경보호구역에서의 금지 행위 등)에 따른 교육환경보호구역 중 절대보호구역을 제외한 학교부지로부터 200m 이내의 상대보호구역 내 수소 제조·충전시설을 구축하려는 경우에는 지역위원회의 심의를 통과하여야 한다.

> **제8조(교육환경보호구역의 설정 등)** ① 교육감은 학교경계 또는 학교설립예정지 경계(이하 "학교경계등"이라 한다)로부터 직선거리 200미터의 범위 안의 지역을 다음 각 호의 구분에 따라 교육환경보호구역으로 설정·고시하여야 한다.
> 1. 절대보호구역: 학교출입문으로부터 직선거리로 50미터까지인 지역(학교설립예정지의 경우 학교경계로부터 직선거리 50미터까지인 지역)
> 2. <u>상대보호구역: 학교경계등으로부터 직선거리로 200미터까지인 지역 중 절대보호구역을 제외한 지역</u>

제9조(교육환경보호구역에서의 금지행위 등) 누구든지 학생의 보건 · 위생, 안전, 학습과 교육환경 보호를 위하여 교육환경보호구역에서는 다음 각 호의 어느 하나에 해당하는 행위 및 시설을 하여서는 아니 된다. 다만, 상대보호구역에서는 제14호부터 제27호까지 및 제29호에 규정된 행위 및 시설 중 교육감이나 교육감이 위임한 자가 지역위원회의 심의를 거쳐 학습과 교육환경에 나쁜 영향을 주지 아니한다고 인정하는 행위 및 시설은 제외한다. <개정 2017. 1. 17., 2017. 12. 19., 2019. 12. 3., 2020. 3. 24., 2021. 9. 24.>

(중략)

14. 「고압가스 안전관리법」 제2조에 따른 고압가스, 「도시가스사업법」 제2조제1호에 따른 도시가스 또는 「액화석유가스의 안전관리 및 사업법」 제2조제1호에 따른 액화석유가스의 제조, 충전 및 저장하는 시설(관계 법령에서 정한 허가 또는 신고 이하의 시설이라 하더라도 동일 건축물 내에 설치되는 각각의 시설용량의 총량이 허가 또는 신고 규모 이상이 되는 시설은 포함하되, 규모, 용도 및 학습과 학교보건위생에 대한 영향 등을 고려하여 대통령령으로 정하는 시설의 전부 또는 일부는 제외한다)

시행령 제22조(보호구역에서의 금지행위 등) ② 법 제9조제14호에서 "대통령령으로 정하는 시설"이란 다음 각 호의 어느 하나에 해당하는 시설을 말한다. <개정 2017. 12. 12., 2020. 9. 22.>

1. 학교에서 교육 또는 연구 목적으로 설치하는 시설
2. 「고압가스 안전관리법 시행령」 제4조제2호에 따른 고압가스제조의 신고대상(동일 건축물 내에 설치되는 각각의 시설용량의 총량이 신고 규모인 경우를 포함한다) 중 건축물의 냉 · 난방용 냉동제조에 사용되는 시설

한편 개발제한구역법 시행령 제13조제1항의 별표1의 개정(2018.12.4.)에 따라 기존에 개별설치만 가능하였던 개발제한구역 내 천연가스 공급시설과 수소연료공급시설(수소생산시설)의 병설설치가 허용되어 고압수소생산 · 충전 · 저장소등의 부지확보 문제를 해소할 수 있게 되었다.

제12조(개발제한구역에서의 행위제한) ① 개발제한구역에서는 건축물의 건축 및 용도변경, 공작물의 설치, 토지의 형질변경, 죽목(竹木)의 벌채, 토지의 분할, 물건을 쌓아놓는 행위 또는 「국토의 계획 및 이용에 관한 법률」 제2조제11호에 따른 도시 · 군계획사업(이하 "도시 · 군계획사업"이라 한다)의 시행을 할 수 없다. 다만, 다음 각 호의 어느 하나에 해당하는 행위를 하려는 자는 특별자치시장 · 특별자치도지사 · 시장 · 군수 또는 구청장(이하 "시장 · 군수 · 구청장"이라 한다)의 허가를 받아 그 행위를 할 수 있다. <개정 2009. 2. 6., 2010. 4. 15., 2011. 4. 14., 2011. 9. 16., 2013. 5. 28., 2014. 1. 28., 2015. 12. 29., 2019. 8. 20.>

1. 다음 각 목의 어느 하나에 해당하는 건축물이나 공작물로서 대통령령으로 정하는 건축물의 건축 또는 공작물의 설치와 이에 따르는 토지의 형질변경
   가. 공원, 녹지, 실외체육시설, 시장 · 군수 · 구청장이 설치하는 노인의 여가활용을 위한 소규모 실내 생활체육시설 등 개발제한구역의 존치 및 보전관리에 도움이 될 수 있는 시설
   나. 도로, 철도 등 개발제한구역을 통과하는 선형(線形)시설과 이에 필수적으로 수반되는 시설
   다. 개발제한구역이 아닌 지역에 입지가 곤란하여 개발제한구역 내에 입지하여야만 그 기능과 목적이 달성되는 시설
   라. 국방 · 군사에 관한 시설 및 교정시설
   마. 개발제한구역 주민과 「공익사업을 위한 토지 등의 취득 및 보상에 관한 법률」 제4조에 따른 공익사업의 추진으로 인하여 개발제한구역이 해제된 지역 주민의 주거 · 생활편익 · 생업을 위한 시설

시행령 제13조(허가 대상 건축물 또는 공작물의 종류 등) ① 법 제12조제1항제1호에 따른 건축물 또는 공작물의 종류, 건축 또는 설치의 범위는 별표 1과 같다.

[별표1] 건축물 또는 공작물의 종류, 건축 또는 설치의 범위(제13조제1항 관련) <개정 2022. 5. 3.>

시설의 종류	건축 또는 설치의 범위
중략	
3. 개발제한구역에 입지해야만 그 기능과 목적이 달성되는 시설	해당 시·군·구의 관할구역 중 개발제한구역이 아닌 지역에 입지가 곤란하여 개발제한구역 내에 입지해야 한다고 시장·군수·구청장이 인정하는 시설을 말하며, 이미 훼손된 지역에 우선 설치해야 한다.
자. 자동차 천연가스 공급시설	가) 「대기환경보전법」에 따른 자동차 천연가스 공급시설로서 그 부지면적은 3천300제곱미터 이하로 하며, 부대시설로 수소연료공급시설 및 세차시설을 설치할 수 있다. 나) 시설을 폐지하는 경우에는 지체 없이 철거하고 원상복구하여야 한다.
버. 수소연료공급시설	가) 「환경친화적 자동차의 개발 및 보급 촉진에 관한 법률」에 따른 수소연료공급시설로서 그 부지면적은 3,300제곱미터 이하로 하며, 부대시설로 전기자동차 충전시설, 세차시설 및 소매점을 설치할 수 있다. 나) 부대시설로 소매점을 설치하는 경우에는 다음의 요건을 모두 갖춰야 한다. ① 수소연료공급시설의 규모와 이용 수요 등을 고려하여 건축 연면적 66제곱미터 이하의 범위에서 설치할 것 ② 2025년 12월 31일 이전에 설치 허가를 신청할 것 다) 시설을 폐지하는 경우에는 지체 없이 이를 철거하고 원상복구하여야 한다.

공동주택·어린이놀이터·의료시설(약국은 제외)·유치원·어린이집 및 경로당(이하 공동주택등) 주변에 수소 제조·충전시설을 구축하려는 경우에는 주택법의 '주택건설기준규정' 제9조의2(소음등으로부터의 보호) 제1항에 따라 해당 공용주택 등으로부터 50m 이상 이격하여야 한다.

제8조(교육환경보호구역의 설정 등) ① 공동주택·어린이놀이터·의료시설(약국은 제외한다)·유치원·어린이집 및 경로당(이하 이 조에서 "공동주택등"이라 한다)은 다음 각 호의 시설로부터 수평거리 50미터 이상 떨어진 곳에 배치해야 한다. 다만, 위험물 저장 및 처리 시설 중 주유소(석유판매취급소를 포함한다) 또는 시내버스 차고지에 설치된 자동차용 천연가스 충전소(가스저장 압력용기 내용적의 총합이 20세제곱미터 이하인 경우만 해당한다)의 경우에는 해당 주유소 또는 충전소로부터 수평거리 25미터 이상 떨어진 곳에 공동주택등(유치원 및 어린이집은 제외한다)을 배치할 수 있다. <개정 2014. 10. 28., 2016. 3. 29., 2018. 2. 9., 2021. 1. 5.>

1. (생략)
2. 「건축법 시행령」 별표 1에 따른 위험물 저장 및 처리 시설

건축법 시행령 [별표1] 용도별 건축물의 종류(제3조의5 관련) <개정 2022. 2. 11.>

19. 위험물 저장 및 처리 시설

「위험물안전관리법」, 「석유 및 석유대체연료 사업법」, 「도시가스사업법」, 「고압가스 안전관리법」, 「액화석유가스의 안전관리 및 사업법」, 「총포·도검·화약류 등 단속법」, 「화학물질 관리법」 등에 따라 설치 또는 영업의

허가를 받아야 하는 건축물로서 다음 각 목의 어느 하나에 해당하는 것. 다만, 자가난방, 자가발전, 그 밖에 이와 비슷한 목적으로 쓰는 저장시설은 제외한다.
가. 주유소(기계식 세차설비를 포함한다) 및 석유 판매소
나. 액화석유가스 충전소·판매소·저장소(기계식 세차설비를 포함한다)
다. 위험물 제조소·저장소·취급소
라. 액화가스 취급소·판매소
마. 유독물 보관·저장·판매시설
바. 고압가스 충전소·판매소·저장소
사. 도료류 판매소
아. 도시가스 제조시설
자. 화약류 저장소
차. 그 밖에 가목부터 자목까지의 시설과 비슷한 것

철도안전법에서는 철도경계선(가장 바깥쪽 궤도의 끝선을 말한다)으로부터 30미터 이내 등 법으로 규정하는 '철도보호지구'에서 수소 등 인화물질을 제조·저장하는 경우 그 행위에 대한 신고와 철도보호지구 안전관리계획서를 제출하도록 규정하고 있다.

제45조(철도보호지구에서의 행위제한 등) ① 철도경계선(가장 바깥쪽 궤도의 끝선을 말한다)으로부터 30미터 이내 [「도시철도법」 제2조제2호에 따른 도시철도 중 노면전차(이하 "노면전차"라 한다)의 경우에는 10미터 이내]의 지역(이하 "철도보호지구"라 한다)에서 다음 각 호의 어느 하나에 해당하는 행위를 하려는 자는 대통령령으로 정하는 바에 따라 국토교통부장관 또는 시·도지사에게 신고하여야 한다. <개정 2012. 12. 18., 2013. 3. 23., 2017. 1. 17.>
1. 토지의 형질변경 및 굴착(掘鑿)
2. 토석, 자갈 및 모래의 채취
3. 건축물의 신축·개축(改築)·증축 또는 인공구조물의 설치
4. 나무의 식재(대통령령으로 정하는 경우만 해당한다)
5. 그 밖에 철도시설을 파손하거나 철도차량의 안전운행을 방해할 우려가 있는 행위로서 대통령령으로 정하는 행위

시행령 제46조(철도보호지구에서의 행위 신고절차) ① ~③ (생략)
④ 제1항부터 제3항까지에서 규정한 사항 외에 철도보호지구에서의 행위에 대한 신고와 안전조치등에 관하여 필요한 세부적인 사항은 국토교통부장관이 정하여 고시한다. <개정 2013. 3. 23.>[전문개정 2012. 11. 30.]

제48조(철도보호지구에서의 안전운행 저해행위 등) 법 제45조제1항제5호에서 "대통령령으로 정하는 행위"란 다음 각 호의 어느 하나에 해당하는 행위를 말한다.<개정 2013. 3. 23.>
1. 폭발물이나 인화물질 등 위험물을 제조·저장하거나 전시하는 행위
(이하 생략)

철도보호지구에서의 행위제한에 관한 업무지침 [시행 2018. 6. 7.] [국토교통부고시 제2018-331호, 2018. 6. 7., 일부개정]

제5조(행위신고) ① 철도보호지구에서의 행위를 신고하거나 신고한 내용을 변경하고자 하는 자는 별지 제1호 서식의 철도보호지구에서의 행위신고서(이하 "신고서"라 한다)에 다음 각 호의 서류를 첨부하여 철도보호지

구관리자에게 제출하여야 한다.
1. ~ 2. (생략)
3. 신고된 행위가 다음 각 호의 어느 하나에 해당하는 경우에는 별표 3에 따른 철도보호지구 안전관리계획서(단, 사호에 해당하는 행위의 경우에는 신고서를 제출한 이후 첨부할 수 있다)
가. 주유소, LPG 충전소 등 폭발물 또는 인화물질을 제조·저장·전시하는 행위 또는 제조·저장·전시하는 시설을 설치하는 행위

수소자동차 충전시설의 경우 도로법 시행령 개정(2017.12.5.)에 따라 도로점용 허가를 받으면 도로를 점용할 수 있는 공작물로 인정받을 수 있게 되었다.

제61조(도로의 점용 허가) ② 제1항에 따라 허가를 받아 도로를 점용할 수 있는 공작물 • 물건, 그 밖의 시설의 종류와 허가의 기준 등에 관하여 필요한 사항은 대통령령으로 정한다.

시행령 제55조(점용허가를 받을 수 있는 공작물 등) 법 제61조제2항에 따라 도로점용허가(법 제107조에 따라 국가 또는 지방자치단체가 시행하는 사업에 관계되는 점용인 경우에는 협의 또는 승인을 말한다)를 받아 도로를 점용할 수 있는 공작물 • 물건, 그 밖의 시설의 종류는 다음 각 호와 같다. <개정 2014. 11. 24., 2015. 8. 11., 2017. 12. 5., 2021. 1. 5.>
1. ~ 2. (생략)
3. 주유소 • 수소자동차 충전시설 • 주차장 • 여객자동차터미널 • 화물터미널 • 자동차수리소 • 승강대 • 화물적치장 • 휴게소, 그 밖에 이와 유사한 것과 이를 위한 진입로 및 출입로

5.2. 수소 저장 · 사용시설

2장 및 3장에서 살펴본 바와 같이 수소 저장·사용시설의 설치자는 주로 수소를 사용하기 위하여 수소저장설비를 함께 구축하는 경우가 대부분이고, 수소는 고법에 따른 특정고압가스에 포함되므로 해당 법령의 특정고압가스사용자로 구분된다.

한편 수소를 공급하는 배관(이하 수소배관)은 사용자가 점유한 부지 경계 또는 부지 내에서 공급되는 수소의 압력과 연료전지의 유무에 따라 고법과 수소법 적용여부가 결정되고, 사용자 점유 부지를 중심으로 다음 3가지 경우로 분류할 수 있다.

① 사용자가 점유한 부지 경계로부터 연료전지까지 연결되는 배관 또는 부지 내 사용자가 설치한 수소제조·저장설비(고압으로 수소가 제조되는 경우 제외)로부터 연료전지에 수소를 공급하는 배관이 모두 저압수소 배관인 경우 '수소연료사용시설'에 해당되어 수소법을 적용

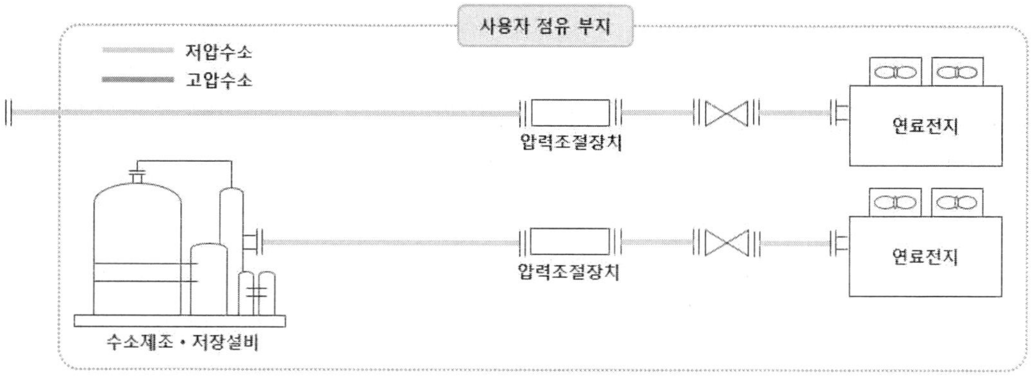

【그림 5.2.1】 수소 취급 시설의 고법 및 수소법 적용 구분①

② 사용자가 점유한 부지 경계로부터 공급되는 수소의 압력이 고압(1Mpa 이상)인 경우에는 압력조절장치 후단의 시설이 저압인 경우에도 전체 시설에 대하여 고법을 적용(다만, 연료전지는 수소법에 따른 수소용품으로 검사를 받은 것이어야 함)

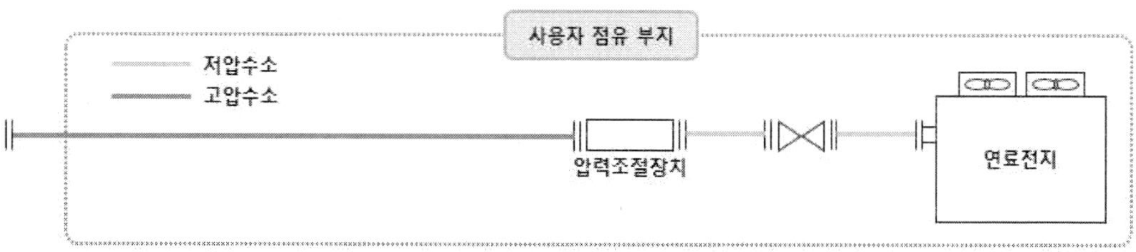

【그림 5.2.2】 수소 취급 시설의 고법 및 수소법 적용 구분②

③ 사업소 부지 내에서 수소제조설비 또는 수소저장설비로부터 제조·공급되는 수소의 압력이 고압인 경우에는 압력조절장치 후단의 시설이 저압인 경우에도 전체 시설에 대하여 고법을 적용(다만, 연료전지는 수소법에 따른 수소용품으로 검사를 받은 것이어야 함)

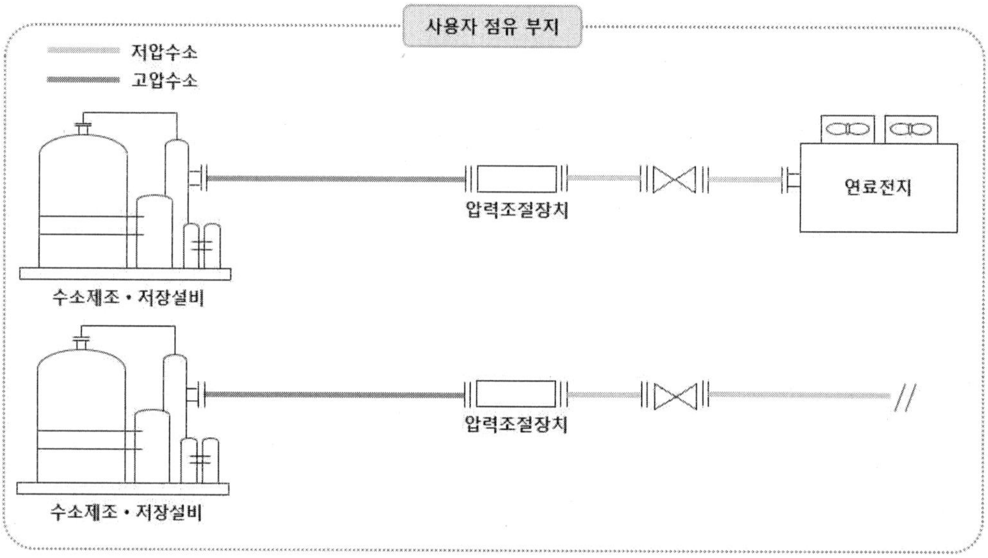

【그림 5.2.3】 수소 취급 시설의 고법 및 수소법 적용 구분③

그 외 수소 저장·사용시설을 구축 및 운영하기 위하여 준수하여야 할 주요 규제들을 다룬 위치와 고법, 수소법 및 산안법 외 유관 법령에서 규제하고 있는 내용을 포함하여 다음 표와 같이 정리하였다.

【표 5.2.1】 수소 저장·사용시설 관련 규제법령 및 규제내용

규제법령	규제내용 (관련조항)	비고
고법	ㅇ시설설치계획에 대한 기술검토 (고령3-4-2 및 고령3-6)	p159
	ㅇ고압가스 저장소 설치 및 변경 허가 (고법4-3)	
	ㅇ특정고압가스 사용 신고 (고법20-1)	p162
	ㅇ특정고압가스 사용시설 완성검사 및 정기검사 수검 (고법20-4)	
	ㅇ사업의 개시·중지·폐지·재개 신고 (고법7)	p160
	ㅇ지위승계 신고 (고법8-2)	
	ㅇ안전관리규정 (고법11-1)	

	⚬시설안전유지 (고법13-1)	
	⚬안전관리자 선임 등 (고법15)	
	⚬중간검사 및 완성검사 수검 (고법16-1 및 고법16-3)	
	⚬정기검사 및 수시검사 수검 (고법16의2-1)	
	⚬용기 및 특정설비 수리 (고법5-3)	p161
	⚬용기 및 특정설비 재검사 수검 (고법17-2)	
	⚬고압가스 양도 · 양수 · 운반 또는 휴대 시 운반기준 준수 (고법22-1)	
	⚬안전관리책임자 · 안전관리원 · 운반책임자 등 안전교육 (고법23-2)	
	⚬보험가입 및 사고통보 (고법25-1, 고법26-1)	
수소법	⚬수소연료사용시설 대상범위 및 기술검토 등(수칙2-4 및 수칙45-4 등)	p98 · 99
	⚬수소연료사용시설 완성검사 및 정기검사 등(수법47-2 및 수법47-3 등)	
산안법	⚬안전보건관리책임자 선임 (산안법15)	p191
	⚬안전관리자, 보건관리자 선임 (산안법17, 산안법18)	
	⚬안전보건관리담당자 선임 (산안법19)	
	⚬안전관리자 등의 지도 · 조언 (산안법20)	
	⚬산업보건의 선임 (산안법22)	
	⚬산업안전보건위원회 구성 등 (산안법24)	
	⚬안전관리규정 작성 및 준수 (산안법25, 산안법27)	p193
	⚬안전보건교육 및 직무교육 (산안법29, 산안법32)	p194
	⚬위험성평가 및 안전보건표지 설치 (산안법36, 산안법37)	p190 · 194
	⚬설비 또는 물질에 의한 위험 예방조치 (산안법38)	p195
	⚬유해위험방지계획서 작성 · 제출 및 이행의 확인 등 (산안법42, 산안법43)	p189
	⚬공정안전보고서 작성 · 제출 · 심사 · 이행 등 (산안법44, 산안법45 및 산안법46)	p188
	⚬총괄 관리 안전보건책임자 지정 (산안법62)	p191
	⚬도급인의 안전조치 및 보건조치 (산안법63)	p196
	⚬도급에 따른 산업재해 예방조치 (산안법64)	

국토법	ㅇ용도지역 및 용도지구에서의 건축물의 건축 제한 등 (국토법76 및 국토령71)	p205
교육환경법	ㅇ교육환경보호구역의 설정 등 (교육법8, 교육법9 및 교육령22)	p206
개발제한구역법	ㅇ개발제한구역에서의 행위제한 (개발법12 및 개발령13)	p207
주택법	ㅇ교육환경보호구역의 설정 등 (주택법8)	p208
건축법	ㅇ용도별 건축물의 종류 (건축령3의5 및 건축령 별표1)	
철도안전법	ㅇ철도보호지구에서의 행위제한 등 (철도법45-1)	p209
도로법	ㅇ점용허가를 받을 수 있는 공작물 등 (도로법61)	p210
항만법	ㅇ시설장비의 신고 (항만법31 및 항만령38)	p214
선박안전법	ㅇ위험물의 운송, 안전교육 등 (선박법41, 선박법41의2 및 선박칙2 등)	p215

항만법 제2조 정의에 따른 항만이란 선박이 출입하여 선박과 육상 사이에서 사람과 화물의 출입이 있는 시설과 그 화물의 제조 등 부가가치 창출을 위한 시설이 갖추어진 곳을 말한다. 따라서 항만에 설치하는 수소 저장시설은 가스저장시설로서 항만시설 중 기능시설에 해당한다. 또한 수소 저장시설은 가스의 선적·하역을 위한 로딩암을 갖춘 시설이므로 해당 설비를 설치하거나 철거하려는 경우 항만법에 따라 신고대상에 포함된다.

제2조(정의) 이 법에서 사용하는 용어의 뜻은 다음과 같다.
1. "**항만**"이란 선박의 출입, 사람의 승선·하선, 화물의 하역·보관 및 처리, 해양친수활동 등을 위한 시설과 화물의 조립·가공·포장·제조 등 부가가치 창출을 위한 시설이 갖추어진 곳을 말한다.

(생략)

5. "**항만시설**"이란 다음 각 목의 어느 하나에 해당하는 시설을 말한다. 이 경우 다음 각 목의 시설이 항만구역 밖에 있는 경우에는 해양수산부장관이 지정·고시하는 시설로 한정한다.

(생략)

나. **<u>기능시설</u>**
1) 선박의 입항·출항을 위한 항로표지·신호·조명·항무통신(港務通信)에 관련된 시설 등 항행 보조시설
2) 고정식 또는 이동식 하역장비, 화물 이송시설, 배관시설 등 하역시설
3) 대합실, 여객승강용 시설, 소하물 취급소 등 여객이용시설
4) 창고, 야적장, 컨테이너 장치장(藏置場) 및 컨테이너 조작장, 사일로[시멘트, 곡물 등 산적화물(散積貨物)의 저장시설을 말한다], 유류(油類)저장시설, **<u>가스저장시설</u>**, 화물터미널 등 화물의 유통시설과 판매시설 <개정 2020. 2. 18., 2022. 1. 4.> (이하 생략)

제31조(시설장비의 신고) ① 갑문, 운하, 하역장비, 그 밖에 조작이 필요한 항만시설 중 <u>대통령령으로 정하는 항만시설(이하 "시설장비"라 한다)을 사용·관리하는 자(관리청은 제외한다. 이하 "시설장비관리자"라 한다)는 해당 시설장비를 설치하거나 철거하려는 경우에는 미리 관리청에 신고</u>하여야 한다. <개정 2020. 2. 18.>
② 관리청은 제1항에 따른 신고를 받은 경우 그 내용을 검토하여 이 법에 적합하면 신고를 수리하여야 한다.

<개정 2022. 1. 4.>
③ 제1항에 따른 신고의 절차에 관하여는 해양수산부령으로 정한다.

시행령 제38조(시설장비의 범위) 법 제31조제1항에서 "대통령령으로 정하는 항만시설"이란 별표 5의 시설장비를 말한다. (생략)
17. 로딩 암(Loading Arm): 유류, 가스의 하역 · 선적에 사용하는 장비를 말한다.

수소는 선박안전법에 따른 위험물 중 고압가스 및 인화성 가스로 분류되고, 수소 저장시설은 수소를 선박에 적재하거나 하역하는 경우에 해당되어 선박안전법 관계 법령에서 규정하는 위험물 안전운송에 관한 교육을 받아야 한다. 선박으로 수소를 적재 · 하역하는 경우 선박안전법의 하위기준인 「위험물 선박운송 및 저장규칙」의 기준에 따라야 한다.

제41조(위험물의 운송) ① 선박으로 위험물을 적재 · 운송하거나 저장하고자 하는 자는 항해상의 위험방지 및 인명안전에 적합한 방법에 따라 적재 · 운송 및 저장하여야 한다.
② 제1항의 규정에 따라 위험물을 적재 · 운송하거나 저장하고자 하는 자는 그 방법의 적합 여부에 관하여 해양수산부장관의 검사를 받거나 승인을 얻어야 한다. <개정 2008. 2. 29., 2013. 3. 23.>
③ 제1항 및 제2항의 규정에 따른 위험물의 종류와 그 용기 · 포장, 적재 · 운송 및 저장의 방법, 검사 또는 승인 등에 관하여 필요한 사항은 해양수산부령으로 정한다. <개정 2008. 2. 29., 2013. 3. 23.>
④ 제1항부터 제3항까지의 규정에도 불구하고 방사성물질을 운송하는 선박과 액체의 위험물을 산적하여 운송하는 선박의 시설기준 등은 해양수산부장관이 정하여 고시한다. <개정 2008. 2. 29., 2013. 3. 23., 2020. 2. 18.>

제41조의2(위험물 안전운송 교육 등) ① 선박으로 운송하는 위험물을 제조 · 운송 · 적재하는 등의 업무에 종사하는 자(이하 "위험물취급자"라 한다)는 위험물 안전운송에 관하여 해양수산부장관이 실시하는 교육을 받아야 한다.
② ~ ⑤ (생략)
⑥ 제1항에 따른 위험물 안전운송에 관한 교육을 받아야 하는 위험물취급자의 구체적인 범위, 교육내용 등에 관하여 필요한 사항은 해양수산부장관이 정하여 고시한다.

「위험물 선박운송 및 저장규칙」 [시행 2022. 5. 18.] [해양수산부령 제486호, 2022. 2. 17., 일부개정]
제1조(목적) 이 규칙은 「선박안전법」 제41조, 제41조의2 및 제65조에 따른 선박에 의한 위험물의 운송 및 저장, 위험물 취급자에 대한 위험물 안전운송 교육과 상용위험물의 취급에 관한 사항을 규정함을 목적으로 한다. [전문개정 2010. 8. 6.]

제2조(정의) 이 규칙에서 사용하는 용어의 뜻은 다음과 같다.<개정 2013. 1. 23., 2013. 3. 24., 2015. 3. 10., 2018. 3. 12., 2020. 6. 1., 2021. 6. 30.>
1. "위험물"이란 다음 각 목에서 정하는 것을 말한다.
가. (생략)
나. 고압가스: 섭씨 50도에서 0.30메가파스칼을 초과하는 증기압을 가진 물질 또는 섭씨 20도 및 압력 0.1013메가파스칼에서 완전히 기체인 물질 중 다음에 정하는 물질로서 해양수산부장관이 고시하는 것
1) 인화성 가스: 섭씨 20도와 압력 0.1013메가파스칼에서 해당 가스가 공기 중에 용적비로 13퍼센트 이하 혼합된 경우에도 발화되는 가스와 공기 중에서 인화될 수 있는 가스 농도의 최대값과 최소값의 차이가 12퍼센트 이상인 가스 (이하 생략)

「위험물 선박운송 기준」 [시행 2020. 11. 25.] [해양수산부고시 제2020-194호, 2020. 11. 25., 일부개정]
제1조(목적) 이 기준은 「선박안전법」과 「위험물 선박운송 및 저장규칙」에서 해양수산부장관이 정하도록 한 위험물운송에 관한 기준을 정함을 목적으로 한다.

제2조(위험물등) ② 규칙 제2조제1호나목의 규정에 의한 고압가스는 별표 1의 정표찰란에 2.1 내지 2.3인 물질을 말한다. (이하 생략)

제148조(전기장치) ① 저인화점인화성액체등을 적재하는 화물창이나 구획에 전기회로의 단자(端子)가 있을 경우에는 적재하기 전에 그 전기회로를 전원으로부터 차단하고, 해당 화물창이나 구획의 인화성 가스가 없어진 후가 아니면 전원(電源)을 접속시켜서는 아니 된다. 다만, 해당 화물창이나 구획에 부착시킨 전기기구가 방폭형(防爆型)일 경우에는 그러하지 아니하다. <개정 2010. 8. 6.>
(이하생략)

제152조(화기 등의 사용제한) ① 인화성 액체류를 하역하는 장소, 적재한 장소, 이 부근 또는 인화성 액체류를 적재한 장소로부터 나와 있는 통풍통 부근에는 담배를 피우거나 또는 화기를 취급해서는 아니 된다.
[전문개정 2010. 8. 6.] (이하생략)

제154조(하역물의 주의) 인화성 액체류의 하역을 종료한 경우에는 인화성 액체류를 취급하였던 장소를 청소하고 환기하며 인화성 가스나 인화성 액체류가 남아 있지 아니한 것을 확인하여야 한다. [전문개정 2010. 8. 6.]

5.3. 수소 운반차량

수소 운반차량은 수소의 충전방식에 따라 구분하고 수소의 충전방식은 수소를 고압으로 압축한 압축수소와 초저온으로 액화시킨 액화수소가 있다. 압축수소의 형태로 운반하는 경우 이음매 없는 충전용기 또는 튜브트레일러를 활용하고, 액화수소의 운반은 초저온 충전용기 또는 차량에 고정된 탱크(탱크로리·탱크트레일러)에 충전하여 운반한다. 수소 운반차량에 적용되는 고법, 산안법 및 유관 법령에서 규제하고 있는 내용을 다음 표와 같이 정리하였다.

【표 5.3.1】 수소 운반차량 관련 규제법령 및 규제내용

규제법령	규제내용 (관련조항)	비고
고법	○고압가스 운반자 등록 및 변경등록 (고법5의4-1)	p163·164
	○사업의 개시·중지·폐지·재개 신고 (고법7)	p164
	○지위승계 신고 (고법8-2)	
	○사업의 개시·중지·폐지·재개 신고 (고법7)	
	○시설안전유지 (고법13-1)	
	○용기 및 특정설비 수리 (고법5-3)	
	○용기 및 특정설비 재검사 수검 (고법17-2)	
	○고압가스 양도·양수·운반 또는 휴대 시 운반기준 준수 (고법22-1)	
	○안전관리책임자·안전관리원·운반책임자 등 안전교육 (고법23-2)	p165
	○보험가입 및 사고통보 (고법25-1, 고법26-1)	

06 기술기준상세내용(KGS Code)

6.1. 수소연료사용시설 기준(FU671)

6.1.1. 용어 정의

수소연료사용시설이라 함은 연료전지를 고정 설치하고 타인으로부터 배관으로 수소를 공급받아 사용하는 경우에는 그 연료전지 사용자가 소유하거나 점유하고 있는 토지의 경계에서 연료전지까지 이르는 시설, 연료전지를 고정 설치하고 그 연료전지 사용자가 설치한 수소제조설비 또는 수소저장설비로부터 수소를 공급받아 수소를 사용하는 경우에는 수소제조설비 또는 수소저장설비에서 연료전지까지 이르는 시설을 말한다. 수소연료사용시설 기준에 관한 용어정의는 다음 표와 같다.

【표 6.1.1】 수소연료사용시설 용어정의에 관한 기준

기준항목	기준내용
1. 수소제조설비 (1.3.1)	ㅇ수소를 제조하기 위한 것으로 수소용품 중 수전해설비 및 수소추출설비
2. 수소저장설비 (1.3.2)	ㅇ수소를 충전저장하기 위하여 지상 또는 지하에 고정 설치하는 저장탱크 (수소 품질을 균질화하기 위한 것 포함)
3. 수소가스설비 (1.3.3)	ㅇ수소제조설비, 수소저장설비 및 연료전지와 이들 설비를 연결하는 배관 및 그 부속설비 중 수소가 통하는 부분
4. 수소용품 (1.3.4)	ㅇ연료전지(「자동차관리법」에 따른 자동차에 장착되는 연료전지는 제외), 수전해설비 및 수소추출설비로서 다음에 따름 (1)연료전지 : 수소와 산소의 전기화학적 반응을 통하여 전기와 열을 생산하는 고정형 (연료소비량이 232.6㎾ 이하인 것) 및 이동형 설비와 그 부대설비 (2)수전해설비 : 물의 전기분해에 의하여 그 물로부터 수소를 제조하는 설비 (3)수소추출설비 : 도시가스 또는 액화석유가스 등으로부터 수소를 제조하는 설비
5. 설계압력 (1.3.7)	ㅇ수소가스설비 등의 각부의 계산두께 또는 기계적 강도를 결정하기 위하여 설계된 압력
6. 상용압력 (1.3.8)	ㅇ내압시험압력 및 기밀시험압력의 기준이 되는 압력으로서 사용상태에서 해당 설비 등의 각부에 작용하는 최고사용압력
7. 터미널 (1.3.9)	ㅇ배기가스를 건축물 바깥 공기 중으로 배출하기 위하여 배기시스템 말단에 설치하는 부속품(배기통과 터미널이 일체형인 경우에는 배기가스가 배출되는 말단부분)
8. 설정압력	ㅇ안전밸브의 설계상 정한 분출압력 또는 분출개시압력으로서 명판에 표시된 압력 (1.3.10)
9. 축적압력 (1.3.11)	ㅇ내부유체가 배출될 때 안전밸브에 의해 축적되는 압력으로서 그 설비 안에서 허용될 수 있는 최대압력

6.1.2. 경과조치

이 기준은 2022년 2월 5일부터 시행한다. 다만, 시행일 이전에 설치된 수소연료전지 사용시설에 대해서는 이 기준에 적합한 것으로 본다.

6.1.3. 용품사용제한

법 제44조에 따라 검사를 받아야 하는 수소용품은 법 제44조에 따른 검사에 합격한 것을 설치 또는 사용한다. 다만, 시행일 이전에 제조된 수소용품은 그렇지 않다.

6.1.4. 가스시설 설치제한

가스시설 설치제한에 관한 구체적인 기준은 다음 표와 같다.

【표 6.1.2】가스시설 설치제한에 관한 기준

기준항목	기준내용
가스계량기	ㅇ「건축법 시행령」제46조제4항에 따라 공동주택의 대피공간, 방·거실 및 주방 등으로서 사람이 거처하는 곳에 설치 금지 (1.7.1.1) ㅇ진동의 영향을 받는 장소 / 석유류 등 위험물을 저장하는 장소 / 수전실, 변전실 등 고압전기설비가 있는 장소에는 설치 금지 (1.7.1.2)

6.1.5. 시설기준

(1) 배치기준

수소가스설비 외면과 화기는 수소의 누출에 따른 화재나 폭발을 방지하기 위하여 일정한 거리를 유지하여야 하고, 수소저장설비와 보호시설과도 안전확보를 위하여 적정한 안전거리를 유지하여야 하므로 이를 감안하여 수소가스설비의 배치를 고려하여야 한다. 수소가스설비 외면으로부터 화기와의 거리 등에 대한 구체적인 기준은 다음 표와 같다.

【표 6.1.3】 배치에 관한 기준

기준항목	기준내용
1. 화기와의 거리 (2.1.1)	ㅇ수소가스설비 외면과 화기(그 설비 안의 화기는 제외)사이에 유지하여야 하는 거리는 우회거리 8m(산소의 저장설비는 5m) 이상. 수소가스설비와 화기 취급장소 사이에 유동방지시설을 설치하는 경우에는 이 시설을 우회한 거리 (2.1.1.1) ㅇ연료전지가 설치된 건축물 내에 위치하는 연료전지와 배관 및 그 부속설비의 경우는 화기취급장소사이에 유지하여야 하는 거리를 우회거리 2m 이상으로 할 수 있음. (2.1.1.3) ㅇ입상관과 화기(그 시설 안의 자체화기 제외)사이는 우회거리 2m 이상 (2.1.1.4) ㅇ화기 사용 장소가 불연성 건축물 내에 있는 경우 수소제조설비 및 수소저장설비로부터 수평거리 8m 이내에 있는 그 건축물의 개구부는 방화문 또는 다음의 유리로 폐쇄하고, 출입문은 이중문으로 함. (2.1.1.5) (1)KS L 2006(망 판유리 및 선 판유리) 중 망 판유리 (2)공인시험기관의 시험결과 이와 같은 수준 이상의 유리
2. 보호시설과의 거리 (2.1.2)	ㅇ수소저장설비가 그 외면으로부터 보호시설(사업소에 있는 보호시설 및 전용공업지역에 있는 보호시설 제외)까지는 다음표에서 정한 거리 이상을 유지해야 함.(방호벽을 설치한 경우에 예외 가능)

보호시설과의 안전거리 (단위 : m)

저장능력(단위 : ㎥)	제1종 보호시설	제2종 보호시설
1만 이하	17	12
1만 초과 2만 이하	21	14
2만 초과 3만 이하	24	16
3만 초과 4만 이하	27	18
4만 초과	30	20

(2) 기초기준

수소제조설비(압축기는 제외) 및 수소저장설비 기초는 지반침하로 그 설비에 유해한 영향을 끼치지 않도록 지반조사, 기초공사 및 고정조치를 하여야 한다. 건축물의 옥상, 지하주차장 상부 등 건축구조물 위에 설치하는 경우에는 건축사, 건축관련 기술사 등 전문가가 발행하는 강도계산서 등을 통해 수소제조설비 및 수소저장설비의 하중을 견딜 수 있는 구조물임을 확인한다. 기초에 관한 구체적인 기준은 다음 표와 같다.

【표 6.1.4】 기초에 관한 기준

기준항목	기준내용
1. 지반조사 (2.2.1)	ㅇ수소제조설비 및 수소저장설비(중량이 1ton 이상인 것에 한정, 복수의 수소제조설비 또는 수소저장설비가 동일한 프레임 위에 고정설치된 경우는 설비중량과 프레임의 중량을 합산한 중량이 1ton 이상인 것에 한정)

기준항목	기준내용
	를 설치할 경우는 부등침하 등의 원인의 유무에 대하여 제1차 지반조사를 함. (2.2.1.1) ㅇ지반조사는「엔지니어링기술 진흥법」에 따라 건설부문(토질·지질) 엔지니어링활동주체 신고를 한 엔지니어링사 또는「기술사법」에 따라 토질 및 기초기술사, 지질 및 지반기술사 등 전문기관이나 전문가가 실시 (2.2.1.2.1) ㅇ지반조사 위치는 수소저장설비와 수소가스설비 외면으로부터 10m 내에서 2곳 이상 실시(다만, 부지의 성토 또는 절토로 기초 위치가 변경되어 기존 지반조사서로서 지반확인이 되지 않는 경우에는 지반조사 재실시) (2.2.1.2.2)
2. 기초공사 (2.2.2)	ㅇ기초는 지반의 허용지지력의 값이 해당 수소가스설비 등 그 내용물 및 그 기초에 따른 단위면적당 하중을 초과하도록 공사함.(다만, 설비 중량이 1ton 미만인 수소가스설비는 콘크리트 기초로 공사할 수 있음.) (2.2.2.1) ㅇ수소저장설비(설비 중량 1ton이상의 것에 한함)의 지주(지주가 없는 수소저장설비는 아랫부분)는 부등침하로 그 설비에 유해한 영향을 끼치지 않도록 동상(同上)의 수평기초면에 설치하고, 지주 상호 간은 단단히 연결함 (2.2.2.3)
3. 수소저장설비 고정 (2.2.3)	ㅇ수소저장설비(설비 중량 1ton미만인 수소저장설비 제외)를 기초에 고정할 때는 앵커볼트(기초 중의 철근에 용접하거나, 콘크리트로 기초에 고정한 것) 또는 앵커스트랩(anchor strap)(기초 중의 철근에 용접하거나 콘크리트로 기초에 고정한 것 또는 기초를 관통시켜 기초의 바닥면에 고정한 것)으로 고정시킴 (2.2.3.1) ㅇ앵커볼트·너트·평와셔 및 앵커스트랩의 재료는 사용온도에 따라 KS 등 규격에 적합한 것 또는 이들과 동등 이상의 강도를 갖는 것일 것 (2.2.3.2) ㅇ수평원통형 수소저장설비의 가대(架臺)의 지지간격(span)이 5m 이상인 수소저장설비의 유동 측 가대는 기초설치면과 가대바닥면과의 사이는 다음에 따라 미끄럼판을 설치 (2.2.3.5) ①미끄럼판은 기초에 튼튼하게 고정시키고 가대가 수소저장설비 전후 방향으로 용이하게 미끄러질 수 있는 구조로 함.(다만, 미끄럼판은 가대의 바닥면보다 작지 않아야 함.) ②미끄럼판의 재료는 KS D 3503(일반 구조용 압연강재)으로 하고, 두께 12㎜ 또는 16㎜를 표준으로 함. ③미끄럼판의 미끄럼 면은 휨 또는 끝 굽힘이 없어야 함.

(3) 수소제조설비 및 수소저장설비기준

수소제조설비 및 수소저장설비는 가스누출을 방지하고, 지진발생 시 수소저장설비를 보호하기 위한 설비의 구조, 방호조치 등이 필요하다. 수소제조설비 및 수소저장설비에 관한 구체적인 기준은 다음 표와 같다.

【표 6.1.5】 수소제조설비 및 수소저장설비에 관한 기준

기준항목	기준내용
1. 설치실 재료 (2.3.1)	○수소제조설비 및 수소저장설비를 실내에 설치하는 경우 그 실 벽은 불연재료를 사용하고, 지붕은 불연 또는 난연의 가벼운 재료를 사용 (2.3.1)
2. 수소저장 설비 구조 (2.3.2)	○수소저장설비는 그 수소저장설비를 보호하고 가스누출을 방지하며, 지진발생 시 수소저장설비를 보호하기 위하여 다음 구조로 설치 ①수소저장설비는 가스가 누출되지 않는 구조로 하고, 5㎥ 이상의 가스를 저장하는 것은 가스방출장치를 설치 (2.3.2.1) ②설비 중량 5ton 이상인 수소저장설비와 수소저장설비의 지지구조물 및 기초는 KGS GC203(가스시설 및 지상 가스배관 내진설계 기준)에 따라 지진의 영향으로부터 안전한 구조로 설계·제작·설치하고, 그 성능을 유지 (2.3.2.2)
3. 방호조치 (2.2.3)	○수소제조설비 및 수소저장설비를 설치한 장소가 차량 등의 진입으로 손상의 우려가 있는 경우에는 다음에 따라 방호조치를 함. (2.2.3) ①보호대는 다음 중 어느 하나를 만족해야 함. 가.두께 0.12m 이상의 철근콘크리트 나.호칭지름 100A 이상의 KS D 3507(배관용 탄소강관) 또는 이와 동등 이상의 기계적 강도를 가진 강관 ②보호대의 높이는 0.8m 이상 ③보호대는 차량충돌로부터 수소제조설비, 수소저장설비 및 그 부속설비를 보호할 수 있는 형태. 말뚝형태일 경우 말뚝은 2개 이상 설치하고, 간격은 1.5m 이하 ④보호대의 기초는 다음 중 어느 하나를 만족해야 함. 가.철근콘크리트제 보호대는 기초에 0.25m 이상의 깊이로 묻고, 보호대를 바닥과 일체가 되도록 콘크리트를 타설 나.강관제 보호대는 가.와 같이 콘크리트 기초에 묻거나, KS B 1016(기초볼트)에 따른 앵커볼트를 사용하여 콘크리트 기초에 고정 ⑤수소제조설비, 수소저장설비 및 그 부속설비와 보호대간 거리는 보호대가 전도되어도 수소제조설비, 수소저장설비 및 그 부속설비에 닿지 않는 거리 ⑥보호대의 외면에는 야간식별이 가능하도록 야광 페인트로 도색하거나 야광 테이프 또는 반사지 등으로 표시

(4) 수소가스설비 기준

수소연료사용시설에는 그 시설의 안전 확보 및 정상작동을 위하여 압력조정기·가스계량기·중간밸브 등을 설치한다. 수소가스설비의 설치에 관한 구체적인 기준은 다음 표와 같다.

【표 6.1.6】 수소가스설비에 관한 기준

<table>
<tr><th>기준항목</th><th>기준내용</th></tr>
<tr><td>1. 재료
(2.4.1)</td><td>o 수소가스설비의 재료는 수소의 취급에 적합한 기계적 성질 및 화학적 성분을 가지는 것으로서 수소의 성질·온도 및 압력 등에 적합한 것으로 함. (2.4.1.1)</td></tr>
<tr><td>2. 구조
(2.4.2)</td><td>o 수소가스설비의 구조는 수소가 누출되지 않는 것으로 함. (2.4.2)</td></tr>
<tr><td>3. 두께 및 강도
(2.4.3)</td><td>o 상용압력이 29.4MPa 이하인 수소가스설비(다층 원통은 제외)의 두께계산은 KS B 6750(압력용기-설계 및 제조 일반)에 따름. (2.4.3.1)
o 사용압력이 98MPa 미만인 수소가스설비(다층원통은 제외)의 두께계산은 원통형과 구형으로 각각 나누어 제시된 별도의 식으로 계산함. (2.4.3.2)</td></tr>
<tr><td>4. 성능
(2.4.4)</td><td>o 수소가스설비(수소용품은 제외)는 상용압력의 1.5배(그 구조상 물로 실시하는 내압시험이 곤란하여 공기·질소 등의 기체로 내압시험을 실시하는 경우 및 압력용기 및 그 압력용기에 직접 연결되어 있는 배관의 경우에는 1.25배) 이상의 압력으로 내압시험을 실시하여 이상이 없어야 함. (2.4.4.1)
o 수소가스설비(연료전지는 제외)는 최고사용압력의 1.1배 또는 8.4kPa 중 높은 압력 이상에서 기밀성능(정기검사 시에는 사용압력 이상의 압력에서 누출성능)을 가져야 함. (2.4.4.2)</td></tr>
<tr><td>5. 수소제조설비 설치
(2.4.5)</td><td>o 수전해설비 설치 (2.4.5.1)
①수전해설비실의 환기가 강제환기만으로 이루어지는 경우에는 강제환기가 중단되었을 때 수전해설비의 운전이 정지되도록 함. (2.4.5.1.1)
②수전해설비를 실내에 설치하는 경우 실내 산소농도가 23.5% 이하 되도록 유지 (2.4.5.1.2)
③수전해설비를 실외에 설치하는 경우 눈, 비, 낙뢰 등에서 보호할 수 있는 조치 (2.4.5.1.3)
④수전해설비의 수소 및 산소 방출관의 방출구는 다음에 적합하도록 설치함. (2.4.5.1.4)
가.수소 및 산소의 방출관 방출구는 방출된 수소 및 산소가 체류할 우려가 없는 통풍이 양호한 장소에 설치
나.수소의 방출관 방출구는 지면에서 5m 이상 또는 설비 상부에서 2m 이상의 높이 중 높은 위치로 설치하며, 화기를 취급하는 장소와 6m 이상 떨어진 장소에 위치
다.산소의 방출관 방출구는 수소의 방출관 방출구 높이보다 낮은 높이에 위치
⑤산소를 대기로 방출하는 경우 그 농도가 23.5% 이하가 되도록 공기 또는 불활성가스와 혼합하여 방출함. (2.4.5.1.5)
⑥수전해설비의 동결로 인한 파손을 방지하기 위하여 해당 설비의 온도가 5℃ 이하인 경우에는 설비 운전을 자동으로 차단하는 조치를 함. (2.4.5.1.6)
o 수소추출설비 설치 (2.4.5.2)
①수소추출설비를 실내에 설치하는 경우는 다음에 따름. (2.4.5.2.1)
가.수소추출설비 캐비닛 내 또는 수소추출설비실 내에 일산화탄소를 검지하기 위한 검지부를 설치
나.수소추출설비실 내의 산소농도가 19.5% 미만이 되는 경우 수소추출설비의 운전이 정지되도록 함.
②수소추출설비의 급기구는 배기가스 등 오염된 공기가 흡입되지 않는 곳에 위치하고, 외부로부터의 이물질이 유입되지 않도록 조치 (2.4.5.2.2)</td></tr>
</table>

기준항목	기준내용
	③수소추출설비의 배기구는 배기가스가 실내로 유입되지 않는 장소에 위치 (2.4.5.2.3)
6. 압력조정기 (2.4.6)	**o** 압력조정기는 다음 기준에 적합한 장소에 설치 (2.4.6.1) ①압력조정기는 실외에 설치(다만, 실내에 설치할 경우는 환기가 양호한 장소에 설치) ②빗물 등이 조정기에 들어가지 않고 직사광선을 받지 않는 장소에 설치(다만, 격납상자에 설치하는 경우 제외) ③압력조정기는 차량 등에 의하여 손상될 위험이 없는 안전한 장소에 설치(다만, 불가피한 사유로 차량 등에 의해 손상될 위험이 있는 장소에 설치하는 경우는 방호조치를 해야 함) ④보호대의 외면은 야간식별이 가능하도록 야광 페인트로 도색하거나 야광 테이프 또는 반사지 등으로 표시 **o** 압력조정기는 다음 기준에 따라 설치 (2.4.6.2) ①배관내의 스케일, 먼지 등을 제거한 후 설치 ②배관의 비틀림 또는 조정기의 중량 등에 의하여 배관에 유해한 영향이 없도록 설치 ③조정기 입구쪽에 스트레이너 또는 필터가 부착된 조정기 설치(다만, 압력조정기 입구쪽에 인접한 정압기에 스트레이너 또는 필터가 부착된 경우 제외) ④릴리프식 안전장치가 내장된 조정기를 건축물내에 설치하는 경우 가스방출구를 실외의 안전한 장소에 설치 ⑤지면으로부터 1.6m 이상 2m 이내 설치(다만, 격납상자에 설치하는 경우 제외) ⑥제조회사의 설치설명서 등에 따라 설치
7. 계량기 (2.4.7)	**o** 계량기는 수소가스 사용에 적합한 것 (2.4.7.1) **o** 가스계량기의 설치장소는 다음 기준에 따라 설치 (2.4.4.3.2) ①가스계량기는 검침·교체·유지관리 및 계량이 용이하고 환기가 양호하도록 다음 장소에 설치하되, 직사광선 또는 빗물을 받을 우려가 있는 곳에 설치하는 경우 보호상자 안에 설치 가.가스계량기를 설치한 실내의 상부에 50cm² 이상 환기구(철망 등을 부착할 때는 철망 등이 차지하는 면적을 뺀 면적) 등을 설치한 장소 나.가스계량기를 설치한 실내에 기계환기설비를 설치한 장소 다.가스누출자동차단장치를 설치하여 가스 누출시 경보를 울리고 가스계량기 전단에서 가스가 차단될 수 있도록 조치한 장소 라.환기가 가능한 창문 등(개방시 환기면적이 100cm² 이상에 한함)이 설치된 장소 ②주택에 설치하는 가스계량기는 가스사용자가 구분하여 소유하거나 점유하는 건축물의 외벽에 설치.(다만, 실외에서 가스사용량을 검침할 수 있는 경우에는 그렇지 않음) ③가스계량기(30㎥/h 미만) 설치높이는 바닥으로부터 1.6m 이상 2m 이내에 수직수평으로 설치, 고정장치로 고정.(다만, 보호상자 내에 설치, 기계실 설치, 보일러실(가정에 설치된 보일러실 제외)에 설치 또는 문이 달린 파이프 덕트(Pipe Shaft, Pipe Duct)내에 설치하는 경우 바닥으로부터 2.0m 이내) ④가스계량기와 전기계량기 및 전기개폐기와의 거리는 0.6m 이상, 굴뚝(단열조치를 하지 않은 경우에 한하며, 밀폐형 강제급·배기식 보일러(FF식 보일러)의 2중구조의 배기통 제외)·전기점멸기 및 전기접속기와의 거리는 0.3m 이상, 절연조치를 하지 않은 전선과의 거리는 0.15m 이상의 거리 유지 ⑤④에서 전기설비와 가스계량기와의 이격거리 적용 시에는 각 설비의 외면 간의 거리를 기준으로 함.

기준항목	기준내용
8. 중간밸브 (2.4.8)	o 연료전지가 설치된 곳에는 조작하기 쉬운 위치에 배관용 밸브를 다음 기준에 따라 설치 (2.4.8.1) ①수소사용시설에는 연료전지 각각에 대하여 배관용밸브를 설치 ②배관이 분기되는 경우 주배관에 배관용밸브 설치 ③2개 이상의 실로 분기되는 경우 각 실의 주배관 마다 배관용 밸브 설치 o 중간밸브는 해당 수소연료사용시설의 사용압력 및 유량에 적합한 것일 것. (2.4.8.2)

(5) 배관설비 기준

수소배관설비 기준 중 배관설비 재료, 배관설비 구조, 배관설비 두께, 배관설비 접합, 배관설비 절연조치, 사업소 안의 매몰설치, 사업소 밖의 매몰설치, 도로매설 등을 제외한 철도부지매설, 하천구역매설, 수중설치, 해저·해상설치, 하천횡단설치, 하천병행매설 등은 설치 가능성이 낮아 여기서는 구체적인 기술을 생략한다. 수소배관설비의 구체적인 기준은 다음 표와 같다.

【표 6.1.7】 배관설비에 관한 기준

기준항목	기준내용
1. 배관 재료 (2.5.1)	o 고압배관 재료 (2.5.1.2.) : KS D 3562(압력배관용 탄소강관) / KS D 3563(보일러 및 열교환기용 탄소강관) / KS D 3564(고압배관용 탄소강관) / KS D 3569(저온배관용 강관) / KS D 3570(고온배관용 탄소강관) / KS D 3572(보일러 열교환기용 합금강 강관) / KS D 3573(배관용 합금강 강관) / KS D 3576(배관용 스테인레스 강관) / KS D 3577 (보일러 열교환기용 스테인레스 강관) o 저압배관재료 (2.5.1.3) : KS D 5301(이음매 없는 동 및 동합금관) / KS D 5539(이음매 없는 니켈합금관) / 그 밖에 최고사용압력이 고압·중압인 배관에서 정한 것 o 다음 배관은 위의 배관재료 기준을 적용하지 않음. (2.5.1.1) ①최고사용압력이 98MPa 이상의 배관 ②최고사용온도가 815℃를 초과하는 배관 ③직접화기를 받는 배관 ④이동제조설비용 배관
2. 재료의 사용제한 (2.5.1.5)	o 배관재료는 KS B 6750(압력용기-설계 및 제조 일반) 중 부표1-2에 표시된 허용응력값에 대응하는 온도 범위를 초과하여 사용하지 않음. 또한 동등 이상의 재료는 설계온도에 대하여 충격시험을 실시하여 불합격한 것은 0℃ 미만에서 사용되는 배관 등의 재료로 사용하지 않음. (2.5.1.5.1) o 탄소강, 주철품, 동·동합금 및 니켈동합금, 알루미늄 및 알루미늄합금, 티탄 등의 경우도 일정 설계압력 및 온도의 범위내에서는 사용하지 못함. (2.5.1.5.3-2.5.1.5.7)

기준항목	기준내용
3. 배관설비 구조 (2.5.2)	o 배관 구조는 수송되는 수소 중량, 배관등 내압, 배관등 및 그 부속설비 자체무게, 토압, 수압, 열차하중, 자동차하중, 부력 그 밖의 주하중과 풍화중, 설하중, 온도변화의 영향, 진동 영향, 지진 영향, 배닻으로 인한 충격의 영향, 파도 및 조류 영향, 설치 시 하중의 영향, 다른 공사로 인한 영향 그 밖의 종하중으로 인한 응력에 안전성이 있을 것. (2.5.1.5.1) o 사업소 밖에 설치하는 배관은 KGS GC203(가스시설 및 지상 가스배관 내진설계 기준) 및 KGS GC204(매설 가스배관 내진설계 기준)에 따라 지진의 영향에 대하여 안전한 구조로 설계·설치하고, 그 성능을 유지할 것. (2.5.1.5.1)
4. 배관설비 두께 (2.5.3)	o 배관설비의 두께는 상용압력의 2배 이상의 압력에 항복을 일으키지 않도록 계산식에 따라 계산한 두께 이상으로 함.(구체적인 계산식은 2.5.3.1 참조) (2.5.3)
5. 배관설비 접합 (2.5.4)	o 배관등의 접합부분은 용접을 함. 다만, 용접이 적당하지 않은 경우에는 플랜지접합 또는 나사접합으로 할 수 있으며, 이 경우에는 점검을 할 수 있는 조치를 함. (2.5.3) o 배관등의 용접은 아크용접 또는 그 밖에 이와 동등 이상의 효과를 갖는 용접방법으로 하고, KGS GC205(가스시설 용접 및 비파괴시험 기준)에 따라 비파괴 검사를 실시. (2.5.3)
6. 배관설비 신축 흡수조치 (2.5.5)	o 배관의 신축 등으로 인하여 수소가 누출하는 것을 방지하기 위하여 배관에 나쁜 영향을 미칠 정도의 신축이 생길 우려가 있는 부분에는 신축을 흡수하는 조치를 함. (2.5.5) o 곡관을 사용(다만, 2MPa이하인 배관으로 곡관을 사용하기가 곤란한 곳은 벨로우즈형 신축이음매 사용) (2.5.5.1) o 곡관등의 종류, 배치 및 고정방법등은 2.5.5.2 참조
7. 배관설비 절연조치 (2.5.6)	o 배관장치에는 필요에 따라 안전용 접지 또는 이와 유사한 장치를 설치함. (2.5.6.1) o 배관장치는 지지물에 이상전류가 흘러 배관장치가 대지전위(對地電位)로 인하여 부식이 예상되는 다음 장소에 설치된 배관은 지지물 그 밖의 구조물로부터 절연시키고 절연용 물질을 삽입함.(다만, 절연이음물질 사용 등의 방법에 따라서 매설배관에 부식이 방지될 수 있는 경우에는 절연조치를 하지 않을 수 있음.) (2.5.6.2) ①누전으로 인하여 전류가 흐르기 쉬운 곳 ②직류전류가 흐르고 있는 선로(線路)의 자계(磁界)로 인하여 유도전류가 발생하기 쉬운 곳 ③흙 속 또는 물 속에서 미로전류(謎路電流)가 흐르기 쉬운 곳 o 배관장치에 접속되어 있는 기기, 저장탱크 그 밖의 설비가 배관의 부식방지에 해로운 영향을 미칠 우려가 있는 경우에는 해당 설비와 배관을 절연이음 물질로 절연함.(다만, 해당 설비에 대한 양극 설치 등으로 전기방식의 효과를 얻을 수 있는 경우에는 절연을 하지 않을 수 있음) (2.5.6.3) o 피뢰기(피뢰침 및 고압철탑기 등 그리고 이들 접지케이블과 매설지선을 말한다)의 접지장소에 근접하여 배관을 매설하는 경우는 2.5.6.5 참조
8. 배관 설치장소 선정 (2.5.7)	o 배관은 건축물의 내부 또는 기초의 밑에 설치하지 않아야 함.(다만, 그 건축물에 가스를 공급하기 위한 배관은 건축물의 내부에 설치할 수 있음.) (2.5.7.1.1) o 배관은 과거의 실적이나 환경조건의 변화(토지조성 등으로 인하여 지형의 변경이나 배수의 변화 등)를 고려하여 땅의 붕괴, 산사태 등의 발생이 예상되는 곳을 통과하지 않도록 함. (2.5.7.1.2) o 배관은 지반침하가 현저하게 진행 중인 곳이나 과거의 실적으로 미루어 지반침하의 우려가 추정되는 곳을 통과하지 않도록 함. (2.5.7.1.3)

(6) 배관 매몰설치

수소배관을 지하에 매설하는 이유는 인위적·자연적 영향으로부터 배관을 보호하기 쉽고 도시 미관과 공간 활용에 도움이 되기 때문이라고 할 수 있다. 배관이 매몰 설치된 상태에서 안전하게 유지되도록 하기 위해서는 차량하중의 영향, 토 하중의 영향 및 기온 변화의 영향으로부터 배관을 보호하기 위하여 일정한 깊이를 확보하여야 하며, 배관을 매설할 때 모래를 채우는 등 지반침하를 방지하기 위한 조치도 병행하여야 한다. 수소배관 매몰설치의 구체적인 기준은 다음 표와 같다.

【표 6.1.8 】 배관 매몰설치에 관한 기준

기준항목	기준내용
1. 사업소안 매몰 설치 (2.5.7.2.1)	ㅇ수소연료사용시설의 사업소 안에 매몰 설치하는 배관은 다음에 따름. (2.5.7.2.1) ①배관은 지면으로부터 최소한 1m 이상의 깊이에 매설. 이 경우 공도(公道)의 지하는 그 위를 통과하는 차량의 교통량 및 배관의 관경 등을 고려하여 더 깊은 곳에 매설 ②도로폭 8m 이상인 공도(公道)의 횡단부 지하에는 지면으로부터 1.2m 이상인 곳에 매설 ③① 또는 ②에서 정한 매설깊이를 유지할 수 없을 경우는 커버플레이트·케이싱 등을 사용하여 보호 ④철도 등의 횡단부 지하에는 지면으로부터 1.2m 이상인 곳에 매설하고 또는 강제의 케이싱을 사용하여 보호 ⑤지하철도(전철) 등을 횡단하여 매설하는 배관에는 전기방식조치 강구
2. 사업소밖 매몰 설치 (2.5.7.2.2)	ㅇ사업소 밖에 매몰 설치하는 배관은 다음에 따라 설치함. (2.5.7.2.2) ①배관은 건축물과는 1.5m, 지하도로 및 터널과는 10m 이상의 거리 유지 ②배관은 그 외면으로부터 지하의 다른 시설물과 0.3m 이상의 거리 유지 ③지표면에서 배관 외면까지 매설깊이는 산이나 들에서는 1m 이상 그 밖의 지역에서는 1.2m 이상(다만, 방호구조물 안에 설치하는 경우는 그 방호구조물의 외면까지의 깊이를 0.6m 이상) ④배관은 지반의 동결로 인하여 손상을 받지 않는 깊이로 매설함. ⑤성토하였거나 절토한 경사면 부근에 배관을 매설하는 경우는 안전율 1.3 이상의 미끄럼면을 유지하게 함. ⑥배관입상부·지반급변부 등 지지조건이 급변하는 곳은 곡관의 삽입, 지반의 개량 및 그 밖에 필요한 조치를 함. ⑦굴착 및 되메우기는 2.5.7.2.2.(7) 참조.
3. 도로매설 (2.5.7.2.3)	ㅇ도로에 매설하는 경우 「2. 사업소밖 매몰설치①,②,⑤,⑥,⑦」과 다음에 따라 설치 (2.5.7.2.3) ①원칙적으로 자동차 등의 하중의 영향이 적은 곳에 매설 ②배관의 외면으로부터 도로의 경계까지 1m 이상의 수평거리 유지 ③배관(방호구조물 안에 설치하는 경우는 그 방호구조물)은 그 외면으로부터 도로 밑의 다른 시설물과 0.3m 이상의 거리 유지 ④시가지의 도로 밑에 배관을 매설하는 경우는 그 도로와 관련이 있는 공사로 인하여 손상을 받지 않도록 조치 ⑤시가지의 도로노면 밑에 매설하는 경우는 노면으로부터 배관의 외면까지의 깊이를

기준항목	기준내용
	1.5m 이상(다만, 방호구조물 안에 설치하는 경우에는 노면으로부터 그 방호구조물의 외면까지의 깊이를 1.2m 이상으로 할 수 있음) ⑥시가지 외의 도로노면 밑에 매설하는 경우는 노면으로부터 배관의 외면(방호구조물 안에 설치하는 경우에는 그 방호구조물의 외면)까지의 깊이를 1.2m 이상 ⑦포장되어 있는 차도에 매설하는 경우는 그 포장부분의 노반(차단층이 있는 경우에는 그 차단층)밑에 매설하고 배관의 외면(방호구조물 안에 설치하는 경우에는 그 방호구조물의 외면)과 노반의 최하부와의 거리는 0.5m 이상 ⑧인도·보도 등 노면외의 도로 밑에 매설하는 경우에는 지표면으로부터 배관의 외면까지의 깊이는 1.2m 이상.(다만, 방호구조물 안에 설치하는 경우에는 그 방호구조물의 외면까지의 깊이를 0.6m(시가지의 노면외의 도로 밑에 매설하는 경우에는 0.9m) 이상으로 할 수 있음) ⑨전선·상수도관·하수도관·가스관 및 그 밖에 이와 유사한 것(각 사용가구에 인입하기 위하여 설치되는 것에 한함)이 매설되어 있는 도로 또는 매설할 계획이 있는 도로에 매설하는 경우는 이들 하부에 매설

(7) 배관 노출설치

수소배관을 지하에 매설하지 아니하고 지상에 노출하여 설치할 경우가 많을 수 있다. 지하를 통하여 건축물까지 온 배관은 건축물 벽을 타고 사용처로 연결되기 마련이다. 건축물의 내・외부에는 배관에 손상을 유발할 요소들이 많이 존재한다. 지하에서 지상으로 연결되는 배관이 도로와 접해있는 경우에는 차량 등에 의하여 파손되지 않도록 보호조치를 하여야 하고, 배관은 움직이지 않도록 단단히 고정하여야 하는 등의 안전조치가 필요하다. 수소배관의 노출설치에 따른 구체적인 기준은 다음 표와 같다.

【표 6.1.9】 배관 노출설치에 관한 기준

기준항목	기준내용
1. 사업소안 노출설치 (2.5.7.3.1)	○수소연료사용시설의 사업소 안에 설치하는 노출배관은 다음에 따름. (2.5.7.3.1) (1)배관의 부식방지와 검사 및 보수를 위하여 지면으로부터 0.3m 이상의 거리 유지. (2)배관은 차량 등이 추돌할 위험이 없는 안전한 장소에 설치하고, 부득이한 경우 다음 방법에 따라 방호조치를 함. 가."ㄷ"형태로 가공한 방호철판에 의한 방호구조물 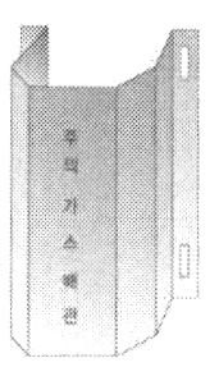 - 두께는 4mm이상, 재료는 KS D 3503(일반구조용압연강재) / 부식방지 조치 / 외면에 야간식별이 가능한 경계표지 / 크기는 0.8m 이상으로 건축물 외벽에 고정 설치 / 방호구조물과 배관은 서로 접촉하지 않도록 설치(필요시 접촉 방지조치) / 하단부는 지면과 0.2m이상 0.3m이하로 이격 나.파이프를 "ㄷ"형태로 가공한 강관제 구조물에 의한 방호구조물

기준항목	기준내용

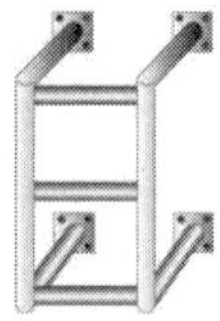

- 호칭지름 50A 이상, 재료는 KS D 3507(배관용 탄소강관) / 부식방지 조치 / 외면에 야간식별이 가능한 경계표지 / 크기는 0.8m이상으로 건축물 외벽에 고정 설치 / 방호구조물과 배관은 서로 접촉하지 않도록 설치(필요시 접촉 방지조치)

다."ㄷ"형태의 철근콘크리트재 방호구조물

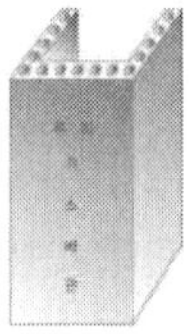

- 두께 0.1m 이상, 높이 1m 이상 / 외면에 야간식별이 가능한 경계 표지 / 건축물 외벽에 고정 설치 / 방호구조물과 배관은 서로 접촉하지 않도록 설치(필요시 접촉 방지조치)

(3)다음 식에 따라 신축량을 계산하고, 굽힘관, 루프 또는 벨로즈형이나 슬라이드형 신축이음매를 사용하는 등의 방법으로 그 신축량을 흡수할 수 있는 조치를 함.
(신축량) = (선팽창계수)×(온도차)×(배관길이)

(4)지상에 설치한 배관을 지지하는 행거, 서포트 등은 배관의 신축을 저해하지 않도록 배관을 지지 (다만, 배관을 고정하여 배관에 과대한 응력이 발생할 우려가 없는 것이 명확한 경우 예외)

(5)배관이 건축물의 벽을 통과하는 부분은 부식방지피복조치를 하고 보호관을 설치

(6)입상관은 환기가 양호한 장소에 설치하며 입상관 밸브는 밸브 손잡이가 부착된 부분(중심)을 기준으로 바닥으로부터 1.6m 이상 2m 이내에 설치. 다만, 부득이 1.6m 이상 2m 이내에 설치하지 못할 경우 다음 기준을 따름

가.입상관 밸브를 1.6m 미만으로 설치 시 보호상자 안에 설치

나.입상관 밸브를 2.0m 초과하여 설치할 경우 다음 중 어느 하나의 기준을 따름.

①입상관 밸브 차단을 위한 전용계단을 견고하게 고정설치

②원격으로 차단이 가능한 전동밸브를 설치(이 경우 차단장치의 제어부는 바닥으로부터 1.6m 이상 2.0m 이내에 설치, 전동밸브 및 제어부는 빗물을 받을 우려가 없도록 조치)

2. 사업소밖 노출설치 (2.5.7.3.2)

o 사업소 밖에 노출 설치하는 배관은 다음에 따라 설치함. (2.5.7.3.2)

(1)배관은 주택·학교·병원·철도 그 밖의 이와 유사한 시설과 다음에 따라 안전 확보상 필요한 거리 유지

가.주택, 학교, 병원, 철도 및 그 밖에 이와 유사한 시설은 다음 표에 열거한 시설의 종류에 따라 안전확보상 필요한 수평거리는 이 표에서 규정한 거리 이상으로 함 (다만, 교량에 설치하는 배관으로서 적절한 보강을 하였을 때는 그 거리를 적용하지 않을 수 있음)

번호	시설	수평거리(m)
1	철도(화물 수송용으로만 쓰이는 것 제외)	30
2	도로(전용공업지역 안에 있는 도로 제외)	30
3	학교, 유치원, 새마을유아원, 사설강습소	30
4	아동복지시설 또는 심신장애자복지시설로서 수용능력이 20인 이상인 건축물	30
5	병원(의원 포함)	30
6	공공공지(도시계획시설에 한정)또는 도시공원(전용공업지역 안에 있는 도시공원 제외)	30

기준항목	기준내용

7	극장, 교회, 공회당 그밖에 이와 유사한 시설로서 수용능력이 300인 이상을 수용할 수 있는 곳	30
8	백화점, 공중목욕탕, 호텔, 여관 및 그 밖에 사람을 수용하는 건축물(가설 건축물 제외)로서 사실상 독립된 부분의 연면적이 1000㎡ 이상인 곳	30
9	「문화재보호법」에 따라 지정문화재로 지정된 건축물	70
10	주택(1부터 10까지 열거한 것 도는 가설 건축물 제외) 또는 1부터 10까지 열거한 시설과 유사한 시설로서 다수인이 출입하거나, 근무하고 있는 곳	30

(2)배관 양측에는 다음 표의 상용압력구분에 따른 폭 이상의 공지를 유지(다만, 사도(私道), 해당 사업소 관계자가 주로 통행하는 도로 또는 방재활동용 용지가 있는 경우 등 안전에 필요한 조치를 강구한 경우 공지를 유지하지 않을 수 있음.)

상용압력	공지의 폭
0.2MPa 미만	5m
0.2MPa 이상 1MPa 미만	9m

[비고]공지의 폭은 배관양쪽의 외면으로부터 계산하되, 다음 지역에 설치하는 경우는 위 표에서 정한 폭의 3분의 1로 할 수 있음.
1.「도시계획법」에서의 전용공업지역 또는 일반공업지역
2.그 밖에 산업통상자원부장관이 지정하는 지역

(8) 배관 부대설비설치

수소사용시설의 배관은 그 배관의 안전한 유지·관리를 위하여 배관의 적당한 곳에 압력계를 설치하여야 하며, 사업소 밖 배관의 유지상태를 감시하기 위하여 순회감시 자동차를 보유하고 펌프, 압축기 및 밸브 등의 배관장치의 운영상태를 감시할 수 있는 부대설비를 확보하여야 한다. 부대설비 설치의 구체적인 기준은 다음 표와 같다.

【표 6.1.10】 배관 부대설비 설치에 관한 기준

기준항목	기준내용
1. 압력계 (2.5.8.1)	o 배관에는 위해(危害)의 우려가 없도록 배관의 적당한 곳에 압력계를 설치 (2.5.8.1)
2. 순회감시 자동차 (2.5.8.2)	o 사업소 밖 배관의 유지 상태를 감시하기 위하여 필요한 경우 순회감시차를 보유하고 배관의 유지, 보수, 수리 등을 위한 기자재창고 등을 설치 (2.5.8.2)
3. 운영상태 감시 장치 (2.5.8.3)	o 사업소 밖의 배관장치(배관 및 그 배관과 일체가 되어 수소의 수송용으로 사용되는 압축기·펌프·밸브 및 이들의 부속설비를 포함)에는 압축기·펌프 및 밸브의 작동상황 등 그 배관장치의 운영상태를 감시하는 장치를 다음 기준에 따라 설치 (2.5.8.3.1)

기준항목	기준내용
	(1)적절한 장소에 압력계·유량계·온도계(필요한 경우에 한정) 등의 계기류(計器類) 설치 (2)압축기 또는 펌프 관련 계기실(배관장치 경로에 설치한 관리실 포함)에는 해당 압축기 또는 펌프 작동상황을 나타내는 표시등 및 긴급차단밸브 개폐상태를 나타내는 표시등 설치 ㅇ사업소 밖의 배관장치에는 압력 또는 유량의 이상변동 등 이상상태가 발생한 경우에 그 상황을 경보하는 장치를 다음 기준에 따라 설치 (2.5.8.3.2) (1)경보장치의 경보수신부는 해당 경보장치가 경보를 울리는 때에 지체 없이 필요한 조치를 할 수 있는 장소에 설치 (2)경보장치는 다음의 경우에 경보를 울리는 것으로 함. 가.배관 안의 압력이 상용압력의 1.05배를 초과한 때 나.배관 안의 압력이 정상운전 시의 압력보다 15% 이상 강하한 때 다.배관 안의 유량이 정상운전 시의 유량보다 7% 이상 변동한 때 라.긴급차단밸브의 조작회로가 고장난 때 또는 긴급차단밸브가 폐쇄된 때
4. 안전제어장치 (2.5.8.4)	ㅇ사업소 외의 배관장치에는 수소의 압력과 배관의 길이에 따라 다음 제어기능을 갖는 안전제어장치를 설치 (2.5.8.4.1) (1)압력안전장치, 가스누출검지경보장치, 긴급차단장치 또는 그 밖에 안전을 위한 설비 등의 제어회로가 정상상태로 작동되지 않는 경우 압축기 또는 펌프가 작동되지 않는 제어기능 (2)다음의 이상상태가 발생한 경우에 재해발생방지를 위하여 압축기·펌프·긴급차단장치 등을 신속하게 정지 또는 폐쇄하는 제어기능 가.압력계로 측정한 압력이 상용압력의 1.1배를 초과하였을 때 나.정한 압력계로 측정한 압력이 정상 운전 시의 압력보다 30% 이상 강하했을 때 다.유량계로 측정한 유량이 정상운전 시의 유량보다 15% 이상 증가했을 때 (3)압력안전장치, 가스누출검지경보설비 등 그 밖에 안전을 위한 설비 등의 조작회로에 동력(動力)이 공급되지 않을 때 또는 경보장치가 경보를 울리고 있을 때는 압축기 또는 펌프가 작동하지 않는 제어기능 ㅇ압력안전장치는 다음 기준에 적합한 것일 것. (2.5.8.4.2) (1)배관 안의 압력이 상용압력을 초과하지 않고, 또한 수격(water hammer)현상으로 생기는 압력이 상용압력의 1.1배를 초과하지 않도록 하는 제어기능을 갖춘 것 (2)재질 및 강도는 가스의 성질, 상태, 온도 및 압력 등에 상응되는 적절한 것 (3)배관장치의 압력변동을 충분히 흡수할 수 있는 용량을 갖춘 것
5. 피뢰설비 (2.5.8.5)	ㅇ배관장치에는 낙뢰 등으로부터 설비를 보호하기 위하여 KS C IEC 62305-1,2,3,4(피뢰시스템)에서 정하는 규격의 피뢰설비 설치 (2.5.8.5)
6. 내용물제거장치 (2.5.8.6)	ㅇ사업소 밖의 배관에는 서로 인접하는 긴급차단장치의 구간마다 그 배관 안의 수소를 이송하고 불활성가스 등으로 치환할 수 있는 조치를 함. (2.5.8.6)

(9) 배관설비 성능

수소사용시설의 배관은 수소를 안전하게 사용할 수 있도록 내압성능과 기밀성능을 가져야 한다. 내압 및 기밀 성능이 확보되지 않으면 곧바로 수소의 누출과 연결될 수 있으므로 수소사용시설의 안전확보에 무엇보다도 중요하다고 하겠다. 수소배관 설비의 내압 및 기밀성능의 구체적인 기준은 다음 표와 같다.

【표 6.1.11】 배관설비 성능에 관한 기준

기준항목	기준내용
1. 내압성능 (2.5.9.1)	ο 상용압력 0.1MPa 이상인 배관은 상용압력의 1.5배 이상 압력에서 내압성능을 갖도록 함. (2.5.9.1)
2. 기밀성능 (2.5.9.2)	ο 배관은 상용압력의 1.1배 또는 8.4kPa중 높은 압력이상의 압력으로 기밀성능(완성검사를 받은 후의 정기검사 시에는 사용압력 이상의 압력으로 실시하는 누출성능)을 갖는 것일 것 (2.5.9.2) ο 사업소 경계 밖의 지하에 설치하는 배관은 다음 시기에 실시하는 기밀시험에 적합한 성능을 갖는 것일 것 (2.5.9.3) (1)최초로 설치할 때 (2)기밀시험(공기 또는 불활성기체를 배관에 주입하여 가스가 누출여부를 확인하는 검사) 및 내압시험을 실시하고, 완성검사 받은 날부터 15년 경과한 연도 및 그 이후 매 4년이 경과한 날이 속하는 연도

(10) 배관의 표시

수소사용시설의 배관에는 안전확보를 위하여 그 배관이 수소배관임을 명확하게 식별할 수 있도록 사용가스명, 최고사용압력 등의 도색 및 표시를 하게 된다. 특히, 지하에 매설하는 수소배관의 경우에는 배관 직상부에 보호포를 설치하여 타공사 등으로 인한 배관의 손상방지에 대비하도록 하고 있다. 수소배관 표시에 관한 구체적인 기준은 다음 표와 같다.

【표 6.1.12】 배관설비 성능에 관한 기준

기준항목	기준내용
1. 표시 (2.5.10.1)	ο 배관은 그 외부에 사용가스명·최고사용압력 및 가스의 흐름방향을 표시(다만, 지하에 매설하는 경우에는 흐름방향을 표시하지 않을 수 있음.) (2.5.10.1)
2. 도색 (2.5.10.2)	ο 지상배관은 부식방지도장 후 표면색상을 황색으로 도색하고, 지하매설배관은 최고사용압력이 0.1MPa 미만인 배관은 황색, 0.1MPa 이상인 배관은 적색(다만, 지상배관의 경우 건축물의 내·외벽에 노출된 것으로 바닥(2층이상의 건물의 경우는 각층의 바닥)에서 1m의 높이에 폭 0.03m의 황색띠를 2중으로 표시한 경우는 표면색상을 황색으로 하지 않을 수 있으며, 아연도금강관(백관)은 별도의 부식방지 도장이 없어도 부식방지조치를 한 것으로 봄. 이때, 바닥 .벽의 관통부 및 건축물 내 다습부 등은 추가적으로 부식방지 도장을 함.) (2.5.10.2)

3. 보호포 (2.5.10.3)	ㅇ배관을 지하에 매설하는 경우 배관 직상부에 보호포를 설치함. 이 경우 보호포는 일반형보호포와 탐지형보호포(지면에서 매설된 보호포 설치위치를 탐지할 수 있도록 제조된 것)로 구분함. (2.5.10.3) ㅇ재질 및 규격 (2.5.10.3.1) ①보호포는 폴리에틸렌수지·폴리프로필렌수지 등 재질로 직조한 것으로 두께는 0.2㎜ 이상 ②보호포의 폭은 0.15m 이상 ③보호포의 바탕색은 최고사용압력이 0.1㎫ 미만인 관은 황색, 0.1㎫이상 1㎫ 미만인 관은 적색으로 하고, 가스명·최고사용압력·공급자명 등을 표시 ㅇ설치기준 (2.5.10.3.2) ①보호포는 호칭지름에 0.10m를 더한 폭으로 설치하고, 2열 이상으로 설치할 경우 보호포 간의 간격은 해당 보호포 폭 이내 ②보호포는 배관 정상부로부터 0.4m 이상 떨어진 곳에 설치. 다만, 다음의 경우는 해당 기준에 적합하게 설치 가능 가.매설깊이가 어려워 보호관등을 사용한 경우는 보호관 직상부에 보호포 설치 나.도로복구 등으로 보호포가 훼손될 우려가 있는 경우는 보호포 설치위치 이하에 설치 다.압입구간 등 부득이한 경우는 보호포를 설치하지 않을 수 있음.

(11) 연료전지 설치기준

수소연료사용시설의 연료전지는 도시가스나 LPG를 사용하는 가스보일러와 유사하게 전용의 연료전지실에 설치하도록 되어 있고 그 구조에 따라 반밀폐식, 밀폐식 등으로 구분하여 안전요건에 적합하게 설치하도록 하고 있다. 다만 가스소비량이 232.6㎾(20만㎉/h)를 초과하는 연료전지는 이 기준의 적용을 제외하고 있다. 구체적인 연료전지 설치에 관한 기준은 다음 표와 같다.

【표 6.1.13】 연료전지 설치에 관한 기준

기준항목	기준내용
1. 공통설치기준 (2.7.1.)	ㅇ연료전지는 연료전지실[연료전지 설치장소 안의 가스가 방, 거실, 목욕탕, 샤워장 및 그 밖에 사람이 거처하는 곳으로 들어가지 않는 구조로서 연료전지 설치장소와 거실등 사이의 경계벽은 출입구를 제외하고 내화구조 벽으로 한 것]에 설치. 다만, 다음 각각의 경우는 연료전지실에 설치하지 않을 수 있음. (2.7.1.1) ①밀폐식 연료전지 ②연료전지를 옥외에 설치한 경우 ㅇ밀폐식 연료전지는 거실등 및 그 밖에 환기가 잘되지 않아 연료전지의 배기가스가 누출되는 경우 사람이 질식할 우려가 있는 곳에는 설치하지 않음. (2.7.1.2) ㅇ연료전지실에는 부압(대기압보다 낮은 압력) 형성 원인이 되는 환기팬을 설치하지 않음. (2.7.1.3) ㅇ연료전지실에는 사람이 거주하는 거실·주방 등과 통기될 수 있는 가스렌지 배기덕트(후드)등을 설치하지 않음. (2.7.1.4)

기준항목	기준내용
	o 연료전지는 가연성 물질 또는 인화성 물질을 저장·취급하는 장소와 1.5m 이상 이격하여 설치하며, 조작·연소·확인 및 점검수리에 필요한 간격을 두어 설치 (2.7.1.5) o 연료전지를 옥외에 설치할 때는 눈·비·바람 등에 의하여 연소에 지장이 없도록 보호조치 강구(다만, 옥외형 연료전지는 보호조치를 하지 않을 수 있음) (2.7.1.6) o 지진과 그 외의 진동 또는 충격에 의해 쉽게 전도하거나 균열 또는 파손을 일으키지 않으며, 그 배선 및 배관 등의 접속부가 쉽게 풀리지 않는 구조를 함. (2.7.1.11) o 연료전지는 지하실 또는 반지하실에 설치하지 않음.(다만, 밀폐식 연료전지 및 급배기시설을 갖춘 연료전지실에 설치된 반밀폐식 연료전지의 경우는 지하실 또는 반지하실에 설치할 수 있음) (2.7.1.12) o 배기통의 재료는 스테인리스강판 또는 배기가스 및 응축수에 내열·내식성이 있는 것으로 배기통은 한국가스안전공사 또는 공인시험기관의 성능인증을 받은 것으로 함.(다만, 성능인증을 받은 규격의 제품이 없는 경우는 제조자의 제조기준에 따를 수 있음) (2.7.1.13) o 연통이 가연성의 벽을 통과하는 부분은 방화조치를 하고 배기가스가 실내로 유입되지 않도록 조치 (2.7.1.14) o 연통의 터미널에는 동력팬을 부착하지 않음(다만, 부득이 무동력팬을 부착할 경우는 무동력팬의 유효단면적이 공동배기구의 단면적 이상이 되도록 함) (2.7.1.15) o 연료전지 연통 접속부의 호칭지름은 연료전지와 접속되는 연통의 호칭지름 이상으로 하며, 연통과 연료전지의 접속부 및 연통과 연통의 접속부는 내열실리콘 등(석고붕대는 제외)으로 마감조치해 기밀 유지 (2.7.1.16) o 연료전지는 발전전압 및 수전전압에 따라 감전 또는 화재의 우려가 없도록 설치 (2.7.1.18) o 연료전지는 접지하여 설치 (2.7.1.19) o 전선은 나선을 사용하지 않으며, 수도관, 가스관 등과 접촉하지 않도록 설치 (2.7.1.20) o 전선은 연료전지의 발열부분으로부터 0.15m 이상 이격하여 설치 (2.7.1.21) o 이 기준에서 규정하지 않은 사항은 제조자가 제시한 시공지침에 따름 (2.7.1.23) o 연료전지를 설치 시공한 자는 그가 설치·시공한 시설에 대해 시공표지판 부착 (2.7.1.24) o 연료전지를 설치·시공하는 자는 연료전지 설치 시공 확인서를 작성하여 5년간 보존하며 그 사본을 연료전지 사용자에게 교부하고 작동요령 교육 실시 (2.7.1.25)
2. 반밀폐식 연료전지 (2.7.2)	o 강제배기식 (2.7.2.1) ①배기통은 단독으로 설치 ②배기통 유효단면적은 연료전지의 배기통 접속부 유효 단면적 이상 ③배기통은 기울기를 주어 응축수가 외부로 배출될 수 있도록 설치(다만, 응축수가 내부로 유입이 가능한 연료전지는 내부로 유입될 수 있도록 설치 가능) ④배기통은 점검 및 유지가 용이한 장소에 설치, 부득이하여 천장 속 등의 은폐부에 설치되는 경우는 배기통을 단열조치하고, 수리나 교체에 필요한 점검구 및 외부환기구 설치 ⑤터미널에는 새·쥐 등 직경 16 mm 이상인 물체가 통과할 수 없는 방조망 설치 ⑥터미널 전방·측변·상하주위 0.6m(방열판이 설치된 것은 0.3m) 이내에는 가연물이 없도록 함. ⑦배기통은 자중·풍압·적설하중 및 진동 등에 견디도록 견고하게 설치

기준항목	기준내용
	⑧터미널 개구부로부터 0.6m 이내에는 배기가스가 실내로 유입할 우려가 있는 개구부가 없도록 함. ⑨급기구 및 상부환기구의 유효단면적은 배기통의 단면적 이상 ⑩상부환기구는 될 수 있는 한 높게 설치하며, 보조보일러가 없는 경우 최소한 연료전지 본체 상단 이상 높게 설치
3. 밀폐식 연료전지 (2.7.3)	o 일반사항 (2.7.3.1) ①밀폐식 연료전지는 급·배기통과 벽과의 사이에 배기가스가 실내로 들어올 수 없도록 밀폐하여 설치 ②급·배기통은 옥외에 물고임 등이 없을 정도의 기울기를 주어 설치 ③터미널의 주위에는 장애물이 없도록 함. ④눈내림 구역에 설치하는 경우 터미널 주위 적설을 처리할 수 있는 구조 ⑤급·배기통의 최대 연장길이는 연료전지의 취급설명서에 적힌 최대연장길이 이내이고 터미널은 바깥벽에 설치 ⑥급·배기통은 점검 및 유지가 용이한 장소에 설치하되, 부득이 천정 속 등의 은폐부에 설치될 경우는 수리나 교체에 필요한 점검구 및 외부환기구 설치 o 강제급·배기식 (2.7.3.2) ①급·배기통은 단독으로 설치 ②터미널은 개방된 옥외 공간에 충분히 벽외부로 나오도록 설치하되 수평이 되게 함 ③터미널은 좌우 또는 상하에 설치된 돌출물간의 거리가 1.5m 미만인 곳에는 설치 금지 ④터미널은 전방 0.15 m 이내에 장애물이 없는 장소에 설치 ⑤터미널 벽관통부는 터미널 본체와 벽과 사이에 배기가스가 실내로 유입되지 않도록 함 ⑥터미널 높이는 바닥면 또는 지면으로부터 0.15m 위쪽으로 함 ⑦터미널과 상방향 건축물 돌출물과의 떨어진 거리는 0.25m 이상 ⑧터미널 개구부로 부터 0.6m 이내에는 배기가스가 실내로 유입할 우려가 있는 개구부가 없도록 함 ⑨급·배기통은 기울기를 주어 응축수가 외부로 배출될 수 있도록 설치(다만, 응축수가 내부로 유입이 가능한 연료전지는 내부로 유입될 수 있도록 설치 가능)
4. 옥외식 연료전지 (2.7.4)	o 연료전지 공기 급기구는 연료전지 이외의 배기가스 또는 오염물질로 인한 영향을 받지 않도록 함 (2.7.4.1) o 터미널에는 새·쥐 등 직경 16 mm 이상인 물체가 통과할 수 없는 방조망을 설치 (2.7.4.2) o 터미널 개구부로 부터 0.6m 이내에는 배기가스가 실내로 유입할 우려가 있는 개구부가 없도록 함 (2.7.4.3) o 연료전지와 접하는 지지대 및 구조물과 지붕재는 불연성 물질 (2.7.4.4) o 연료전지는 가연성, 인화성, 위험성 물질을 저장하기 위한 장소에 설치할 수 없음 (2.7.4.6) o 연료전지는 급배기에 영향이 없도록 벽, 담 등 건축물과 0.3m 이상 이격하여 설치 (2.7.4.7) o 터미널 또는 배기구의 전방·측변·상하주위 0.6m(방열판이 설치된 것은 0.3m) 이내에는 가연물이 없도록 함 (2.7.4.8) o 연료전지와 그 구성부품은 동파방지 조치 (2.7.4.9)

(12) 사고예방설비 설치 기준

수소가스설비에는 그 설비 안의 압력이 상용의 압력을 초과하는 경우 즉시 상용의 압력 이하로 되돌릴 수 있도록 하거나 가스가 누출될 경우 이를 신속히 검지하여 효과적으로 대응할 수 있도록 하기 위한 과압안전장치 및 가스누출검지경보장치 등 사고예방설비를 설치하여야 한다. 사고예방설비의 설치에 관한 구체적인 기준은 다음 표와 같다.

【표 6.1.14】 사고예방설비 설치에 관한 기준

기준항목	기준내용
1. 과압안전장치 (2.8.1)	**o** 선정 (2.8.1.1) 수소가스설비등의 압력상승 특성에 따라 다음의 과압안전장치 선정 ①기체 및 증기의 압력상승을 방지하기 위하여 설치하는 안전밸브 ②급격한 압력상승, 독성가스의 누출, 유체의 부식성 또는 반응생성물의 성상 등에 따라 안전밸브를 설치하는 것이 부적당한 경우에 설치하는 파열판 **o** 설치위치 (2.8.1.2) 수소가스설비 중 압력이 최고허용압력 또는 설계압력을 초과할 우려가 있는 다음 구역마다 설치 ①내·외부 요인으로 압력상승이 설계압력을 초과할 우려가 있는 압력용기 등 ②토출측의 막힘으로 인한 압력상승이 설계압력을 초과할 우려가 있는 압축기의 최종단(다단 압축기의 경우는 각 단) 또는 펌프의 출구측 ③①부터 ②까지 이외에 압력조절실패, 이상반응, 밸브의 막힘 등으로 인한 압력상승이 설계압력을 초과할 우려가 있는 수소가스설비 또는 배관 등 **o** 구조 및 재질 (2.8.1.3) 과압안전장치의 구조 및 재질은 그 과압안전장치가 설치되는 수소가스설비등의 안에 있는 수소의 압력 및 온도에 견딜 수 있고, 내식성이 있는 것으로 함 **o** 분출면적/축적압력/분출량 (2.8.1.4~2.8.1.6) 안전밸브·파열판 또는 릴리프밸브의 분출면적 또는 유출면적과 축적압력 및 분출량의 계산 등은 2.8.1.4~2.8.1.6 참조 **o** 작동압력 (2.8.1.7) 과압안전장치는 압력이 상용압력을 초과한 경우에 그 압력을 직접 받는 부분마다 각각에서 정한 압력이하에서 작동되는 것으로 함 **o** 방출관 설치 (2.8.1.8) 과압안전장치 중 안전밸브 또는 파열판에는 가스방출관을 설치. 가스방출관의 방출구는 빗물 등이 고이지 않는 구조로 하고 위치는 다음에 따름 ①수소저장설비에 설치하는 경우는 지상으로부터 5m 이상의 높이 또는 수소저장설비 정상부로부터 2m의 높이 중 높은 위치로 주위에 화기 등이 없는 위치 ②수소저장설비 외의 수소가스설비에 설치하는 것은 인근의 건축물 또는 시설물 높이 이상의 높이로서 주위에 화기 등이 없는 위치

기준항목	기준내용
	○ 국제공인기준적용 특례 (2.8.1.9) 안전밸브나 파열판의 분출량결정 및 설치는 API, ASME, ISO 공인기준을 적용한 경우와 그 밖에 산업통상자원부장관과 한국가스안전공사가 협의하여 인정하는 국제적인 공인기준을 적용한 경우는 위의 기준에도 불구하고 적합한 것으로 봄.
2. 가스누출경보기 및 가스누출자동 차단장치 (2.8.2)	○ 기능 (2.8.2.1) 검지경보장치는 다음의 기능을 가져야 함 ①경보는 경보농도에서 자동적으로 울릴 것.(경보기는 담배연기 등 잡가스에는 경보하지 않아야 함) ②경보농도는 검지경보장치의 설치장소, 주위 분위기 온도에 따라 폭발 하한계의 1/4 이하 ③경보기의 정밀도는 경보농도 설정치의 ±25% 이하 ④검지에서 발신까지 걸리는 시간은 경보농도의 1.6배 농도에서 보통 30초 이내 ⑤경보정밀도는 전원 전압 등 변동이 ±10% 정도일 때에도 저하되지 않아야 함 ⑥지시계의 눈금은 0~폭발 하한계 값을 명확하게 지시 ⑦경보를 발신한 후에는 원칙적으로 분위기 중 가스농도가 변화해도 계속 경보를 울리고 확인 또는 대책을 강구함에 따라 경보가 정지 ○ 구조 (2.8.2.2) 검지경보장치의 구조는 다음에 적합해야 함 ①충분한 강도(특히 검지엘리먼트 및 발신회로는 내구성을 가지는 것일 것)를 지니고, 취급 및 정비(특히 검지엘리먼트의 교체 등)가 쉬울 것 ②수소에 접촉하는 부분은 내식성의 재료 또는 충분한 부식방지 처리를 한 재료, 그 외의 부분은 도장이나 도금처리가 양호한 재료 ③수소제조설비 및 수소저장설비의 검지경보장치는 방폭성능을 가질 것 ④2개 이상의 검출부에서 검지신호를 수신하는 경우 수신회로는 경보를 울리는 다른 회로가 작동하고 있을 때에도 해당 검지경보장치가 작동하여 경보를 울릴 수 있는 것으로서 경보를 울리는 장소를 식별할 수 있을 것 ⑤수신회로가 작동상태에 있는 것을 쉽게 식별할 수 있을 것 ⑥경보는 램프의 점등 또는 점멸과 동시에 경보를 울릴 것 ○ 설치장소 및 설치개수 (2.8.2.3) ①사업소 안 (2.8.2.3.1) 가.건축물 안에 설치되어 있는 압축기·수소생산설비·수소저장설비 등 주위에는 이들 설비군의 바닥면 둘레 10m마다 1개 이상의 비율로 계산한 수 나.건축물 밖의 수소가스설비가 다른 가스설비, 벽이나 그 밖의 구조물에 인접하여 설치된 경우, 피트 등의 내부에 설치되어 있는 경우 및 누출한 가스가 체류할 우려가 있는 장소에 설치되는 경우는 그 설비군의 바닥면 둘레 20m마다 1개 이상의 비율로 계산한 수 다.가열로 등 발화원이 있는 제조설비가 누출한 가스가 체류하기 쉬운 장소는 그 장소 바닥면 둘레 20m마다 1개 이상의 비율로 계산한 수 ②사업소 밖 (2.8.2.3.2) 가.긴급차단 장치가 설치된 부분(밸브피트를 설치한 곳은 그 피트 안) 나.슬리이브관, 2중관, 방호구조물 등으로 밀폐되어 설치(매설을 포함)되는 부분 다.누출된 가스가 체류하기 쉬운 구조인 부분 ③검지경보장치 검출부 위치는 천정에서 검지부 하단까지 거리가 0.3m 이하 (2.8.2.3.3)

기준항목	기준내용
	④③에도 불구하고 공장 등 천장높이가 높은 건물에서 검지경보장치 검출부를 천장부분에 설치할 경우는 다량의 가스누출이 되어 위험한 상태가 되어야만 검지가 가능하므로 이를 보완하기 위해 다음 포집갓 설치 (2.8.2.3.4) 가.가스가 소량누출시 검지가 가능하도록 가스가 누출되기 쉬운 부분의 상부에 검출부를 설치하고 가스 누출 시 포집이 가능하도록 검출부에 포집갓을 설치 나.포집갓의 규격은 가로, 세로 0.4m 이상(사각형의 경우) 또는 직경 0.4m 이상(원형의 경우) ⑤검지경보장치의 경보부, 램프의 점등 또는 점멸부는 관계자가 상주하는 곳으로 경보가 울린 후 각종 조치를 하기에 적합한 장소에 설치 (2.8.2.3.5)
3. 긴급차단장치 (2.8.3)	ㅇ부착위치 (2.8.3.1) 시가지·주요하천·호수 등을 횡단하는 배관으로서 횡단거리가 500m 이상인 배관에 그 배관 횡단부 양 끝으로부터 가까운 거리에 설치(배관이 4km 연장되는 구간마다 긴급차단장치 추가 설치) ㅇ차단조작기구 및 기능 (2.8.3.2) ①긴급차단장치의 조작 동력원은 차단밸브의 구조에 따라 액압·기압·전기(어느 것이나 정전시에 비상전력 등으로 사용 가능하게 한 것) 또는 스프링 등으로 함 ②긴급차단장치를 조작 위치는 주변 상황에 따라서 차단조작을 신속히 할 수 있는 위치 ③차단조작은 간단히 할 수 있고 확실하고 신속히 차단되는 구조 ④제조자 또는 수리자가 긴급차단장치를 제조 또는 수리한 경우 수압시험으로 밸브시트 누출검사를 하여 누출되지 않아야 함.(다만, 수압 대신 공기 또는 질소 등의 기압을 사용하여 누출검사를 하는 경우는 차압 0.5㎫ ~ 0.6㎫에서 분당 누출량이 50mL×[호칭경(㎜)/25㎜](330mL 초과 경우는 330mL)를 초과하지 않아야 함) ㅇ수격방지조치 (2.8.3.3) 긴급차단장치는 그 긴급차단장치 및 접속하는 배관 등에서 수격(water hammer)이 발생하지 않는 조치 강구
4. 전기방폭설비 (2.8.8)	ㅇ수소제조설비 및 수소저장설비의 전기설비는 KGS GC101(가스시설의 폭발위험장소 종류 구분 및 범위산정에 관한 기준) 및 KGS GC102(방폭전기기기의 설계, 선정 및 설치에 관한 기준)에 따라 방폭성능을 갖도록 설치 (2.8.8)
5. 환기설비 (2.8.9)	ㅇ수소가스설비실(수소연료전지만 설치된 실 제외)에는 천정이나 벽면 상부에서 0.3m 이내에 2방향 이상의 환기구를 설치. 외기에 접한 환기구의 통풍 가능 면적 합계는 바닥면적 1㎡ 마다 300㎠(철망 등을 부착할 때는 철망면적을 뺀 면적)의 비율로 계산한 면적 이상(1개 환기구의 면적은 2,400㎠ 이하. 다만, 지붕과 벽 사이의 공간을 통해 환기가 가능한 경우는 환기구의 면적을 제한하지 않음)으로 함 (2.8.9.1) ㅇ위의 통풍구조가 불가능할 경우 강제환기설비를 다음에 따라 설치 (2.8.9.2) ①통풍능력은 바닥면적 1㎡ 마다 0.5㎥/분 이상 ②배기구는 천장 가까이에 설치 ③배기가스 방출구는 지면에서 3m 이상의 높이에 설치 ㅇ수소연료전지를 실내에 설치하는 경우는 실내 바닥면 면적 당 분당 0.3㎥ 이상의 환기능력을 갖추고 또한 분당 45㎥ 이상의 환기능력을 만족 (2.8.9.3)
6. 부식방지설비 (2.8.10)	ㅇ저장설비 부식방지설비 (2.8.10.1) 수소저장설비 부식방지를 위해 수소저장설비의 외면에는 녹이 슬지 않도록 도장

기준항목	기준내용
	o 배관 부식방지설비 (2.8.10.2) 지상 또는 지하에 설치하는 배관은 다음에 따라 부식방지조치 강구 ①배관을 지상에 설치하는 경우는 그 외면에 녹이 슬지 않도록 도장 ②배관을 지하에 매설하는 경우 아스팔트 또는 콜타르, 에나멜 등의 도장재와 주트(jute,황마), 비닐론클로스, 글래스매트 또는 글래스클로스 등의 피복재와의 조합으로 도복장(塗覆裝) 또는 이들과 동등 이상 성능을 갖는 합성수지나 아스팔트매스틱 등의 도장으로 배관외면 보호 ③지하 배관은 KGS GC202(가스시설 전기방식 기준)에 따라 전기부식방지 조치 ④보온·보냉된 배관 중 빗물유입, 누수, 살수설비 등에 노출되어 있는 부분 및 국부부식이나 응력부식균열이 발생할 수 있는 부분은 부식방지조치 ⑤보온·보냉된 배관은 점검구 설치 또는 그 밖에 점검 가능한 방법에 따라 부식진행여부 등을 확인할 수 있어야 함.
7. 정전기제거설비 (2.8.11)	o 수소제조설비의 정전기제거설비 설치 (2.8.11.1) o 수소제조설비[접지저항치의 총합이 100Ω(피뢰설비를 설치한 것은 총합 10Ω) 이하의 것은 제외]등에서 발생하는 정전기를 제거하는 설비를 다음에 따라 설치 ①탑류·저장탱크·열교환기·회전기계·벤트스택 등은 단독 접지(다만, 기계가 복잡하게 연결되어 있는 경우 및 배관 등으로 연속되어 있는 경우는 본딩용 접속선으로 접지 가능) ②본딩용 접속선 및 접지접속선은 단면적 5.5㎟ 이상의 것(단선은 제외), 경납붙임·용접·접속금구 등을 사용하여 확실히 접속 ③접지 저항치는 총합 100Ω(피뢰설비를 설치한 것은 총합 10Ω) 이하

(13) 피해저감설비 기준

수소사용시설에 적용되는 피해저감설비는 크게 방호벽과 온도상승방지설비이다. 방호벽의 설치대상 시설은 일정규모 이상의 수소저장설비를 실내에 설치하는 경우로 철근콘크리트제, 콘크리트블럭제 및 강판제 중 설치현장에 적합한 방호벽을 설치하면 된다. 온도상승방지장치 설치 대상은 가연성가스 저장탱크 또는 가연성 물질을 취급하는 설비와 일정 거리 내에 있는 저장탱크이다. 피해저감설비의 설치에 관한 구체적인 기준은 다음 표와 같다.

【표 6.1.15】 피해저감설비에 관한 기준

기준항목	기준내용
1. 방호벽 (2.9.2)	o 설치대상 (2.9.2) 수소의 저장능력(「고법칙」별표 1에 따라 산정한 저장능력)이 60㎥ 이상인 수소저장설비를 실내에 설치하는 경우 해당 공간의 벽 o 철근콘크리트제 방호벽 (2.9.2.1) ①직경 9㎜ 이상의 철근을 가로·세로 400㎜ 이하의 간격으로 배근하고 모서리 부분의 철근을 확실히 결속한 두께 120㎜ 이상, 높이 2000㎜ 이상

기준항목	기준내용
	②기초는 다음에 적합해야 함. 가.일체로 된 철근콘크리트 기초 나.높이는 350㎜ 이상, 되메우기 깊이는 300㎜ 이상(그림 2.9.2.1.2 참조) 다.기초의 두께는 방호벽 최하부 두께의 120% 이상 ㅇ철근콘크리트블럭제 방호벽 (2.9.2.2) ①철근을 배근·결속하고 블럭공동부는 콘크리트 몰탈을 채운 두께 150㎜ 이상, 높이 2000㎜ ②두께 150㎜ 이상, 간격 3200㎜ 이하 보조벽을 그림과 같이 본체와 직각으로 설치

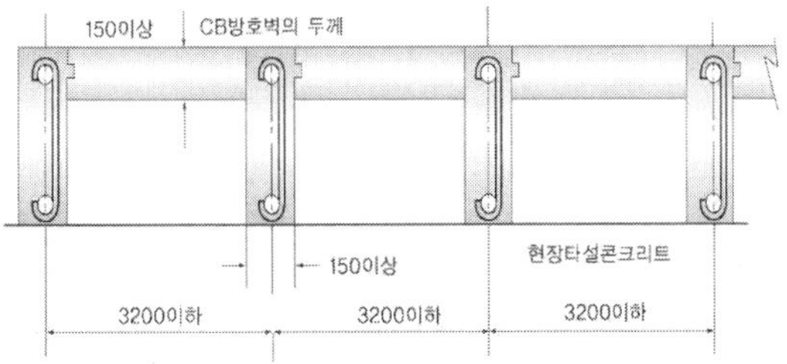

[그림 3.1.1] 보조벽의 배치

③보조벽은 방호벽면에서 400㎜ 이상 돌출하고, 그 높이는 방호벽 높이보다 400㎜ 이상 아래에 있지 않도록 함.

④기초는 일체로 된 철근콘크리트 기초이고, 기초 높이는 350㎜ 이상, 되메우기 깊이는 300㎜ 이상

ㅇ강판제 방호벽 (2.9.2.3)

①두께 6㎜(허용공차:±0.6㎜) 이상의 강판 또는 두께 3.2㎜(허용공차:±0.34㎜) 이상의 강판에 30㎜×30㎜ 이상의 앵글강을 가로·세로 400㎜ 이하의 간격으로 용접 보강한 강판을 1800㎜ 이하의 간격으로 세운 지주와 용접 결속하여 높이 2000㎜ 이상

②앵글강의 보강은 그림 2.9.2.3.2 참조

③지주는 1800㎜ 이하의 간격으로 하되 벽면과 모서리 및 벽면 양쪽 끝에도 설치

④지주와 벽면은 다음 그림과 같이 필렛용접으로 결속하고, 모서리 부 지주는 모서리 안쪽에, 벽부 지주는 벽면 바깥쪽(바깥쪽에 설치하기 곤란한 경우는 안쪽에 설치 가능)에 설치

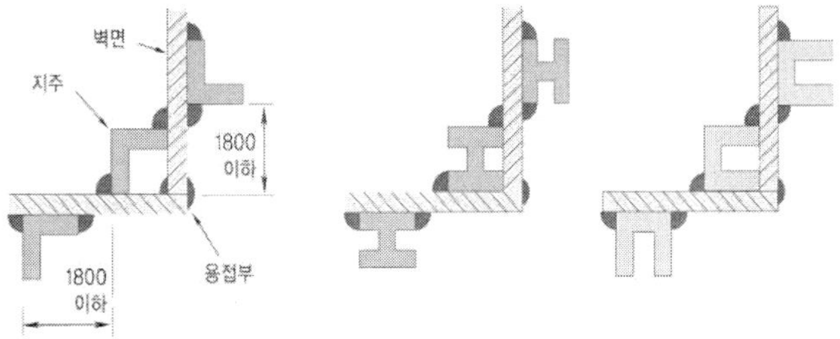

[그림 3.1.2] 지주의 설치방법

⑤지주 규격은 다음 표 치수 이상

<table>
<tr><th>기준항목</th><th>기준내용</th></tr>
<tr><td></td><td>

등 변 ㄱ 강	100×100
I 형 강	100×75
H 형 강	100×100
ㄷ 형 강	100×50

⑥기초는 다음 기준에 적합해야 함.
가.일체로 된 철근콘크리트 기초
나.높이는 350㎜ 이상, 되메우기 깊이는 300㎜ 이상
다.지주는 기초에 400㎜ 이상의 깊이로 묻거나, M20 이상의 앵커볼트를 사용하여 고정
</td></tr>
<tr><td>2. 온도상승방지 설비
(2.9.9.2)</td><td>
ㅇ설치범위 (2.9.9.1.1)
온도상승방지장치 설치 수소저장설비(지주를 포함)는 가연성가스 저장탱크 또는 가연성 물질을 취급하는 설비와 ①부터 ③까지의 거리 이내에 있는 저장탱크
①방류둑을 설치한 가연성가스저장탱크의 경우 방류둑 외면으로부터 10m 이내
②방류둑을 설치하지 않은 가연성가스저장탱크의 경우 저장탱크 외면으로부터 20m 이내
③가연성물질을 취급하는 설비의 경우 그 외면으로부터 20m 이내
ㅇ설치방법 (2.9.9.1.2)
수소저장설비 및 그 지주는 다음에 따라 온도상승방지조치를 함.
①수소저장설비 표면적 1㎡당 5L/분 이상의 비율로 계산된 수량을 수소저장설비 전 표면에 분무(살수(撒水)를 포함)할 수 있도록 고정된 장치를 설치
②수소저장설비외면으로부터의 거리가 40m 이내인 위치에, 수소저장설비를 향하여 어느 방향에서도 방수할 수 있는 소화전(호스 끝 수압 0.3㎫ 이상, 방수능력 400L/분 이상의 것)을 해당 수소저장설비표면적 50㎡당 1개의 비율로 계산된 수 이상 설치(이 경우 준내화구조 수소저장설비는 해당 수소저장설비 표면적 100㎡당 소화전 1개의 비율로 계산된 수 이상의 소화전 설치)
③높이 1m 이상의 지주(구조물 위에 설치된 수소저장설비는 해당 구조물의 지주)는 두께 50㎜ 이상의 내화콘크리트 또는 이와 동등 이상의 내화성능을 갖는 불연성의 단열재로 피복함.(다만, ① 또는 ②에서 정한 물분무장치나 소화전을 지주에 살수시킬 수 있도록 설치한 경우는 해당 조치를 한 것으로 볼 수 있음.)
ㅇ수원 (2.9.9.1.3)
①분무장치와 소화전 등은 해당 설비를 30분 이상 연속하여 동시에 방수할 수 있는 수량을 갖는 수원에 접속
②물분무장치등에 연결된 입상배관에는 겨울철에 동결 등을 방지할 수 있도록 드레인 밸브설치 등 적절한 조치
③4기 이상의 수소저장설비가 상호 인접하여 설치되어 있는 경우는 임의의 수소저장설비와 인접하는 수소저장설비의 조합을 수소저장설비 군으로 분류할 때 합계 표면적이 최대로 되는 수소저장설비군의 표면적에 따라 계산
</td></tr>
<tr><td>3. 배관의 온도 상승방지조치</td><td>ㅇ배관에는 다음에 따라 그 온도를 40℃ 이하로 유지할 수 있는 조치를 강구(다만, 열팽창안전밸브의 설치 등 안전조치를 한 경우는 예외) (2.9.9.2)</td></tr>
</table>

기준항목	기준내용
(2.9.9.2)	①배관에 가스를 공급하는 설비에는 상용온도를 초과한 가스가 배관에 송입되지 않도록 조치 ②배관을 지상에 설치하는 경우 온도의 이상상승을 방지하기 위하여 부식방지도료를 칠한 후 은백색도료로 재도장하는 등의 조치.(다만, 지상설치 부분의 길이가 짧은 경우는 예외) ③배관을 교량 등에 설치할 경우는 교량 하부에 설치하여 직사광선을 피하도록 하는 조치

(14) 표시 기준

수소연료사용시설의 안전을 확보하기 위하여 필요한 곳에는 수소를 취급하는 시설 또는 일반인의 출입을 제한하는 시설이라는 것을 명확하게 식별할 수 있도록 경계표지를 설치해야 한다. 표시에 관한 기준은 다음과 같다.

【표 6.1.16】 표시에 관한 기준

기준항목	기준내용
1. 경계표시 (2.10.1)	**o** 수소연료사용시설 경계표지 (2.10.1.1) ①수소연료사용시설의 경계표지는 해당 수소연료사용시설의 출입구(경계울타리, 담 등에 설치되어 있는 것) 등 외부에서 보기 쉬운 곳에 게시 ②수소연료사용시설안의 시설 중 일부만이 같은 법의 적용을 받을 때는 해당 시설이 설치되어 있는 구획, 건축물 또는 건축물 안에 구획된 출입구 등 외부로부터 보기 쉬운 장소에 게시(해당 시설에 출입 또는 접근할 수 있는 장소가 여러 방향일 때에는 그 장소마다 게시) ③경계표지는 법의 적용을 받는 사업소 또는 시설임을 외부 사람이 명확하게 식별할 수 있는 크기로 함.(해당 사업소에서 준수하여야 할 안전 확보에 필요한 주의사항을 덧붙여 쓸 수 있음.) 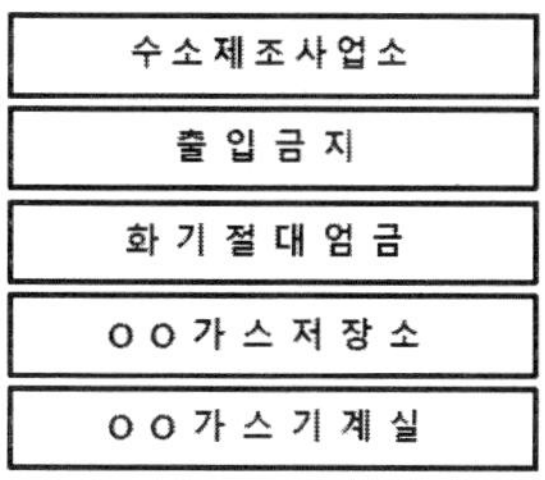 **[그림 3.1.3] 수소연료사용시설 경계표지** **o** 배관의 경계표지 (2.10.1.2) 지상에 설치하거나 지하에 매설한 배관의 경계표지는 다음에 따라 설치 ①표지판은 배관이 설치되어 있는 경로에 따라 배관의 위치를 정확히 알 수 있도록 설치(다만, 표지판 설치로 인해 교통 등의 장해가 우려되는 경우 배관에서 가장 가까우며, 일반인이 보기 쉬운 장소를 택하여 설치 가능) ②지하에 설치된 배관은 500m 이하의 간격으로, 지상에 설치된 배관은 1000m 이하의 간격으로 설치, 배관의 위치를 알기 어려운 곳(굽어지는 곳, 분리되는 곳, 다른 가스배관과 교차되는 곳 등)에는 표지판을 추가로 설치(다만, 지상에 설치한 배관의 경우 배관 표면에 가스의

기준항목	기준내용
	종류, 연락처 등을 표시한 때는 이를 표지판으로 갈음 가능) ③하나의 도로에 2개 이상의 수소배관이 함께 설치되어 있는 경우는 사업자 간에 협의하여 공동표지판을 설치 ④표지판에는 가스 종류, 설치구역명, 배관설치(매설)위치, 신고처, 회사명 및 연락처 등 명시
2. 경계책 (2.10.3)	ㅇ경계책 (2.10.3) 수소제조설비·수소저장설비 및 연료전지를 설치한 장소 주위는 외부인의 출입을 통제할 수 있도록 다음에 따라 경계책 설치(다만, 수소제조설비·수소저장설비 및 연료전지가 건축물 안에 설치된 경우 또는 차량의 통행 등 조업시행이 곤란하여 위해(危害)요인이 가중될 우려가 있는 경우는 경계책 제외 가능) ①경계책 높이는 1.5m 이상 ②경계책의 재료는 철책, 철망 등 ③경계책 주위에는 외부사람이 무단출입을 금하는 내용의 경계표지를 부착 ④경계책 안에는 누구도 화기, 발화 또는 인화하기 쉬운 물질을 휴대하고 들어갈 수 없도록 조치 강구(다만, 해당 설비의 정비수리 등 불가피한 경우에 한하여 시설책임자의 감독 하에 휴대 가능)

6.1.6. 참고사항

KGS FU671 규정 내용 중 다음 사항에 관하여는 구체적인 기술을 생략한다.

ㅇ “3. 기술기준”

ㅇ “4. 검사기준”

6.2. 수소추출설비 제조의 시설 · 기술 · 검사 기준(AH171)

6.2.1. 용어정의

이 기준은 수소법 시행규칙 제2조제3항제3호에서 규정하는 수소추출설비 중「도법 제2조제1호에 따른 "도시가스",「액법」제2조제1호에 따른 "액화석유가스"와 그 밖에 탄화수소 및 메탄올, 에탄올 등 알콜류를 원료로 사용하여 수소를 추출하는 설비에 대하여 적용한다. 또한 이 기준에서 정하는 수소추출설비의 기하학적 범위는 연료공급설비 및 개질기, 버너, 수소정제장치 등 수소추출에 필요한 설비 및 부대설비와 이를 연결하는 배관으로, 연료공급설비 전단에 설치된 인입밸브부터, 수소정제장치 후단의 정제수소 수송배관의 첫번째 연결부까지로 하고, 수소추출설비가 하나의 외함으로 둘러싸인 구조의 경우에는 외함 외부에 노출되는 각 장치의 접속부까지로 한다. 그 외 이 기준에서 사용하는 수소추출설비 제조 등에 관한 용어 정의는 다음 표와 같다.

【표 6.2.1】 수소추출설비 제조 등에 관한 용어 정의

기준항목	기준내용
1. 정기품질검사 (1.4.2)	○ 생산단계검사를 받고자 하는 제품이 설계단계검사를 받은 제품과 동일하게 제조된 제품인지 확인하기 위해 양산된 제품에서 시료를 채취하여 성능을 확인하는 검사
2. 상시샘플검사 (1.4.3)	○ 제품확인검사를 받고자 하는 제품에 대하여 같은 생산단위로 제조된 동일제품을 1조로 하고 그 조에서 샘플을 채취하여 기본적인 성능을 확인하는 검사
3. 수시품질검사 (1.4.4)	○ 생산공정검사 또는 종합공정검사를 받은 제품이 설계단계검사를 받은 제품과 동일하게 제조되고 있는지 양산된 제품에서 예고 없이시료를 채취하여 확인하는 검사
4. 공정확인심사 (1.4.5)	○ 설계단계검사를 받은 제품을 제조하기 위해 필요한 제조 및 자체검사공정에 대한 품질시스템 운용의 적합성을 확인하는 검사
5. 종합품질관리 체계심사 (1.4.6)	○ 제품의 설계, 제조 및 자체검사 등 수소추출설비 제조 전 공정에 대한 품질시스템 운용의 적합성을 확인하는 검사
6. 형식 (1.4.7)	○ 구조, 재료, 용량 및 성능 등에서 구별되는 제품의 단위
7. 공정검사 (1.4.8)	○ 생산공정검사와 종합공정검사
8. 충전부 (1.4.9)	○ 수소추출설비가 정상운전 상태에서 전류가 흐르는 도체 또는 도전부
9. 연료가스 (1.4.10)	○ 수소가 주성분인 가스를 생산하기 위한 연료[1.1.1(1)부터 (3)까지를 말한다] 또는 버너 내 점화 및 연소를 위한 에너지원으로 사용되기 위해 수소추출설비로 공급되는 가스
10. 개질가스 (1.4.11)	○ 연료가스를 수증기 개질, 자열 개질, 부분 산화 등 개질반응을 통해 생성된 것으로서 수소가 주성분인 가스

11. 개질기 (1.4.12)	ㅇ수소가 포함된 화합물의 구조를 변화시키기 위한 것으로서 수증기 개질, 자열 개질 등의 개질반응을 통해 연료가스로부터 수소가 주성분인 개질가스로 전환하는 장치
12. 안전차단시간 (1.4.13)	ㅇ화염이 있다는 신호가 오지 않는 상태에서 연소안전제어기가 가스의 공급을 허용하는 최대의 시간
13. 화염감시 장치 (1.4.14)	ㅇ연소안전제어기와 화염감시기(화염의 유무를 검지하여 연소안전제어기에 알리는 것을 말한다)로 구성된 장치
14. 록아웃 (1.4.15)	ㅇ수소추출설비의 비상정지 또는 화염검지실패 등이 발생하여 수소추출설비를 안전하게 정지하고, 이후 수동으로만 운전을 복귀시킬 수 있도록 하는 것
15. IP 등급 (1.4.16)	ㅇ위험 부분의 접근, 외부 분진 침투 또는 물의 침투에 대한 외함의 방진·방수보호 등급

6.2.2. 경과조치

이 기준은 2022년 2월 5일부터 시행한다. 다만, 이 기준의 시행일 이전에 제조가 완료된 수소추출설비에 대해서는 이 기준에 적합한 것으로 본다.

6.2.3. 시설기준

수소추출설비 제조시설기준에는 수소추출설비를 제조하려는 자가 갖추어야 하는 제조설비 및 검사설비 종류와 제외조건 등을 규정하고 있고, 그 내용은 다음 표와 같다.

【표 6.2.2】 수소추출설비 제조시설기준에 따른 제조설비 및 검사설비

기준항목	기준내용
1. 제조설비 구비 (2.1)	ㅇ수소추출설비를 제조하려는 자는 수소추출설비를 제조하기 위하여 다음의 제조설비(제조하는 수소추출설비에 필요한 것만을 말한다)를 갖추어야 함. (다만, 허가관청이 부품의 품질향상을 위하여 필요하다고 인정하는 경우에는 한국가스안전공사의 검토를 받아 그 부품을 제조하는 전문생산업체의 설비를 이용하거나 그가 제조한 부품을 사용 가능) - 구멍가공기·프레스·관굽힘기·절곡기·주물가공설비 / 표면처리 및 도장설비 / 가스용접기 또는 전기용접기 및 동력용조립지그·공구 / 연료개질기 제작설비 / 전기회로기판 회로인쇄, 부품삽입, 납땜 설비 / 그 밖에 제조에 필요한 가공설비
2. 검사설비 구비 (2.2.1)	ㅇ수소추출설비를 제조하려는 자는 제품의 성능을 확인·유지할 수 있도록 다음 기준에 맞는 검사설비를 갖어야함. (다만, 한국가스안전공사 또는 「국가표준기본법」에 따라 지정을 받은 해당 공인시험·검사기관 중 하나의 기관에 설계단계검사 항목의 시험·검사를 의뢰하거나 설계단계검사 항목에 필요한 시험·검사설비의 임대차 계약을 체결한 경우에는 제외 (2.2.2)) - 안전관리규정에 따른 자체검사를 수행할 수 있는 검사설비 : 버니어캘리퍼스·마이크

기준항목	기준내용
	로미터 · 나사게이지 등 치수측정설비 / 연료소비량 측정설비 / 내압시험설비 / 기밀시험설비 / 절연저항측정기 및 내전압시험기 / 소비전력 측정설비 / 안전장치 성능시험 설비 / 배기가스 측정설비 / 표면온도 측정설비 / 수소 및 산소농도 측정설비 / 그 밖에 검사에 필요한 설비 및 기구
3. 검사설비의 처리능력 (2.2.2)	o 검사설비의 처리능력은 해당 사업소의 제품생산능력에 적합한 것

6.2.4. 제조기술기준

수소추출설비의 제조기술기준에는 재료(배관 등), 구조 및 치수(배관, 버너, 전기배선, 접지, 외함 등), 장치(안전장치 등), 성능(제품, 재료, 작동 성능 등), 표시(제품표시, 합격표시 등)에 관한 상세기준을 다룬다.

6.2.4.1. 재료

(1) 공통사항

수소추출설비의 재료는 그 수소추출설비의 안전성을 확보하기 위하여 사용 조건의 온도에 견디고 내식성이 있는 것을 사용하거나 부식에 강한 코팅 등 적절한 조치를 하여야 한다. 수소추출설비 재료에 관한 공통사항은 다음 표와 같다.

【표 6.2.3】 수소추출설비 재료에 관한 공통사항

기준항목	기준내용
공통사항 (3.1.1)	o **연료가스 및 물 등 유체가 통하는 부분** : 해당 유체에 대하여 충분한 내식성이 있는 재료 또는 코팅된 재료 (3.1.1.1) o **개질가스가 통하는 부분** : 금속재료로서 내식성이 있는 재료 또는 코팅된 재료 (3.1.1.2) o **배기가스 통로, 외함 및 습도가 높은 환경에서 사용되는 금속** : 내식성이 있는 주철이나 스테인리스강 또는 부식에 강한 코팅을 한 탄소강 (3.1.1.3) o **고무 · 플라스틱의 비금속성 재료** : 단기간 열화되지 않는 사용 조건에 적합한 것 (3.1.1.4) o **전기 절연물 · 단열재 재료** : 접촉부 또는 그 부근의 온도에 견디고, 흡습성이 적은 것 (3.1.1.5) o **도전재료** : 동, 동합금, 스테인리스강 또는 이와 동등 이상의 전기적 · 열적 및 기계적

기준항목	기준내용
	안전성이 있는 것(다만, 탄성이 필요하거나 구조적으로 사용하기 곤란한 부분은 제외) (3.1.1.6) **ㅇ사용불가 재료** : 폴리염화비페닐(PCB), 석면, 카드뮴 (3.1.1.7) **ㅇ연소 배기가스가 통하는 부분** : 최고 운전온도에서 배기가스의 기밀을 유지하는 불연재료(다만, 재료의 사용 온도가 배기가스의 최고온도(제조자가 제시한 온도)를 초과하여 배기가스의 최고온도를 초과하지 않도록 하는 과열방지장치(장치가 작동하는 온도를 임의로 조절할 수 없는 것)를 부착하는 경우는 제외) (3.1.1.8) **ㅇ연소 배기가스가 통하는 부분의 기밀유지** : 수소추출설비 내 연소 배기가스가 통하는 부분에 기밀을 유지하기 위하여 사용하는 패킹류, 씰(seal)재 등은 상기 불연재료 기준에도 불구하고 불연재료외 재료 사용 가능 (3.1.1.9) **ㅇ연소가스 및 개질가스가 통하는 부분의 기밀유지** : 가스의 기밀을 유지하는 불연성 또는 난연성의 재료(다만, 패킹류, 씰재 등은 불연성 또는 난연성의 재료 미사용 가능) (3.1.1.10)

(2) 배관등 재료

수소추출설비의 연료가스 및 개질가스 배관등(연료가스 및 개질가스가 통하는 배관·관이음매·밸브)의 재료 기준은 다음표와 같다.

【표 6.2.4】 수소추출설비 연료가스 및 개질가스 배관등 재료 기준

기준항목	기준내용
1. 배관재료 적용 제외 (3.1.2.1)	ㅇ상용압력이 98 MPa 이상인 배관 / 최고사용온도가 815 ℃를 초과하는 배관 / 직접화기를 받는 배관 / 이동제조설비용 배관
2. 고압배관 재료 기준 (3.1.2.2)	**ㅇ고압배관**(수송유체가 기체인 경우 상용압력이 1 MPa 이상, 수송유체가 액체인 경우 0.2 MPa 이상) - 관 재료 / 형·판·대재 재료 / 단조품 재료 / 주조품 재료 / 봉 재료는 3.1.2.2.1 참조 **ㅇ수소가 포함된 유체를 수송하는 고압배관등의 경우** - 고온의 운전조건에서 수소침식을 방지하기 위하여 API 941을 따름 (3.1.2.2.2)
3. 저압배관 재료 기준 (3.1.2.3)	**ㅇ저압배관**(고압배관등 외의 압력을 받는 배관등) - 관 재료 : KS D 3631(연료 가스 배관용 탄소 강관) / KS D 3583(배관용 아크 용접 탄소강 강관) / KS M 3404(일반용 경질 염화비닐관 다만, 염소가스용으로 외부의 충격이나 열의 영향을 받지 않도록 피트 등 방호조치를 한 경우에만 사용가능) (3.1.2.3(1)) - 관 이음매 : KS D 3631(연료 가스 배관용 탄소 강관) / KS B 1543(강제 맞대기 용접식 관 이음쇠) / KS B 1531(나사식 가단 주철제 관 이음쇠) / KS에 따른 관플랜지는 KS B 1501(철강제 관 플랜지의 압력 단계)에 따른 범위 안에서 사용 가능(다만, 회주철제 플랜지는 사용 불가) (3.1.2.3(2))
4. 배관 이음매 및 밸브 재료 기준	**ㅇ배관 이음매 및 밸브** - 용접식 관이음매 : KS B 1542(배관용 강제 삽입 용접식 관 이음쇠) / KS B 1543(배관용 강판제

기준항목	기준내용
(3.1.2.4)	맞대기 용접식 관 이음쇠) - 용접식 관이음매 / 관플랜지 이음매 / 밸브 재료는 3.1.2.4 참조

한편 이 기준에서는 KS B 6750(압력용기-설계 및 제조 일반) 중 부표 1 및 부표 2에 표시된 허용응력 값에 대응하는 온도 범위를 초과하여 사용하는 것을 제한하고 있다. 또한, 동등이상의 재료에 대하여 설계온도에서 충격시험을 실시하고, 불합격한 것은 0℃ 미만에서 사용되는 배관등의 재료로 사용하지 않도록 규정하고 있다. 충격시험에 관한 주요 내용은 다음 표와 같다.

【표 6.2.5】 수소추출설비 연료가스 및 개질가스 배관등 재료의 충격시험 기준

기준항목	기준내용
충격시험 기준 (3.1.2.5.1)	**o 충격시험은 다음 기준에 따름.** (1)충격시험에 사용하는 시험편 가. 시험편의 양쪽 끝으로부터 용접선에 수직으로 폭 부분을 50mm 잘라낸 나머지 부분의 열영향부 및 용착금속부에서 채취한 것 (3.1.2.5(1-1)) 나. 시험편의 형상과 치수는 KS B 0809(금속재료 충격시험편)의 4호 시험편에 따름. 다만, 시험편 두께를 10mm로 할 수 없을 경우에는 7.5mm, 5mm 또는 2.5mm 중 그 시험편의 치수를 따라 가장 큰 것 (3.1.2.5(1-2)) (2)충격시험에 사용하는 모든 시험편에 대하여 모재의 설계온도 이하에서 KS B 0810(금속재료 충격시험방법)의 샤르피충격시험에 따라 실시 (3.1.2.5(2)) 가. 모든 시험편의 흡수에너지가 그 모재의 최소인장강도에 대응한 최소흡수에너지 값 이상일 때에는 합격 (모재 최소인장강도에 따른 최소흡수에너지 값은 표 3.1.2.5.1①을 참조) 나. 시험편의 형상·치수가 (1)나.의 경우 그 시험편두께에 따라 표 3.1.2.5.1②에 따른 시험편두께에 대응한 값을 표 3.1.2.5.1①의 값으로 대체한 값 이상일 때에는 합격

수소추출설비에서 수소 및 산소가 통하는 배관·관이음매·밸브 재료의 사용제한에 관한 기준은 다음과 같다.

【표 6.2.6】 배관등 재료 사용제한에 관한 기준

기준항목	기준내용
1. 고압배관등의 내압부분 재료 사용제한 (3.1.2.5.2)	o 다음의 재료는 고압배관등의 내압부분에 사용 금지 (1)탄소 함유량이 0.35% 이상의 탄소강재 및 저합금강 강재로서 용접구조에 사용되는 재료(다만, KS D 3710(탄소강 단강품)과 같이 탄소함유량 규정이 없는 재료는 탄소함유량 확인 후 사용가능) (2)KS D 3507(배관용 탄소강관)

기준항목	기준내용
	(3)KS D 3583(배관용 아크 용접 탄소강관) (4)SPS-KFCA-D4301-5015(회주철품)
2. 탄소강 강재 사용제한 (3.1.2.5.3)	ο다음 중 어느 하나에 해당하는 부분에는 KS D 3503(일반구조용 압연강재) 및 KS D 3515(용접구조용 압연강재)의 1종 A, 2종 A 및 3종 A을 배관재료로 사용 금지 (1)독성가스를 수송하는 배관 등 (2)상용압력이 1.6㎫를 초과하는 내압부분 (3)상용압력이 1㎫를 초과하는 길이 이음매를 가지는 관 또는 관이음 (4)두께가 16mm를 초과하는 내압부분 ο상용압력이 3 ㎫를 초과하는 배관등에는 배관재료로 KS D 3515(용접구조용 압연 강재)[1종 A, 2종 A, 3종 A를 제외] 사용 금지
3. 주철품 사용 제한 (3.1.2.5.4)	ο다음 중 어느 하나에 해당하는 부분에는 SPS-KFCA-D4302-5016(구상 흑연 주철품)의 3종·4종 및 5종, SPS-KOSA0179-ISO5922 -5244(가단 주철품) 중 GCMB 30-06, 백심가단 주철품, 펄라이트 가단주철품을 배관재료로 사용 금지 (1)독성가스를 수송하는 배관등 (2)상용압력이 0.2㎫ 이상인 가연성가스의 배관등 (3)상용압력이 1.6㎫를 초과하는 가연성가스 및 독성가스 외의 가스밸브 및 플랜지 (4)설계온도가 0℃ 미만 또는 250℃를 초과하는 배관등 ο다음 중 어느 하나에 해당하는 부분에는 SPS-KFCA-D4302-5016(구상흑연 주철품)의 1종, 2종 및 SPS-KOSA0179-ISO5922- 5244(가단 주철품)중 GCMB를 배관재료로 사용 금지 (1)독성가스를 수송하는 배관등 (2)상용압력이 1.6㎫를 초과하는 밸브 및 플랜지 (3)상용압력이 1.1㎫를 초과하는 가연성·독성가스 외 가스를 수송하는 내압부분으로 밸브 및 플랜지외의 것 (4)설계온도가 0℃ 미만 또는 250℃를 초과하는 배관등 ο다음 중 어느 하나에 해당하는 부분에는 KGS AC111 부록 J에서 정한 덕타일 철주조품 및 덕타일 철주조품을 배관재료로 사용금지 (1)독성가스를 수송하는 배관등 (2)상용압력이 2.4㎫를 초과하는 밸브 및 플랜지 (3)설계온도가 -5℃ 미만 또는 350℃를 초과하는 배관등
4. 구리·구리합금 및 니켈동합금 사용제한 (3.1.2.5.5)	ο다음의 구리·구리합금 및 니켈동합금은 배관재료로 사용금지 (1)KS B 6750(압력용기-설계 및 제조 일반) 중 허용인장응력치에 대응하는 온도를 초과하는 것(다만, 압력계·액면계 연결관에 사용하는 것을 제외) (2)구리·구리 함유량이 62%를 초과하는 합금으로 내부 유체에 아세틸렌이 함유된 것
5. 알루미늄·알루미늄합금 사용제한 (3.1.2.5.6)	οKS B 6750(압력용기-설계 및 제조 일반) 중 부표2에 표시된 허용인장응력치에 대응하는 온도를 초과하는 경우 사용 금지(다만, 압력계·액면계 연결관에는 사용가능)
6. 타이타늄 사용제한 (3.1.2.5.7)	οKS B 6750(압력용기-설계 및 제조 일반) 중 부표2에 표시된 허용인장응력치에 대응하는 온도를 초과하는 경우 사용 금지

6.2.4.2. 구조 및 치수

수소추출설비는 안전성·편리성 및 호환성을 확보하기 위하여 이 기준에서 규정하는 다음 표의 구조와 치수를 가지는 것으로 한다.

【표 6.2.7】 수소추출설비의 구조 및 치수에 관한 기준

기준항목	기준내용
1. 일반구조(3.2.1)	o 모든 부품은 뒤틀림, 이완 및 그 외의 손상에 견디는 안전한 구조 (3.2.1.1) o 분해 가능한 패널·커버 등의 구조는 서로 호환되지 않는 구조로 하고, 반복 분해·조립에 따른 마모 등으로 인한 기능 손상이 발생되지 않는 것 (3.2.1.2) o 인체의 접촉 가능성이 있는 부품은 날카로운 돌출부분이나 모퉁이가 없는 구조 (3.2.1.4) o 점검, 보수, 교체 및 분해가 용이한 구조 (3.2.1.4) o 유지보수가 필요한 부분에 사용되는 단열재는 배관·부품 등에 접근이 용이한 구조 (3.2.1.5) o 수소추출설비 본체에 설치된 스위치 또는 컨트롤러의 조작을 통해서만 운전 및 정지할 수 있는 구조(다만, 본체에서 원격조작을 허용하는 경우 또는 급격한 압력 및 온도 상승 등 위험이 생길 우려로 정지해야하는 경우는 원격조작이 가능한 구조로 할 것) (3.2.1.6) o 안전장치가 작동해야 하는 설정 값은 원격조작 등 임의로 변경이 불가한 것 (3.2.1.7) o 벽면 등에 부착하여 사용하는 경우 용이하고 견고하게 부착이 가능한 구조 (3.2.1.8) o 환기팬 등 수소추출설비의 운전상태에서 사람이 접할 우려가 있는 가동 부분은 적절한 보호틀이나 보호망을 설치할 것 (3.2.1.9) o 정격 입력 전압·정격 주파수를 변환하는 기구를 가진 이중정격의 것은 변환된 전압 및 주파수를 쉽게 식별할 수 있도록 할 것(다만, 자동으로 변환되는 기구를 가지는 것은 제외) (3.2.1.10) o 외함 내부는 가연성가스가 체류하거나, 외부의 이물질이 유입되지 않는 구조 (3.2.1.11) o 배기가스의 흐름을 입증하기 위한 풍압스위치의 설정압력 조작부 등 사용자·설치자가 임의로 조작해서는 안 되는 부분은 봉인씰·잠금장치 등으로 조작을 방지할 수 있는 구조 (3.2.1.12) o 배관은 수송하는 유체의 식별을 위해 쉽게 확인 가능한 곳에 유체의 종류를 표시 (3.2.1.13) o 가연성 또는 독성의 유체가 외부로 방출될 수 있는 부분에 주의문구를 표시 (3.2.1.14) o 운전 또는 점검, 유지보수 등을 위해 사람의 접근이 요구되는 부분은 미끄러짐, 걸림 또는 부딪힘 등을 방지할 수 있는 구조 (3.2.1.15) o 긴급사태 발생 시 신속하게 정지할 수 있도록 접근이 용이한 장소에 제어입력 장치 등 비상정지를 실행할 수 있는 장치 마련 (3.2.1.16) o 설비의 유지보수나 긴급정지 등을 위해 유체의 흐름을 차단하는 밸브를 설치하는 경우, 차단밸브는 다음의 기준을 만족할 것 (3.2.1.17) - 차단밸브는 최고사용압력 및 온도, 유체특성 등 적합할 것 - 차단밸부의 가동부(actuator)는 밸브 몸통으로부터 전해지는 열을 견딜 수 있을 것 o 개질가스 중 수소는 외부로 방출되기 전에 연소되는 구조로 할 것(다만, 안전밸브 등 과압안전장치의 작동으로 인해 외부로 수소를 방출하는 경우에는 제외) (3.2.1.18) o 개질기와 수소정제장치의 사이에는 압축기를 설치하지 말 것(3.2.1.19)

기준항목	기준내용
	ㅇ수소추출설비 내 전기설비 중 위험장소 안에 있는 전기설비는 누출된 가스의 점화원이 되는 것을 방지하기 위하여 KGS GC101(가스시설의 폭발위험장소 종류 구분 및 범위산정에 관한 기준) 및 KGS GC102(방폭전기기기의 설계, 선정 및 설치에 관한 기준)에 따른 방폭성능을 갖는 구조 (3.2.1.20)
2. 배관구조 공통사항 (3.2.2.1)	ㅇ연료가스, 개질가스 및 물 등 유체가 누출되지 않는 구조 (3.2.2.1.1) ㅇ열 및 부식에 따른 위해의 우려가 없는 장소에 설치하고 방호 등의 조치를 할 것 (3.2.2.1.2) ㅇ자중, 내압력, 지진하중, 열하중 또는 회전기계에 따른 진동 등으로 인하여 발생하는 응력에 견딜 수 있는 구조 (3.2.2.1.3) ㅇ배관의 접합부는 용접, 나사 이음, 플렌지 이음 또는 이와 동등 이상의 방법으로 기밀을 유지할 수 있는 구조 (3.2.2.1.4) ㅇ배관의 씰부는 열화에 내성을 가지는 구조 (3.2.2.1.5) ㅇ연마분말 등 내부의 이물질을 완전히 제거한 후 설치 (3.2.2.1.6) ㅇ배관을 접속하기 위한 수소추출설비 외함의 접속부는 다음에 적합한 구조로 할 것 (3.2.2.1.7) - 배관의 구경에 적합한 것 - 접속부는 외부에 노출되어 있거나 외부에서 쉽게 확인할 수 있는 위치에 설치 - 접속부는 진동, 자중, 내압력, 열하중 등으로 인하여 발생하는 응력에 견딜 수 있는 것
3. 연료가스 배관 (3.2.2.2)	ㅇ독립적으로 작동하는 인입밸브를 직렬로 2개 이상 설치할 것(이 경우, 인입밸브는 구동원이 상실되었을 경우 연료가스 통로가 자동차단되는 구조(fail-safe)로 하고, 일반구조(3.2.1.17)를 충족하는 것으로 할 것) (3.2.2.2.1) ㅇ인입밸브는 공인인증기관의 인증품을 사용할 것(다만, 액법에 따른 가스용품에 해당하는 인입밸브는 같은 법에 따른 검사에 합격한 것을 사용할 것) (3.2.2.2.2) ㅇ개질가스 중 일부를 연료가스로 재사용하기 위해 개질가스 배관이 연료가스 공급배관으로 연결되는 부분에는 차단밸브를 설치할 것(다만, 안전・신뢰성 분석에 따라 안전성이 증명되는 경우 제외) (3.2.2.2.3) ㅇ연료가스 인입밸브 전단에 필터를 설치할 것(이 경우, 필터에 사용되는 여과재의 최대직경은 1.5㎜ 이하로 하며, 1㎜를 초과하는 틈이 없도록 할 것) (3.2.2.2.4) ㅇ메탄올 등 독성의 연료가스가 통하는 배관은 이중관 구조 또는 회수장치를 설치하는 등 연료가스가 누출되어 확산하는 것을 방지하기 위한 조치를 강구할 것 (3.2.2.2.5)
4. 응축수 배출 배관 (3.2.2.3)	ㅇ중력으로 응축수를 배출하는 경우 응축수 배출배관의 내부 직경은 13㎜ 이상할 것
5. 배관 두께 (3.2.2.4)	ㅇ연료가스 및 개질가스 배관은 상용압력의 2배 이상의 압력에 항복을 일으키지 않도록 계산식에 따라 계산한 두께 이상으로 할 것 (구체적인 계산식은 3.2.2.4.1 참조) - 배관용 스테인리스 강관을 사용하는 경우 최소 두께는 표 3.2.2.4.2(1)을 참조 - 스테인리스 강관 외의 강관을 사용하는 경우 최소 두께는 표 3.2.2.4.2(2)을 참조
6. 배관 신축흡수 조치 (3.2.2.5)	ㅇ배관의 신축 등으로 인하여 수소가 누출하는 것을 방지하기 위하여 배관에 나쁜 영향을 미칠 정도의 신축이 생길 우려가 있는 부분에는 다음의 신축을 흡수하는 조치할 것 - 곡관을 사용(다만, 압력이 2㎫ 이하인 배관으로서 곡관을 사용하기가 곤란한 곳에는 벨로우즈형(bellows type) 신축이음매를 사용할 수 있음. 이 경우, 벨로우즈형 신축이음매는 고정 지지되어 있고, 유체압력·운동으로 인한 작동력 및 마찰저항 그 밖의 원인에 따른 끝부분의 반력에 견딜 수 있도록 설치할 것) (3.2.2.5.1) - 곡관 등의 종류・배치 및 고정방법은 온도변화에 따라 배관에 발생하는 열변위합성응력

기준항목	기준내용
	이 허용 값 이하가 되도록 할 것 (열변위합성응력 허용값의 구체적인 계산식은 3.2.2.3.2 참조) (3.2.2.5.2)
7. 버너 구조 (3.2.3)	**o** 버너 구조의 공통사항은 다음 기준에 따름. (1)코킹부, 용접부 및 그 외 버너 접합부는 결함이 없는 것 (3.2.3.1.1) (2)화염구는 변형이 발생되지 않는 구조 (3.2.3.1.2) (3)버너 · 전기점화장치, 노즐, 연소실, 안전장치 등은 사용 상태에서 이동하거나 이탈되지않도록 견고하게 고정 (3.2.3.1.3) (4)연소를 위해 연료가스와 공기가 혼합되는 구조의 경우 공기가 연료가스 공급라인으로 또는 연료가스가 공기 공급라인으로 유입되는 것을 방지하기 위한 설비를 갖출 것 (3.2.3.1.4) (5)연료 · 공기 조절장치로서 기계적인 연결이 사용되는 경우 파손 · 풀어짐이 없도록 설계 (3.2.3.1.5) (6)역화를 방지하기 위한 장치를 갖출 것 (3.2.3.1.6) **o** 점화장치 구조는 다음 기준에 따름. (1)방전불꽃을 이용하는 점화의 경우에는 다음에 적합한 구조로 할 것 (3.2.3.2.1) 가. 전극부는 상시 황염이 접촉되지 않는 위치 나. 전극의 간격이 사용 상태에서 변화되지 않도록 고정 다. 고압 배선의 충전부와 비충전 금속부와의 사이는 전극 간격 이상의 충분한 공간거리를 유지하고, 점화동작 시 누전을 방지하도록 적절한 전기 절연 조치 라. 방전불꽃이 닿을 우려가 있는 부분에 사용하는 전기 절연물은 방전 불꽃으로 인한 유해한 변형, 절연저하 등의 변질이 없는 것 마. 사용 시 손이 닿을 우려가 있는 고압 배선에는 적절한 전기절연피복을 할 것 (2)점화히터를 이용하는 점화의 경우에는 다음에 적합한 구조로 할 것 (3.2.3.2.2) 가. 설치 위치가 쉽게 움직이지 않는 것으로 할 것 나. 소모품은 쉽게 교환할 수 있는 것 **o** 촉매버너 구조는 다음 기준에 따름. (1)촉매연료 산화반응을 위해 의도적으로 인화성 · 폭발성 가스가 생성되도록 하는 수소추출설비의 경우 구성요소 내 인화성 · 폭발성 가스의 과도한 축적 위험을 방지 (3.2.3.3.1) (2)공기과잉 시스템인 경우 연료 · 공기의 공급은 반응 시작 전에 공기가 있음을 확인하고, 공기 공급이 준비될 때까지 반응장치에 연료가 들어가지 않도록 조절 (3.2.3.3.2) (3)연료과잉 시스템인 경우 연료 · 공기의 공급은 반응 시작 전에 연료가 있음을 확인하고, 연료 공급이 준비될 때까지 반응장치에 공기가 들어가지 않도록 조절 (3.2.3.3.3) (4)제조자는 제품 기술문서에 반응이 시작되는 최대대기시간을 명시(이 경우 최대대기시시스템 제어장치의 반응시간 원료 공기 혼합물 인화성 등을 고려하여 결정) (3.2.3.3.4) (5)제조자가 명시한 최대대기시간 내에 촉매반응이 활성화되지 않는 경우 시스템은 안전하게 정지되도록 할 것 (3.2.3.3.5) (6)촉매 온도를 직접 또는 간접적으로 모니터링 할 수 있는 수단을 갖출 것 (3.2.3.3.6) (7)촉매의 온도 또는 온도변화율이 제조자가 명시한 범위를 벗어나는 경우 시스템은 안전하게 정지되도록 할 것 (3.2.3.3.7) (8)수소추출설비는 축적 가능성이 있는 인화성 물질의 최대치가 연소되었을 경우 발생된 압력 및 온도 조건에 견딜 수 있도록 설계 (3.2.3.3.8)

기준항목	기준내용
8. 전기배선 구조 (3.2.4)	ㅇ사용 시 피복의 손상 등이 생기지 않는 것 (3.2.4.1) ㅇ배선은 최단 경로로 하고, 필요한 장소에는 절연, 방열, 방호 및 고정 등의 조치할 것 (3.2.4.2) ㅇ배선은 가동부에 접촉하지 않도록 설치하고, 설치된 상태에서 2N의 힘을 가하였을 때 가동부에 접촉할 우려가 없는 구조 (3.2.4.3) ㅇ배선은 고온부에 접촉하지 않도록 설치하고, 설치된 상태에서 2N의 힘을 가하였을 때 고온부에 접촉할 우려가 있는 부분은 피복이 녹지않는 충분한 내열성능을 갖는 구조 (3.2.4.4) ㅇ배선이 구조물을 관통하는 부분 또는 2N의 힘을 가하였을 때 접촉할 우려가 있는 부분은 피복이 손상되지 않는 구조 (3.2.4.5) ㅇ전기접속기에 접속한 것은 5N의 힘을 가하였을 때 접속이 풀리지 않는 구조 (3.2.4.6) ㅇ리드선, 단자 등을 교체할 수 있는 경우에는 리드선, 단자 등의 접속이 잘못되었을 경우 장치가 작동되지 않거나 이상 없이 작동되는 것 (3.2.4.7) ㅇ리드선, 단자 등은 숫자 · 문자 · 기호 · 색상 등의 표시를 구분하여 식별 가능하도록 조치 (다만, 접속부의 크기, 형태를 달리하는 등 물리적인 방법으로 오접속을 방지할 수 있도록 조치한 경우에는 제외) (3.2.4.8) ㅇ단락, 과전류 등과 같은 이상상황이 발생한 경우 전류를 효과적으로 차단하기 위해 퓨즈 또는 과전류 보호장치 등을 설치 (3.2.4.9) ㅇ아크가 전달될 우려가 있는 부분에 사용하는 전기 절연물은 아크로 인하여 그 성능이 저하되지 않도록 할 것 (3.2.4.10) ㅇ전선이 기능상 부득이하게 외함을 통과하는 경우에는 부싱 등 적절한 보호조치를 하여 피복손상, 절연파괴 등의 우려가 없도록 할 것 (3.2.4.11)
9. 충전부 구조 (3.2.5)	ㅇ충전부 상호간의 접속부분 또는 충전부와 비충전부와의 접속부분이 사용 상태에서 이완이 발생하지 않고 사용 환경조건에 견딜 수 있을 것 (3.2.5.1) ㅇ다음 중 어느 하나에 해당하는 경우를 제외하고, 충전부는 공구 · 보수점검용 열쇠 등을 이용하지 않고 쉽게 분리되는 부분을 제거한 상태에서 시험지가 충전부에 접촉하지 않도록 할 것 (3.2.5.2) - 설치한 상태에서 쉽게 사람에게 접촉할 우려가 없는 설치면의 충전부 - 질량이 40kg을 넘는 몸체 밑면의 개구부로 부터 40㎝ 이상 떨어진 충전부 - 구조상 노출될 수밖에 없는 충전부로서 절연변압기에 접속된 2차 쪽 회로의 대지전압과 선간전압이 교류인 경우 30V(직류의 경우 45V) 이하인 것 - 구조상 노출될 수 밖에 없는 충전부로서 대지와 접지되어 있는 외함과 충전부 사이에 1kΩ 저항을 설치한 후 수전해설비 내 충전부의 상용주파수에서 그 저항에 흐르는 전류가 1mA 이하인 것
10. 접지 구조 (3.2.6)	ㅇ접지용 단자 · 케이블이나 그 부근에 쉽게 지워지지 않는 방법으로 접지용 단자임을 표시 (3.2.6.1) ㅇ접지용 단자는 전지선을 쉽고 확실하게 설치할 수 있는 것으로 하고, 나사의 호칭지름은 4mm(눌러서 체결하는 형태는 3.5mm) 이상인 것 (3.2.6.2) ㅇ접지 기구는 사람이 접촉할 수 있는 금속부와 전기적으로 안전하게 접속하거나 또는 쉽게 느슨해지지 않도록 견고하게 설치 (3.2.6.3) ㅇ접지용 단자의 재료는 충분한 기계적 강도를 가지고 부식되지 않는 것 (3.2.6.4) ㅇ접지용 케이블은 다음 중 어느하나에 해당하는 것으로 할 것 (3.2.6.5) - 직경 1.6㎜ 연동선 또는 동등 이상의 강도 · 두께를 가지고 쉽게 부식되지 않는 금속선 - 공칭 단면적 1.25㎟ 이상의 단심코드 또는 단심캡타이어케이블

기준항목	기준내용
	- 공칭 단면적 0.75㎟ 이상의 2심 코드로 2선의 도체를 양단에서 꼬아 합치거나 납땜 또는 압착한 것 - 공칭 단면적 0.75㎟ 이상의 다심코드(꼬아 합친 것을 제외) 또는 다심캡타이어케이블의 1개의 선심 o 개질가스가 통하는 배관의 접지는 다음 기준에 따름. (3.2.6.6) - 직선 배관은 80m 이내의 간격으로 접지 - 서로 교차하지 않는 배관 사이의 거리가 100㎜ 미만인 경우, 배관 사이에서 발생될 수 있는 스파크 점프를 방지하기 위해 20m 이내의 간격으로 점퍼를 설치 - 교차 배관 사이의 거리가 100㎜ 미만인 경우, 배관이 교차하는 곳에는 점퍼를 설치 - 금속 볼트 또는 클램프로 고정된 금속 플랜지에는 추가적인 정전기 와이어가 장착되지 않지만, 최소한 4개의 볼트 또는 클램프들마다에는 양호한 전도성 접촉점이 있도록 할 것 o 수소정제장치에는 정전기를 효과적으로 제거하기 위해 다음 기준에 따름. (3.2.6.7) - 수소정제장치의 입구 및 출구단에는 각각 접지부가 있도록 할 것 - 직경 2.5m 이상 부피 50㎥ 이상인 수소정제장치에는 두 개 이상의 접지부 설치 - 접지부의 간격은 30m 이내로 하고, 장치의 둘레를 따라 균등하게 분포되도록 할 것
11. 유체 이동관련 기기 구조 (3.2.7)	o 팬 및 블로어, 펌프 등은 용도에 적절한 것 선정, 점검에 용이한 구조 (3.2.7.1) o 베어링은 운전 온도에 적합한 것을 선정하고, 필요에 따라 윤활유 공급 방법이 강구되어 있는 것으로 할 것 (3.2.7.2) o 유체 이동관련 기기에 사용되는 전동기는 다음 적합한 구조로 할 것 (3.2.7.3) - 회전자의 위치에 관계없이 시동되는 것 - 정상적인 운전이 지속될 수 있는 것 - 전원에 이상이 있는 경우에도 안전에 지장 없는 것 - 통상의 사용 환경에서 전동기의 회전자는 지장을 받지 않는 구조 o 축씰링은 정상 · 비정상 작동, 비상정지 상황에서 공급된 유체의 온도 · 압력에 적합한 것 (3.2.7.4)
12. 급 · 배기통 접속부 구조 (3.2.8)	o 수소추출설비가 급·배기통과 연결되는 접속부는 기밀을 유지할 수 있는 구조로 할 것 (3.2.8.1) o 급 · 배기통(전이중 및 분리형 급·배기통은 제외)의 접속부는 급 · 배기통을 확실하게 접속할 수 있고 쉽게 이탈되지 않도록 리브타입 또는 플랜지이음, 나사이음 방식으로 하고, 리브타입의 접속부는 다음에 적합한 구조로 할 것(리브타입 연결부 예는 그림 3.2.8.2 참조) (3.2.8.2) (1)접속부의 길이는 40㎜ 이상 (2)급·배기통이 수소추출설비 접속부의 바깥쪽으로 체결되는 형식의 경우, 접속부 바깥지름의 허용공차는 $\pm^{0}_{0.4}$mm 이내 (3)급·배기통이 수소추출설비 접속부의 안쪽으로 체결되는 형식의 경우, 접속부 안지름의 허용공차는 $\pm^{0}_{0.4}$mm 이내 o 전이중 및 분리형 급 · 배기통의 접속부는 급 · 배기통을 확실하게 접속할 수 있고, 쉽게 이탈되지 않도록 플랜지이음 또는 사용설명서 등에 기재된 적절한 도구만으로 탈착 가능한 구조로 할 것 (3.2.8.3) o 수소추출설비에는 필요한 경우 배기가스의 성분 측정을 위한 측정구를 설치 가능(이

기준항목	기준내용
	경우, 측정구는 기밀을 유지할 수 있는 구조로 할 것) (3.2.8.4)
13. 압력부 구조 (3.2.9)	ο가스홀더, 펌프 및 배관 등 압력을 받는 부분(압력부)에는 그 압력부 내의 압력이 상용압력을 초과할 우려가 있는 다음 중 하나에 해당하는 구역에 과압안전장치를 설치할 것 (1)내・외부 요인으로 압력상승이 설계압력을 초과할 우려가 있는 압력용기 등 (2)압축기(다단 압축기의 경우에는 각 단을 포함한다) 또는 펌프의 출구측 (3)배관 안의 액체가 2개 이상의 밸브로 차단되어 외부열원으로 인한 액체의 열팽창으로 파열이 우려되는 배관 (4)(1)부터(3)까지 이외에 압력조절실패, 이상반응, 밸브의 막힘 등으로 인해 상용압력을 초과할우려가 있는 압력부
14. 외함 구조 (3.2.10)	ο외함은 내부 구성요소를 보호하기 위하여 충분한 기계적 강도・화학적 특성을 갖는 것 (3.2.10.1) ο내부 온도상승・가연성 가스의 체류 등의 방지를 위하여 충분한 환기성능을 갖는 기계환기장치와 다음 기준에 따른 환기구를 설치할 것 (3.2.10.2) (1)환기구는 먼지, 눈, 식물 등에 의해 방해받지 않도록 설계 (2)유지보수를 위해 사람이 외함 내부로 들어갈 수 있는 구조를 가진 수소추출설비의 환기구 면적은 0.003 ㎡/㎥ 이상으로 할 것

6.2.4.3. 장치

수소추출설비는 안전성과 편리성을 확보하기 위하여 한국가스안전공사 또는 공인 시험·검사기관의 성능인증을 받은 부품을 사용하거나 이 기준에서 규정하는 안전장치 등을 갖추어야 한다. 수소추출설비의 장치 기준은 다음 표와 같다.

【표 6.2.8】 수소추출설비 장치에 관한 기준

기준항목	기준내용
1. 안전장치 기준 (3.3.1)	ο수소추출설비에는 다음 기준에 따른 제어기능을 갖는 안전장치를 설치할 것 (3.3.1.1) (1)시동제어 : 시동은 모든 안전장치가 정상적으로 작동하는 경우에만 가능하도록 제어될 것 / 올바른 시동 시퀀스를 보증하기 위해 적절한 연동장치를 갖는 구조일 것 / 정지 후, 자동 재시동은 모든 안전 조건이 충족된 후에만 가능한 구조일 것 (2)다음 경우에 비상정지 제어 기능 작동(이 경우 비상정지로 추가적인 위험이 발생하지 않도록 조치) 가. 연료가스 및 개질가스의 압력 또는 온도가 현저하게 상승하였을 경우 나. 연료가스 및 개질가스의 누출이 검지된 경우 다. 버너(개질기 및 그 외의 버너를 포함한다)의 불이 꺼졌을 경우 라. 제어 전원 전압이 현저하게 저하하는 등 제어장치에 이상이 생겼을 경우

기준항목	기준내용
	마. 수소추출설비 안의 온도가 현저하게 상승하였을 경우 바. 수소추출설비 안의 환기장치에 이상이 생겼을 경우 사. 배열회수계통 출구부 온수의 온도가 100℃를 초과하는 경우 아. 수소정제장치에서 다음 중 어느 하나의 상황이 발생 된 경우 : 공급가스의 압력, 온도, 조성 또는 유량이 경보 기준 수치를 초과한 경우 / 프로세스 제어 밸브가 작동 중에 장애를 일으키는 경우 / 수소정제장치에 전원 공급이 차단된 경우 / 흡착 및 탈착 공정이 수행되는 배관의 산소 함유량이 허용 한계를 초과하는 경우 / 버퍼 탱크의 압력이 허용 최대 설정치를 초과하는 경우 (3)비상정지는 다른 기능·동작보다 우선 실행하고, 외부로부터 방해되지 않도록 할 것 (4)비상정지가 실행된 경우 그 상황을 인지할 수 있는 적절한 알람이 표시되는 구조 (5)비상정지 후에는 록아웃 상태로 전환되어야 하며, 수동으로 록아웃을 해제하는 경우에만 정상 운전하는 구조
2. 전기장치 기준 (3.3.2.1)	ㅇ열적 영향이 적은 위치에 설치하고, 작동은 원활하고 확실한 것으로 할 것 ㅇ전기부품 및 부속품의 정격전압, 정격전류 및 허용전류는 전기부품 및 부속품에 가해진 최대전압 또는 최대전류 이상일 것 ㅇ기기에 부속된 콘센트 주위에는 최대 전력 또는 최대 전류값을 표시할 것
3. 열관리 장치 기준 (3.3.2.2)	ㅇ수소추출설비는 열평형을 유지할 수 있도록 냉각, 열 방출, 과도한 열의 회수 그리고 필요한 경우 시동 시 장치를 가열할 수 있는 열관리시스템을 보유할 것 ㅇ독성의 유체가 통하는 열교환기는 파손으로 인해 상수원 및 상수도에 영향을 미칠 위험이 있는 경우 이중벽으로 하고, 이중벽 사이는 공극으로서 대기 중으로 개방된 구조로 할 것 (다만, 독성유체의 압력이 냉각유체의 압력보다 70㎪ 이상 낮은 경우로써, 모니터를 통하여 그 압력차이가 항상 유지되는 구조인 경우에는 제외) ㅇ열교환 계통으로서 물 등이 순환하는 대기차단식(대기와 접촉하지 않는 것) 통로를 사용하는 경우 그 통로에 발생되는 공기를 제거할 수 있는 공기빼기 기능 또는 시스템을 구비할 것
4. 수소정제 장치 기준 (3.3.2.3)	ㅇ흡착·탈착 공정이 수행되는 배관에 산소농도 측정설비를 설치하여, 산소 혼입에 따른 가연성 또는 폭발성 혼합물이 생성되지 않도록 할 것 (다만, 개질기에서 산소가 발생될 우려가 없는 개질 방식의 경우 제외) ㅇ압력·온도의 변화를 이용하여 개질가스를 정제하는 방식의 경우, 장치가 정상적으로 작동되는지 확인할 수 있도록 수소정제장치 및 장치의 연결 배관에는 흡착·탈착 공정의 압력 또는 온도를 측정할 수 있는 모니터링 장치를 갖추도록 할 것 ㅇ수소정제장치는 다음의 경우에 장치를 안전하게 정지시킬 수 있도록 제어되는 것으로 할 것 (1)공급가스의 압력, 온도, 조성 또는 유량이 경보 기준 수치를 초과한 경우 (2)프로세스 제어 밸브가 작동 중에 장애를 일으키는 경우 (3)수소정제장치에 전원 공급이 차단된 경우 (4)흡착 및 탈착 공정이 수행되는 배관의 산소 함유량이 허용 한계를 초과하는 경우 (5)버퍼 탱크의 압력이 허용 최대 설정치를 초과하는 경우

6.2.4.4. 성능

수소추출설비의 안전성과 편리성 확보를 위하여 제품성능, 재료성능, 작동성능 및 수소품질성능 등을 규정하고 있고, 그 구체적인 기준은 다음 표와 같다.

【표 6.2.9】 수소추출설비 성능에 관한 기준

기준항목	기준내용
1. 제품성능 (3.4.1)	o 연료가스 등 유체의 통로는 상용압력 1.5배 이상의 수압(수압시험이 곤란한 경우 불활성 기체 등으로 실시하는 경우 1.25배 이상)에서 **내압성능**을 가져야 함. (3.4.1.1) o 연료가스 등 유체의 통로의 기밀시험은 상용압력 이상으로 하되, 0.7㎫를 초과하는 경우 0.7㎫ 이상의 압력에서 **기밀성능**을 가져야 함. 시험할 부분의 용적에 대응한 기밀유지시간은 표 3.4.1.2 참조 (3.4.1.2) o 500V의 절연저항계(정격전압이 300V 초과 600V이하인 것은 1000V) 또는 동등 성능의 절연저항계로 측정한 수소추출설비의 충전부와 외면(외면이 절연물인 경우는 금속박) 사이의 절연저항은 1㏁ 이상으로 **절연저항 성능**을 가져야 함. (3.4.1.3) o 수소추출설비의 충전부와 외면 사이에 교류 전압을 1분간 연속 가했을 때 절연내력에 견딜 수 있는 **절연내력 성능**을 가져야 함. 절연내력 시험의 전압은 표 3.4.1.4 참조 (3.4.1.4) o 옥외용 및 강제급배기식 수소추출설비는 부록 C에 따른 **살수성능** 시험방법으로 살수하였을 때 표 3.4.1.5에 따른 항목별 점화연소 성능기준에 적합할 것 (3.4.1.4)
2. 재료성능 (3.4.2)	o 탄화수소계 연료가스가 통하는 배관의 패킹류 및 금속 이외의 기밀유지부 / 수소가 통하는 배관의 패킹류 및 금속 이외의 기밀유지부는 **내가스성능**을 가져야 함. (3.4.2.1) o 탄화수소계 연료가스가 통하는 비금속 배관은 **투과성시험** 결과 가스 투과량이 3㎖/h 이하 일 것 (3.4.2.2) o 연료가스, 개질가스, 배기가스 및 물 등 유체가 통하는 부분 / 외함 / 습도가 높은 환경에서 사용되는 금속의 재료는 KS D 9502(염수 분무 시험방법)에 따라 염수분무시험을 실시하여 이상이 없고, 합성수지 부분은 80±3℃의 공기 중에 1시간 동안 방치한 후 자연냉각 시켰을 때 **내식성능**을 가져야 함. (3.4.2.3)
3. 작동성능 (3.4.3)	o 버너(촉매버너 제외)는 시동시(프리퍼지, 점화, 가스공급개시, 화염감시) 및 운전 중(불꺼짐시 안전장치 작동, 이상상태 시 버너의 안전장치 작동, 안전한 작동정지)의 **버너 운전 성능**을 가져야 함. (구체적인 버너 운전 성능 기준은 3.4.3.1 참조) o **자동버너컨트롤시스템의 안전 성능**은 다음기준에 적합하도록 할 것(다만, 버너가 없는 수소추출설비의 경우 버너 특성 외의 안전 성능만 만족하는 것으로 함) (3.4.3.2) (1)정상사용에서 발생할 수 있는 부주의함을 포함하여 일반적으로 예상되는 기계적, 화학적, 온도 및 환경조건에서 컨트롤시스템이 안전하게 작동되는 것으로 할 것 (3.4.3.2.1) (2)자동버너컨트롤시스템, 프로그램 또는 화염감지기는 정상적으로 작동하고 안전을 손상시키지 않도록 할 것 (3.4.3.2.2) (3)자동버너컨트롤시스템은 고장모드에 의한 결점회피와 결점허용을 감안하여 설계되어 고장발생 시 안전한 상태(fail-safe)에 도달되는 것으로 할 것 (3.4.3.2.3)

기준항목	기준내용
	(4)자동버너컨트롤시스템의 부품은 자동버너컨트롤시스템에서 일어날 수 있는 최악의 상태에 기초하여 적합한 것으로 선정할 것 (3.4.3.2.4) (5)소프트웨어를 사용하는 컨트롤은 소프트웨어가 일정조건의 전자적인 컨트롤을 손상시키지 않도록 구성하고, 안전과 관련된 기능을 가진 컨트롤은 소프트웨어의 안전관련 데이터 및 프로그램에서 소프트웨어관련 결함 및 에러를 회피하고 조절하는 방법을 사용하며, 그 밖의 사항은 EN 298 및 IEC 60730-2-5 Annex H에 따를 것 (3.4.3.2.5)
	o 반응시작 시간 및 반응실패 잠김 시간을 만족하는 **촉매버너 성능**을 가져야 함. (구체적인 반응시작 시간 및 반응실패 잠김 시간 기준은 3.4.3.3을 참조)
	o 부록 C에 따른 정격출력 **연료소비량 성능**시험에 의해 측정된 연료소비량은 표시연료소비량의 ±5% 이내일 것 (3.4.3.4)
	o 보조보일러 · 온수기는 최대출력 상태로 수소추출설비가 정격운전 상태에 도달한 후 2시간 동안의 허용최고온도가 표 3.4.3.5에 적합하도록 **온도상승 성능**을 가져야 함. (3.4.3.5)
	o 개질기 버너는 연소성능을 가져야 하고, 배기가스 중 CO 농도 및 배기가스 중 NO_X 농도 기준치를 초과하지 않도록 **연소상태 성능**을 가져야 함. (3.4.3.6)
	o 배기구 · 급기구 막힘 시 안전성능 및 급기팬 이상에 따른 안전성능을 확보할 수 있도록 **공기감시장치 성능**을 가져야 함. (3.4.3.7)
	o 다음 중 어느 하나에 해당하는 경우 **안전장치가 정상적으로 작동**하는지 확인할 것(이 경우, 제조자와 협의를 통한 모의시험을 통해 정상작동 여부를 확인가능) (3.4.3.8) (1)연료가스 및 개질가스의 압력 또는 온도가 현저하게 상승하였을 경우 (2)연료가스 및 개질가스의 누출이 검지된 경우 (3)버너(개질기 및 그 외의 버너를 포함한다)의 불이 꺼졌을 경우 (4)제어 전원 전압이 현저하게 저하하는 등 제어장치에 이상이 생겼을 경우 (5)수소추출설비 안의 온도가 현저하게 상승하였을 경우 (6)수소추출설비 안의 환기장치에 이상이 생겼을 경우 (7)배열회수계통 출구부 온수의 온도가 100℃를 초과하는 경우 (8)수소정제장치에서 3.3.2.3.3(1)부터 (5)까지 중 어느 하나의 상황이 발생된 경우
	o 수소추출설비가 정격운전을 하고 있는 상태에서 수전 회로를 3분 동안 개방한 후 복전 하였을 때 **정전 성능**을 가져야 하고, 재가동시 정상적으로 작동해야 함. (3.4.3.9)
	o 옥외식 및 강제급배기식의 경우에는 부록C4에 따라 시험을 하고, 실내형 강제배기식의 경우 부록C5에 따라 시험을 하였을 때 **유풍성능**을 가져야 함. (3.4.3.10)
	o 누설전류시험, 절연거리시험(공간거리측정시험, 연면거리측정시험), 감전보호시험, 접지연속성시험에 적합한 **절연성능**을 가져야 함. (3.4.3.11)
	o 수소추출설비는 다음의 각 시험에 적합한 **적자파적합 성능**을 가져야 함. (3.4.3.12) - 정전기 방전 내력시험 / 전기적 빠른 과도현상 내성시험 / 서지 내성 시험 / 순시정전 및 전압강하 시험 / 전자파 전도 내성 시험 / 전압변동 및 플리커 시험. 각 시험의 상세기준은 3.4.3.12.1 부터 3.4.3.12.6 참조
	o 다음에 해당하는 부품은 수소추출설비의 안전한 동작을 위해 **내구성능**을 가져야 함. (다만, 공인인증기관의 인증 또는 액법의 검사에 합격한 가스용품은 제외) (3.4.3.13)

기준항목	기준내용
	- 자동 차단밸브 / 자동버너제어시스템 / 전기점화장치 / 풍압스위치 / 화염감시장치 / 이상압력차단장치 / 과열방지안전장치 (각 부품의 상세기준은 3.4.3.13.1 부터 3.4.3.13.7 참조) ㅇ니켈을 포함하는 촉매를 사용하는 반응기는 다음의 **배출제한 성능**을 가져야 함. (3.4.3.14) (1)운전 시작 시, 반응기 온도 250℃ 이하의 경우 반응기 내부로 연료가스 투입 제한 (2)운전의 정지(비상정지 포함) 및 종료 시, 반응기 온도 250℃ 이하 전에 반응기 내부로의 연료가스 투입 제한 및 반응기 내부의 가스는 외부로 안전하게 배출 ㅇ수소추출설비의 **수소생산 효율**은 제조자가 표시한 값 이상으로 함. 수소생산 효율 계산식은 부록C8 참조 (3.4.3.15) ㅇ수소추출설비의 정격운전 상태에서 측정된 **수소생산량**은 제조사가 표시한 값의 ±5% 이내인 것으로 함. (3.4.3.16) ㅇ수소추출설비의 정격운전 상태에서 측정된 **수소생산 압력의 평균값**은 제조사가 표시한 값의 ±5% 이내인 것으로 함. (3.4.3.17) ㅇ수소추출설비 외함 내 체류가능성 있는 가연성가스 농도는 **폭발하한계**의 1/4 미만으로 하고, 외함 내·외부로 유·출입하는 공기 유량은 제조자가 제시한 **환기유량** 이상일 것 (3.4.3.18) ㅇ수소추출설비 정격소비전력에 대한 **정밀도**는 다음 기준에 적합해야 함. (3.4.3.19) <table><tr><th>정격소비전력(W)</th><th>허용차</th></tr><tr><td>25 초과 200 이하</td><td>±10%</td></tr><tr><td>200 초과</td><td>+5%(20W보다 작은 경우 20W) -10%</td></tr></table>ㅇ수전해설비는 정격운전 상태에서 유틸리티 차단에 안전성능을 가져야 함. (3.4.3.20))
4. 수소품질 성능 (3.4.4)	ㅇ수소추출설비의 수소품질은 제조자가 표시한 값을 만족할 것. (다만, 수소추출설비가 연료전지로 수소를 직접 공급하는 용도에는 고압가스의 품질기준과 품질검사방법 등에 관한 고시(산업통상자원부고시 제2017-68호) 별표 2 제1호에 따른 품질기준을 만족)

6.2.4.5. 표시

수소추출설비에는 제품표시 및 합격표시를 하고, 사용방법 등의 설명서 첨부, 가스 안전수칙 표시, 배관표시 및 시공표지판 부착을 하도록 규정하고 있다. 그 구체적인 기준은 다음 표와 같다.

【표 6.2.10】 수소추출설비 표시에 관한 기준

기준항목	기준내용
1. 제품표시 (3.6.1)	ㅇ수소추출설비에는 **명판을 부착**하고, 명판에는 다음의 사항을 기재할 것

	- 제품명 / 형식호칭(모델명) / 사용연료명 / 용도(연료전지용 또는 비연료전지용) / 사용연료 압력범위(kPa) / 정격연료소비량(kW) / 정격수소생산량(kW) / 정격수소생산압력(kPa) / 정격 수소생산효율(%) / 급배기방식(FF, FE), 급배기통 접속구경(mm), 급배기통 최대연결길이(m) / 정격소비전력(W) / 정격입력 전압(V), 주파수(Hz) / 제조번호나 로트번호 / 제조연월일 / 품질보증기간 / 제조자명(수입품은 판매자명) / A/S연락처
2. 합격표시 (3.6.2)	o 검사 합격 시 수소추출설비에 「국가표준기본법」에 따른 **국가통합인증마크(KC마크) 각인**
3. 설명서첨부 (3.6.3)	o 수소추출설비는 안전하게 사용할 수 있도록 **사용방법**(사용 전·중·후 확인사항 / 유틸리티 공급방법 / 비상정지방법 / 안전장치 작동 시 조치방법 / 그 밖에 필요사항)을 부착하고, **설치방법**(설치형태 / 설치장소 / 유틸리티 설치방법 / 시운전요령 등)과 사용방법 등 **설명서**를 첨부
4. 가스안전수칙 표시 (3.6.4)	o 수소추출설비를 안전하게 사용할 수 있도록 극성이 다른 충전부 사이 또는 충전부와 사람이 접촉할 수 있는 비충전 금속부 사이의 첨두전압이 600V를 초과하는 부분의 부근에는 쉽게 지워지지 않는 방법으로 **"주의" 표시**
5. 배관표시 및 시공표지판 부착 (3.6.5)	o 배관연결부 주위에는 가스, 전기, 난방환수, 난방공급, 급수, 온수 등 표시 o 수소추출설비의 눈에 띄기 쉬운 곳에 시공자의 상호, 소재지, 시공관리자 성명, 시공일 등을 기록한 **시공표지판 부착**

6.2.5. 참고사항

KGS AH271 규정 내용 중 다음 사항에 관하여는 구체적인 기술을 생략한다.

○ "4. 검사기준"

6.3. 수전해설비 제조의 시설・기술・검사기준(AH271)

6.3.1. 용어정의

이 기준은 수소법 시행규칙 제2조제3항제3호에 따른 수전해설비 중 산성 및 염기성 수용액을 이용하는 수전해설비, AEM(음이온교환막) 전해질을 이용하는 수전해설비 및 PEM(양이온교환막) 전해질을 이용하는 수전해설비와 그 부대설비에 대하여 적용한다. 또한 이 기준에서 정하는 수전해설비의 기하학적 범위는 급수 밸브로부터 스택, 전력변환장치, 기액분리기, 열교환기, 수분제거장치, 산소제거장치 등을 통해 토출되는 수소배관의 첫 번째 연결부까지로 하고, 수전해설비가 하나의 외함으로 둘러싸인 구조의 경우에는 외함 외부에 노출되는 각 장치의 접속부까지로 한다. 그 외 이 기준에서 사용하는 수전해설비 제조 등에 관한 용어정의는 다음 표와 같다.

【표 6.3.1】 수전해설비에 관한 용어정의

기준항목	기준내용
1. 정기품질검사 (1.4.2)	o 생산단계검사를 받고자 하는 제품이 설계단계검사를 받은 제품과 동일하게 제조된 제품인지 확인하기 위해 양산된 제품에서 시료를 채취하여 성능을 확인하는 검사
2. 상시샘플검사 (1.4.3)	o 제품확인검사 (생산단계검사에서 생산공정검사 또는 종합검정검사 대상 외의 품목에 대한 검사)를 받고자 하는 제품에 대하여 같은 생산단위로 제조된 동일제품을 1조로 하고, 그 조에서 샘플을 채취하여 기본적인 성능을 확인하는 검사
3. 수시샘플 검사 (1.4.4)	o 생산단계검사의 생산공정검사・종합공정검사를 받은 제품이 설계단계검사를 받은 제품과 동일하게 제조되는지를 양산된 제품에서 예고없이 시료를 채취하여 확인하는 검사
4. 공정확인 심사 (1.4.5)	o 설계단계검사를 받은 제품을 제조하기 위해 필요한 제조 및 자체검사공정(안전관리규정에 따른 자체검사)에 대한 품질시스템 운용의 적합성을 확인하는 것
5. 종합품질관리 체계심사 (1.4.6)	o 제품의 설계, 제조 및 자체검사 등 수전해설비 제조 전 공정에 대한 품질 시스템 운용의 적합성을 확인하는 것
6. 공정검사 (1.4.8)	o 생산공정검사와 종합공정검사
7. 충전부 (1.4.9)	o 수전해설비의 정상운전 상태에서 전류가 흐르는 도체 또는 도전부
8. 록아웃 (1.4.10)	o 수전해설비의 비상정지 등이 발생하여 수전해설비를 안전하게 정지하고, 이후 수동으로만 운전을 복귀시킬 수 있도록 하는 것
9. IP 등급 (1.4.11)	o 위험 부분 접근, 외부 분진 침투 또는 물의 침투에 대한 외함의 방진・방수보호 등급 - 외함 : 내부 구성요소를 보호하기 위하여 충분한 기계적・화학적 특성을 갖는 것 (3.2.10.1)

6.3.2. 경과조치

이 기준은 2022년 2월 5일부터 시행한다. 다만, 이 기준의 시행일 이전에 제조가 완료된 수전해설비에 대해서는 이 기준에 적합한 것으로 본다.

6.3.3. 시설기준

수전해설비 제조시설기준에는 수전해설비를 제조하려는 자가 갖추어야하는 제조설비 및 검사설비 종류와 제외조건 등을 규정하고 있고, 그 내용은 다음 표와 같다.

【표 6.3.2】 수전해설비 제조시설기준에 관한 기준

기준항목	기준내용
1. 제조설비 구비 (2.1)	ㅇ수전해설비를 제조하려는 자는 수전해설비를 제조하기 위하여 다음의 제조설비(제조하는 수전해설비에 필요한 것만을 말한다)를 갖추어야 함. (다만, 허가관청이 부품의 품질향상을 위하여 필요하다고 인정하는 경우에는 한국가스안전공사의 검토를 받아 그 부품을 제조하는 전문생산업체의 설비를 이용하거나 그가 제조한 부품을 사용 가능) - 구멍가공기 · 프레스 · 관굽힘기 · 절곡기 · 주물가공설비 / 표면처리 및 도장설비 / 가스용접기 또는 전기용접기 및 동력용조립지그·공구 / 셀 및 스택 제작 설비 / 전기회로기판 회로인쇄, 부품삽입, 납땜 설비 / 그 밖에 제조에 필요한 가공설비
2. 검사설비 구비 (2.2.1)	ㅇ수전해설비를 제조하려는 자는 제품의 성능을 확인·유지할 수 있도록 다음 기준에 맞는 검사설비를 갖추어야 함. (다만, 한국가스안전공사 또는 「국가표준기본법」에 따라 지정을 받은 해당 공인시험·검사기관 중 하나의 기관에 설계단계검사 항목의 시험 · 검사를 의뢰 또는 설계단계검사 항목에 필요한 시험 · 검사설비의 임대차 계약을 체결한 경우에는 제외) - 안전관리규정에 따른 자체검사를 수행할 수 있는 검사설비 : 버니어캘리퍼스 · 마이크로미터 · 나사게이지 등 치수측정설비 / 가스유량계 / 내압시험설비 / 기밀시험설비 / 절연저항측정기 및 내전압시험기 / 전압 및 전류측정기 / 안전장치 성능시험 설비 / 표면온도 측정설비 / 수소 및 산소농도 측정설비 / 그 밖에 검사에 필요한 설비 및 기구
3. 검사설비의 처리능력 (2.2.2)	ㅇ검사설비의 처리능력은 해당 사업소의 제품생산능력에 적합한 것

6.3.4. 기술기준

수전해설비의 제조기술기준에는 재료(배관 등), 구조 및 치수(배관, 전기배선, 충전부, 접지, 외함 등), 장치(안전장치 등), 성능(제품, 재료, 작동 성능 등), 표시(합격표시, 시공표지판 부착 등)에 관한 상세기준을 다룬다.

6.3.4.1. 재료

(1) 공통사항

수전해설비의 재료는 온도, 압력, 화학적 반응 등의 사용조건에 견디고, 해당 유체에 대한 충분한 내식성이 있으며 온도·압력 등 운전조건에 적합한 기계적 강도를 갖춘 것을 사용하면 된다. 수전해설비 재료에 관한 공통사항은 다음 표와 같다.

【표 6.3.3】 수전해설비 재료에 관한 공통사항

기준항목	기준내용
1. 공통 재료 기준 (3.1.1)	ㅇ수용액, 산소, 수소가 통하는 부분 : 금속재료 사용. 다만, 기밀을 유지하기 위한 패킹류, 씰재 등은 제외 (3.1.1.2) ㅇ외함 및 습도가 높은 환경에서 사용되는 금속 : 내식성이 있는 스테인리스강, 부식에 강한 코팅을 한 탄소강 등 사용 (3.1.1.3) ㅇ고무 또는 플라스틱의 비금속성 재료 : 단기간에 열화 되지 않는 것 (3.1.1.4) ㅇ전기 절연물 및 단열재 재료 : 접촉부 또는 그 부근의 온도에 충분히 견디고, 흡습성이 적은 것 (3.1.1.5) ㅇ도전재료 : 동, 동합금, 스테인리스강 또는 이와 동등 이상의 전기적·열적 및 기계적 안전성이 있는 것 (다만, 탄성이 필요하거나 구조적으로 사용하기 곤란한 부분은 제외) (3.1.1.6) ㅇ폴리염화비페닐(PCB), 석면, 카드뮴은 수전해설비 재료로서 사용하지 않음. (3.1.1.7)

(2) 배관등 재료

이 기준에서 수소 및 산소가 통하는 배관·관이음매·밸브를 '배관등'이라고 하고, 수전해설비 재료에 관한 공통사항과 배관등의 재료 기준은 다음 표와 같다.

【표 6.3.4】 수전해설비 재료에 관한 기준

기준항목	기준내용
1. 배관재료 적용 제외 (3.1.2.1)	ㅇ상용압력이 98MPa 이상인 배관등 /, 최고사용온도가 815℃를 초과하는 배관등 / 직접화기를 받는 배관등은 재료기준을 적용하지 않음.
2. 고압배관 재료 기준 (3.1.2.2)	ㅇ수송유체가 기체인 경우 상용압력이 1 MPa 이상, 수송유체가 액체인 경우 상용압력이 0.2 MPa 이상인 배관등에 사용하는 재료는 다음과 같음. - 관 재료 / 형·판·대재 재료 / 단조품 재료 / 주조품 재료 / 봉 재료는 3.1.2.2 참조 ㅇ수소를 포함한 유체를 수송하는 경우 : 고온의 운전조건에서 수소침식 방지를 위하여 API 941을 따름. (3.1.2.2.2)

기준항목	기준내용
3. 저압배관 재료 기준 (3.1.2.3)	ㅇ고압배관등 외의 압력을 받는 배관등에 사용하는 재료는 다음과 같음. - 관 재료 : KS D 3631(연료 가스 배관용 탄소 강관) / KS D 3583(배관용 아크 용접 탄소강 강관) - 관 이음매 : KS D 3631(연료 가스 배관용 탄소 강관) / KS B 1543(강제 맞대기 용접식 관 이음쇠) / KS B 1531(나사식 가단 주철제 관 이음쇠) - 관플랜지 : KS B 1501(철강제 관 플랜지의 압력 단계)에 따른 범위 안에서 사용 가능. 다만, 회주철제 플랜지는 사용 불가
4. 배관 이음매 및 밸브 재료 기준 (3.1.2.4)	ㅇ배관 이음매 및 밸브에 사용하는 재료는 다음과 같음. - 용접식 관이음매 / 관플랜지 이음매 / 밸브 재료는 3.1.2.4 참조

(3) 배관등 재료의 사용제한

수소 및 산소 배관재료는 KS B 6750(압력용기-설계 및 제조 일반) 중 부표 1 및 부표2에 표시된 허용응력 값에 대응하는 온도 범위를 초과하여 사용하는 것을 제한하고 있다. 또한, 배관재료 규격 동등이상의 재료를 사용할 경우 설계온도에서 충격시험을 실시하고, 불합격한 것은 0 ℃ 미만에서 사용되는 배관등의 재료로 사용하지 않도록 규정하고 있다. 충격시험에 관한 주요 내용은 다음 표와 같다.

【표 6.3.5】 충격시험 기준

기준항목	기준내용
1. 충격시험 기준(3.1.2.5.1)	ㅇ충격시험 기준은 다음과 같음. (1)충격시험에 사용하는 시험편 가. 시험편의 양쪽 끝으로부터 용접선에 수직으로 폭 부분을 50mm 잘라낸 나머지 부분의 열영향부 및 용착금속부에서 채취한 것 나. 시험편의 형상과 치수는 KS B 0809(금속재료 충격시험편)의 4호 시험편에 따름. 다만, 시험편 두께를 10mm로 할 수 없을 경우에는 7.5mm, 5mm 또는 2.5mm 중 그 시험편의 치수를 따라 가장 큰 것 (2)충격시험에 사용하는 모든 시험편에 대하여 모재의 설계온도 이하에서 KS B 0810(금속재료 충격시험방법)의 샤르피충격시험에 따라 실시 (3)모든 시험편의 흡수에너지가 그 모재의 최소인장강도에 대응한 최소흡수에너지 값 이상일 때에는 합격 (모재 최소인장강도에 따른 최소흡수에너지 값은 표 3.1.2.5.1①을 참조) (4)시험편의 형상과 치수가 (1)나.의 경우 그 시험편두께에 따라 표 3.1.2.5.1②에 따른 시험편두께에 대응한 값을 표 3.1.2.5.1①의 값으로 대체한 값 이상일 때에는 합격

수전해설비에서 수소 및 산소가 통하는 배관ㆍ관이음매ㆍ밸브 재료의 사용제한에 관한 기준은 다음과 같다.

【표 6.3.6】 배관등 재료 사용제한에 관한 기준

기준항목	기준내용
1. 고압배관등의 내압부분 재료 사용제한 (3.1.2.5.2)	ㅇ다음 재료는 고압배관등의 내압부분에 사용 금지 (1)탄소 함유량 0.35% 이상의 탄소강재 및 저합금강 강재로서 용접구조에 사용되는 재료 (다만, KS D 3710(탄소강 단강품)과 같이 탄소함유량 규정이 없는 재료는 탄소함유량 확인 후 사용가능) (2)KS D 3507(배관용 탄소강관) / KS D 3583(배관용 아크 용접 탄소강관) (3)SPS-KFCA-D4301-5015(회주철품)
2. 탄소강 강재 사용제한 (3.1.2.5.3)	ㅇ다음에 기재하는 것에는 KS D 3503(일반구조용 압연강재) 및 KS D 3515(용접구조용 압연강재)의 1종 A, 2종 A 및 3종 A을 배관재료로 사용 금지 (1)독성가스를 수송하는 배관 등 (2)상용압력이 1.6㎫를 초과하는 내압부분 (3)상용압력이 1㎫를 초과하는 길이 이음매를 가지는 관 또는 관이음 (4)두께가 16mm를 초과하는 내압부분 ㅇ상용압력이 3 ㎫를 초과하는 배관등에는 배관재료로 KS D 3515(용접구조용 압연 강재)[1종 A, 2종 A, 3종 A를 제외] 사용 금지
3. 주철품 사용 제한 (3.1.2.5.4)	ㅇ다음에 기재하는 것에는 SPS-KFCA-D4302-5016(구상 흑연 주철품)의 3종・4종 및 5종, SPS-KOSA0179-ISO5922 -5244(가단 주철품) 중 GCMB 30-06, 백심가단 주철품, 펄라이트 가단주철품을 배관재료로 사용 금지 (1)독성가스를 수송하는 배관등 (2)상용압력이 0.2㎫ 이상인 가연성가스의 배관등 (3)상용압력이 1.6㎫를 초과하는 가연성가스 및 독성가스 외의 가스밸브 및 플랜지 (4)설계온도가 0℃ 미만 또는 250℃를 초과하는 배관등 ㅇ다음에 기재하는 것에는 SPS-KFCA-D4302-5016(구상흑연 주철품)의 1종, 2종 및 SPS-KOSA0179-ISO5922- 5244(가단 주철품)중 GCMB를 배관재료로 사용 금지 (1)독성가스를 수송하는 배관등 (2)상용압력이 1.6㎫를 초과하는 밸브 및 플랜지 (3)상용압력이 1.1㎫를 초과하는 가연성가스 및 독성가스외의 가스를 수송하는 내압부분으로 밸브 및 플랜지외의 것 (4)설계온도가 0℃ 미만 또는 250℃를 초과하는 배관등 ㅇ다음에 기재하는 것에는 KGS AC111 부록 J에서 정한 덕타일 철주조품 및 덕타일 철주조품을 배관재료로 사용금지 (1)독성가스를 수송하는 배관등 (2)상용압력이 2.4㎫를 초과하는 밸브 및 플랜지 (3)설계온도가 -5℃ 미만 또는 350℃를 초과하는 배관등
4. 구리・구리합금 및 니켈통합금 사용제한(3.1.2.5.5)	ㅇKS B 6750(압력용기-설계 및 제조 일반) 중 허용인장응력치에 대응하는 온도를 초과하는 구리・구리합금 및 니켈통합금 재료는 사용 금지 (다만, 압력계・액면계 연결관에는 사용가능) ㅇ구리 및 구리의 함유량이 62%를 초과하는 합금으로 내부 유체에 아세틸렌이 함유된 재료는 배관재료로 사용 금지

기준항목	기준내용
5. 알루미늄 및 알루미늄합금 사용제한 (3.1.2.5.6)	o KS B 6750(압력용기-설계 및 제조 일반) 중 부표2에 표시된 허용인장응력치에 대응하는 온도를 초과한 알루미늄 및 알루미늄합금 재료는 사용 금지 (다만, 압력계 · 액면계 연결관에는 사용가능)
6. 타이타늄 사용 제한 (3.1.2.5.7)	o KS B 6750(압력용기-설계 및 제조 일반) 중 부표2에 표시된 허용인장응력치에 대응하는 온도를 초과한 타이타늄 재료는 사용 금지

6.3.4.2. 구조 및 치수

수전해설비는 안전성 · 편리성 및 호환성을 확보하기 위하여 다음 기준에 따른 구조와 치수를 가지는 것으로 한다.

【표 6.3.7】 수전해설비 구조 및 치수에 관한 기준

기준항목	기준내용
1. 일반구조 (3.2.1)	o 모든 부품은 뒤틀림, 이완 및 그 외의 손상에 견디는 안전한 구조로 하되 인체의 접촉 가능성이 있는 부품은 날카로운 돌출 부분이나 모퉁이가 없는 구조 (3.2.1.1, 3.2.1.3) o **분해 가능한 패널 · 커버 등의 구조**는 서로 호환되지 않는 구조로 하고, 반복 분해 · 조립에 따른 마모 등으로 인한 기능 손상이 발생되지 않는 것 (3.2.1.2) o 점검, 보수, 교체 및 분해가 용이한 구조 (3.2.1.4) o **단열재**는 배관 및 부품 등에 대한 접근이 용이한 구조 (3.2.1.5) o 수전해설비 본체에 설치된 **스위치 또는 컨트롤러의 조작**을 통해서만 운전 및 정지할 수 있는 구조일 것 (다만, 본체에서 원격조작을 허용하는 경우 또는 급격한 압력 및 온도 상승 등 위험이 생길 우려로 정지해야하는 경우 원격조작이 가능한 구조) (3.2.1.6) o 안전장치가 작동해야 하는 설정 값은 원격조작 등 임의로 변경 불가한 구조 (3.2.1.7) o **벽면 등에 부착하여 사용하는 경우** 용이하고 견고하게 부착이 가능한 구조 (3.2.1.8) o 환기팬 등 수전해설비의 운전상태에서 사람이 접할 우려가 있는 가동 부분은 적절한 **보호틀이나 보호망을 설치** (3.2.1.9) o 정격 입력 전압 · 정격 주파수를 변환하는 기구를 가진 이중정격의 것은 변환된 전압 및 주파수를 쉽게 식별할 수 있도록 함. (다만, 자동으로 변환되는 기구를 가지는 것은 제외) (3.2.1.10) o **외함 내부**는 가연성가스가 체류하거나, 외부로부터 이물질이 유입되지 않는 구조 (3.2.1.11) o **비상정지를** 실행하기 위한 제어장치의 설정 값 등을 임의로 조작하지 못하도록 봉인씰 또는 잠금장치 등으로 조작을 방지할 수 있는 구조 (3.2.1.12) o 배관은 수송하는 **유체의 식별**을 위해 쉽게 확인 가능한 곳에 유체의 종류를 표시 (3.2.1.13)

기준항목	기준내용
	o 가연성 또는 독성의 유체가 외부로 방출될 수 있는 부분에 **주의문구를 표시** (3.2.1.14)
	o 운전 또는 점검, 유지보수 등을 위해 사람의 접근이 요구되는 부분은 미끄러짐, 걸림 또는 부딪힘 등을 방지할 수 있는 구조 (3.2.1.15)
	o **긴급사태 발생** 시 신속하게 정지할 수 있도록 접근이 용이한 장소에 제어입력 장치 등 비상정지를 실행할 수 있는 장치 마련 (3.2.1.16)
	o **유체의 흐름을 차단**하는 밸브를 설치하는 경우 다음 기준에 따름. (3.2.1.17) - 차단밸브는 최고사용압력 및 온도, 유체특성 등 적합할 것 / 가동부는 밸브 몸통으로부터 전해지는 열을 견딜 수 있을 것 / 자동차단밸브는 공인인증기관의 인증품을 사용 / 자동차단밸브의 구동원이 상실되었을 경우 안전한 가동이 이루어질 수 있는 구조
	o 위험장소 안의 전기설비는 누출된 가스의 점화원이 되는 것을 방지하기 위하여 KGS GC101(가스시설의 폭발위험장소 종류 구분 및 범위산정에 관한 기준) 및 KGS GC102(방폭전기기기의 설계, 선정 및 설치에 관한 기준)에 따른 **방폭성능**을 갖는 구조 (3.2.1.18)
	o **압력조정기**(상용압력 이상의 압력으로 압력이 상승한 경우 자동으로 가스를 방출하는 안전 장치를 갖춘 것에 한정)에서 방출되는 가스는 방출관 등을 이용하여 외함 외부로 직접 방출하는 구조로 하고, 이 경우 압력조정기를 통해 가스가 방출되는 구간에는 벤트리미터 설치 (3.2.1.19)
	o **전기히터**는 공인인증기관의 인증품을 사용 (3.2.1.19)
	o 스택과 수소정제장치 사이에는 압축기 설치 금지 (3.2.1.20)
2. 배관 구조 공통 사항 (3.2.2.1)	o 물, 산소, 수소 등 유체가 누출되지 않는 구조 (3.2.2.1.1)
	o 열 및 부식에 따른 위해의 우려가 없는 장소에 설치하고 **방호 등의 조치**를 할 것 (3.2.2.1.2)
	o 진동 등으로 인하여 발생하는 **응력**에 견딜 수 있는 구조 (3.2.2.1.3)
	o 배관의 접합부는 용접, 나사 이음, 플렌지 이음 또는 이와 동등 이상의 방법으로 **기밀**을 유지할 수 있는 구조 (3.2.2.1.4)
	o 배관의 씰부는 **열화에 내성**을 가지는 구조 (3.2.2.1.5)
	o 연마분말, 유지류 등 내부의 이물질을 완전히 제거한 후 설치 (3.2.2.1.6)
	o 배관을 접속하기 위한 수전해설비 **외함의 접속부**는 다음에 적합한 구조로 할 것 (3.2.2.1.7) - 배관의 구경에 적합한 것 - 접속부는 외부에 노출되어 있거나 외부에서 쉽게 확인할 수 있는 위치에 설치 - 접속부는 진동, 자중, 내압력, 열하중 등으로 인하여 발생하는 응력에 견딜 수 있는 것
3. 배관 두께 (3.2.2.2)	o 배관설비의 두께는 상용압력의 2배 이상의 압력에 항복을 일으키지 않도록 계산식에 따라 **계산한 두께 이상**으로 함. (구체적인 계산식은 3.2.2.2.1 참조) (3.2.2.2) - 배관용 스테인리스 강관을 사용하는 경우 최소 두께는 표 3.2.2.2.2(1)을 참조 - 스테인리스 강관 외의 강관을 사용하는 경우 최소 두께는 표 3.2.2.2.2(2)을 참조
4. 배관 신축흡수 조치 (3.2.2.3)	o 배관의 신축 등으로 인하여 수소가 누출하는 것을 방지하기 위하여 배관에 나쁜 영향을 미칠 정도의 신축이 생길 우려가 있는 부분에는 **신축을 흡수하는 조치**를 함.
	o 곡관을 사용.(다만, 압력 2㎫이하인 배관으로서 곡관을 사용하기가 곤란한 곳에는 벨로우즈형 신축이음매 사용)

기준항목	기준내용
	o 곡관 등의 종류・배치 및 고정방법은 온도변화에 따라 배관에 발생하는 열변위합성응력이 허용 값 이하가 되도록 할 것. (열변위합성응력 허용값의 구체적인 계산식은 3.2.2.3.2 참조)
5. 액체 공급 및 배수 구조 (3.2.3)	o 급수 라인 접속부에는 **역류방지장치** 설치 (3.2.3.1) o 물, 수용액 등을 저장하기 위한 설비는 견고히 고정하고, 그 설비 안의 내용물이 밖으로 흘러넘치지 않는 구조 (3.2.3.2)
6. 전기배선 구조 (3.2.4)	o 사용 시 **피복의 손상** 등이 생기지 않는 구조 (3.2.4.1) o 배선은 **최단 경로**로 하고, 필요한 장소에는 **절연, 방열, 방호 및 고정** 등의 조치할 것 (3.2.4.2) o 배선은 가동부에 접촉하지 않도록 설치하고, 설치된 상태에서 2N의 힘을 가하였을 때 **가동부에 접촉할 우려가 없는 구조** (3.2.4.3) o 배선은 고온부에 접촉하지 않도록 설치하고, 설치된 상태에서 2N의 힘을 가하였을 때 고온부에 접촉할 우려가 있는 부분은 충**분한 내열성능을 갖는 구조** (3.2.4.4) o 배선이 구조물을 관통하는 부분 또는 2N의 힘을 가하였을 때 접촉할 우려가 있는 부분은 **피복이 손상되지 않는 구조** (3.2.4.5) o 전기접속기에 접속한 것은 5N의 힘을 가하였을 때 **접속이 풀리지 않는 구조** (3.2.4.6) o 리드선, 단자 등을 교체할 수 있는 경우에는 리드선, 단자 등의 접속이 잘못되었을 경우 장치가 작동되지 않거나 **이상 없이 작동**되는 것 (3.2.4.7) o 리드선, 단자 등은 숫자, 문자, 기호, 색상 등의 표시를 구분하여 **식별 가능**하도록 조치 (다만, 접속부의 크기, 형태를 달리하는 등 물리적인 방법으로 오접속을 방지할 수 있도록 조치한 경우에는 제외) (3.2.4.8) o 단락, 과전류 등과 같은 이상상황이 발생한 경우 전류를 효과적으로 차단하기 위해 **퓨즈 또는 과전류 보호장치** 등을 설치 (3.2.4.9) o 아크가 전달될 우려가 있는 부분에 사용하는 전기 절연물은 아크로 인하여 그 **성능이 저하되지 않는 것**으로 할 것 (3.2.4.10) o 전선이 기능상 부득이하게 외함을 통과하는 경우에는 **부싱 등 적절한 보호조치**를 하여 피복손상, 절연파괴 등의 우려가 없도록 할 것 (3.2.4.11)
7. 충전부 구조 (3.2.5)	o 충전부 상호간의 접속부분 또는 충전부와 비충전부와의 접속부분이 사용 상태에서 이완이 발생하지 않고 **사용 환경조건에 견딜 수** 있을 것 (3.2.5.1) o **충전부는 사람 등의 접촉이 없도록** 다음 기준에 따라 적합한 구조로 할 것 (3.2.5.2) - 충전부의 보호함이 공구를 이용하지 않아도 쉽게 분리되는 경우 보호함 등을 제거한 상태에서 시험지(KS C IEC 61032 규격의 시험프로브 B)를 삽입하여 시험지가 충전부에 접촉하지 않는 구조 - 충전부의 보호함이 공구 이용으로 분리되는 경우 보호함이 분리되어 있지 않은 상태에서 시험지를 삽입하여 시험지가 충전부에 접촉하지 않는 구조 o 다음 중 어느 하나에 해당하는 경우의 충전부는 시험지가 충전부에 접촉 가능 (3.2.5.3) - 설치한 상태에서 쉽게 사람에게 접촉할 우려가 없는 설치면의 충전부 / 질량이 40㎏을 넘는 몸체 밑면의 개구부로 부터 40㎝ 이상 떨어진 충전부 / 구조상 노출될 수밖에 없는 충전부로서 절연변압기에 접속된 2차 쪽 회로의 대지전압과 선간전압이 교류인

기준항목	기준내용
	경우 30V(직류의 경우 45V) 이하인 것 / 구조상 노출될 수 밖에 없는 충전부로서 대지와 접지되어 있는 외함과 충전부 사이에 1kΩ 저항을 설치한 후 수전해설비 내 충전부의 상용주파수에서 그 저항에 흐르는 전류가 1mA 이하인 것
8. 접지 구조 (3.2.6)	ㅇ접지용 단자 및 케이블 · 그 부근에 쉽게 지워지지 않는 방법으로 **접지용 단자임을 표시** (3.2.6.1) ㅇ접지용 단자는 전지선을 쉽고 확실하게 설치할 수 있는 것으로 하고, **나사의 호칭지름**은 4mm(눌러서 체결하는 형태는 3.5mm) 이상인 것 (3.2.6.2) ㅇ**접지 기구**는 사람이 접촉할 수 있는 금속부와 전기적으로 안전하게 접속하거나 쉽게 느슨해지지 않도록 견고하게 설치 (3.2.6.3) ㅇ접지용 단자의 재료는 **충분한 기계적 강도**를 가지고 부식되지 않는 것 (3.2.6.4) ㅇ**접지용 케이블**은 다음 중 하나에 해당하는 것으로 할 것 (3.2.6.5) - 직경 1.6㎜의 연동선 또는 동등 이상의 강도 및 두께를 가지고 쉽게 부식되지 않는 금속선 / 공칭 단면적 1.25㎟ 이상의 단심코드 또는 단심캡타이어케이블 / 공칭 단면적 0.75㎟ 이상의 2심 코드로 2선의 도체를 양단에서 꼬아 합치거나 납땜 또는 압착한 것 / 공칭 단면적 0.75㎟ 이상의 다심코드(꼬아 합친 것을 제외) 또는 다심캡타이어케이블의 1개의 선심 ㅇ 수소가 통하는 **배관의 접지 기준**은 다음과 같음. (3.2.6.6) - 직선 배관은 80m 이내의 간격으로 접지 / 서로 교차하지 않는 배관 사이의 거리가 100㎜ 미만인 경우, 배관 사이에서 발생될 수 있는 스파크 점프를 방지하기 위해 20m 이내의 간격으로 점퍼를 설치 / 서로 교차하는 배관 사이의 거리가 100㎜ 미만인 경우, 배관이 교차하는 곳에는 점퍼를 설치 / 금속 볼트 또는 클램프로 고정된 금속 플랜지에는 추가적인 정전기 와이어가 장착되지 않지만, 최소한 4개의 볼트 또는 클램프들마다에는 양호한 전도성 접촉점이 있도록 할 것
9. 유체 이동관련 기기 구조 (3.2.7)	ㅇ팬 및 블로어, 펌프 등은 용도에 적절한 것 선정, 점검에 용이한 구조 (3.2.7.1) ㅇ**베어링**은 운전 온도에 적합한 것을 선정하고, 필요에 따라 윤활유 공급 방법이 강구되어 있는 것으로 할 것 (3.2.7.2) ㅇ**유체 이동관련 기기**에 사용되는 전동기는 다음 구조에 적합한 것으로 할 것 (3.2.7.3) - 회전자의 위치에 관계없이 시동되는 것 / 정상적인 운전이 지속될 수 있는 것 / 전원에 이상이 있는 경우에도 안전에 지장 없는 것 / 통상의 사용 환경에서 전동기의 회전자는 지장을 받지 않는 구조 ㅇ**축씰링**은 정상 · 비정상 작동, 비상정지 상황에서 공급된 유체의 온도 · 압력에 적합한 것 (3.2.7.4)
10. 압력부 구조 (3.2.8)	ㅇ**가스홀더, 펌프 및 배관** 등 압력을 받는 부분(압력부)에는 그 압력부 내의 압력이 상용압력을 초과할 우려가 있는 다음 중 하나에 해당하는 구역에 과압안전장치를 설치 (3.2.8.1) (1)내·외부 요인으로 압력상승이 설계압력을 초과할 우려가 있는 압력용기 등 (2)펌프의 출구측 (3)배관 안의 액체가 2개 이상의 밸브로 차단되어 외부열원으로 인한 액체의 열팽창으로 파열이 우려되는 배관 (4)(1)부터(2)까지 이외에 상용압력을 초과할 우려가 있는 압력부

기준항목	기준내용
	o **과압안전장치 방출관**은 지상으로부터 5m 이상의 높이로 설치 (3.2.8.2) o 과압안전장치 방출관은 주위에 화기 등이 없는 안전한 위치에 설치 (다만, 수전해설비가 하나의 외함으로 둘러싸인 구조의 경우 과압안전장치에서 배출되는 가스는 외함 밖으로 방출되는 구조일 것)
11. 셀, 스택 구조 (3.2.9)	o 압력·진동·열 등으로 인하여 생기는 응력에 충분히 견디는 구조 (3.2.9.1) o 셀, 스택은 사용 환경에서 절연 열화 방지 등 **전기안전성**을 갖는 구조 (3.2.9.2) o 셀, 스택 내에는 산소와 수소의 혼합을 방지할 수 있는 **분리막**이 있는 구조 (3.2.9.3) o 셀, 스택은 전도체 낙하로 인한 단락 및 누설전류 방지 등을 위해 **절연케이스**를 덮는 구조 (3.2.9.4)
12. 외함 구조 (3.2.10)	o 외함은 내부 구성요소를 보호하기 위하여 충분한 기계적 강도 · 화학적 특성을 갖는 것 (3.2.10.1) o 내부 온도상승 · 가연성 가스의 체류 등의 방지를 위하여 충분한 환기성능을 갖는 환기장치를 설치하고, 다음 기준에 따른 **환기구**를 설치 (3.2.10.2) (1)환기구는 먼지, 눈, 식물 등에 의해 방해받지 않도록 설계 (2)환기구는 누출된 가스가 외부로 원활히 배출될 수 있는 위치에 설치 (3)유지보수를 위해 사람이 외함 내부로 들어갈 수 있는 구조를 가진 수전해설비의 환기구 면적은 0.003 ㎡/㎥ 이상일 것 o 외함 상부는 누출된 수소가 체류하지 않는 구조 (3.2.10.3) o 외함에 설치된 패널, 커버, 출입문 등은 외부에서 열쇠 또는 전용공구 등을 통해 개방할 수 있고, 개폐상태를 유지할 수 있는 구조 (3.2.10.4) o 작업자가 통과할 정도로 큰 외함의 출입문 등은 바깥쪽으로 열리고, 쉽게 개방할 수 있는 구조 (3.2.10.5) o 수전해설비가 수산화칼륨(KOH) 등 유해한 액체를 포함할 경우 **격납수단** 구비 (3.2.10.6)

6.3.4.3. 장치

수전해설비는 안전성과 편리성을 확보하기 위하여 한국가스안전공사 또는 공인시험·검사기관의 성능인증을 받은 부품을 사용하거나 이 기준에서 규정하는 안전장치 등을 갖추어야 한다. 수전해설비의 장치 기준은 다음 표와 같다.

【표 6.3.8】 수전해설비 장치에 관한 기준

기준항목	기준내용
1. 안전장치 기준 (3.3.1)	o 수전해설비에는 다음 기준에 따른 시동제어 및 비상정지 제어 기능의 **안전장치를 설치** (1)**시동제어** : 수전해설비 운전 개시 전, 외함 내부의 폭발 가능한 가연성가스 축적을 방지하기 위하여 공기, 질소 등으로 외함 내부를 충분히 퍼지할 것 / 시동은 모든

기준항목	기준내용
	안전장치가 정상적으로 작동하는 경우에만 가능하도록 제어될 것 / 올바른 시동 시퀀스를 보증하기 위해 적절한 연동장치를 갖는 구조일 것 / 정지 후, 자동 재시동은 모든 안전 조건이 충족된 후에만 가능한 구조일 것 (3.3.1.1) (2)**비상제어** : 다음 중 어느 하나에 해당하는 경우 비상정지 제어 기능 작동(이 경우 비상정지로 인하여 추가적인 위험이 발생하지 않도록 조치) (3.3.1.2) 가. 셀, 스택의 공급 전압에 이상이 생겼을 경우 나. 셀, 스택의 온도가 현저하게 상승하였을 경우 다. 셀, 스택에 과전류가 생겼을 경우 라. 셀, 스택에 안전성능 변화를 유발하는 차압이 발생한 경우 마. 수용액 수위가 현저하게 높거나 낮은 경우 바. 물, 수용액 유량이 현저하게 낮은 경우 사. 외함 내 수소농도가 1%를 초과할 때 아. 발생 수소 중 산소 농도가 3%를 초과할 때 자. 발생 산소 중 수소 농도가 2%를 초과할 때 차. 수용액, 산소, 수소가 통하는 부분의 압력이 현저하게 상승하였을 경우 카. 수전해설비 안의 환기장치에 이상이 생겼을 경우 타. 수전해설비 안의 온도가 현저하게 상승 또는 저하되는 경우 파. 수소정제장치에서 다음 중 어느 하나의 상황이 발생 된 경우 : 공급가스의 압력, 온도, 조성 또는 유량이 경보 기준 수치를 초과한 경우 / 프로세스 제어 밸브가 작동 중에 장애를 일으키는 경우 / 수소정제장치에 전원 공급이 차단된 경우 / 압력용기 등의 압력 및 온도가 허용 최대 설정치를 초과하는 경우 (3)비상정지는 다른 기능 및 동작보다 우선 실행되며, 외부로부터 방해되지 않음. (4)비상정지가 실행된 경우 상황을 인지할 수 있도록 적절한 알람이 표시되는 구조 (5)비상정지 후에는 록아웃 상태로 전환 되어야 하며, 수동으로 록아웃을 해제하는 경우에만 정상 운전하는 구조 (6)수동 조작을 통한 방법으로도 비상정지가 가능한 구조
2. 전기장치 기준 (3.3.2.1)	ㅇ 열적 영향이 적은 위치에 설치하고, 작동은 원활하고 확실한 것으로 함. ㅇ 전기부품 및 부속품의 정격전압, 정격전류 및 허용전류는 전기부품 및 부속품에 가해진 최대전압 또는 최대전류 이상일 것 ㅇ 기기에 부속된 콘센트 주위에는 최대 전력 또는 최대 전류 값을 표시
3. 열관리 장치 기준 (3.3.2.2)	ㅇ 수전해설비에서 열평형을 유지할 수 있도록 냉각, 열 방출, 과도한 열의 회수 그리고 필요한 경우 시동 시 장치를 가열할 수 있는 열관리시스템을 보유 ㅇ 독성의 유체가 통하는 열교환기는 파손으로 인해 상수원 및 상수도에 영향을 미칠 위험이 있는 경우 이중벽으로 하고, 이중벽 사이는 공극으로서 대기 중으로 개방된 구조 (다만, 독성유체의 압력이 냉각유체의 압력보다 70㎪ 이상 낮은 경우로써, 모니터를 통하여 그 압력차이가 항상 유지되는 구조인 경우에는 제외) ㅇ 열교환 계통으로서 물 등이 순환하는 대기차단식(대기와 접촉하지 않는 것) 통로를 사용하는 경우 그 통로에 발생되는 공기를 제거할 수 있는 공기빼기 기능 또는 시스템을 구비

기준항목	기준내용
4. 수소정제 장치 기준 (3.3.2.3)	ㅇ가연성 혼합물 · 폭발성 혼합물 생성 방지를 위해 촉매 등을 통한 산**소제거설비 설치** (3.3.2.3.1) ㅇ수소 중의 수분을 제거하기 위해 흡탈착 방법 등을 이용한 **수분제거설비 설치** (3.3.2.3.2) ㅇ산소제거설비 및 수분제거설비는 정상적으로 작동되는지 확인할 수 있도록 그 설비에는 온도, 압력 등을 측정할 수 있는 **모니터링 장치** 구비 (3.3.2.3.3) ㅇ장치를 안전하게 정지시킬 수 있도록 **제어되는 장치를 사용**해야 하는 경우 : 공급가스의 압력, 온도, 조성 또는 유량이 경보 기준 수치를 초과한 경우 / 프로세스 제어 밸브가 작동 중에 장애를 일으키는 경우 / 수소정제장치에 전원 공급이 차단된 경우 / 압력용기 등의 압력 및 온도가 허용 최대 설정치를 초과하는 경우 (3.3.2.3.4)
5. 수소검지경보장치 기준 (3.3.2.4)	ㅇ수소검지경보장치는 「화재예방, 소방시설 설치·유지 및 안전관리에 관한 법률」에 따라 **인증 받은 제품** 또는 공인인증기관의 인증품을 사용 (3.3.2.4.1) ㅇ수소검지경보장치의 검지부는 **방폭성능**을 갖는 것 (3.3.2.4.2) ㅇ**수신회로**는 2개 이상의 검지부에서 검지신호를 수신하는 경우 경보를 울리는 장소를 식별할 수 있는 것을 사용 (3.3.2.4.3) ㅇ수신회로가 작동상태에 있는 것을 쉽게 식별할 수 있는 것 (3.3.2.4.4) ㅇ**경보**는 램프의 점등 또는 점멸과 동시에 경보를 울리는 것 (3.3.2.4.5) ㅇ**검지부**는 외함과 같이 밀폐된 공간에서는 제품 상부에 설치하고, 천정이 나눠진 경우에는 각 부분에 구분 설치 (3.3.2.4.6) ㅇ검지부는 열원에서 적절히 떨어진 위치에 설치하고, 주위온도는 40℃ 초과 불가 (3.3.2.4.7) ㅇ수전해설비에 장착된 기계류에서 진동이 예상되는 경우, 진동에 견디도록 설계하거나 진동격리 장치를 제공 할 것 (3.3.2.4.8) ㅇ검지부는 누출된 수소가 체류하기 쉬운 장소에 설치 (3.3.2.4.9)

6.3.4.4. 성능

수전해설비의 안전성과 편리성 확보를 위하여 제품성능, 재료성능, 작동성능, 수소품질성능 등을 규정하고 있고, 그 구체적인 기준은 다음 표와 같다.

【표 6.3.9】 수전해설비 표시에 관한 기준

기준항목	기준내용
1. 제품성능 (3.4.1)	ㅇ상용압력 1.5배 이상의 수압(수압시험이 곤란한 경우 불활성 기체 등으로 실시하는 경우 1.25배 이상)에서 **내압성능**을 가져야 함. (3.4.1.1)

기준항목	기준내용
	ㅇ상용압력 이상으로 하되, 0.7㎫를 초과하는 경우 0.7㎫ 이상의 압력에서 **기밀성능**을 가져야 함. 시험할 부분의 용적에 대응한 기밀유지시간은 표 3.4.1.2 참조 (3.4.1.2) ㅇ500V의 절연저항계(정격전압이 300V 초과 600V이하인 것은 1000V) 또는 동등 성능의 절연저항계로 측정한 수전해설비의 충전부와 외면(외면이 절연물인 경우는 금속박) 사이의 절연저항은 1MΩ 이상으로 **절연저항 성능**을 가져야 함. (3.4.1.3) ㅇ수전해설비의 충전부와 외면 사이에 교류 전압을 1분간 연속 가했을 때 절연내력에 견딜 수 있는 **절연내력 성능**을 가져야 함. 절연내력 시험의 전압은 표 3.4.1.4 참조 (3.4.1.4)
2. 재료성능 (3.4.2)	ㅇ수소가 통하는 배관의 패킹류, 씰재 등 비금속재료는 상용압력에서 **내가스성능** 확보 (3.4.2.1) ㅇ수용액, 산소, 수소 등 유체가 통하는 부분 / 외함 / 습도가 높은 환경에서 사용되는 금속 부분의 재료는 KS D 9502[염수 분무 시험방법(중성, 아세트산 및 캐스분무 시험)]에 따라 **염수분무시험**을 실시하여 이상이 없고, 합성수지 부분은 (80±3)℃의 공기 중에 1시간 동안 방치한 후 자연냉각 시켰을 때 **내식성능**을 가져야 함. (3.4.2.2)
3. 작동성능 (3.4.3)	ㅇ다음 중 어느 하나에 해당하는 경우에는 **안전장치 성능**을 가져야 함. (3.4.3.1) (1)셀, 스택의 공급 전압에 이상이 생겼을 경우 (2)셀, 스택의 온도가 현저하게 상승하였을 경우 (3)셀, 스택에 과전류가 생겼을 경우 (4)셀, 스택에 안전성능 변화를 유발하는 차압이 발생한 경우 (5)수용액 수위가 현저하게 높거나 낮은 경우(알칼라인 수전해설비에 한정) (6)물, 수용액 유량이 현저하게 낮은 경우 (7)외함 내 수소농도가 1%를 초과할 때 (8)발생 수소 중 산소 농도가 3%를 초과할 때 (9)발생 산소 중 수소 농도가 2%를 초과할 때 (10)수용액, 산소, 수소가 통하는 부분의 압력이 현저하게 상승하였을 경우 (11)수전해설비 안의 환기장치에 이상이 생겼을 경우 (12)수전해설비 안의 온도가 현저하게 상승 또는 저하되는 경우 (13)수소정제장치를 제어시켜야하는 상황이 발생된 경우 ㅇ**자동제어시스템**의 안전성능을 가져야 함. (3.4.3.2) ㅇ수전해설비는 정격운전으로 하고, 정격운전 후 2시간 동안 측정된 항목별 **허용최고온도** 기준에 적합해야 함. 항목별 허용최고온도 기준은 표 3.4.3.3 참조 (3.4.3.3) ㅇ수전해설비의 누설전류시험, 절연거리시험(공간거리측정시험, 연면거리측정시험), 감전보호시험, 접지연속성 시험에 적합한 **절연성능**을 가져야 함. (3.4.3.4) ㅇ수전해설비가 정격운전을 하고 있는 상태에서 수전 회로를 3분 동안 개방한 후 복전하였을 때 **정전 성능**을 가져야 하고, 재가동시 정상적으로 작동해야 함. (3.4.3.5) ㅇ**수전해설비는** 다음의 각 시험에 적합한 **전자파적합 성능**을 가져야 함. (3.4.3.6) - 수전해설비의 정전기 방전 내력시험 / 전기적 빠른 과도현상 내성시험 / 서지 내성 시험 / 순시정전 및 전압강하 시험 / 전자파 전도 내성 시험 / 전압변동 및 플리커

<table>
<tr><th>기준항목</th><th>기준내용</th></tr>
<tr><td></td><td>시험. 각 시험의 상세기준은 3.4.3.6.1부터 3.4.3.6.6 참조
ㅇ자동 차단밸브, 자동제어시스템, 이상압력차단장치, 과열방지안전장치에 해당하는 부품은 내구성능을 가져야 함. (다만, 공인인증기관의 인증을 받은 경우에는 제외) (3.4.3.7)
ㅇ수전해설비의 수소생산 효율은 제조자가 표시한 값 이상으로 함. 수소생산 효율 계산식은 부록C2 참조 (3.4.3.8)
ㅇ수전해설비의 정격운전 상태에서 측정된 수소생산량은 제조사가 표시한 값의 ±5% 이내인 것으로 함. (3.4.3.9)
ㅇ수전해설비의 정격운전 상태에서 측정된 수소생산 압력의 평균값은 제조사가 표시한 값의 ±5% 이내인 것으로 함. (3.4.3.10)
ㅇ수전해설비 외함 내 체류가능성 있는 가연성가스 농노는 폭발하한계의 1/4 미만으로 하고, 외함 내 · 외부로 유 · 출입하는 공기 유량은 제조자가 제시한 환기유량 이상일 것 (3.4.3.11)
ㅇ수전해설비 정격소비전력에 대한 정밀도는 다음 기준에 적합해야 함. (3.4.3.12)
<table><tr><th>정격소비전력(W)</th><th>허용차</th></tr><tr><td>25 초과 200 이하</td><td>±10%</td></tr><tr><td>200 초과</td><td>+5%(20W보다 작은 경우 20W) -10%</td></tr></table>ㅇ수전해설비는 정격운전 상태에서 유틸리티 차단에 안전성능을 가져야 함. (3.4.3.13)</td></tr>
<tr><td>4. 수소품질성능 (3.4.4)</td><td>ㅇ수전해설비 수소품질 기준은 다음과 같음.
(1)제조자가 표시한 수소품질 값을 만족할 것 (다만, 수소 중 산소 및 수분의 농도는 각각 50 μmol/mol 이하 및 5μmol/mol 이하일 것)
(2)(1)에도 불구하고, 연료전지로 직접 수소를 공급하는 용도인 경우에는 고압가스의 품질기준과 품질검사방법 등에 관한 고시(산업통상자원부고시 제2017-68호) 별표 2 제1호에 따른 품질기준을 만족하는 것</td></tr>
</table>

6.3.4.5. 표시

수전해설비 제품에는 제품표시 및 합격표시를 하고, 사용방법 등의 설명서 첨부, 가스안전수칙 표시, 배관표시 및 시공표지판을 부착하도록 규정하고 있다. 그 구체적인 기준은 다음 표와 같다.

【표 6.3.10】 수전해설비 표시에 관한 기준

기준항목	기준내용
1. 제품표시 (3.6.1)	ㅇ수전해설비에는 **명판을 부착**하고, 명판에는 다음의 사항을 기재할 것 - 제품명 / 형식호칭(모델명) / 사용연료명 / 사용용도(연료전지용 또는 비연료전지용) / 정격사용

기준항목	기준내용
	연료량(㎥/h) / 정격수소생산량(N㎥/h) / 정격수소생산압력(㎪ 또는 ㎫) / 정격수소생산효율(kWh/N㎥) / 정격소비전력(W 또는 ㎾) / 정격입력 전압(V), 주파수(Hz), 상(단상, 삼상) / 설치장소(실내용, 실외용)제조번호나 로트번호 / 제조연월일 / 품질보증기간 / 제조자명(수입품은 판매자명) / A/S연락처
2. 합격표시 (3.6.2)	ㅇ검사에 합격한 수전해설비에는 「국가표준기본법」에 따른 **국가통합인증마크(KC마크) 각인**
3. 설명서첨부 (3.6.3)	ㅇ수전해설비는 안전하게 사용할 수 있도록 **사용방법**(사용 전·중·후 확인사항 / 유틸리티 공급방법 / 비상정지방법 / 안전장치 작동 시 조치방법 / 그 밖에 필요사항)을 부착하고, 설치방법(설치형태 / 설치장소 / 유틸리티 설치방법 / 시운전요령 등)과 사용방법 등 **설명서**를 첨부
4. 가스안전수칙 표시 (3.6.4)	ㅇ수전해설비를 안전하게 사용할 수 있도록 극성이 다른 충전부 사이 또는 충전부와 사람이 접촉할 수 있는 비충전 금속부 사이의 첨두전압이 600V를 초과하는 부분의 부근에는 쉽게 지워지지 않는 방법으로 **"주의" 표시**
5. 배관표시 및 시공표지판 부착 (3.6.5)	ㅇ배관연결부 주위에는 가스, 전기, 급수, 수용액 등 표시 ㅇ수전해설비의 눈에 띄기 쉬운 곳에 시공자의 상호, 소재지, 시공관리자 성명, 시공일 등을 기록한 **시공표지판 부착**

6.3.5. 참고사항

KGS AH271 규정 내용 중 다음 사항에 관하여는 구체적인 기술을 생략한다.

ㅇ "4. 검사기준"

6.4. 고정형 연료전지 제조의 시설·기술·검사기준(AH371)

6.4.1. 용어정의

이 기준은 수소법 시행규칙 제2조제3항제1호에서 규정하는 수소용품 중 연료소비량이 232.6 ㎾(20만 ㎉/h) 이하인 고정형 연료전지와 그 부대설비(이하 "연료전지"라 함)제조의 시설·기술·검사 기준에 대하여 적용(자동차관리법 제2조제1호에 따른 자동차에 장착되는 것은 제외)한다. 그 외 이 기준에서 규정하고 있는 고정형 연료전지 제조 등에 관한 기준의 용어정의는 다음 표와 같다.

【표 6.4.1】 용어정의에 관한 기준

기준항목	기준내용
1. 형식 (1.4.6)	ㅇ구조, 재료, 용량 및 성능 등에서 구별되는 제품의 단위
2. 충전부 (1.4.8)	ㅇ연료전지가 정상운전 상태에서 전류가 흐르는 도체 또는 도전부
3. 연료가스 (1.4.9)	ㅇ수소가 주성분인 가스를 생산하기 위한 원료 또는 버너 내 점화 및 연소를 위한 에너지원으로 사용되기 위해 연료전지로 공급되는 가스
4. 개질가스(1.4.10)	ㅇ연료가스를 수증기 개질, 자열 개질, 부분 산화 등 개질반응을 통해 발생되는것으로서 수소가 주성분인 가스
5. 개질기 (1.4.11)	ㅇ수소가 포함된 화합물 구조를 변화시키기 위한 것으로 수증기 개질, 자연개질 등의 개질반응을 통해 연료가스에서 수소가 주성분인 개질가스로 전환하는 장치
6. 안전차단시간 (1.4.12)	ㅇ화염이 있다는 신호가 오지 않는 상태에서 연소안전제어기가 가스의 공급을 허용하는 최대의 시간
7. 화염감시장치 (1.4.13)	ㅇ연소안전제어기와 화염감시기(화염의 유무를 검지하여 연소안전제어기에 알리는 것을 말한다)로 구성된 장치
8. 록아웃 (1.4.14)	ㅇ연료전지의 비상정지 또는 화염검지실패 등이 발생하여 연료전지를 안전하게 정지하고, 이후 수동으로만 운전을 복귀시킬 수 있도록 하는 것
6. IP 등급 (1.4.15)	ㅇ위험 부분으로의 접근, 외부 분진의 침투 또는 물의 침투에 대한 외함의 방진보호 및 방수보호 등급

6.4.2. 제조시설기준

연료전지를 제조하려는 수소용품 제조사업자는 연료전지 제조를 위한 제조설비 및 제품의 성능을 확인하고 유지할 수 있도록 검사설비를 갖추어야 한다. 제조설비 및 검사설비에 관한 기준은 다음 표와 같다.

【표 6.4.2】 고정형 연료전지 제조시설의 제조설비 및 검사설비에 관한 기준

기준항목	기준내용
1. 제조설비 구비 (2.1)	ㅇ연료전지 제조사업자는 이 제조기준에 따라 연료전지를 제조하기 위해 다음의 제조설비(제조하는 연료전지에 필요한 것)를 갖추어야 함. (다만, 허가관청이 부품의 품질향상을 위하여 필요하다고 인정하는 경우는 그 부품을 제조하는 전문생산업체의 설비를 이용하거나 그가 제조한 부품을 사용할 수 있고 이 경우 허가관청은 그 필요성을 인정하기 전에 한국가스안전공사에 검토를 요청해야 함.) 구멍가공기・프레스・관굽힘기・절곡기・주물가공설비/표면처리 및 도장설비/가스용접기 또는 전기용접기 및 동력용조립지그・공구/셀 및 스택 제작 설비/연료개질기 제작설비/전기회로기판 회로인쇄, 부품삽입, 납땜 설비/그 밖에 제조에 필요한 가공설비
2. 검사설비 (2.2)	ㅇ연료전지 제조사업자는 제품의 성능을 확인·유지할 수 있도록 다음 기준의 **검사설비**를 갖추어야 하고 검사설비의 종류는 안전관리규정에 따른 자체검사를 수행할 수 있는 것으로서 다음과 같음. (다만, 한국가스안전공사 또는 공인시험·검사기관 중 어느 하나의 기관에 의뢰하여 설계단계검사 항목에 필요한 시험·검사설비의 임대차계약을 체결한 경우는 제외) 버니어캘리퍼스・마이크로미터・나사게이지 등 치수측정설비/연료소비량측정설비/내압시험설비/기밀시험설비/절연저항측정기 및 내전압시험기/전기출력측정설비/안전장치 성능시험 설비/배기가스 측정설비/표면온도 측정설비/그 밖에 검사에 필요한 설비 및 기구 ㅇ검사설비의 처리능력은 해당 사업소의 제품생산능력에 적합한 것 (1)한국가스안전공사 (2)「국가표준기본법」에 따라 지정을 받은 해당 공인시험·검사기관

6.4.3. 제조기술기준

고정형 연료전지의 제조기술기준에는 재료(배관부, 도전부 및 배기부 등), 구조 및 치수(셀・스택 및 개질기, 배관, 버너, 전기배선, 충전부, 접지 등), 장치(안전장치, 전력장치 등), 성능(제품, 재료, 작동 성능 등), 표시(제품표시, 합격표시, 설명서 등)에 관한 상세기준을 기술하고 있다.

6.4.3.1. 재료기준

연료전지는 고온의 배기가스가 배출된다는 점을 고려하여 연료전지 재료는 사용조건의 온도에 견디면서 내열성을 지닌 재료를 사용하도록 규정하고 있고, 연료가스가 흐르는 부분은 내식성을 지닌 재료를 사용하도록 규정하고 있다. 또한 연료전지 특성상 전기 절연물, 도전재료 등에 관한 기준도 규정하고 있다. 재료에 관한 구체적인 기준은 다음 표와 같다.

【표 6.4.3】 재료에 관한 기준

기준항목	기준내용
1. 일반 사항 (3.1.3~3.1.6)	o **배기가스 통로, 외함 및 습도가 높은 환경에 사용되는 금속**은 주철, 스테인리스강 등 내식성이 있는 재료 사용(탄소강은 부식에 강한 코팅 실시) (3.1.3) o **고무 또는 플라스틱의 비금속성 재료**는 단기간에 열화(劣化)되지 않도록 할 것 (3.1.4) o **전기 절연물 및 단열재**는 접촉부 또는 그 부근 온도에 견디고 흡습성이 적을 것 (3.1.5) o **도전재료**는 동, 동합금, 스테인리스강 또는 이와 동등 이상의 전기적·열적 및 기계적인 안전성이 있을 것 (다만, 탄성이 필요한 부분 또는 구조적으로 사용하기 곤란한 부분은 예외) (3.1.6)
2. 유체 및 배기 가스 흐름부 (3.1.1)	o **연료가스 및 물 등 유체가 통하는 부분 :** 해당 유체에 대하여 충분한 내식성이 있는 재료 또는 코팅된 재료 사용 (3.1.1) o **개질가스가 통하는 부분 :** 금속재료로서 내식성이 있거나 코팅된 재료 사용 (3.1.2) o **연료전지 내 연소 배기가스가 통하는 부분 :** 최고 운전온도에서 배기가스의 기밀을 유지할 수 있는 불연재료 사용(다만, 패킹류, 씰재 등은 불연재료가 아니어도 사용 가능) (3.1.8, 3.1.9) o **연료가스 및 개질가스가 통하는 부분 :** 기밀을 유지하는 불연성 또는 난연성 재료 사용(다만, 패킹류, 씰재 등은 불연성 또는 난연성 재료가 아니어도 사용 가능) (3.1.10)
3. 사용 금지 재료 (3.1.7)	o **연료전지에는 다음 재료를 사용하지 않음.** (3.1.7) ①폴리염화비페닐(PCB), ②석면, ③카드뮴

6.4.3.2. 구조 및 치수기준

연료전지는 그 연료전지의 안전성·편리성 및 호환성을 확보하기 위하여 구조 및 치수가 중요하다. 이 기준에서는 셀, 스택 및 개질기에 대한 구조, 연료가스 배관의 구조와 버너 구조 등에 대하여 규정하고 있다. 구조 및 치수에 관한 구체적인 기준은 다음 표와 같다.

【표 6.4.4】 구조 및 치수에 관한 기준

기준항목	기준내용
1. 일반구조 (3.2.1)	o 모든 부품은 뒤틀림, 이완 및 그 외의 손상에 견디는 안전한 구조 (3.2.1.1) o 분해 가능한 패널·커버 등은 본래 설치된 곳 외 다른 위치에 설치되는 것을 방지하기 위하여 호환(互換) 설치되지 않는 구조 (3.2.1.2) o 인체 접촉 가능성이 있는 부품은 날카로운 돌출부분이나 모퉁이가 없는 구조 (3.2.1.3) o 점검, 보수, 교체 및 분해가 용이한 구조 (3.2.1.4) o 유지보수가 필요한 부분에 사용되는 단열재는 배관 및 부품 등에 대한 접근성이 용이한 구조 (3.2.1.5) o 연료전지는 본체에 설치된 스위치 또는 컨트롤러의 조작을 통해서만 운전을

기준항목	기준내용
	시작하거나 정지할 수 있는 구조 (다만, 다음의 경우는 원격조작이 가능한 구조) (3.2.1.6) (1)본체에서 원격조작으로 운전을 시작할 수 있도록 허용하는 경우 (2)급격한 압력 및 온도 상승 등 위험 우려가 있어 연료전지를 정지해야 하는 경우 o 연료전지의 안전장치가 작동해야 하는 설정값은 원격조작 등을 통하여 임의로 변경할 수 없어야 함. (3.2.1.7) o 벽면에 부착하는 연료전지는 용이하고 견고하게 부착이 가능한 구조 (3.2.1.8) o 환기팬 등 연료전지 사용 상태에서 사람이 접할 우려가 있는 가동 부분은 쉽게 접할 수 없도록 적절한 보호틀이나 보호망 등을 설치. (3.2.1.9) o 정격 입력 전압 또는 정격 주파수를 변환하는 기구를 가진 이중정격의 것은 변환된 전압 및 주파수를 쉽게 식별할 수 있도록 함. (다만, 자동으로 변환되는 기구를 가지는 것은 예외) (3.2.1.10) o 연료전지의 외함 내부에는 가연성 가스가 체류 하거나, 외부로부터 이물질이 유입되지 않는 구조 (3.2.1.11) o 누출된 가연성 가스가 전력변환장치로 유입되는 것을 최소로 할 수 있도록 가스 누출원과 전력변환장치 사이는 격벽(隔壁)을 설치하거나 이격하는 등 구분 가능한 구조 (3.2.1.12)
2. 셀, 스택 및 개질기 구조 (3.2.2)	o 압력·진동·열 등으로 인하여 생기는 응력에 충분히 견디는 구조 (3.2.2.1) o 셀, 스택은 사용 환경에서 절연 열화 방지 등 전기안전성을 갖는 구조 (3.2.2.2)
3. 배관구조 (3.2.3)	o **공통사항** (3.2.3.1) (1)배관은 연료가스, 개질가스 및 물 등 유체가 누출되지 않는 구조 (2)배관은 열 및 부식에 따른 위해 우려가 없는 장소에 설치 및 방호 조치 (3)배관은 진동, 자중, 내압력, 지진하중, 열하중 등으로 인하여 발생하는 응력에 견딜 수 있는 구조 (4)배관 접합부는 기밀을 유지할 수 있는 구조 (5)배관 씰부는 열화에 대하여 내성을 가지는 구조 (6)연료전지 외함의 접속부는 다음에 적합한 구조 가.배관의 구경에 적합 나.외부에 노출되어 있거나 외부에서 쉽게 확인할 수 있는 위치에 설치 다.진동, 자중, 내압력, 열하중 등으로 발생하는 응력에 견딜 수 있을 것 (7)가스필터는 연료인입 자동차단밸브 전단에 설치해야 하며 이 경우, 가스필터 여과재의 최대 직경은 1.5 ㎜ 이하이고, 1 ㎜ 초과하는 틈이 없어야 함. (3.2.3.1.7) o **연료가스 배관** (3.2.3.2) (1)연료가스 배관에는 독립적으로 작동하는 인입밸브를 직렬로 2개 이상 설치 (이 경우 인입밸브는 구동원이 상실되었을 경우 연료가스의 통로가 자동으로 차단되는 구조(fail-safe)) (2)인입밸브는 공인인증기관의 인증품 사용 (다만, 액법에 따른 가스용품에 해당하는 인입밸브는 같은 법에 따른 검사에 합격한 것을 사용) o **응축수 배출배관** (3.2.3.3) 중력으로 응축수를 배출하는 경우 응축수 배출배관의 내부 직경은 13㎜ 이상
4. 버너 구조 (3.2.4)	o **공통사항** (3.2.4.1) (1)코킹부, 용접부 및 그 외 버너 접합부는 결함이 없을 것

기준항목	기준내용
	(2)화염구는 변형이 발생되지 않는 구조 (3)버너 및 전기점화장치, 노즐, 연소실, 안전장치 등은 사용 상태에서 이동하거나 이탈되지 않도록 견고하게 고정 (4)연소를 위해 연료가스와 공기가 혼합되는 구조의 경우 공기가 연료가스 공급라인 또는 연료가스가 공기 공급라인으로의 유입을 방지하는 설비를 갖추어야 함. (5)연료 및 공기 조절장치로서 기계적 연결인 경우 파손 및 풀어짐이 없도록 설계 **o 점화장치** (3.2.4.2) (1)방전불꽃을 이용하는 점화의 경우는 다음의 구조로 함. 가.전극부는 상시 황염이 접촉되지 않는 위치 나.전극의 간격이 사용 상태에서 변화되지 않도록 고정 다.고압 배선의 충전부와 비충전 금속부와의 사이는 전극 간격 이상의 공간 거리를 유시하고, 점화동작 시에 누전을 방지하도록 전기 절연 조치 라.방전불꽃이 닿을 우려가 있는 부분에 사용하는 전기 절연물은 방전불꽃으로 인한 유해한 변형, 절연 저하 등의 변질이 없을 것 마.사용 시 손이 닿을 우려가 있는 고압 배선에는 전기절연피복 실시 (2)점화히터를 이용하는 점화의 경우는 다음의 구조로 함. 가.점화히터는 설치 위치가 쉽게 움직이지 않을 것 나.점화히터 등의 소모품은 쉽게 교환할 수 있는 것일 것
5. 전기배선 구조 (3.2.5)	o 사용 시 피복의 손상 등이 생기지 않는 것 (3.2.5.1) o 배선은 최단 경로로 하고, 필요한 장소에는 절연, 방열(防熱), 방호 및 고정 등 조치 (3.2.5.2) o 배선은 가동부에 접촉하지 않도록 설치하고, 설치된 상태에서 2N의 힘을 가하였을 때 가동부 접촉 우려가 없는 구조 (3.2.5.3) o 배선은 고온부에 접촉하지 않도록 설치하고, 설치된 상태에서 2N의 힘을 가하였을 때 고온부 접촉 우려가 있는 부분은 피복이 녹는 등 손상이 발생되지 않도록 내열성능을 갖을 것 (3.2.5.4) o 배선이 구조물을 관통하는 부분 또는 2N의 힘을 가하였을 때 구조물에 접촉할 우려가 있는 부분은 피복이 손상되지 않는 구조 (3.2.5.5) o 전기접속기에 접속한 것은 5N의 힘을 가하였을 때 접속이 풀리지 않는 구조 (3.2.5.6) o 리드선, 단자 등을 교체할 수 있는 경우는 리드선, 단자 등의 접속이 잘못되었을 경우 장치가 작동되지 않거나 이상 없이 작동되는 것일 것 (3.2.5.7) o 리드선, 단자 등은 숫자, 문자, 기호, 색상 등의 표시로 식별 가능토록 조치 (다만, 접속부의 크기, 형태를 달리하는 등의 방법으로 오접속을 방지할 수 있도록 한 경우 식별 조치 예외) (3.2.5.8) o 단락, 과전류 등과 같은 이상상황이 발생한 경우 전류를 효과적으로 차단하기 위해 퓨즈 또는 과전류 보호장치 등 설치 (3.2.5.9) o 아크가 전달될 우려가 있는 부분에 사용하는 전기 절연물은 아크로 인하여 그 성능이 저하되지 않도록 함. (3.2.5.10) o 전선이 기능상 부득이하게 외함을 통과하는 경우는 부싱 등 적절한 보호조치를 하여 피복손상, 절연파괴 등의 우려가 없도록 함. (3.2.5.11)
6. 충전부 구조 (3.2.6)	**o** 충전부 상호간의 접속부분 또는 충전부와 비충전부와의 접속부분이 사용 상태에서 이완이 발생하지 않고 사용 환경조건에 견딜 수 있는 것으로 함. (3.2.6.1) **o** 충전부는 드라이버, 스패너 등의 공구 또는 보수점검용 열쇠 등을 이용하지 않고

기준항목	기준내용
	쉽게 분리되는 부분을 제거한 상태에서 시험지가 충전부에 접촉하지 않도록 함. (다만, 충전부가 다음 중 어느 하나에 해당하는 경우는 예외) (3.2.6.2) (1)설치한 상태에서 쉽게 사람에게 접촉할 우려가 없는 설치면의 충전부 (2)질량이 40kg을 넘는 몸체 밑면의 개구부로 부터 0.4m 이상 떨어진 충전부 (3)구조상 노출될 수밖에 없는 충전부로서 다음 중 어느 하나에 해당하는 것 가.절연변압기에 접속된 2차 쪽 회로의 대지전압과 선간전압이 교류인 경우 30V(직류의 경우 45V) 이하인 것 나.대지와 접지되어 있는 외함과 충전부 사이에 1 ㏀ 저항을 설치한 후 연료전지 내 충전부의 상용주파수에서 그 저항에 흐르는 전류가 1 mA 이하인 것
7. 접지 구조 (3.2.7)	o 접지용 단자 또는 그 근처에 쉽게 지워지지 않는 방법으로 접지용 단자임을 표시 (3.2.7.1) o 접지용 단자는 접지선을 쉽고 확실하게 설치할 수 있는 것으로 하고, 접지용 단자 나사의 호칭지름은 4㎜(눌러서 체결하는 형태의 경우 3.5㎜) 이상인 것 (3.2.7.2) o 접지 기구는 사람이 접촉할 수 있는 금속부와 전기적으로 안전하게 접속하거나 또는 쉽게 느슨해지지 않도록 견고하게 설치할 수 있을 것 (3.2.7.3) o 접지용 단자의 재료는 충분한 기계적 강도를 가지고 부식되지 않는 것 (3.2.7.4) o 접지용 케이블은 다음 중 어느 하나에 해당되는 것일 것 (3.2.7.5) (1)직경 1.6㎜ 연동선 또는 이와 동등 이상의 강도 및 두께로 쉽게 부식되지 않는 금속선 (2)공칭 단면적 1.25㎟ 이상 단심코드 또는 단심캡타이어케이블 (3)공칭 단면적 0.75㎟ 이상 2심 코드로 2선의 도체를 양단에서 꼬아 합치거나 납땜 또는 압착한 것 (4)공칭 단면적 0.75㎟ 이상 다심코드(꼬아 합친 것을 제외) 또는 다심캡타이어케이블 1개의 선심
8. 유체 이동관련 기기 구조 (3.2.8)	o 팬 및 블로어, 펌프 등은 용도에 적절한 것을 선정하고, 점검에 용이한 구조 (3.2.8.1) o 베어링은 운전 온도에 적합한 것을 선정하고, 필요에 따라 윤활유 공급 방법이 강구되어 있을 것 (3.2.8.2) o 축씰링은 공급된 유체 및 온도, 압력 등 연료전지의 운전조건 등에 적합할 것 (3.2.8.3) **o 유체 이동관련 기기에 사용되는 전동기** (3.2.8.4) (1)회전자의 위치에 관계없이 시동되는 것 (2)정상적인 운전이 지속될 수 있는 것 (3)전원에 이상이 있는 경우에도 안전에 지장 없는 것 (4)통상의 사용 환경에서 전동기의 회전자는 지장을 받지 않는 구조
9. 급·배기통 접속부 구조 (3.2.9)	o 연료전지가 급·배기통과 연결되는 접속부는 기밀을 유지할 수 있는 구조 (3.2.9.1) o 급·배기통(전이중 및 분리형 급·배기통 제외)의 접속부는 급·배기통을 확실하게 접속할 수 있고, 이탈되지 않도록 리브타입 또는 플랜지이음, 나사이음 방식으로 함. (다만, 리브타입의 접속부는 다음에 적합한 구조로 함.) (3.2.9.2) (1)접속부의 길이는 40㎜ 이상 (2)급·배기통이 연료전지 접속부의 바깥쪽으로 체결되는 형식의 경우, 접속부 바깥지름의 허용 공차는 ± 0/0.4㎜ 이내로 함. (3)급·배기통이 연료전지 접속부의 안쪽으로 체결되는 형식의 경우, 접속부 안지름의 허용공차는 ±0/0.4㎜ 이내로 함.

기준항목	기준내용
	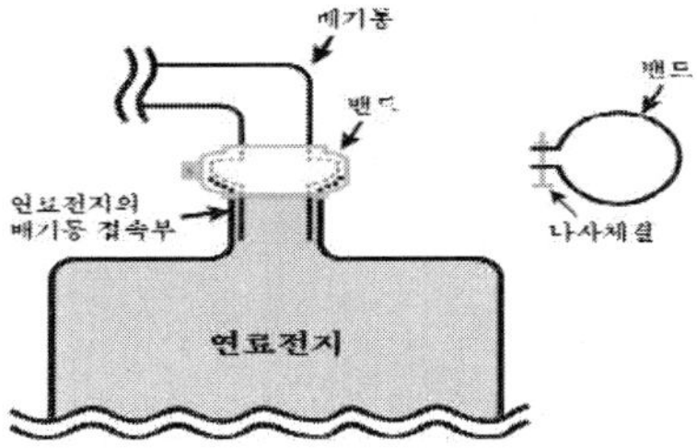 ㅇ전이중 및 분리형 급·배기통 접속부는 급·배기통을 확실하게 접속할 수 있고 이탈되지 않도록 플랜지이음 또는 사용설명서 등에 기재된 도구만으로 탈착 가능한 구조 (3.2.9.3) ㅇ측정구는 배기가스의 성분 측정을 위한 측정구 설치 시 기밀 유지 가능한 구조 (3.2.9.4) ㅇLPG 및 도시가스를 연료로 공급받는 연료전지는 필요 시 캐스케이드용으로 설계·제작 가능하며, 부록 D에 따른 구조 및 성능을 만족해야 함. (부록D 참고) (3.2.9.5)

6.4.3.3. 장치기준

연료전지는 그 연료전지의 안전성과 편리성을 확보하기 위하여 한국가스안전공사 또는 공인시험·검사기관의 성능인증을 받은 부품을 사용하거나 기준에 따른 안전장치 및 그 밖의 장치를 갖추도록 하고 있다. 장치에 관한 구체적인 기준은 다음 표와 같다.

(1) 안전장치

【표 6.4.5】 안전장치의 제어기능에 관한 기준

기준항목	기준내용
1. 시동제어 (3.3.1.1)	ㅇ시동은 모든 안전장치가 정상적으로 작동하는 경우에만 가능하도록 제어될 것 ㅇ올바른 시동 시퀀스를 보증하기 위해 적절한 연동장치를 갖는 구조일 것 ㅇ정지 후, 자동 재시동은 모든 안전 조건이 충족된 후에만 가능한 구조일 것
2. 비상정지 제어 (3.3.1.2)	ㅇ다음 중 어느 하나에 해당하는 경우, 비상정지 제어 기능이 작동해야 함. (이 경우, 비상정지로 인하여 추가적인 위험이 발생하지 않도록 함.) (1)연료 및 개질가스의 압력 또는 온도가 현저하게 상승하였을 경우 (2)연료 및 개질가스의 누출이 검지된 경우 (3)버너(개질기 및 그 외의 버너를 포함)의 불이 꺼졌을 경우 (4)제어 전원 전압이 현저하게 저하하는 등 제어장치에 이상이 생겼을 경우 (5)스택에 과전류가 생겼을 경우 (6)스택의 발생 전압에 이상이 생겼을 경우 (7)스택의 온도가 현저하게 상승하였을 경우

기준항목	기준내용
	(8)연료전지 안의 온도가 현저하게 상승하였을 경우 (9)연료전지 안의 환기장치에 이상이 생겼을 경우 (10)배열회수계통 출구부 온수의 온도가 100℃를 초과하는 경우 o 비상정지는 다른 기능 및 동작보다 우선하여 실행되며, 외부로부터 방해되지 않아야 함. o 비상정지가 실행된 경우, 사용자가 그 상황을 인지할 수 있도록 적절한 알람이 표시되는 구조 o 비상정지 후에는 록아웃 상태로 전환되어야 하며, 수동으로 록아웃을 해제하는 경우에만 정상운전하는 구조 o 수동 조작을 통한 방법으로도 비상정지가 가능한 구조

(2) 그 밖의 장치

【표 6.4.6】 기타 안전장치에 관한 기준

기준항목	기준내용
1. 전기장치 (3.3.2.1)	o 열적 영향이 적은 위치에 설치하고 작동은 원활하고 확실한 것 o 전기부품 및 부속품의 정격전압, 정격전류 및 허용전류는 전기부품 및 부속품에 가해진 최대전압 또는 최대전류 이상인 것 o 기기에 부속된 콘센트 주위는 안전하게 사용하도록 최대 전력 또는 최대 전류값 표시 o 지락, 단락 사고 시의 보호조치는 다음과 같음. (1)연료전지 쪽의 전기회로가 지락(地絡)된 경우 이를 검출하여 사고 부분이나 연계를 분리하는 등 보호기능을 갖출 것 (다만, 회로 구성상 연료전지의 전로가 접지되어 있고 보호가 되어 있는 경우는 예외) (2)축전장치를 갖는 연료전지는 직류 회로를 보호하는 퓨즈, 배선용 차단기 등을 갖출 것 (3)연계 운전 및 독립 운전 시의 부하 단락에 대해서는 연료전지를 안전하게 정지 또는 보호하는 기능을 갖출 것 (4)스택에는 외부 기기로부터 전류가 유입되지 않도록 함. (5)스택의 전로(電路)가 지락된 경우는 자동으로 개질기 등의 버너 가스통로를 차단하고 계통에서 분리하는 등 안전하게 정지하도록 함.
2. 전력변환장치 (3.3.2.2)	o 입력 운전 전압 범위에서 출력전압, 주파수 등의 정격에 적합하고 안정적으로 운전되며 입력 전압의 범위에서 비정상인 동작 또는 고장이 없을 것 o 계통 연계 시 연료전지의 운전조건에서 예상되는 최대 출력을 변환할 수 있을 것 o 독립 운전 시 전부하 용량에 대하여 여유가 있는 독립 운전 용량을 갖는 것 선정 o 출력 전기 방식은 단상 2선식, 삼상 4선식 및 삼상 3선식을 표준으로 함.
3. 배열회수장치 (3.3.2.3)	o 연료전지의 열교환 계통으로 오일, 물 등이 순환하는 대기차단식(대기와 접촉하지 않는 것) 통로를 사용하는 경우는 공기빼기 기능 또는 시스템을 갖출 것

6.4.3.4. 성능기준

연료전지의 내압성능의 확보는 연료전지의 내구성과 깊은 관련이 있는 중요한 요소이다. 따라서 연료전지는 그 연료전지의 안전성과 편리성을 확보하기 위하여 제품성능, 재료성능, 작동성능 등을 가지도록 규정하고 있다. 성능에 관한 구체적인 기준은 다음 표와 같다.

(1) 제품 성능

【표 6.4.7】 제품 성능에 관한 기준 (2022.02.05. 현재)

<table>
<tr><th>기준항목</th><th>기준내용</th></tr>
<tr><td>1. 내압성능
(3.4.1.1)</td><td>ㅇ대기차단식 물 순환 통로의 내압시험은 상용압력 1.5배 이상(최소 0.45MPa)의 수압으로 가압한 후 10분간 유지하였을 때 누출 또는 변형 등의 이상이 없고, 표면이 내식처리된 재료에 손상의 흔적이 없어야 함.
ㅇ급수 접속구에서 온수 출구까지 통로의 내압시험은 1.75MPa의 수압으로 가압한 후 1분간 유지하였을 때, 누출 또는 변형 등의 이상이 없는 것으로 함. (다만, 사용설명서 등에 감압밸브 등으로 감압하여 사용하도록 표기한 경우는 0.35 MPa(대기개방식 물 통로의 경우는 상용압력의 2배)의 수압을 가압한 후 10분간 유지하였을 때, 누출 또는 변형 등의 이상이 없는 것으로 함.)</td></tr>
<tr><td>2. 기밀성능
(3.4.1.2)</td><td>ㅇ연료가스 접속구에서 인입밸브까지 가스가 통하는 부분은 상용압력의 1.5배 이상 가압하였을 때 70mL/h 이하일 것
ㅇ인입밸브 이후 연료가스 및 개질가스가 통하는 부분은 상용압력 상태에서 누출이 없을 것</td></tr>
<tr><td>3. 절연저항 성능 (3.4.1.3)</td><td>ㅇ500V 절연저항계(정격전압이 300V를 초과하고 600V이하인 것은 1000V) 또는 동등한 성능을 가지는 절연저항계로 측정한 연료전지의 충전부와 외면(외면이 절연물인 경우는 외면에 밀착시킨 금속박)사이의 절연저항은 1MΩ 이상</td></tr>
<tr><td>4. 절연내력 성능 (3.4.1.4)</td><td>ㅇ연료전지의 충전부와 외면(외면이 절연물인 경우는 외면에 밀착시킨 금속박)사이에 표 3.4.1.4에 해당하는 교류 전압을 1분간 연속하여 가했을 때 절연내력에 견딜 것. 또한, 시험 후 표 3.4.1.4의 절연저항 성능에 적합할 것
표 3.4.1.4 절연내력 시험의 전압
<table>
<tr><td rowspan="2">구분</td><td colspan="2">시험전압</td></tr>
<tr><td>50V 미만</td><td>50V 이상</td></tr>
<tr><td>입력단자</td><td>500Vrms</td><td>(2×정격전압+1000)Vrms</td></tr>
<tr><td>출력단자</td><td colspan="2">1500Vrms</td></tr>
</table></td></tr>
<tr><td>5. 살수 성능
(3.4.1.5)</td><td>ㅇ옥외용 및 강제급배기식 연료전지는 부록 C에 따른 살수 성능 시험방법으로 살수하였을 때 표 3.4.1.5에 따른 항목별 점화연소 성능기준에 적합해야 함.
표 3.4.1.5 항목별 점화연소 성능기준
<table>
<tr><td colspan="2">항목</td><td>성능</td></tr>
<tr><td rowspan="2">살수 상태</td><td>점화</td><td>(1)기기에 정격주파수 및 정격전압 90%에 해당하는 전압을 인가했을 때 3회 중 3회 모두 점화될 것 (다만, 3회 중 1회가 점화되지 않는 경우는 2회 점화를 추가 실시하여 2회 모두 점화될 것 (5회 중 4회 점화))
(2) 점화로 폭발이 되지 않을 것</td></tr>
<tr><td>불 옮김</td><td>ㅇ착화 시 확실히 불이 옮겨 붙고 폭발적으로 착화하지 않을 것</td></tr>
</table></td></tr>
</table>

기준항목	기준내용		
		연소 상태	o 역화 없이 연소 및 운전상태가 안정하고 송전 전력, 스택 전압, 스택 전류, 연료 유량, 개질기, CO 전환기, CO 선택 산화기 각 부분의 온도에 변화가 없이 시스템의 거동이 안정될 것

(2) 재료 성능

【표 6.4.8】 재료 성능에 관한 기준

기준항목	기준내용
1. 내가스 성능 (3.4.2.1)	o 탄화수소계의 연료가 통하는 배관의 패킹류 및 금속 이외의 기밀유지부는 5 ℃ 이상 25 ℃ 이하의 n-펜탄 속에 72시간 이상 담근 후에 24시간 대기 중에 방치하여 무게변화율이 20 % 이내이고 사용상 지장이 있는 연화 및 취화 등이 없어야 함. o 수소가 통하는 배관의 패킹류 및 금속이외의 기밀유지부는 5~25 ℃의 수소가스를 해당 부품에 인가되는 압력으로 72시간 인가 후 24시간 대기 중에 방치하여 무게변화율이 20% 이내이고 사용상 지장이 있는 연화 및 취화 등이 없어야 함.
2. 투과성 시험 (3.4.2.2)	o 탄화수소계 연료가스가 통하는 비금속 배관은 35℃±0.5℃의 온도에서 0.9m 길이의 비금속 배관 안에 순도 98% 이상의 프로판가스를 담은 상태로 24시간 동안 유지하고, 이후 6시간 동안 측정한 가스 투과량은 3㎖/h 이하여야 함.
3. 염수분무 시험 (3.4.2.3)	o 다음 해당하는 부분의 재료는 KS D 9502(염수 분무 시험방법)에 따라 염수분무시험을 실시하여 이상이 없어야 하며, 합성수지 부분은 80℃±3℃의 공기 중에 1시간 방치한 후 자연냉각 시켰을 때 부풀음, 균열, 갈라짐 등의 이상이 없어야 함. (1)연료가스, 개질가스, 배기가스 및 물 등 유체가 통하는 부분 (2)외함 (3)습도가 높은 환경에서 사용되는 금속

(3) 작동 성능

【표 6.4.9】 작동 성능에 관한 기준

기준항목	기준내용
1. 버너 운전 성능 (3.4.3.1)	o **시동 시** (3.4.3.1.1) 프리퍼지/점화/가스공급개시/화염감시 등에 관한 기준을 준수하여야 함. 구체적인 기준은 3.4.3.1.1 (1)~(4) 참조 o **운전 중** (3.4.3.1.2) 불꺼짐시 안전장치 작동/이상상태 시 버너의 안전장치 작동/안전한 작동정지 등에 관한 기준을 준수하여야 함. 구체적인 기준은 3.4.1.1.2 (1)~(3) 참조

기준항목	기준내용
2. 자동버너 컨트롤시스템 안전 성능 (3.4.3.2)	**o** 다음 기준에 적합해야 함. (다만, 버너가 없는 연료전지는 버너 특성 외 안전 성능만 만족) (1)정상사용에서 발생할 수 있는 부주의함을 포함하여 일반적으로 예상되는 기계적, 화학적, 온도 및 환경 조건에서 컨트롤시스템이 안전하게 작동되는 것 (2)자동버너컨트롤시스템, 프로그램 또는 화염감지기는 정상 작동하고 안전을 손상시키지 않는 것 (3)자동버너컨트롤시스템은 고장모드에 의한 결점회피와 결점허용을 감안하여 설계되어 고장발생시 안전한 상태(fail-safe)에 도달되는 것으로 하며 자동버너컨트롤시스템의 부품은 자동버너컨트롤시스템에서 일어날 수 있는 최악의 상태에 기초하여 적합한 것으로 선정 (4)소프트웨어를 사용하는 컨트롤은 소프트웨어가 일정조건의 전자적인 컨트롤을 손상시키지 않도록 구성하고, 안전과 관련된 기능을 가진 컨트롤은 소프트웨어의 안전관련 데이터 및 프로그램에서 소프트웨어 관련 결함 및 에러를 회피하고 조절하는 방법을 사용. (그 밖의 사항은 EN 298 및 IEC 60730-2-5 Annex H에 따름.)
3. 연료소비량 성능 (3.4.3.3)	o 부록 C에 따른 정격출력 연료소비량 성능시험에 의해 측정된 연료소비량은 표시연료 소비량의 ±5% 이내인 것으로 함.
4. 온도상승 성능 (3.4.3.4)	o 연료전지 발전부는 정격출력으로 하고 보조보일러 혹은 온수기는 최대출력으로 설정하여 가동한 후 정격발전 후 2시간 동안 측정된 항목별 허용최고온도 기준은 표 3.4.3.4에 적합한 것으로 함. (표 3.4.3.4 참조)
5. 연소상태 성능 (3.4.3.5)	**o 개질기 버너 연소성능** (1)착화 시 불이 확실히 옮겨 붙고 폭발적으로 착화하지 않아야 함, (2)연소 상태가 안정적이어야 하며, 역화가 발생하지 않아야 함. **o 배기가스 중 CO 농도:** 연료전지의 이론건조 연소가스 중의 CO농도(부피%)는 다음에 적합한 것

표 3.4.3.5.2 배기가스 중 CO 농도 성능

측정구간	성능
가동시부터 정격상태까지	5초 이하 간격으로 측정된 CO%의 30분 이동 평균값은 0.1% 이하여야 함. (다만, 정격 도달 시간이 30분 이내일 경우 전구간 평균으로 함.)
정격 상태	3시간 동안 5초 이하 간격으로 측정된 CO%의 30분 이동 평균값은 0.02 % 이하여야 함.
부분 부하 상태	1시간 동안 5초 이하 간격으로 측정된 CO%의 30분 이동 평균값은 0.02 % 이하여야 함.

o 배기가스 중 NOx : 제조자는 표 3.4.3.5.3에 따른 NOx등급을 선정하고, 이론건조연소가스 중의 NOx는 선정된 등급의 제한값을 초과하지 않음.

표 3.4.3.5.3 등급별 제한 NOx 농도

NOx 등급	제한 NOx 농도(mg/kWh)
1	70
2	100
3	150
4	200
5	260

기준항목	기준내용
	o **배기가스 중 수소 농도 :** 정격 도달 후 3시간 동안 5초 이하 간격으로 측정된 배기가스 중의 수소 농도는 평균 0.005 % 이하여야 함.
6. 공기감시장치 성능 (3.4.3.6)	o **공기감시장치 성능은 다음의 시험으로 확인함.** (1)배기구 막힘 시 안전성능시험 (3.4.3.6.1) (2)급기구 막힘 시 안전성능시험 (3.4.3.6.2) (3)급기팬 이상에 따른 안전성능시험 (3.4.3.6.3)
7. 응축수 배출 배관의 배기 가스 유출 성능 (3.4.3.7)	o 연료전지의 정격상태에서 배기가스는 3.4.3.6.1(2)에 따른 시스템 정지 전 배기구 폐쇄면적 조건에서 응축수 배출배관으로 누출되지 않아야 함.
8. 환기성능 (3.4.3.8)	o 환기유량은 연료전지의 외함 내에 체류가능성이 있는 가연성가스의 농도가 폭발하한계의 1/4 미만이 유지될 수 있도록 충분한 것 o 연료전지 외함 내로 유입되거나 외함 외부로 배출되는 공기 유량은 제조자가 제시한 환기유량 이상일 것
9. 발전부 안정성능 (3.4.3.9)	o **열회수 효율 성능 :** 연료전지 발전 모듈로부터 발생한 열을 회수하여 온수저장시스템에 축열하는 시스템에 대해 부록 C에 따른 열회수 효율 시험에 의해 측정된 열회수 효율은 제조자가 표시한 값 이상인 것 o **전기출력 성능 :** 3.4.3.9.1과 같은 시험 조건으로 연료전지를 기동하여 정격발전 후 3시간 동안 전기출력 측정 평균 값이 표시정격출력의 ±5% 이내인 것. (단, 전기출력 성능은 필요에 따라 제조자가 선언한 부분 부하 출력에 대해서도 확인할 수 있음.) o **발전효율 성능 :** 부록 C에 따른 발전효율시험에 의해 측정된 발전효율은 제조자가 표시한 값 이상인 것
10. 직류지락 성능 (3.4.3.10)	o 셀, 스택 전로가 지락된 경우 자동으로 개질기 등 버너 가스통로를 차단하고 계통에서 분리하는 등 안전하게 정지하도록 함. (다만, 전력변환장치의 변압기가 절연형의 경우는 예외)
11. 안전장치 성능 (3.4.3.11)	o 다음 중 어느 하나에 해당하는 경우 연료전지 안전장치가 정상적으로 작동하는지 확인해야 함. 이 경우 제조자와 협의를 통한 모의시험을 통해 정상작동 여부 확인 가능 (1) 연료 및 개질가스의 압력 또는 온도가 현저하게 상승하였을 경우 (2) 연료 및 개질가스의 누출이 검지된 경우 (3) 버너(개질기 및 그 외의 버너를 포함)의 불이 꺼졌을 경우 (4) 제어 전원 전압이 현저하게 저하하는 등 제어장치에 이상이 생겼을 경우 (5) 스택에 과전류가 생겼을 경우 (6) 스택의 발생 전압에 이상이 생겼을 경우 (7) 스택의 온도가 현저하게 상승하였을 경우 (8) 연료전지 안의 온도가 현저하게 상승하였을 경우 (9) 연료전지 안의 환기장치에 이상이 생겼을 경우 (10) 배열회수계통 출구부 온수의 온도가 100℃를 초과하는 경우
12. 정전 성능 (3.4.3.12)	o 연료전지가 정격발전을 하고 있는 상태에서 송·수전 회로를 동시에 개방 후 3분 경과한 시점에 복전을 하였을 때 다음 기준에 적합한 것 (1) 송·수전 회로의 개방으로 인하여 정지되는 경우는 자동으로 개질기 등의 버너의 가스통로를 차단하고 외관 이상 없이 안전하게 정지하는 것

기준항목	기준내용
	(2) 송·수전 회로의 복전 후에 개질기 등의 버너에 가스통로를 차단한 상태에서 가스가 유입되지 않는 상태로 안전하게 정지되어야 하며, 재가동시 정상적으로 동작이 되어야 함.
13. 유풍 성능 (3.4.3.13)	ㅇ옥외식 및 강제급배기식의 경우는 부록 C에 따른 옥외식 및 강제급배기식의 점화·연소시험을 하였을 때 항목별 성능과 표 3.4.3.13.1을 참조 ㅇ실내형 강제배기식의 경우는 부록 C에 따른 강제배기식의 연소시험을 하였을 때 항목별 성능 적합 기준은 표 3.4.3.13.2을 참조
14. 절연성능 (3.4.3.14)	**ㅇ절연성능은 다음의 시험으로 확인함.** (1)누설전류시험 (3.4.3.14.1) (2)절연거리시험 (3.4.3.14.2) (3)감전보호시험 (3.4.3.14.3) (4)접지연속성 시험 (3.4.3.14.4)
15. 전력변환장치 보호기능 성능 (3.4.3.15)	**ㅇ전력변환장치 보호기능 성능은 다음의 시험으로 확인함.** (1)출력과전압 및 부족전압 보호기능 시험 (3.4.3.15.1) (2)주파수상승 및 저하 보호기능 시험 (3.4.3.15.2) (3)단독운전방지기능 시험 (3.4.3.15.3) (4)복전 후 일정시간 투입방지기능 시험 (3.4.3.15.4)
16. 전력변환장치 정상특성 성능 (3.4.3.16)	**ㅇ전력변환장치 정상특성 성능은 다음의 시험으로 확인함.** (1)출력전류 직류분 검출 시험 (3.4.3.16.1) (2)교류출력 역률 시험 (3.4.3.16.2) (3)교류출력전류 왜형률 시험 (3.4.3.16.3) (4)교류전압 및 주파수 추종범위 시험 (3.4.3.16.4)
17. 전력변환장치 과도응답특성 성능 (3.4.3.17)	**ㅇ전력변환장치 과도응답특성 성능 은 다음의 시험으로 확인함.** (1)계통전압 급변 시험 (3.4.3.17.1) (2)계통전압 위상급변 시험 (3.4.3.17.2) (3)계통전압 왜형률 내량 시험 (3.4.3.17.3) (4)계통전압 불평형 시험 (3.4.3.17.4) (5)부하 불평형 시험 (3.4.3.17.5)
18. 외부사고 성능 (3.4.3.18)	**ㅇ외부사고 성능은 다음의 시험으로 확인함.** (1)출력 측 단락시험 (3.4.3.18.1) (2)부하 차단시험 (3.4.3.18.2)
19. 환경안정 성능 (3.4.3.19)	**ㅇ환경안정 성능은 다음의 시험으로 확인함.** (1)습도시험 (3.4.3.19.1) (2)온습도 사이클시험 (3.4.3.19.2)
20. 전자파적합 성능 (3.4.3.20)	**ㅇ전자파적합 성능은 다음의 시험으로 확인함.** (1)정전기 방전 내력 시험(3.4.3.20.1) (2)전기적 빠른 과도현상 내성 시험(3.4.3.20.2) (3)서지 내성 시험(3.4.3.20.3) (4)순시정전 및 전압강하 시험 (3.4.3.20.4) (5)전자파 전도 내성 시험 (3.4.3.20.5) (6)전도 방출 시험 (3.4.3.20.6) (7)전압변동 및 플리커 시험 (3.4.3.20.7)
21. 부품 내구성능 (3.4.3.21)	ㅇ다음 부품은 연료전지의 안전한 동작을 위해 내구성능을 만족해야 함. (다만, 공인인증기관의 인증품 또는 액법에 따른 검사에 합격한 가스용품은 예외) (1)자동 차단밸브는 밸브를 2~20회/분 속도로 250,000회 내구성능 시험을 실시 후 성능에 이상이 없어야 하며, 3.4.1.2에 따른 기밀성능을 만족 (2)자동버너제어시스템은 2~20회/분 속도로 250,000회 내구성능 시험을 실시 후 성능에 이상이 없어야 하며, 3.4.3.1.1에 따른 시동 시 성능을 만족 (3)전기점화장치는 자동버너제어시스템을 2~20회/분 속도로 250,000회 내구성능 시험을 실시 후 성능에 이상이 없어야 하며, 3.4.3.1.1(2)에 따른 점화 성능을 만족 (4)풍압스위치는 2~20회/분 속도로 250,000회 내구성능 시험을 실시 후 성능에 이상이

기준항목	기준내용
	없어야 하며, 3.4.3.1.1(3)에 따른 가스공급개시 성능을 만족 (5)화염감시장치는 2~20회/분 속도로 250,000회 내구성능 시험을 실시 후 성능에 이상이 없어야 하며, 3.4.3.1.1(4)에 따른 화염감시 성능을 만족 (6)이상압력차단장치는 압력차단장치를 2~20회/분 속도로 5,000회 내구성능 시험 실시 후 성능 이상이 없어야 하며, 압력차단 설정값의 ±5% 이내에서 안전하게 차단 (7)과열방지안전장치는 2~20회/분 속도로 5000회 내구성능 시험을 실시 후 성능에 이상이 없어야 하며, 과열차단 설정 값의 ±5% 이내에서 안전하게 차단

6.4.3.5. 표시기준

【표 6.4.10】 표시기준

기준항목	기준내용
1. 제품표시 (3.6.1)	ㅇ연료전지에는 보기 쉬운 곳에 명판을 부착하고, 명판에는 다음 사항을 기재 제품명/형식호칭(모델명)/사용연료명/사용연료압력범위(kPa)/연료소비량(kW)/정격발전출력(kW)/발전효율 및 열효율(폐열을 활용하는 연료전지에 한정한다)(%)/급배기방식 및 급배기통 접속구경/ 배기통의 최대길이(강제배기식 및 강제급배기식)/정격전압[V(발전전압을 표시)], 정격주파수[Hz(발전주파수를 표시)]/제조번호나 로트번호/제조연월일/품질보증기간/제조자명(수입품은 판매자명)/A/S연락처/하나의 캐스케이드연통에 설치하는 연료전지 최대 설치대수 등 부록 D에서 규정한 사항(캐스케이드용 연료전지에 한정)
2. 합격표시 (3.6.2)	ㅇ연료전지는 연료전지라는 것을 식별할 수 있도록 다음과 같은 합격표시를 함. (일관공정으로 연료전지를 제조하는 경우 제조공정 중에 합격표시) (1)크기 : 가로 30㎜, 세로 30㎜ (2)색상 : 은백색바탕에 검은색 문자 그림3.6.2.1 합격표시
3. 설명서첨부 (3.6.3)	ㅇ연료전지를 안전하게 사용할 수 있도록 하기 위하여 사용방법 표지를 부착하고 설치방법과 사용방법 등 설명서를 첨부해야 함.
4. 가스안전수칙 표시 (3.6.4)	ㅇ연료전지를 안전하게 사용할 수 있도록 극성이 다른 충전부 사이 또는 충전부와 비충전 금속부 사이의 첨두전압이 600V를 초과하는 부분은 그 부근 또는 외부의 보기 쉬운 장소에 지워지지 않는 방법으로 주의 표시
5. 배관표시 및 시공표지판 부착 (3.6.5)	ㅇ연료전지는 그 연료전지를 안전하게 사용할 수 있도록 하기 위하여 다음 기준에 따라 배관표시와 시공표지판 부착 (1)배관연결부 주위에는 가스, 전기, 난방환수, 난방공급, 급수, 온수 등의 표시 (2)연료전지의 눈에 띄기 쉬운 곳에 시공자의 상호, 소재지, 시공관리자 성명, 시공일 등을 기록한 시공표지판 부착

6.4.4. 참고사항

KGS AH371 규정 내용 중 다음 사항에 관하여는 구체적인 기술을 생략한다.

ㅇ “4. 검사기준”

6.5. 이동형 연료전지(지게차용) 제조의 시설・기술・검사기준(AH372)

6.5.1. 용어정의

이 기준은 수소법 시행규칙 제2조제3항제1호에서 규정하는 수소용품 중 나목에 따른 연료전지 중 지게차(「건설기계관리법」 제2조제1호에 따른 건설기계에 해당하는 것은 제외한다)에 설치되어 동력원으로 사용되는 것으로써 정격출력 전압이 DC 150V 이하인 다음 중 어느 하나에 해당하는 연료전지와 그 부대설비 제조의 시설·기술·검사 기준에 대하여 적용한다. 그 외 이 기준에서 규정하는 이동형 연료전지(지게차용) 제조 등에 관한 기준의 용어정의는 다음 표와 같다.

(1) 직접메탄올 연료전지(DMFC)

(2) 수소를 연료로 사용하는 고분자전해질 연료전지(PEMFC)

【표 6.5.1】 이동형 연료전지(지게차용) 제조 등에 관한 용어정의

기준항목	기준내용
1. 연료전지 (1.4.1)	ㅇ수소와 산소의 전기화학적 반응을 통하여 전기와 열을 생산하는 설비와 그 부대설비로써 기하학적 범위는 연료가스 저장용기의 충전 접속구로부터 외부출력 접속기까지
2. 고분자전해질 연료전지 (PEMFC) (1.4.2)	ㅇ수소 이온을 통과시키는 고분자막을 전해질로 사용하여 수소와 산소의 전기화학적 반응을 통해 전기와 열을 생산하는 설비와 그 부대설비
3. 직접메탄올 연료전지 (DMFC) (1.4.3)	ㅇ연료로 메탄올을 직접 스택 내 전극에 공급하여 수소와 산소의 전기화학적 반응을 통해 전기와 열을 생산하는 설비와 그 부대설비
4. 정기품질검사 (1.4.4)	ㅇ생산단계검사를 받고자 하는 제품이 설계단계검사를 받은 제품과 동일하게 제조된 제품인지 확인하기 위해 양산된 제품에서 시료를 채취하여 성능을 확인하는 검사
5. 상시샘플검사 (1.4.5)	ㅇ제품확인검사를 받고자 하는 제품에 대하여 같은 생산단위로 제조된 동일제품을 1조로 하고 그 조에서 샘플을 채취하여 기본적인 성능을 확인하는 검사
6. 수시품질검사 (1.4.6)	ㅇ생산공정검사 또는 종합공정검사를 받은 제품이 설계단계검사를 받은 제품과 동일하게 제조되고 있는지 양산된 제품에서 예고 없이 시료를 채취하여 확인하는 검사
7. 공정확인심사 (1.4.7)	ㅇ설계단계검사를 받은 제품을 제조하기 위해 필요한 제조 및 자체검사공정에 대한 품질시스템 운용의 적합성을 확인하는 검사
8. 종합품질관리 체계심사 (1.4.8)	ㅇ제품의 설계, 제조 및 자체검사 등 수소추출설비 제조 전 공정에 대한 품질시스템 운용의 적합성을 확인하는 검사

기준항목	기준내용
9. 형식 (1.4.9)	o 구조, 재료, 용량 및 성능 등에서 구별되는 제품의 단위
10. 공정검사 (1.4.10)	o 생산공정검사와 종합공정검사
11. 충전부 (1.4.11)	o 연료전지가 정상운전 상태에서 전류가 흐르는 도체 또는 도전부.
12. 연료가스 (1.4.12)	o 연료전지로 공급되는 수소와 메탄올
13. 외부 출력 접속기 (1.4.13)	o 연료전지에서 발생되는 전기를 지게차의 동력원으로 제공하기 위한 전기연결부
14. IP 등급 (1.4.14)	o 위험 부분으로의 접근, 외부 분진의 침투 또는 물의 침투에 대한 외함의 방진보호 및 방수보호 등급

6.5.2. 제조시설기준

이동형 연료전지(지게차용) 제조시설기준에는 연료전지를 제조하려는 자가 제조설비 및 제품의 성능을 확인 · 유지할 수 있도록 갖추어야 하는 제조설비 및 검사설비 종류와 제외조건 등을 규정하고 있고, 그 내용은 다음 표와 같다.

【표 6.5.2】 이동형 연료전지(지게차용) 제조시설의 제조설비 및 검사설비에 관한 기준

기준항목	기준내용
1. 제조설비 구비 (2.1)	o 연료전지를 제조하려는 자는 이 제조기준에 따라 연료전지를 제조하기 위하여 **다음의 제조설비**(제조하는 연료전지에 필요한 것)**를 갖추어야 함**. (다만, 허가관청이 부품의 품질향상을 위하여 필요하다고 인정하는 경우에는 그 필요성을 인정하기 전에 고법 제28조에 따른 한국가스안전공사에 검토를 요청해야 함.) - 구멍가공기 · 프레스 · 관굽힘기 · 절곡기 · 주물가공설비 - 표면처리 및 도장설비 - 가스용접기 또는 전기용접기 및 동력용조립지그 · 공구 - 셀 및 스택 제작 설비 - 전기회로기판 회로인쇄, 부품삽입, 납땜 설비 - 그 밖에 제조에 필요한 가공설비
2. 검사설비 구비 (2.2)	o 연료전지를 제조하려는 자는 **제품의 성능을 확인 · 유지**할 수 있도록 다음 기준에 맞는 **검사설비를 갖추어야 하고** 그 검사설비의 종류는 안전관리규정에 따른 자체검사를 수행할 수 있는 것으로 다음과 같음. (다만, 한국가스안전공사 또는 「국가표준기본법」

기준항목	기준내용
	에 따라 지정을 받은 해당 공인시험·검사기관 중 어느 하나의 기관에 의뢰하여 설계단계검사 항목에 필요한 시험 · 검사설비의 임대차계약을 체결한 경우에는 제외함.) - 버니어캘리퍼스 · 마이크로미터 · 나사게이지 등 치수측정설비 - 연료소비량측정설비 - 내압시험설비 - 기밀시험설비 - 절연저항측정기 및 내전압시험기 - 전기출력측정설비 - 안전장치 성능시험 설비 - 배기가스 측정설비 - 표면온도 측정설비 - 연료가스 저장용기 고정시험 설비 - 환경시험 설비 - 진동성능시험 설비 - 기울기성능시험 설비 - 그 밖에 검사에 필요한 설비 및 기구 o 검사설비의 처리능력은 해당 사업소의 제품생산능력에 적합한 것

6.5.3. 제조기술기준

이동형 연료전지(지게차용)의 제조기술기준에는 재료(배관부, 도전부 및 배기부 등), 구조 및 치수(셀 · 스택, 배관, 전기배선, 충전부, 접지, 유체 이동관련 기기, 외함 등), 장치(안전장치 등), 성능(제품, 재료, 작동 성능 등), 표시(제품표시, 합격표시, 설명서 등)에 관한 상세기준을 다룬다.

6.5.3.1. 재료기준

연료전지에는 고온의 배기가스가 배출된다는 점을 고려하여 안전성 확보를 위해 사용 조건의 온도에 견디고 해당 유체에 충분한 내식성이 있는 재료 또는 코팅된 재료를 사용하도록 규정하고 있다. 이를 포함한 재료기준의 구체적인 내용은 다음 표와 같다.

【표 6.5.3】 이동형 연료전지(지게차용) 재료에 관한 기준

기준항목	기준내용
1. 유체 흐름부 (3.1)	o **연료가스(수소) 및 물 등 유체가 통하는 부분** : 해당 유체에 대하여 스테인리스강 등 충분한 내식성이 있는 재료 또는 코팅된 재료 사용) (3.1.1) o 기밀 유지에 사용되는 패킹류, 실(Seal)재 : 불연성 재료를 사용하지 않을 수 있음. (3.1.9)
2. 전류 흐름부 (3.1)	o **전기 절연물 및 단열재** : 접촉부 또는 그 부근의 온도에 충분히 견디고 흡습성이 적은 것 o **도전재료** : 동, 동합금, 스테인리스강 또는 이와 동등 이상의 전기적·열적 및 기계적인 안전성이 있는 재료 (다만, 탄성이 필요한 부분 또는 구조적으로 사용하기 곤란한 부분은 다른 재료 사용함에 대해 검토는 가능하나 그 안전성이 검증된 것을 사용) (3.1.6)
3. 배기가스 흐름부 (3.1.8)	o **배기가스 흐름부 재료** : 최고 운전온도에 적합한 불연성 재료
4. 사용 금지 재료 (3.1.7)	o **금지재료** : ① 폴리염화비페닐(PCB), ② 석면, ③ 카드뮴
5. 비금속 재료 (3.1.4)	o **비금속성 재료**(고무, 플라스틱 등) **:** 단기간에 열화(劣化)되지 않도록 사용 조건에 적합한 것
6. 기타 (3.1)	o **습도가 높은 환경**(배기가스 통로, 외함 등)**에 금속재료 사용 시** : 스테인리스강 등 내식성이 있는 재료 사용 (3.1.2) o **탄소강 사용 시** : 부식에 강한 코팅 사용 (3.1.2)

6.5.3.2. 구조 및 치수기준

연료전지는 그 연료전지의 안전성·편리성 및 호환성을 확보하기 위하여 연료전지에 사용하는 모든 부품은 뒤틀림, 이완 및 그 외의 손상에 견디는 안전한 구조로 하며, 다음 기준에 따른 구조와 치수를 가지도록 규정하고 있다.

【표 6.5.4】 이동형 연료전지(지게차용) 구조 및 치수에 관한 기준

기준항목	기준내용
1. 일반구조 (3.2.1)	o **부품** : 뒤틀림, 이완 및 그 외의 손상에 견디는 안전한 구조로 하되 인체의 접촉 가능성이 있는 부품은 날카로운 돌출 부분이나 모퉁이가 없는 구조 (3.2.1.1, 3.2.1.3) o **구조** : 점검, 보수 등이 용이한 구조로 설치하고 유지보수가 필요한 부분에 사용되는 단열재는 배관 • 부품 등에 대한 접근성이 용이한 구조로 설치하나 분해 가능한 패널·커버 등은 본래 설치된 곳 외에 호환(互換) 설치되지 않는 구조 (3.2.1.2, 3.2.1.4, 3.2.1.5) o **연료전지** : 다음과 같은 구조로 함.

기준항목	기준내용
	- 안전장치의 작동 설정 값은 원격조작 등을 통하여 임의로 변경할 수 없도록 함. (3.2.1.6) - 지게차에 견고하게 부착 가능한 구조 (3.2.1.7) - 연료전지 사용 시 환기팬 등 사람이 접할 우려가 있는 가동 부분은 적절한 보호틀이나 보호망 등을 설치 (3.2.1.8) - 정격 입력 전압 또는 정격 주파수를 변환하는 기구를 가진 이중정격의 것은 변환된 전압 및 주파수를 쉽게 식별할 수 있도록 함. (다만, 자동으로 변환되는 기구를 가지는 것은 예외) (3.2.1.9) - 외함 내부는 가연성 가스가 체류하거나, 외부로부터 이물질이 유입되지 않는 구조 (3.2.1.10) - 연료가스 저장용기는 점검·보수를 하는 경우 외에는 탈·부착이 불가능한 구조 (3.2.1.11) - 압력조정기에서 방출되는 가스는 방출관 등을 이용하여 외함 외부로 직접 방출하는 구조 (이 경우, 압력조정기를 통해 가스가 방출되는 구간에는 벤트리미터(vent limiter) 설치) (3.2.1.12) - 연료전지 배기가스를 방출관 등을 이용하여 외함 외부로 직접 배출하는 구조 (3.2.1.13) - 긴급사태 발생 시 운전을 신속하게 정지할 수 있도록 비상정지를 실행할 수 있는 장치(제어입력 장치 등)를 접근이 용이한 장소에 갖춘 구조 (3.2.1.14) - 정전기의 누적을 방지하기 위해 비충전부를 본딩(bonding)한 구조 (3.2.1.15)
2. 셀, 스택 구조 (3.2.2)	o 압력·진동·열 등으로 인하여 생기는 응력에 충분히 견디는 구조 (3.2.2.1) o 절연 열화 방지 등 전기안전성을 갖는 구조 (3.2.2.2) o 전도체의 낙하로 인한 단락 및 누설전류 방지 등을 위해 절연케이스를 덮는 구조 (3.2.2.3)
3. 배관구조 (3.2.3)	o 다음과 같은 공통기준에 따라 배관 구조를 설계함. - 연료가스, 물 등 유체가 누출되지 않는 구조 (3.2.3.1.1) - 열 및 부식에 따른 위해 우려가 없는 장소에 설치 및 방호 조치 (3.2.3.1.2) - 진동, 자중, 내압력, 지진하중, 열하중 등으로 인하여 발생하는 응력에 견딜 수 있는 구조(3.2.3.1.3) - 접합부는 용접, 나사 이음 등의 방법으로 기밀을 유지할 수 있는 구조 (3.2.3.1.4) - 씰(Seal)부는 열화에 대하여 내성을 가지는 구조 (3.2.3.1.5) - 연료전지 외함의 접속부 : ① 배관의 구경에 적합, ② 외부에 노출되어 있거나 외부에서 쉽게 확인할 수 있는 위치에 설치, ③ 진동, 자중, 내압력, 열하중 등으로 발생하는 응력에 견딜 수 있는 구조 (3.2.3.1.6) - 가스필터 : 연료인입 자동차단밸브(이하 "인입밸브"라 한다) 전단에 설치 (이 경우, 가스필터 여과재의 최대 직경은 1.5 ㎜ 이하이고, 1 ㎜ 초과하는 틈이 없어야 함.) (3.2.3.1.7) - 배관 : 연마분말 등 내부의 이물질을 완전히 제거한 후 설치 (3.2.3.1.8) - 응축수배출배관 : 중력으로 응축수를 배출하는 경우 내부 직경은 13㎜이상 (3.2.3.1.9) o **연료가스 배관** : 다음의 기준을 모두 만족하는 구조로 함. - 용기용 밸브 후단의 연료가스 배관에 독립적으로 작동하는 인입밸브를 직렬로

기준항목	기준내용
	2개 이상 설치 (3.2.2.2.1) - 인입밸브는 공인인증기관의 인증품을 사용하고, 구동원이 상실되었을 경우 연료가스의 통로가 자동으로 차단되는 구조(fail-safe) (3.2.2.2.1, 3.2.3.2.2)
4. 전기배선 구조 (3.2.4)	**o 구조** : 피복의 손상 등이 생기지 않는 것, 배선은 가능한 최단 경로, 필요한 장소에는 절연, 방열(防熱), 방호 및 고정 등의 조치 (3.2.4.1, 3.2.4.2) **o 배선 구조** : 다음 기준에 적합한 구조 - 가동부에 접촉하지 않도록 설치, 설치된 상태에서 2N의 힘을 가하였을 때에도 가동부에 접촉할 우려가 없는 구조 (3.2.4.3) - 고온부에 접촉하지 않도록 설치, 설치된 상태에서 2N의 힘을 가하였을 때 고온부에 접촉할 우려가 있는 부분은 피복이 녹는 등의 손상이 발생되지 않도록 충분한 내열 성능을 갖는 것 (3.2.5.4) - 구조물을 관통하는 부분 또는 2N의 힘을 가하였을 때 구조물에 접촉할 우려가 있는 부분은 피복이 손상되지 않는 구조 (3.2.4.5) - 전기접속기에 접속한 것은 5N의 힘을 가하였을 때 접속이 풀리지 않는 구조 (3.2.4.6) **o 리드선, 단자 등** : 교체할 수 있는 경우에는 리드선, 단자 등의 접속이 잘못되었을 경우 장치가 작동되지 않거나 이상 없이 작동되는 것으로 하며 숫자, 문자, 기호, 색상 등의 표시를 구분하여 식별 가능한 조치 (다만, 접속부의 크기, 형태를 달리하는 등 물리적인 방법으로 오접속을 방지할 수 있도록 조치한 경우에는 예외) (3.2.4.7, 3.2.4.8) **o 외부 출력 접속기** : 다음 기준에 적합한 구조 (3.2.4.13) - 연료전지의 출력에 적합한 것 - 외부의 위해요소로부터 쉽게 파손되지 않도록 적절한 보호조치 - 150 N 이하의 힘으로 분리가 가능하고, 분리 시 케이블의 손상을 방지할 수 있는 구조 **o 기타 방호조치 :** 다음 기준에 적합하도록 할 것 - 단락, 과전류 등과 같은 이상상황이 발생한 경우 전류를 효과적으로 차단하기 위해 퓨즈 또는 과전류 보호장치 등 설치 (3.2.4.9) - 아크가 전달될 우려가 있는 부분에 사용하는 전기 절연물은 아크로 인하여 그 성능이 저하되지 않도록 조치 (3.2.4.10) - 전선이 기능상 부득이하게 외함을 통과하는 경우에는 부싱 등 적절한 보호조치를 하여 피복손상, 절연파괴 등의 우려가 없도록 조치 (3.2.4.11) - 단자대(terminal lug)의 충전부와 비충전부 사이 및 단자대와 단자대가 설치되는 접촉부의 사이에는 절연조치, 감전 등의 위해가 발생되지 않도록 적절한 보호조치 (3.2.4.12) - 공인인증기관의 인증품으로서 사용온도에 적합한 것 사용 (3.2.4.14)
5. 충전부 구조 (3.2.5)	**o** 충전부 상호간의 접속부분 또는 충전부와 비충전부와의 접속부분이 사용 상태에서 이완이 발생하지 않고 사용 환경조건에 견딜 수 있는 구조 (3.2.5.1)

기준항목	기준내용
	o 드라이버, 스패너 등의 공구 또는 보수점검용 열쇠 등을 이용하지 않고 쉽게 분리되는 부분을 제거한 상태에서 시험지가 충전부에 접촉되지 않도록 하는 구조(다만, 충전부가 다음 중 어느 하나에 해당하는 경우는 예외) (3.2.5.2, 3.2.5.3) - 설치한 상태에서 쉽게 사람에게 접촉할 우려가 없는 설치면의 충전부 - 질량이 40kg을 넘는 몸체 밑면의 개구부로 부터 0.4m 이상 떨어진 충전부 - 구조상 노출될 수밖에 없는 충전부로서 ① 절연변압기에 접속된 2차 쪽 회로의 대지전압과 선간전압이 교류인 경우 30V(직류의 경우 45V) 이하, ② 대지와 접지되어 있는 외함과 충전부 사이에 1 kΩ 저항을 설치한 후 연료전지 내 충전부의 상용주파수에서 그 저항에 흐르는 전류가 1 mA 이하인 것
6. 접지 구조 (3.2.6)	o 접지용 단자 또는 그 근처에 쉽게 지워지지 않는 방법으로 접지용 단자임을 표시 (3.2.6.1) o 접지용 단자는 접지선을 쉽고 확실하게 설치할 수 있는 것으로 하고 접지용 단자 나사의 호칭 지름은 4mm(눌러서 체결하는 형태의 경우 3.5mm) 이상 (3.2.6.2) o 접지 기구는 사람이 접촉할 수 있는 금속부와 전기적으로 안전하게 접속하거나 또는 쉽게 느슨해지지 않도록 견고하게 설치 (3.2.6.3) o 접지용 단자의 재료 : 충분한 기계적 강도 및 부식되지 않는 것 (3.2.6.4) o 접지용 케이블은 다음 중 하나에 해당되는 것. (3.2.6.5) - 직경 1.6㎜의 연동선 또는 이와 동등 이상의 강도 및 두께를 가지고 쉽게 부식되지 않는 금속선 - 공칭 단면적 1.25㎟ 이상의 단심코드 또는 단심캡타이어케이블 - 공칭 단면적 0.75㎟ 이상의 2심 코드로 2선의 도체를 양단에서 꼬아 합치거나 납땜 또는 압착한 것 - 공칭 단면적 0.75㎟ 이상의 다심코드(꼬아 합친 것을 제외한다) 또는 다심캡타이어케이블의 1개의 선심 o 접지용 케이블 또는 그 근처에 쉽게 지워지지 않는 방법으로 접지용 케이블임을 표시 (3.2.6.6)
7. 유체 이동관련 기기 구조 (3.2.7)	o **팬 및 블로어, 펌프** : 용도에 적절한 것을 선정, 점검에 용이한 구조 (3.2.7.1) o **베어링 :** 운전 온도에 적합한 것을 선정, 필요에 따라 윤활유 공급 방법이 강구되어 있는 것 (3.2.7.2) o **축씰링 :** 공급된 유체 및 온도, 압력 등 연료전지의 운전조건 등에 적합한 것 (3.2.7.3) o **유체 이동관련 기기에 사용되는 전동기** : 다음 기준에 적합한 구조 (3.2.7.4) - 회전자의 위치에 관계없이 시동되는 것 - 정상적인 운전이 지속될 수 있는 것 - 전원에 이상이 있는 경우에도 안전에 지장 없는 것 - 통상의 사용 환경에서 전동기의 회전자는 지장을 받지 않는 구조

기준항목	기준내용
8. 외함 구조 (3.2.8)	ㅇ 내부의 구성요소를 보호하기 위하여 충분한 기계적 강도 및 화학적 특성을 갖는 구조 (3.2.8.1) ㅇ 내부의 온도상승이나 수소의 체류 등을 방지하기 위하여 충분한 환기성능을 갖는 기계 환기장치와 환기구를 함께 설치(이 경우, 환기구는 먼지 등에 의해 환기를 방해 받지 않도록 설계) (3.2.8.2) ㅇ 응축수 및 빗물이 고이지 않고 효과적으로 배출될 수 있는 구조 (3.2.8.3)

6.5.3.3. 장치기준

연료전지의 안전성과 편리성을 확보하기 위하여 한국가스안전공사 또는 공인시험 · 검사기관의 성능인증을 받은 부품을 사용하거나 다음 기준에 따른 장치를 갖춘다.

(1) 안전장치

연료전지를 안전하게 시동 · 비상정지 시킬 수 있도록 다음 기준에 따른 제어기능을 갖는 안전장치를 갖춘다.

【표 6.5.5】 이동형 연료전지(지게차용) 안전장치에 관한 기준

기준항목	기준내용
1. 시동제어(3.3.1.1)	ㅇ 시동은 모든 안전장치가 정상적으로 작동하는 경우에만 가능하도록 제어될 것 ㅇ 올바른 시동 시퀀스를 보증하기 위해 적절한 연동장치를 갖는 구조일 것 ㅇ 정지 후, 자동 재시동은 모든 안전 조건이 충족된 후에만 가능한 구조일 것
2. 비상정지 제어 (3.3.1.2)	ㅇ 다음 중 어느 하나에 해당하는 경우, 비상정지 제어 기능이 작동해야 함. (이 경우, 비상정지로 인하여 추가적인 위험이 발생하지 않도록 함.) - 연료가스의 압력 또는 온도가 현저하게 상승하였을 경우 - 연료가스의 누출이 검지된 경우 - 배터리 전압에 이상이 생겼을 경우 - 제어 전원 전압이 현저하게 저하하는 등 제어장치에 이상이 생겼을 경우 - 스택에 과전류가 생겼을 경우 - 스택의 발생 전압에 이상이 생겼을 경우 - 스택의 온도가 현저하게 상승하였을 경우 - 연료전지 안의 온도가 현저하게 상승하였을 경우 - 연료전지 안의 환기장치에 이상이 생겼을 경우 - 냉각수의 유량이 현저하게 줄어든 경우

기준항목	기준내용
	ㅇ비상정지는 다른 기능·동작보다 우선하여 실행, 외부로부터 방해되지 않아야 함. ㅇ비상정지 시, 사용자가 그 상황을 인지할 수 있도록 적절한 알람이 표시되는 구조일 것 ㅇ비상정지 후에는 록아웃 상태로 전환되어야 함. 수동으로 록아웃을 해제하는 경우에만 정상운전하는 구조일 것 ㅇ수동 조작을 통한 방법으로도 비상정지가 가능한 구조일 것

(2) 그 밖의 장치

연료전지는 안전성과 편리성을 확보하기 위하여 다음 기준에 따른 장치를 갖춘다.

【표 6.5.6】 이동형 연료전지(지게차용) 그 밖의 장치에 관한 기준

기준항목	기준내용
1. 전기장치 (3.3.2.1)	ㅇ열적 영향이 적은 위치에 설치 ㅇ전기장치의 작동은 원활하고 확실한 것 ㅇ전기부품 및 부속품의 정격전압, 정격전류 및 허용전류는 전기부품 및 부속품에 가해진 최대전압 또는 최대전류 이상인 것 ㅇ기기에 부속된 콘센트 주위에는 안전하게 사용할 수 있도록 최대전력 또는 최대전류 값을 표시할 것 ㅇ지락(地絡), 단락 사고 시 보호조치 : 다음 기준에 적합하도록 할 것 - 축전장치를 갖는 연료전지에는 직류 회로를 보호하는 퓨즈·배선용 차단기 등을 갖춘 것 - 스택에는 외부 기기로부터 전류가 유입되지 않도록 할 것
2. 전력변환장치 (3.3.2.2)	ㅇ입력 운전전압 범위에서 출력전압, 주파수 등의 정격에 적합하고 안정적으로 운전되는 것 ㅇ입력전압의 범위에서 비정상인 동작 또는 고장이 없는 것 ㅇ전부하 용량에 충분히 여유가 있는 운전 용량을 갖는 것
3. 수소 저장용기 (3.3.2.3.1)	ㅇ과류방지밸브 및 역류방지밸브는 용기에 직접 연결하거나 용기에서 스택으로 수소가 공급되는 라인에 직렬 설치(역류방지밸브를 용기에 직렬로 설치할 때에는 충격 등 우발적 손상에 따른 위험을 최소화하기 위해 용기와 역류방지밸브 사이에는 차단밸브가 없는 것으로 함) ㅇ용기에 수소를 공급받기 위한 충전라인에는 역류방지기능이 있는 리셉터클을 설치하고 그 리셉터클과 용기 사이에는 추가로 역류방지밸브 설치
4. 메탄올 저장용기 (3.3.2.3.2)	ㅇ안전한 저장과 누출 방지를 위해 적합한 기계적 강도 및 화학적 성분을 갖을 것 ㅇ온도상승에 따른 메탄올의 기화를 고려하여 충분한 감량공간을 갖도록 하고 메탄올이 과충전 되는 것을 방지하기 위한 수단이 제공되는 것 ㅇ저장량을 확인할 수 있도록 외부에서 쉽게 확인할 수 있는 곳에 액면계 등을 설치

기준항목	기준내용
	ㅇ충전접속구는 충전 노즐과 커플러 타입으로 체결될 수 있는 것으로 하고 메탄올이 누출되지 않은 구조로 할 것
5. 과압안전장치 (3.3.2.4)	ㅇ저장용기 및 압력조절 실패로 상용압력 이상의 압력이 발생될 우려가 있는 배관 등에는 안전밸브 또는 릴리프밸브 등의 과압안전장치 설치 ㅇ해당 압력부의 유체 및 압력상승 특성을 고려하여 과압을 효과적으로 해소할 수 있는 것으로 선정 ㅇ방출되는 가스는 방출관을 통하여 외함 외부로 직접 방출는 구조로 하고, 방출관은 작동 중 이탈되지 않도록 견고하게 고정
6. 연료가스 누설 검지장치 (3.3.2.5)	ㅇ「화재예방, 소방시설 설치 유지 및 안전관리에 관한 법률」에 따라 인증받은 제품 또는 공인인증기관의 인증품 사용 ㅇ검지부는 연료가스의 특성 및 외함 내부의 구조 등을 고려하여 누출된 연료가스가 체류하기 쉬운 장소에 설치
7. 에너지 저장장치 (3.3.2.6)	ㅇ에너지 저장장치로 배터리를 사용하는 경우 연료전지는 다음 기준에 적합한 것. - 공인인증기관으로부터 인증된 것 - 리튬 배터리의 회로는 역충전 보호기능 포함 - 배터리함이 금속제인 경우 ① 배터리함 내부의 배터리와 배터리 사이 또는 ② 배터리함 내부의 배터리와 배터리함의 내부 표면 사이에 절연조치 - 배터리함이 비금속제인 경우 배터리함 내부의 배터리와 배터리 사이에 절연조치를 하고 배터리함 내부는 배터리 전해액으로 인한 열화를 감소시키기 위해 도장 등의 처리를 할 것 - 나사산이 있는 배터리의 단자는 체결이 느슨해지는 것을 방지하기 위해 잠금 와셔 또는 이와 동등 이상의 도구를 사용하여 체결(이 경우, 잠금 와셔를 사용하는 부위에는 잠금 와셔 접촉면의 손상을 방지하기 위해 평 와셔를 함께 설치) - 배터리의 단자는 절연 부트(boots)나 덮개로 보호 ㅇ에너지 저장장치로 슈퍼 커패시터(이중 레이어 커패시터)를 사용하는 경우 연료전지는 다음 기준에 적합하도록 함. - 슈퍼 커패시터에는 과전압 충전 및 과전류 충·방전을 보호하기 위한 통합 충전회로 포함 - ① 슈퍼 커패시터함 내부의 슈퍼 커패시터와 슈퍼 커패시터 사이 또는 ② 슈퍼 커패시터함 내부의 슈퍼 커패시터와 슈퍼 커패시터함의 내부 표면 사이에 절연조치 - 슈퍼 커패시터함 외부에는 누설전류를 방지하기 위한 절연 덮개 설치 - 나사산이 있는 슈퍼 커패시터의 단자는 체결이 느슨해지는 것을 방지하기 위해 잠금 와셔 또는 이와 동등 이상의 도구를 사용하여 체결(이 경우, 잠금 와셔를 사용하는 부위에는 잠금 와셔 접촉면의 손상을 방지하기 위해 평 와셔를 함께 설치) - 슈퍼 커패시터의 단자는 절연 부트나 덮개로 보호

6.5.3.4. 성능기준

연료전지의 안전성과 편리성을 확보하기 위하여 제품성능, 재료성능, 작동성능을 다음 기준에 적합하도록 갖춘다.

(1) 제품성능

연료전지의 제품성능을 확보하기 위하여 내압성능, 기밀성능 등을 규정하고 있고, 그 구체적인 기준은 다음 표와 같다.

【표 6.5.7】 이동형 연료전지(지게차용) 제품성능에 관한 기준

기준항목	기준내용
1. 내압성능 (3.4.1.1)	**o 연료가스 등 유체의 통로(스택제외)** : 상용압력의 1.5배 이상의 수압으로(구조상 수압시험이 곤란하여 불활성 기체 등으로 실시하는 경우 1.25배) 20분간 내압시험을 실시하여 이상이 없어야 함. (다만, 고법에 따라 검사에 합격한 용기등 또는 산안법에 따른 안전인증을 받은 압력용기는 내압시험을 실시하지 않을 수 있으며, 펌프·압축기는 제조자의 자체시험성적서로 내압시험을 갈음할 수 있음.) **o 스택** : 다음 기준에 따라 공통압력시험 및 차압시험을 실시하여 이상이 없어야 함. (다만, 고법에 따른 검사에 합격한 용기등 또는 산안법에 따른 안전인증을 받은 압력용기는 아래 첫 번째 절에 따른 공통압력시험을 실시하지 않을 수 있으며, 연료전지의 정상운전조건에서 스택의 음극 및 양극에 동압이 형성되도록 설계된 스택의 경우 아래 두 번째 절에 따른 차압시험을 실시하지 않을 수 있음.) - 공통압력시험은 스택 상용압력(음극과 양극의 상용압력이 서로 다른 경우 더 높은 압력을 기준)의 1.5배 이상의 수압으로(구조상 수압시험이 곤란하여 불활성 기체 등으로 실시하는 경우 1.25배) 음극과 양극의 유체통로를 동시에 20분간 가압(이 경우, 가압을 위한 압력원은 공통으로 함) - 차압시험은 제조자가 제시한 최대허용차압(정상운전 조건에서 발생될 수 있는 스택의 음극과 양극 사이에 형성되는 압력 차이 이상의 값)의 1.5배 이상의 수압으로(구조상 수압시험이 곤란하여 불활성 기체 등으로 실시하는 경우 1.25배) 음극과 양극 중 더 높은 압력이 형성되는 전극부에 20분간 가압
2. 기밀성능 (3.4.1.2)	o 연료가스 등 유체의 통로는 다음 기준에 따라 기밀시험 실시 (다만, 내압시험 또는 공통압력시험을 기체로 실시한 경우에는 기밀시험을 생략할 수 있음.) - 원칙적으로 공기 또는 위험성이 없는 기체의 압력으로 실시 - 취성 파괴를 일으킬 우려가 없는 온도에서 실시 - 상용압력 이상으로 하되, 상용압력이 0.7 MPa를 초과하는 경우 0.7 MPa이상의 압력 실시 (이 경우, 다음 표와 같이 시험할 부분의 용적에 대응한 기밀유지시간 이상을 유지, 처음과 마지막 시험의 측정압력차가 압력측정기구의 허용오차 안에 있는 것을 확인. 처음과 마지막시험의 온도차가 있는 경우에는 압력차를 보정함.) [표 3.4.1.2] 시험 용적에 따른 기밀유지시간

압력측정기구	용적	기밀유지시간
압력계 또는 자기압력기록계	$1m^3$ 미만	48분
	$1m^3$ 이상 $10m^3$ 미만	480분

<table>
<tr><th>기준항목</th><th>기준내용</th></tr>
<tr><td></td><td>
<table>
<tr><td></td><td>10m³ 이상</td><td>48분 X V분
(2880분을 초과한 경우는 2880분으로 할 수 있다)</td></tr>
<tr><td colspan="3">[비고] V는 피시험부분의 용적(단위: m³)이다.</td></tr>
</table>
</td></tr>
<tr><td>3. 절연저항 성능
(3.4.1.3)</td><td>o 500V의 절연저항계(정격전압이 300V 초과~600V 이하인 것은 1000V) 또는 동등 성능의 절연저항계로 측정한 연료전지의 충전부와 외면(외면이 절연물인 경우는 금속박) 사이의 절연저항은 1MΩ 이상으로 함.</td></tr>
<tr><td>4. 절연내력 성능
(3.4.1.4)</td><td>o 연료전지의 충전부와 외면(외면이 절연물인 경우는 외면에 밀착한 금속박)사이에 [표 3.4.1.4]에 해당하는 교류 전압을 1분간 연속 가했을 때 절연내력에 견디고, 시험 후 3.4.1.3에서 규정하는 절연저항 성능에 적합한 것.

[표 3.4.1.4] 절연내력 시험의 전압
<table>
<tr><th rowspan="3">구분</th><th colspan="3">시험 전압(V)</th></tr>
<tr><th colspan="3">정격 전압</th></tr>
<tr><th>SELV</th><th>150 V 이하</th><th>150 V 초과
250 V 이하</th></tr>
<tr><td>기초 절연[1)]</td><td>500</td><td>1,000</td><td>1,000</td></tr>
<tr><td>부가 절연[2)]</td><td></td><td>1,250</td><td>1,750</td></tr>
<tr><td>강화 절연[3)]</td><td></td><td>2,500</td><td>3,000</td></tr>
<tr><td colspan="4">1) 기초적인 감전 방지를 제공하기 위해 충전부에 제공된 절연을 말한다.
2) 기초절연이 파손된 경우에 감전 방지를 위하여 기초절연에 추가한 독립적인 절연을 말한다.
3) 부가절연을 모두 포함하는 절연 방식을 말한다.</td></tr>
</table>
</td></tr>
</table>

(2) 재료성능

연료전지의 재료성능을 확보하기 위하여 내가스성능, 내식성능을 규정하고 있고, 그 구체적인 기준은 다음 표와 같다.

【표 6.5.8】 이동형 연료전지(지게차용) 재료성능에 관한 기준

기준항목	기준내용
1. 내가스 성능 (3.4.2.1)	o 수소가 통하는 배관의 패킹류 및 금속이외의 기밀유지부는 5 ℃ 이상 25 ℃ 이하의 수소를 해당 부품에 인가되는 압력으로 72시간 인가 후 24시간동안 대기 중에 방치하여 무게변화율이 20 % 이내이고 사용상 지장이 있는 열화 등이 없어야 함.
2. 내식성능 (3.4.2.2)	o 다음에 해당하는 부분의 재료는 부록 C1에 따라 내식성능 시험을 실시하여 이상이 없어야 함. 합성수지 부분은 (80±3)℃의 공기 중에 1시간 동 안 방치한 후 자연냉각 시켰을 때 부풀음, 균열, 갈라짐 등의 이상이 없어야 함.

기준항목	기준내용
	- 연료가스, 배기가스 및 물 등 유체가 통하는 부분 - 외함 - 습도가 높은 환경에서 사용되는 금속

(3) 작동 성능

연료전지의 작동성능을 확보하기 위하여 연료소비량 성능, 온도상승 성능, 용기 고정성능 등을 규정하고 있고, 그 구체적인 기준은 다음 표와 같다.

【표 6.5.9】 이동형 연료전지(지게차용) 작동성능에 관한 기준

기준항목	기준내용
1. 연료소비량 성능 (3.4.3.1)	ㅇ 연료전지는 부록 C2에 따른 정격출력 가스소비량 성능시험으로 측정한 연료소비량이 표시 연료 소비량의 ±5% 이내인 것
2. 온도상승 성능 (3.4.3.2)	ㅇ 연료전지의 정격출력 상태에서 2시간 동안 측정한 각 항목별 온도는 [표 3.4.3.2]에 따른 항목별 허용최고온도 기준에 적합한 것 [표 3.4.3.2] 항목별 허용최고온도 기준

항목	용적	허용최고온도
조작 시 손이 닿는 부분	금속제, 도자기제 및 유리제의 것	50℃ 이하
	그 외의 것	55℃ 이하
가연성가스 차단밸브(기구밸브를 포함) 본체의 가연성 가스가 통과하는 부분의 외표면		85℃ 또는 내열시험 온도에서 기밀시험에 적합하고 조작에 이상 없는 것이 확인된 온도 이하
권선(괄호 안수치는 회전기에 적용)		A종 절연:100℃ 이하
		E종 절연:115℃ 이하
		B종 절연:125(120)℃ 이하
		F종 절연:150(140)℃ 이하
		H종 절연:170(165)℃ 이하
기기후면, 측면 및 위쪽천정면의 목벽의 표면과 기기 아랫면의 목대(거치형만을 말한다)의 표면		100℃ 이하
배기온도		50℃ 이하

기준항목	기준내용
3. 용기 고정 성능 (3.4.3.3)	ㅇ 용기의 무게(완충 시 연료가스 무게를 포함)와 동일한 힘을 용기의 수직방향 중심 높이에서 전후좌우의 4방향으로 가하였을 때, 용기의 이탈 및 고정 장치의 파손 등이 없는 것
4. 환기성능 (3.4.3.4)	ㅇ 연료전지의 외함 내에 체류가능성이 있는 수소의 농도가 폭발하한계의 1/4 미만으로 유지될 수 있도록 충분한 것 ㅇ 연료전지의 외함 내부로 유입되거나 외함 외부로 배출되는 공기의 유량은 제조자

기준항목	기준내용
	가 제시한 환기유량 이상인 것
5. 발전부 안정성능 (3.4.3.5)	ㅇ**전기출력 성능** : 연료전지의 정격발전 상태에서 3시간동안 측정한 전기출력의 평균값이 표시의 ±5% 이내인 것 ㅇ**발전효율 성능** : 연료전지는 부록 C3에 따른 발전효율시험으로 측정한 발전효율이 제조자가 표시한 값 이상인 것
6. 외함 강도 성능 (3.4.3.6)	ㅇ외함 상부 중 임의의 930㎠ 영역에 1110 N의 힘을 1분 동안 가하였을 때 외함에 찌그러짐, 파손 등의 변형이 없을 것 (다만, 외함이 지게차의 차체로 보호되는 형태와 같이 외함에 직접적으로 외력이 작용될 우려가 없는 것은 외함 강도 성능시험을 실시하지 않을 수 있음.)
7. 안전장치 성능 (3.4.3.7)	ㅇ다음 중 어느 하나에 해당하는 경우 연료전지의 안전장치가 정상적으로 작동하는 것(이 경우, 제조자와 협의를 통한 모의시험으로 정상작동 여부를 확인할 수 있음.) - 연료가스의 압력 또는 온도가 현저하게 상승한 경우 - 연료가스의 누출이 검지된 경우 - 배터리 전압에 이상이 생겼을 경우 - 제어 전원 전압이 현저하게 저하하는 등 제어장치에 이상이 생겼을 경우 - 스택에 과전류가 생겼을 경우 - 스택의 발생 전압에 이상이 생겼을 경우 - 스택의 온도가 현저하게 상승하였을 경우 - 연료전지 안의 온도가 현저하게 상승하였을 경우 - 연료전지 안의 환기장치에 이상이 생겼을 경우 - 냉각수의 유량이 현저하게 줄어든 경우
8. 환경 성능 (3.4.3.8)	ㅇ**온습도 사이클 시험** : 연료전지는 KS C IEC 60068-2-38(환경 시험-시험Z/AD:합성온도/습도 사이클 시험)에 따라 저온서브 사이클을 포함한 24시간의 사이클을 5회 실시 후 3.4.1.3의 절연저항 성능 및 3.4.1.4의 절연내력 성능을 만족하는 것 ㅇ**유풍시험 :** 연료전지는 부록 C4에 따른 유풍시험을 실시하여 3.4.3.5.1에 따른 전기출력 성능을 만족하는 것
9. 절연성능 (3.4.3.9)	ㅇ연료전지의 누설전류시험, 절연거리시험(공간거리측정시험, 연면거리측정시험), 감전보호시험, 접지연속성 시험에 적합한 것 ㅇ**누설전류시험** : 연료전지는 부록 C5에 따른 누설전류시험으로 측정한 누설전류가 0.7㎃ 이하인 것 ㅇ**절연거리시험 :** 다음의 시험들에 대해 적합한 것 - 공간거리측정시험 : 공간거리 측정시험은 [표 3.4.3.9.2(1)①]의 오염 등급 기준에 따라 [표 3.4.3.9.2(1)②] 또는 [표 3.4.3.9.2(1)③]에 나타난 공간거리 이상, 서지내성시험 중 절연파괴 등이 없는 것 - 연면거리측정시험 : [표 3.4.3.9.2(2)①]의 CTI 분류기준에 따라 [표 3.4.3.9.2(2)②]

기준항목	기준내용
	의 해당되는 연면거리 이상인 것 o **감전보호시험** : 연료전지의 외함은 KS C IEC 60529(외함의 밀폐 보호등급 구분) 시험 방법에 따라 IP24 등급을 만족. (이 경우, 외함 외부에 위치하는 단위 부품 또한 IP24 등급 만족시킨 것) o **접지연속성 시험** : 무부하 전압이 12 V 이하인 교류 또는 직류 전원을 사용하여 접지 단자 또는 접지극과 사람이 닿을 수있는 금속부와의 사이에 기기의 정격 전류의 1.5배와 같은 전류 또는 25A의 전류 중 큰 쪽의 전류를 인가한 후 전류와 전압 강하로부터 산출한 저항값은 0.1Ω 이하인 것
10. 전자파적합 성능 (3.4.3.10)	o 연료전지에 대해 다음 각 시험에서 요구하는 시험장치 및 설치조건 규격 등 상세기준에 따라 시험을 실시하여 적합한 성능을 가진 것일 것(각 시험의 상세기준은 3.4.3.10.1부터 3.4.3.10.6을 참조) - 정전기 방전 내력시험 - 전기적 빠른 과도현상 내성시험 - 서지 내성 시험 - 순시정전 및 전압강하 시험 - 전자파 전도 내성 시험 - 전압변동 및 플리커 시험
11. 부품 내구성능 (3.4.3.11)	o 다음에 해당하는 부품은 연료전지의 안전한 동작을 위해 내구성능을 만족하는 것으로 함.(다만, 공인인증기관의 인증품은 제외) - 자동 차단밸브 - 자동제어시스템 - 이상압력차단장치 - 과열방지안전장치
12. 자동제어시스템 안전성능 (3.4.3.12)	o 정상사용 상태에서 발생할 수 있는 부주의함을 포함하여 일반적으로 예상되는 기계적, 화학적, 온도 및 환경 조건에서 자동제어시스템이 안전하게 작동되는 것 o 자동제어시스템의 프로그램은 정상적으로 작동하고 안전을 손상시키지 않는 것 o 고장모드에 의한 결점회피와 결점허용을 감안하여 설계하고, 고장발생 시 안전한 상태(fail-safe)에 도달되는 것 o 자동제어시스템의 부품은 그 시스템에서 일어날 수 있는 최악의 상태에 기초하여 적합한 것 o 소프트웨어를 사용하는 제어는 그 소프트웨어가 일정조건의 전자적인 제어를 손상시키지 않도록 구성, 안전과 관련된 기능을 가진 제어는 소프트웨어의 안전관련 데이터 및 프로그램에서 소프트웨어 관련 결함 및 에러를 회피하고 조절하는 방법을 사용(그 밖의 사항은 IEC 60730-2-5 Annex H에 따름.)

기준항목	기준내용
13. 배기가스 성능 (3.4.3.13)	ㅇ 연료전지의 정격운전 조건에서 60분 동안 5초 이하의 간격으로 측정한 배기가스 중 수소, CO, 메탄올의 평균 농도가 아래의 제한농도를 초과하지 않을 것. - 수소 : 5,000 ppm - CO : 200 ppm - 메탄올 : 250 ppm
14. 기울기 성능 (3.4.3.14)	ㅇ 부록 C6에 따른 기울기 성능시험을 실시하여 3.4.3.5.1에 따른 전기출력 성능을 만족하는 것(이 경우, 시험 후 스택, 밸브 등 연결부는 물리적 손상이 없어야 함.)

6.5.3.5. 열처리기준 (내용없음)

6.5.4. 표시기준

연료전지에는 안전하게 사용할 수 있도록 제품표시 및 합격표시를 하고, 설치방법, 사용방법 등의 설명서 첨부, 가스안전수칙 표시, 배관표시를 하도록 규정하고 있으며, 그 구체적인 기준은 다음 표와 같다.

【표 6.5.10】 이동형 연료전지(지게차용) 표시에 관한 기준

기준항목	기준내용
1. 제품표시 (3.6.1)	ㅇ 연료전지에는 보기 쉬운 곳에 쉽게 떨어지지 않도록 명판을 부착하고 다음의 사항을 기재 - 제품명 - 형식호칭(모델명) - 사용연료명 - 사용연료압력범위(kPa) - 연료소비량(kW) - 정격발전출력(kW) - 발전효율 - 최대 기울기 각도(°)

	- 급배기통 접속구경 - 정격전압(V), 정격주파수(Hz) (에너지 저장장치가 외부전원으로 충전 가능한 것에 한정) - 제조번호 또는 로트번호 - 제조연월일 - 품질보증기간 - 제조자명(수입품은 판매자명) - A/S연락처
2. 합격표시 (3.6.2)	ㅇ법 제39조제2항에 따른 검사에 합격한 연료전지에는 합격한 연료전지라는 것을 쉽게 식별할 수 있도록 「국가표준기본법」에 따른 국가통합인증마크(KC마크)를 각인 - 합격표시 크기 : 가로 30mm, 세로 30mm - 합격표시 색상 : 은백색 바탕에 검은색 문자 - 연료전지를 일괄공정으로 제조하는 경우에는 제조공정 중에 합격표시 가능
3. 설명서첨부 (3.6.3)	ㅇ연료전지는 안전하게 사용할 수 있도록 사용방법 표지를 부착, 설치방법(설치형태 / 설치장소 / 시운전요령 등)과 사용방법(사용 전·사용 중 및 사용 후 확인사항 / 장기간 미사용시 운용지침 / 동결방지방법 / 안전장치 작동 시 조치방법 / 그 밖의 필요사항) 등에 대한 설명서를 첨부
4. 가스안전수칙 표시 (3.6.4)	ㅇ연료전지를 안전하게 사용할 수 있도록 극성이 다른 충전부 사이 또는 충전부와 사람이 접촉할 수 있는 비충전 금속부 사이의 첨두전압이 600V를 초과하는 부분의 부근 또는 외부의 보기 쉬운 장소에 쉽게 지워지지 않는 방법으로 "주의" 표시
5. 배관표시 및 시공표지판 부착(3.6.5)	ㅇ배관연결부 주위에 가스, 전기 등을 표시 ㅇ눈에 띄기 쉬운 곳에 제조자의 상호, 소재지, 제조일 등을 기록한 시공표지판 부착

6.5.5. 참고사항

KGS AH372 규정 내용 중 다음 사항에 관하여는 구체적인 기술을 생략한다.

ㅇ "4. 검사기준"

6.6. 이동형 연료전지(드론용) 제조의 시설 · 기술 · 검사기준(AH373)

6.6.1. 용어정의

이 기준은 수소법 시행규칙 제2조제3항제1호에서 규정하는 수소용품 중 나목에 따른 연료전지 중 「항공안전법 시행규칙」 제5조제5호가목에 해당하는 무인동력비행장치(이하 "드론"이라 한다)에 설치되어 동력원으로 사용되는 것으로서 정격출력 전압이 DC 220 V 이하이며 수소를 연료로 사용하는 고분자전해질 연료전지(PEMFC)와 그 부대설비제조의 시설·기술·검사 기준에 대하여 적용한다. 그 외 이 기준에서 규정하는 이동형 연료전지(드론용) 제조 등에 관한 기준의 용어정의는 다음 표와 같다.

【표 6.6.1】 이동형 연료전지(드론용) 제조 등에 관한 용어정의

기준항목	기준내용
1. 연료전지 (1.4.1)	ㅇ수소와 산소의 전기화학적 반응을 통하여 전기와 열을 생산하는 설비와 그 부대설비를 말하며, 기하학적 범위는 아래와 같음. - 용기 일체형 연료전지 : 통상의 사용 환경(수리, 검사 등을 제외)에서 용기 충전용 접속구(용기 포함)로부터 외부 출력 접속기까지 - 용기 탈부착형 연료전지 : 통상의 사용 환경에서 용기 체결용 접속구로부터 외부 출력 접속기까지
2. 고분자전해질 연료전지 (PEMFC) (1.4.2)	ㅇ수소 이온을 통과시키는 고분자막을 전해질로 사용하여 수소와 산소의 전기화학적 반응을 통해 전기와 열을 생산하는 설비와 그 부대설비
3. 정기품질검사 (1.4.3)	ㅇ생산단계검사를 받고자 하는 제품이 설계단계검사를 받은 제품과 동일하게 제조된 제품인지 확인하기 위해 양산된 제품에서 시료를 채취하여 성능을 확인하는 검사
4. 상시샘플검사 (1.4.4)	ㅇ제품확인검사를 받고자 하는 제품에 대하여 같은 생산단위로 제조된 동일제품을 1조로 하고 그 조에서 샘플을 채취하여 기본적인 성능을 확인하는 검사
5. 수시품질검사 (1.4.5)	ㅇ생산공정검사 또는 종합공정검사를 받은 제품이 설계단계검사를 받은 제품과 동일하게 제조되고 있는지 양산된 제품에서 예고 없이시료를 채취하여 확인하는 검사
6. 공정확인심사 (1.4.6)	ㅇ설계단계검사를 받은 제품을 제조하기 위해 필요한 제조 및 자체검사공정에 대한 품질시스템 운용의 적합성을 확인하는 검사
7. 종합품질관리체계심사 (1.4.7)	ㅇ제품의 설계, 제조 및 자체검사 등 수소추출설비 제조 전 공정에 대한 품질시스템 운용의 적합성을 확인하는 검사
8. 형식 (1.4.8)	ㅇ구조, 재료, 용량 및 성능 등에서 구별되는 제품의 단위

기준항목	기준내용
9. 공정검사 (1.4.9)	o 생산공정검사와 종합공정검사
10. 충전부 (1.4.10)	o 연료전지가 정상운전 상태에서 전류가 흐르는 도체 또는 도전부.
11. 연료가스 (1.4.11)	o 연료전지로 공급되는 수소
12. 외부출력접속기 (1.4.12)	o 연료전지에서 발생되는 전기를 드론의 동력원으로 제공하기 위한 전기연결부
13. IP 등급 (1.4.13)	o 위험 부분으로의 접근, 외부 분진의 침투 또는 물의 침투에 대한 외함의 방진보호 및 방수보호 등급

6.6.2. 제조시설기준

이동형 연료전지(드론용) 제조시설기준에는 연료전지를 제조하려는 자가 제조설비 및 제품의 성능을 확인·유지할 수 있도록 갖추어야 하는 제조설비 및 검사설비 종류와 제외조건 등을 규정하고 있고, 그 내용은 다음 표와 같다.

【표 6.6.2】 이동형 연료전지(드론용) 제조시설의 제조설비 및 검사설비에 관한 기준

기준항목	기준내용
1. 제조설비 구비 (2.1)	o 연료전지를 제조하려는 자는 이 제조기준에 따라 연료전지를 제조하기 위하여 **다음의 제조설비**(제조하는 연료전지에 필요한 것)**를 갖추어야 함**. (다만, 허가관청이 부품의 품질향상을 위하여 필요하다고 인정하는 경우에는 그 필요성을 인정하기 전에 고법 제28조에 따른 한국가스안전공사에 검토를 요청해야 함.) - 구멍가공기·프레스·관굽힘기·절곡기·주물가공설비 - 표면처리 및 도장설비 - 가스용접기 또는 전기용접기 및 동력용조립지그·공구 - 셀 및 스택 제작 설비 - 전기회로기판 회로인쇄, 부품삽입, 납땜 설비 - 그 밖에 제조에 필요한 가공설비
2. 검사설비 구비 (2.2)	o 연료전지를 제조하려는 자는 **제품의 성능을 확인·유지**할 수 있도록 다음 기준에 맞는 **검사설비를 갖추어야 하고** 그 검사설비의 종류는 안전관리규정에 따른 자체

기준항목	기준내용
	검사를 수행할 수 있는 것으로 다음과 같음. (다만, 한국가스안전공사 또는 「국가표준기본법」에 따라 지정을 받은 해당 공인시험·검사기관 중 어느 하나의 기관에 의뢰하여 설계단계검사 항목에 필요한 시험 · 검사설비의 임대차계약을 체결한 경우에는 제외함.) - 버니어캘리퍼스 · 마이크로미터 · 나사게이지 등 치수측정설비 - 연료소비량측정설비 - 내압시험설비 - 기밀시험설비 - 절연저항측정기 및 내전압시험기 - 전기출력측정설비 - 안전장치 성능시험 설비 - 배기가스 측정설비 - 표면온도 측정설비 - 그 밖에 검사에 필요한 설비 및 기구 ㅇ검사설비의 처리능력은 해당 사업소의 제품생산능력에 적합한 것

6.6.3. 제조기술기준

이동형 연료전지(드론용)의 제조기술기준에는 재료(배관부, 도전부 및 배기부 등), 구조 및 치수(셀 · 스택, 배관, 전기배선, 충전부, 접지, 유체 이동관련 기기, 외함 등), 장치(안전장치 등), 성능(제품, 재료, 작동 성능 등), 표시(제품표시, 합격표시, 설명서 등)에 관한 상세기준을 다룬다.

6.6.3.1. 재료기준

연료전지에는 고온의 배기가스가 배출된다는 점을 고려하여 안전성 확보를 위해 사용 조건의 온도에 견디고 해당 유체에 충분한 내식성이 있는 재료 또는 코팅된 재료를 사용하도록 규정하고 있다. 이를 포함한 재료기준의 구체적인 내용은 다음 표와 같다.

【표 6.6.3】 이동형 연료전지(드론용) 재료에 관한 기준

기준항목	기준내용
1. 유체 흐름부 (3.1)	o **연료가스(수소) 및 물 등 유체가 통하는 부분** : 해당 유체에 대하여 충분한 불연성, 난연성 또는 내식성이 있는 재료 또는 코팅된 재료 사용(다만, 정격정격출력이 3㎾ 이하인 연료전지의 경우로서 부록 C1에 따른 성능시험을 만족하는 비금속재료는 사용할 수 있음.) (3.1.1) o 기밀 유지에 사용되는 패킹류, 실(Seal)재 : 불연성 또는 난연성 재료를 사용하지 않을 수 있음. (3.1.9)
2. 전류 흐름부 (3.1)	o **전기 절연물 및 단열재** : 접촉부 또는 그 부근의 온도에 충분히 견디고 흡습성이 적은 것 o **도전재료** : 동, 동합금, 스테인리스강 또는 이와 동등 이상의 전기적·열적 및 기계적인 안전성이 있는 재료 (다만, 탄성이 필요한 부분 또는 구조적으로 사용하기 곤란한 부분은 다른 재료 사용함에 대해 검토는 가능하나 그 안전성이 검증된 것을 사용) (3.1.6)
3. 배기가스 흐름부 (3.1.8)	o **배기가스 흐름부 재료** : 최고 운전온도에 적합한 불연성 또는 난연성 재료
4. 사용 금지 재료 (3.1.7)	o **금지재료** : ① 폴리염화비페닐(PCB), ② 석면, ③ 카드뮴
5. 비금속 재료 (3.1.4)	o **비금속성 재료**(고무, 플라스틱 등) **:** 단기간에 열화(劣化)되지 않도록 사용 조건에 적합한 것
6. 기타 (3.1)	o **습도가 높은 환경**(배기가스 통로, 외함 등)**에 금속재료 사용 시** : 주철, 스테인리스강 등 내식성이 있는 재료 사용 (3.1.2) o **탄소강 사용 시** : 부식에 강한 코팅 사용 (3.1.2)

6.6.3.2. 구조 및 치수기준

연료전지는 그 연료전지의 안전성·편리성 및 호환성을 확보하기 위하여 연료전지에 사용하는 모든 부품은 뒤틀림, 이완 및 그 외의 손상에 견디는 안전한 구조로 하며, 다음 기준에 따른 구조와 치수를 가지도록 규정하고 있다.

【표 6.6.4】 이동형 연료전지(드론용) 구조 및 치수에 관한 기준

기준항목	기준내용
1. 일반구조 (3.2.1)	o **부품** : 뒤틀림, 이완 및 그 외의 손상에 견디는 안전한 구조로 하되 인체의 접촉 가능성이 있는 부품은 날카로운 돌출 부분이나 모퉁이가 없는 구조 (3.2.1.1, 3.2.1.3) o **구조** : 점검, 보수 등이 용이한 구조로 설치하고 유지보수가 필요한 부분에 사용되는 단열재는 배관 • 부품 등에 대한 접근성이 용이한 구조로 설치하나 분해 가능한 패널·커버 등은 본래 설치된 곳 외에 호환(互換) 설치되지 않는 구조 (3.2.1.2, 3.2.1.4, 3.2.1.5)

기준항목	기준내용
	o 연료전지 : 다음과 같은 구조로 함. - 연료가스가 통하는 부분에 설치된 호스는 그 호스가 체결된 축 방향을 따라 147.1N의 힘을 가하였을 때 체결이 풀리지 않는 구조 (3.2.1.6) - 안전장치의 작동 설정 값은 원격조작 등을 통하여 임의로 변경할 수 없도록 함. (3.2.1.7) - 드론에 견고하게 부착 가능한 구조 (3.2.1.8) - 연료전지 사용 시 환기팬 등 사람이 접할 우려가 있는 가동 부분은 적절한 보호틀이나 보호망 등을 설치 (3.2.1.9) - 정격 입력 전압 또는 정격 주파수를 변환하는 기구를 가진 이중정격의 것은 변환된 전압 및 주파수를 쉽게 식별할 수 있도록 함. (다만, 자동으로 변환되는 기구를 가지는 것은 예외) (3.2.1.10) - 외함 내부는 가연성 가스가 체류하거나, 외부로부터 이물질이 유입되지 않는 구조 (3.2.1.11) - 압력조정기에서 방출되는 가스는 방출관 등을 이용하여 외함 외부로 직접 방출하는 구조 (이 경우, 압력조정기를 통해 가스가 방출되는 구간에는 벤트리미터(vent limiter) 설치) (3.2.1.12) **o 용기탈부착형 연료전지** : 다음의 기준을 모두 만족하는 구조로 함. (3.1.1.14) - 용기가 확실하게 체결될 수 있는 구조로 하고, 체결 시 사용자가 인지할 수 있는 적절한 수단 제공 - 용기의 탈부착이 용이하도록 접속 가이드 등의 수단 제공 - 용기의 이탈을 방지하기 위한 안전장치 부여 - 용기 체결부를 통해 이물질이 유입되지 않도록 하기 위한 보호캡 등 제공 - 용기 체결부에 사용되는 접속구(리셉터클)는 부록 C2에 따른 성능시험을 만족하는 것을 사용
2. 셀, 스택 구조 (3.2.2)	o 압력·진동·열 등으로 인하여 생기는 응력에 충분히 견디는 구조 (3.2.2.1) o 절연 열화 방지 등 전기안전성을 갖는 구조 (3.2.2.1) o 전도체의 낙하로 인한 단락 및 누설전류 방지 등을 위해 절연케이스를 덮는 구조 (3.2.2.3)
3. 배관구조 (3.2.3)	o 다음과 같은 공통기준에 따라 배관 구조를 설계함. - 연료가스, 물 등 유체가 누출되지 않는 구조 (3.2.3.1.1) - 열 및 부식에 따른 위해 우려가 없는 장소에 설치 및 방호 조치 (3.2.3.1.2) - 다른 장치들과 마찰, 바닥 쓸림 등이 발생하지 않는 구조 (3.2.3.1.3) - 진동, 자중, 내압력, 지진하중, 열하중 등으로 인하여 발생하는 응력에 견딜 수 있는 구조(3.2.3.1.4) - 접합부는 용접, 나사 이음 등의 방법으로 기밀을 유지할 수 있는 구조 (3.2.3.1.5) - 씰(Seal)부는 열화에 대하여 내성을 가지는 구조 (3.2.3.1.6) - 연료전지 외함의 접속부 : ① 배관의 구경에 적합, ② 외부에서 쉽게 확인할 수 있는 위치에 설치, ③ 진동, 자중, 내압력, 열하중 등으로 발생하는 응력에 견딜

기준항목	기준내용
	수 있는 구조 (3.2.3.1.7) - 가스필터 : 연료인입 자동차단밸브(이하 "인입밸브"라 한다) 전단에 설치 (이 경우, 가스필터 여과재의 최대 직경은 1.5 ㎜ 이하이고, 1 ㎜ 초과하는 틈이 없어야 함.) (3.2.3.1.8) - 배관 : 연마분말 등 내부의 이물질을 완전히 제거한 후 설치 (3.2.3.1.9) - 응축수배출배관 : 중력으로 응축수를 배출하는 경우 내부 직경은 13㎜이상 (3.2.3.1.10) **o 연료가스 배관** : 다음의 기준을 모두 만족하는 구조로 함. - 용기용 밸브 후단의 연료가스 배관에 인입밸브 설치 (3.2.2.2.1) - 설치한 인입밸브 후단에는 그 인입밸브와 독립적으로 작동하는 인입밸브를 직렬로 1개 이상 추가하여 설치 (3.2.2.2.2) - 인입밸브는 공인인증기관의 인증품을 사용하고, 구동원이 상실되었을 경우 연료가스의 통로가 자동으로 차단되는 구조(fail-safe) (3.2.3.2.3)
4. 전기배선 구조 (3.2.4)	**o 구조** : 피복의 손상 등이 생기지 않는 것, 배선은 가능한 최단 경로, 필요한 장소에는 절연, 방열(防熱), 방호 및 고정 등의 조치 (3.2.4.1, 3.2.4.2) **o 배선 구조** : 다음 기준에 적합한 구조 - 가동부에 접촉하지 않도록 설치, 설치된 상태에서 2N의 힘을 가하였을 때에도 가동부에 접촉할 우려가 없는 구조 (3.2.4.3) - 고온부에 접촉하지 않도록 설치, 설치된 상태에서 2N의 힘을 가하였을 때 고온부에 접촉할 우려가 있는 부분은 피복이 녹는 등의 손상이 발생되지 않도록 충분한 내열 성능을 갖는 것 (3.2.5.4) - 구조물을 관통하는 부분 또는 2N의 힘을 가하였을 때 구조물에 접촉할 우려가 있는 부분은 피복이 손상되지 않는 구조 (3.2.4.5) - 전기접속기에 접속한 것은 5N의 힘을 가하였을 때 접속이 풀리지 않는 구조 (3.2.4.6) **o 리드선, 단자 등** : 교체할 수 있는 경우에는 리드선, 단자 등의 접속이 잘못되었을 경우 장치가 작동되지 않거나 이상 없이 작동되는 것으로 하며 숫자, 문자, 기호, 색상 등의 표시를 구분하여 식별 가능한 조치 (다만, 접속부의 크기, 형태를 달리하는 등 물리적인 방법으로 오접속을 방지할 수 있도록 조치한 경우에는 예외) (3.2.4.7, 3.2.4.8) **o 외부 출력 접속기** : 다음 기준에 적합한 구조 (3.2.4.13) - 연료전지의 출력에 적합한 것 - 외부의 위해요소로부터 쉽게 파손되지 않도록 적절한 보호조치 - 150 N 이하의 힘으로 분리가 가능하고, 분리 시 케이블의 손상을 방지할 수 있는 구조 **o 기타 방호조치 :** 다음 기준에 적합하도록 할 것 - 단락, 과전류 등과 같은 이상상황이 발생한 경우 전류를 효과적으로 차단하기 위해 퓨즈 또는 과전류 보호장치 등 설치 (3.2.4.9) - 아크가 전달될 우려가 있는 부분에 사용하는 전기 절연물은 아크로 인하여 그

기준항목	기준내용
	성능이 저하되지 않도록 조치 (3.2.4.10) - 전선이 기능상 부득이하게 외함을 통과하는 경우에는 부싱 등 적절한 보호조치를 하여 피복손상, 절연파괴 등의 우려가 없도록 조치 (3.2.4.11) - 단자대(terminal lug)의 충전부와 비충전부 사이 및 단자대와 단자대가 설치되는 접촉부의 사이에는 절연조치, 감전 등의 위해가 발생되지 않도록 적절한 보호조치 (3.2.4.12) - 공인인증기관의 인증품으로서 사용온도에 적합한 것 사용 (3.2.4.14)
5. 충전부 구조 (3.2.5)	o 충전부 상호간의 접속부분 또는 충전부와 비충전부와의 접속부분이 사용 상태에서 이완이 발생하지 않고 사용 환경조건에 견딜 수 있는 구조 (3.2.5.1) o 드라이버, 스패너 등의 공구 등을 이용하지 않고 쉽게 분리되는 부분을 제거한 상태에서 시험지가 충전부에 접촉되지 않도록 하는 구조(다만, 충전부가 다음 중 어느 하나에 해당하는 경우는 예외) (3.2.5.2, 3.2.5.3) - 설치한 상태에서 쉽게 사람에게 접촉할 우려가 없는 설치면의 충전부 - 질량이 40kg을 넘는 몸체 밑면의 개구부로 부터 0.4m 이상 떨어진 충전부 - 구조상 노출될 수밖에 없는 충전부로서 ① 절연변압기에 접속된 2차 쪽 회로의 대지전압과 선간전압이 교류인 경우 30V(직류의 경우 45V) 이하, ② 대지와 접지되어 있는 외함과 충전부 사이에 1 kΩ 저항을 설치한 후 연료전지 내 충전부의 상용주파수에서 그 저항에 흐르는 전류가 1 mA 이하인 것
6. 접지 구조 (3.2.6)	o **용기 일체형 연료전지** : 연료가스의 충전 중 그 설비에서 발생하거나 누적된 정전기가 점화원이 되는 것을 방지하기 위해 적절하게 접지할 수 있는 단자 제공 (3.2.6.2) o 접지용 단자 또는 그 근처에 쉽게 지워지지 않는 방법으로 접지용 단자임을 표시 (3.2.6.2)
7. 유체 이동관련 기기 구조 (3.2.7)	o **팬 및 블로어, 펌프** : 용도에 적절한 것을 선정, 점검에 용이한 구조 (3.2.7.1) o **베어링 :** 운전 온도에 적합한 것을 선정, 필요에 따라 윤활유 공급 방법이 강구되어 있는 것 (3.2.7.2) o **축씰링 :** 공급된 유체 및 온도, 압력 등 연료전지의 운전조건 등에 적합한 것 (3.2.7.3) o **유체 이동관련 기기에 사용되는 전동기** : 다음 기준에 적합한 구조 (3.2.7.4) - 회전자의 위치에 관계없이 시동되는 것 - 정상적인 운전이 지속될 수 있는 것 - 전원에 이상이 있는 경우에도 안전에 지장 없는 것 - 통상의 사용 환경에서 전동기의 회전자는 지장을 받지 않는 구조
8. 외함 구조 (3.2.8)	o 내부의 구성요소를 보호하기 위하여 충분한 기계적 강도 및 화학적 특성을 갖는 구조 (3.2.8.1) o 내부의 온도상승이나 수소의 체류 등을 방지하기 위하여 충분한 환기성능을 갖는 기계환기장치와 환기구를 함께 설치(이 경우, 환기구는 먼지 등에 의해 환기를 방해 받지 않도록 설계) (3.2.8.2) o 응축수 및 빗물이 고이지 않고 효과적으로 배출될 수 있는 구조 (3.2.8.3)

6.6.3.3. 장치기준

연료전지의 안전성과 편리성을 확보하기 위하여 한국가스안전공사 또는 공인시험·검사기관의 성능인증을 받은 부품을 사용하거나 다음 기준에 따른 장치를 갖춘다.

(1) 안전장치

연료전지를 안전하게 시동·비상정지 시킬 수 있도록 다음 기준에 따른 제어기능을 갖는 안전장치를 갖춘다.

【표 6.6.5】 이동형 연료전지(드론용) 안전장치에 관한 기준

기준항목	기준내용
1. 시동제어(3.3.1.1)	ㅇ시동은 모든 안전장치가 정상적으로 작동하는 경우에만 가능하도록 제어될 것 ㅇ올바른 시동 시퀀스를 보증하기 위해 적절한 연동장치를 갖는 구조일 것 ㅇ정지 후, 자동 재시동은 모든 안전 조건이 충족된 후에만 가능한 구조일 것
2. 비상정지 제어 (3.3.1.2)	ㅇ다음 중 어느 하나에 해당하는 경우, 비상정지 제어 기능이 작동해야 함. (이 경우, 비상정지로 인하여 추가적인 위험이 발생하지 않도록 함.) - 연료가스의 압력 또는 온도가 현저하게 상승하였을 경우 - 연료가스의 누출이 검지된 경우 - 배터리 전압에 이상이 생겼을 경우 - 제어 전원 전압이 현저하게 저하하는 등 제어장치에 이상이 생겼을 경우 - 스택에 과전류가 생겼을 경우 - 스택의 발생 전압에 이상이 생겼을 경우 - 스택의 온도가 현저하게 상승하였을 경우 - 연료전지 안의 온도가 현저하게 상승하였을 경우 - 연료전지 안의 환기장치에 이상이 생겼을 경우 - 냉각수의 유량이 현저하게 줄어든 경우 ㅇ비상정지는 다른 기능·동작보다 우선하여 실행, 외부로부터 방해되지 않아야 함. ㅇ비상정지 시, 사용자가 그 상황을 인지할 수 있도록 적절한 알람이 표시되는 구조일 것 ㅇ비상정지 후에는 로크아웃 상태로 전환되어야 함. 수동으로 로크아웃을 해제하는 경우에만 정상운전하는 구조일 것 ㅇ수동 조작을 통한 방법으로도 비상정지가 가능한 구조일 것

(2) 그 밖의 장치

연료전지는 안전성과 편리성을 확보하기 위하여 다음 기준에 따른 장치를 갖춘다.

【표 6.6.6】 이동형 연료전지(드론용) 그 밖의 장치에 관한 기준

기준항목	기준내용
1. 전기장치 (3.3.2.1)	o 열적 영향이 적은 위치에 설치 o 전기장치의 작동은 원활하고 확실한 것 o 전기부품 및 부속품의 정격전압, 정격전류 및 허용전류는 전기부품 및 부속품에 가해진 최대전압 또는 최대전류 이상인 것 o 기기에 부속된 콘센트 주위에는 안전하게 사용할 수 있도록 최대전력 또는 최대전류 값을 표시할 것 o 단락 사고 시 보호조치 : 다음 기준에 적합하도록 할 것 - 축전장치를 갖는 연료전지에는 직류 회로를 보호하는 퓨즈·배선용 차단기 등을 갖춘 것 - 스택에는 외부 기기로부터 전류가 유입되지 않도록 할 것
2. 전력변환장치 (3.3.2.2)	o 입력전압의 범위에서 출력전압, 주파수 등의 정격에 적합하고 안정적으로 운전되는 것 o 입력전압의 범위에서 비정상인 동작 또는 고장이 없는 것 o 전부하 용량에 충분히 여유가 있는 운전 용량을 갖는 것
3. 과류 및 역류방지장치 (3.3.2.3)	o 용기에 직접 연결하거나 용기에서 스택으로 수소가 공급되는 라인에 직렬 설치(역류방지밸브를 용기에 직렬로 설치할 때에는 충격 등 우발적 손상에 따른 위험을 최소화하기 위해 용기와 역류방지밸브 사이에는 차단밸브가 없는 것으로 함.) o 용기 일체형 연료전지의 경우 용기에 수소를 공급받기 위한 충전라인에는 역류방지기능이 있는 리셉터클을 설치하고, 그 리셉터클과 용기 사이에는 추가로 역류방지밸브 설치
4. 과압안전장치 (3.3.2.4)	o 용기 및 압력조절 실패로 상용압력 이상의 압력이 발생될 우려가 있는 배관 등에는 안전밸브 또는 릴리프밸브 등의 과압안전장치 설치 o 해당 압력부의 유체 및 압력상승 특성을 고려하여 과압을 효과적으로 해소할 수 있는 것으로 선정 o 방출되는 가스는 방출관을 통하여 외함 외부로 직접 방출는 구조로 하고, 방출관은 작동 중 이탈되지 않도록 견고하게 고정
5. 연료가스 누설 검지장치 (3.3.2.5)	o 「화재예방, 소방시설 설치 유지 및 안전관리에 관한 법률」에 따라 인증받은 제품 또는 공인인증기관의 인증품 사용 o 검지부는 연료가스의 특성 및 외함 내부의 구조 등을 고려하여 누출된 연료가스가 체류하기 쉬운 장소에 설치
5. 에너지 저장장치 (3.3.2.6)	o 에너지 저장장치로 배터리를 사용하는 경우 연료전지는 다음 기준에 적합하도록 함.

기준항목	기준내용
	- 리튬 배터리의 회로는 역충전 보호기능 포함 - 나사산이 있는 배터리의 단자는 체결이 느슨해지는 것을 방지하기 위해 잠금 와셔 또는 이와 동등 이상의 도구를 사용하여 체결(이 경우, 잠금 와셔를 사용하는 부위에는 잠금 와셔 접촉면의 손상을 방지하기 위해 평 와셔를 함께 설치) - 배터리의 단자는 절연 부트(boots)나 덮개로 보호 - 배터리 관리 장치를 갖추어야 하고, 배터리 관리 장치는 KC 62619 8.2에 따른 전지관리 시스템 성능에 합격한 것을 사용 o 에너지 저장장치로 슈퍼 커패시터(이중 레이어 커패시터)를 사용하는 경우 연료전지는 다음 기준에 적합하도록 함. - 슈퍼 커패시터에는 과전압 충전 및 과전류 충·방전을 보호하기 위한 통합 충전회로 포함 - ① 슈퍼 커패시터함 내부의 슈퍼 커패시터와 슈퍼 커패시터 사이 ② 슈퍼 커패시터함 내부의 슈퍼 커패시터와 슈퍼 커패시터함의 내부 표면 사이에 절연조치 - 슈퍼 커패시터함 외부에는 누설전류를 방지하기 위한 절연 덮개 설치 - 나사산이 있는 슈퍼 커패시터의 단자는 체결이 느슨해지는 것을 방지하기 위해 잠금 와셔 또는 이와 동등 이상의 도구를 사용하여 체결(이 경우, 잠금 와셔를 사용하는 부위에는 잠금 와셔 접촉면의 손상을 방지하기 위해 평 와셔를 함께 설치) - 슈퍼 커패시터의 단자는 절연 부트나 덮개로 보호

6.6.3.4. 성능기준

연료전지의 안전성과 편리성을 확보하기 위하여 제품성능, 재료성능, 작동성능을 다음 기준에 적합하도록 갖춘다.

(1) 제품성능

연료전지의 제품성능을 확보하기 위하여 내압성능, 기밀성능을 규정하고 있고, 그 구체적인 기준은 다음 표와 같다.

【표 6.6.7】 이동형 연료전지(드론용) 제품성능에 관한 기준

기준항목	기준내용
1. 내압성능 (3.4.1)	o **연료가스 등 유체의 통로(스택제외)** : 상용압력의 1.5배 이상의 수압으로(구조상 수압시험이 곤란하여 불활성 기체 등으로 실시하는 경우 1.25배) 20분간 내압시험을 실시하여 이상이 없어야 함. (다만, 고법에 따라 검사에 합격한 용기등 또는 산안법에 따른 안전인증을 받은 압력용기는 내압시험을 실시하지 않을 수 있으며, 펌프 · 압축기는 제조자의 자체시험성적서로 내압시험을 갈음할 수 있음.)

기준항목	기준내용
	o 스택 : 다음 기준에 따라 공통압력시험 및 차압시험을 실시하여 이상이 없어야 함. (다만, 고법에 따른 검사에 합격한 용기등 또는 산안법에 따른 안전인증을 받은 압력용기는 (2-1)에 따른 공통압력시험을 실시하지 않을 수 있으며, 연료전지의 정상운전조건에서 스택의 음극 및 양극에 동압이 형성되도록 설계된 스택의 경우 (2-2)에 따른 차압시험을 실시하지 않을 수 있음.) - 공통압력시험은 스택 상용압력(음극과 양극의 상용압력이 서로 다른 경우 더 높은 압력을 기준)의 1.5배 이상의 수압으로(구조상 수압시험이 곤란하여 불활성 기체 등으로 실시하는 경우 1.25배) 음극과 양극의 유체통로를 동시에 20분간 가압(이 경우, 가압을 위한 압력원은 공통으로 함) - 차압시험은 제조자가 제시한 최대허용차압(정상운전 조건에서 발생될 수 있는 스택의 음극과 양극 사이에 형성되는 압력 차이 이상의 값)의 1.5배 이상의 수압으로(구조상 수압시험이 곤란하여 불활성 기체 등으로 실시하는 경우 1.25배) 음극과 양극 중 더 높은 압력이 형성되는 전극부에 20분간 가압
2. 기밀성능 (3.4.1.2)	**o** 연료가스 등 유체의 통로는 다음 기준에 따라 기밀시험 실시 (다만, 내압시험 또는 공통압력시험을 기체로 실시한 경우에는 기밀시험을 생략할 수 있음.) - 원칙적으로 공기 또는 위험성이 없는 기체의 압력으로 실시 - 취성 파괴를 일으킬 우려가 없는 온도에서 실시 - 상용압력 이상으로 하되, 상용압력이 0.7 MPa를 초과하는 경우 0.7 MPa이상의 압력 실시 (이 경우, 다음 표와 같이 시험할 부분의 용적에 대응한 기밀유지시간 이상을 유지, 처음과 마지막 시험의 측정압력차가 압력측정기구의 허용오차 안에 있는 것을 확인. 처음과 마지막시험의 온도차가 있는 경우에는 압력차를 보정함.) [표 3.4.1.2] 시험 용적에 따른 기밀유지시간

입력측정기구	용적	기밀유지시간
압력계 또는 자기압력기록계	$1m^3$ 미만	48분
	$1m^3$ 이상 $10m^3$ 미만	480분
	$10m^3$ 이상	48분 X V분 (2880분을 초과한 경우는 2880분으로 할 수 있다)
[비고] V는 피시험부분의 용적(단위: m^3)이다.		

기준항목	기준내용
3. 절연저항 성능 (3.4.1.3)	**o** 500V의 절연저항계(정격전압이 300V 초과~600V 이하인 것은 1000V) 또는 동등 성능의 절연저항계로 측정한 연료전지의 충전부와 외면(외면이 절연물인 경우는 금속박) 사이의 절연저항은 1MΩ 이상으로 함.
4. 절연내력 성능 (3.4.1.4)	**o** 연료전지의 충전부와 외면(외면이 절연물인 경우는 외면에 밀착한 금속박)사이에 [표 3.4.1.4]에 해당하는 교류 전압을 1분간 연속 가했을 때 절연내력에 견디고, 시험 후 절연저항 성능을 가져야 적합한 것으로 함. [표 3.4.1.4] 절연내력 시험의 전압

<table>
<tr><th rowspan="3">구분</th><th colspan="3">시험 전압(V)</th></tr>
<tr><th colspan="3">정격 전압</th></tr>
<tr><th>SELV</th><th>150 V 이하</th><th>150 V 초과
250 V 이하</th></tr>
</table>

<table>
<tr><th>기준항목</th><th>기준내용</th></tr>
<tr><td></td><td>
<table>
<tr><td>기초 절연[1]</td><td>500</td><td>1,000</td><td>1,000</td></tr>
<tr><td>부가 절연[2]</td><td></td><td>1,250</td><td>1,750</td></tr>
<tr><td>강화 절연[3]</td><td></td><td>2,500</td><td>3,000</td></tr>
<tr><td colspan="4">1) 기초적인 감전 방지를 제공하기 위해 충전부에 제공된 절연을 말한다.
2) 기초절연이 파손된 경우에 감전 방지를 위하여 기초절연에 추가한 독립적인 절연을 말한다.
3) 부가절연을 모두 포함하는 절연 방식을 말한다.</td></tr>
</table>
</td></tr>
</table>

(2) 재료성능

연료전지의 재료성능을 확보하기 위하여 내가스성능, 내식성능을 규정하고 있고, 그 구체적인 기준은 다음 표와 같다.

【표 6.6.8】 이동형 연료전지(드론용) 재료성능에 관한 기준 (2022.02.05. 현재)

기준항목	기준내용
1. 내가스 성능 (3.4.2.1)	ο수소가 통하는 배관의 패킹류 및 금속이외의 기밀유지부는 5 ℃ 이상 25 ℃ 이하의 수소를 해당 부품에 인가되는 압력으로 72시간 인가 후 24시간동안 대기 중에 방치하여 무게변화율이 20 % 이내이고 사용상 지장이 있는 열화 등이 없어야 함.
2. 내식성능 (3.4.2.2)	ο다음에 해당하는 부분의 재료는 부록 C3에 따라 염수분무시험을 실시하여 이상이 없어야 함. 합성수지 부분은 (80±3)℃의 공기 중에 1시간 동 안 방치한 후 자연냉각 시켰을 때 부풀음, 균열, 갈라짐 등의 이상이 없어야 함. - 연료가스, 배기가스 및 물 등 유체가 통하는 부분 - 외함 - 습도가 높은 환경에서 사용되는 금속

(3) 작동 성능

연료전지의 작동성능을 확보하기 위하여 연료소비량 성능, 온도상승 성능, 용기 고정성능 등을 규정하고 있고, 그 구체적인 기준은 다음 표와 같다.

[표 6.6.9】 이동형 연료전지(드론용) 작동성능에 관한 기준

기준항목	기준내용
1. 연료소비량 성능 (3.4.3.1)	ο연료전지는 부록 C4에 따른 정격출력 가스소비량 성능시험으로 측정한 연료소비량이 표시 연료 소비량의 ±5% 이내인 것

기준항목	기준내용
2. 온도상승 성능 (3.4.3.2)	o 연료전지의 정격출력 상태에서 2시간 동안 측정한 각 항목별 온도는 [표 3.4.3.2]에 따른 항목별 허용최고온도 기준에 적합한 것
3. 용기 고정 성능 (3.4.3.3)	o 용기의 무게(완충 시 연료가스 무게를 포함)와 동일한 힘을 용기의 수직방향 중심 높이에서 전후좌우의 4방향으로 가하였을 때, 용기의 이탈 및 고정 장치의 파손 등이 없는 것
4. 환기성능 (3.4.3.4)	o 연료전지의 외함 내에 체류가능성이 있는 수소의 농도가 1% 미만으로 유지될 수 있도록 충분한 것 o 연료전지의 외함 내부로 유입되거나 외함 외부로 배출되는 공기의 유량은 제조자가 제시한 환기유량 이상인 것
5. 발전부 안정성능 (3.4.3.5)	o **전기출력 성능** : 연료전지의 정격발전 상태에서 3시간동안 측정한 전기출력의 평균값이 표시의 ±5% 이내인 것 o **발전효율 성능** : 연료전지는 부록 C5에 따른 발전효율시험으로 측정한 발전효율이 제조자가 표시한 값 이상인 것
6. 낙하 내구성능 (3.4.3.6)	o 연료전지는 시험용 판재(두께 13㎜ 이상의 견목재 위에 두께 18㎜~20㎜의 합판을 부착한 것)로부터 수직방향으로 1.2 m 높이에서 [그림 3.4.3.6]과 같이 4방향으로 떨어뜨린 후, 3.4.1에 따른 제품성능(3.4.1.1에 따른 내압성능은 제외)을 만족하는 것
7. 안전장치 성능 (3.4.3.7)	o 다음 중 어느 하나에 해당하는 경우 연료전지의 비상정지 제어 기능이 정상적으로 작동하는 것(이 경우, 비상정지로 인한 추가적인 위험이 발생하지 않아야 하며, 제조자와 사전협의를 통해 모의시험(인위적으로 이상신호를 부여하고 그에 따른 안전장치의 작동여부를 시험하는 것)으로 정상작동 여부를 확인할 수 있음.) - 연료가스의 압력 또는 온도가 현저하게 상승한 경우 - 연료가스의 누출이 검지된 경우 - 배터리 전압에 이상이 생겼을 경우 - 제어 전원 전압이 현저하게 저하하는 등 제어장치에 이상이 생겼을 경우 - 스택에 과전류가 생겼을 경우 - 스택의 발생 전압에 이상이 생겼을 경우 - 스택의 온도가 현저하게 상승하였을 경우 - 연료전지 안의 온도가 현저하게 상승 또는 하강하였을 경우 - 연료전지 안의 환기장치에 이상이 생겼을 경우 - 냉각수의 유량이 현저하게 줄어든 경우
8. 환경 성능 (3.4.3.8)	o **온습도 사이클 시험** : 연료전지는 KS C IEC 60068-2-38(환경 시험-시험Z/AD:합성온도/습도 사이클 시험)에 따라 저온서브 사이클을 포함한 24시간의 사이클을 5회 실시 후 3.4.1.3의 절연저항 성능 및 3.4.1.4의 절연내력 성능을 만족하는 것 o **유풍시험 :** 연료전지는 부록 C6에 따른 유풍시험을 실시하여 3.4.3.5.1에 따른 전기출력 성능을 만족하는 것
9. 절연성능	o 연료전지의 누설전류시험, 절연거리시험(공간거리측정시험, 연면거리측정시험), 감전보호

기준항목	기준내용
(3.4.3.9)	시험, 접지연속성 시험에 적합한 것 **o 누설전류시험** : 연료전지는 부록 C7에 따른 누설전류시험으로 측정한 누설전류가 0.7㎃ 이하인 것 **o 절연거리시험 :** 다음의 시험들에 대해 적합한 것 - 공간거리측정시험 : 공간거리 측정시험은 [표 3.4.3.9.2(1)①]의 오염 등급 기준에 따라 [표 3.4.3.9.2(1)②] 또는 [표 3.4.3.9.2(1)③]에 나타난 공간거리 이상, 서지내성시험 중 절연파괴 등이 없는 것 - 연면거리측정시험 : [표 3.4.3.9.2(2)①]의 CTI 분류기준에 따라 [표 3.4.3.9.2(2)②]의 해당되는 연면거리 이상인 것 **o 감전보호시험** : 연료전지의 외함은 KS C IEC 60529(외함의 밀폐 보호등급 구분) 시험방법에 따라 IP24 등급을 만족. 이 경우, 외함 외부에 위치하는 단위 부품 또한 IP24 등급 만족시킨 것 **o 접지연속성 시험** : 무부하 전압이 12 V 이하인 교류 또는 직류 전원을 사용하여 접지 단자 또는 접지극과 사람이 닿을 수있는 금속부와의 사이에 기기의 정격 전류의 1.5배와 같은 전류 또는 25A의 전류 중 큰 쪽의 전류를 인가한 후 전류와 전압 강하로부터 산출한 저항값은 0.1Ω 이하인 것
10. 전자파적합 성능 (3.4.3.10)	o 연료전지에 대해 다음 각 시험에서 요구하는 시험장치 및 설치조건 규격 등 상세기준에 따라 시험을 실시하여 적합한 성능을 가진 것일 것(각 시험의 상세기준은 3.4.3.10.1부터 3.4.3.10.6을 참조) - 정전기 방전 내력시험 - 전기적 빠른 과도현상 내성시험 - 서지 내성 시험 - 순시정전 및 전압강하 시험 - 전자파 전도 내성 시험 - 전압변동 및 플리커 시험
11. 부품 내구성능 (3.4.3.11)	o 다음에 해당하는 부품은 연료전지의 안전한 동작을 위해 내구성능을 만족하는 것으로 함.(다만, 공인인증기관의 인증품은 제외) - 자동 차단밸브 - 자동제어시스템 - 이상압력차단장치 - 과열방지안전장치
12. 자동제어시스템 안전성능 (3.4.3.12)	o 정상사용 상태에서 발생할 수 있는 부주의함을 포함하여 일반적으로 예상되는 기계적, 화학적, 온도 및 환경 조건에서 자동제어시스템이 안전하게 작동되는 것 o 자동제어시스템의 프로그램은 정상적으로 작동하고 안전을 손상시키지 않는 것

기준항목	기준내용
	ο 고장모드에 의한 결점회피와 결점허용을 감안하여 설계하고, 고장발생 시 안전한 상태(fail-safe)에 도달되는 것 ο 자동제어시스템의 부품은 그 시스템에서 일어날 수 있는 최악의 상태에 기초하여 적합한 것 ο 소프트웨어를 사용하는 제어는 그 소프트웨어가 일정조건의 전자적인 제어를 손상시키지 않도록 구성, 안전과 관련된 기능을 가진 제어는 소프트웨어의 안전관련 데이터 및 프로그램에서 소프트 웨어관련 결함 및 에러를 회피하고 조절하는 방법을 사용 (그 밖의 사항은 IEC 60730-2-5 Annex H에 따름.)
13. 배기가스 성능 (3.4.3.13)	ο 연료전지의 정격운전 조건에서 60분 동안 5초 이하의 간격으로 측정한 배기가스 중 수소의 평균 농도는 10,000 PPM 이하로 함.
14. 기울기 성능 (3.4.3.14)	ο 부록 C8에 따른 기울기 성능시험을 실시하여 3.4.3.5.1에 따른 전기출력 성능을 만족하는 것(이 경우, 스택, 밸브 등 연결부는 물리적 손상이 없어야 하며, 발포액 또는 누설검지기 등으로 누출검사를 실시하였을 때 누출이 없어야 함.)

6.6.3.5. 열처리기준 (내용없음)

6.6.3.6. 표시기준

연료전지에는 안전하게 사용할 수 있도록 제품표시 및 합격표시를 하고, 설치방법, 사용방법 등의 설명서 첨부, 가스안전수칙 표시, 배관표시를 하도록 규정하고 있으며, 그 구체적인 기준은 다음 표와 같다.

【표 6.6.10】 이동형 연료전지(드론용) 표시에 관한 기준

기준항목	기준내용
1. 제품표시 (3.6.1)	ο 연료전지에는 보기 쉬운 곳에 쉽게 떨어지지 않도록 명판을 부착, 다음의 사항을 기재 - 제품명 - 형식호칭(모델명) - 사용용도(드론용) - 사용연료(수소) - 사용연료압력범위(kPa) - 연료소비량(kW)

기준항목	기준내용
	- 정격발전출력(kW) - 발전효율 - 최대 기울기 각도(°) - 급배기통 접속구경 - 정격전압(V), 정격주파수(Hz) (에너지 저장장치가 외부 전원으로 충전 가능한 것에 한정한다) - 제조번호나 로트번호 - 제조연월일 - 품질보증기간 - 제조자명(수입품은 판매자명) - A/S연락처
2. 합격표시 (3.6.2)	○ 법 제39조제2항에 따른 검사에 합격한 연료전지에는 합격한 연료전지라는 것을 쉽게 식별할 수 있도록 「국가표준기본법」에 따른 국가통합인증마크(KC마크)를 각인
3. 설명서첨부 (3.6.3)	○ 연료전지는 안전하게 사용할 수 있도록 사용방법 표지를 부착, 설치방법(설치형태 / 설치장소 / 시운전요령 등)과 사용방법(사용 전 · 사용 중 및 사용 후 확인사항 / 장기간 미사용시 운용지침 / 동결방지방법 / 안전장치 작동 시 조치방법 / 그 밖의 필요사항) 등에 대한 설명서를 첨부
4. 가스안전수칙 표시(3.6.4)	○ 연료전지를 안전하게 사용할 수 있도록 극성이 다른 충전부 사이 또는 충전부와 사람이 접촉할 수 있는 비충전 금속부 사이의 첨두전압이 600V를 초과하는 부분의 부근에는 쉽게 지워지지 않는 방법으로 "주의" 표시
5. 배관표시 및 시공표지판 부착(3.6.5)	○ 배관연결부 주위에는 가스, 전기 등을 표시

6.6.4. 참고사항

KGS AH373 규정 내용 중 다음 사항에 관하여는 구체적인 기술을 생략한다.

○ "4. 검사기준"